马铃薯即食方便食品加工技术

巩发永　林　巧　陈治光　编著

西南交通大学出版社
·成都·

图书在版编目（CIP）数据

马铃薯即食方便食品加工技术 / 巩发永，林巧，陈
治光编著. 一成都：西南交通大学出版社，2023.5
ISBN 978-7-5643-9124-9

Ⅰ. ①马… Ⅱ. ①巩… ②林… ③陈… Ⅲ. ①马铃薯
– 预制食品 – 食品加工 Ⅳ. ①TS235.2

中国版本图书馆 CIP 数据核字（2022）第 253900 号

Malingshu Jishi Fangbian Shipin Jiagong Jishu
马铃薯即食方便食品加工技术

巩发永　林巧　陈治光　编著

责 任 编 辑	牛　君
封 面 设 计	何东琳设计工作室
出 版 发 行	西南交通大学出版社
	（四川省成都市金牛区二环路北一段 111 号
	西南交通大学创新大厦 21 楼）
发行部电话	028-87600564　028-87600533
邮 政 编 码	610031
网　　　址	http://www.xnjdcbs.com
印　　　刷	成都蜀通印务有限责任公司
成 品 尺 寸	185 mm × 260 mm
印　　　张	19.75
字　　　数	492 千
版　　　次	2023 年 5 月第 1 版
印　　　次	2023 年 5 月第 1 次
书　　　号	ISBN 978-7-5643-9124-9
定　　　价	75.00 元

编委会

主　编　巩发永（西昌学院）

林巧（西昌学院）

陈治光（西昌学院）

副主编　李静（西昌学院）

阳辉蓉（西南民族大学）

马小丽（西昌学院）

蔡利（西昌学院）

吴兵（西昌学院）

甘国超（西昌学院）

钟海霞（西昌学院）

前言 *Preface*

········

　　我国是马铃薯生产大国，种植面积和总产量均居世界前列。然而，目前我国马铃薯主要以鲜食为主，加工比例较低，加工程度也较低。大力发展马铃薯食品加工技术对于提高其经济效益具有重要意义。

　　本书是根据国内外马铃薯食品加工技术与质量控制现状，结合目前生产实际编写而成的。全书共三章，第一章介绍了马铃薯产业发展、品种、特征、营养、生产、贮藏及其应用情况；第二章介绍了多种马铃薯产品的加工工艺及技术；第三章介绍了作者所在的课题组申请、授权的马铃薯加工相关的专利。具体编写分工如下：第一章由李静、马小丽编写，第二章第一节至第十二节由陈治光编写，第二章第十三节由林巧编写，第二章第十四节至第十六节由吴兵编写，第三章第一节至第四节由甘国超编写，第三章第五节由蔡利编写，第三章第六节至第九节由陈治光编写，第三章第十节由钟海霞编写，第三章第十一节至第十五节由阳辉蓉编写；全书由巩发永统稿。

　　本书的出版得到了四川省科技厅重点项目"马铃薯挤压膨化制备干粉的关键技术研究及应用"（项目编号：19ZDYF1861）、四川省教育厅哲学社会科学重点研究基地彝族文化研究中心课题"凉山彝区地缘维度的贫困状况与对策研究"（课题编号：YZWH1502）及四川省重点实验室项目"马铃薯挤压膨化粉对低麸质面团加工特性的调控研究及推广应用"的资助。

　　本书科学性、实用性、可读性强，可供马铃薯食品生产加工企业、食品科研机构有关人员参考，亦可作为高等院校相关专业学生的参考书。在编写过程中，本书参考了国内外许多作者的著作和文章，在此表示衷心的感谢。

　　由于作者的水平和经验有限，书中难免存在疏漏及不妥之处，恳请同行、专家和广大读者指正。

作　者

2022 年 12 月

目录 *Contents*

第一章　马铃薯概述

第一节　马铃薯发展概述

一、马铃薯的发现

马铃薯，又名土豆，属于茄科一年生草本植物，在全世界共有 8 个栽培种和 150 多个野生种，其起源中心一处是南美洲哥伦比亚、秘鲁、玻利维亚安第斯山区及乌拉圭等地；另一处是中美洲及墨西哥，那里主要分布野生种。马铃薯是在 14 000 年以前由南美洲的原始人发现的，后经当地印第安人驯化，其栽培历史已有 8000 余年。

南美洲秘鲁以及沿安第斯山麓智利沿岸以及玻利维亚等地都是马铃薯的故乡。远在新石器时代人类刚刚创立农业的时候，印第安人就在这里用木棒松土种植马铃薯了。印第安人在长期的艰苦活动中发现了在寒冷的高原也可以生长的马铃薯。那时的马铃薯有浓郁的苦涩味，不那么美味可口。印第安人刚开始食用马铃薯时，把它切成碎片在河溪里漂洗后晒干，以减少苦涩味，辨认出哪些马铃薯适于食用。在长期的选择过程中，那些宜于食用的马铃薯被保留下来。印第安人学会了种植马铃薯，并不断地选择耐寒品种以及制作储藏越冬的薯干，使印第安人得以生存和繁衍。后来，经过驯化栽培的马铃薯逐渐扩展到整个安第斯山区。

马铃薯在南美洲印第安人的语言中有 20 多种名称。例如在秘鲁北部被称为伊巴里或阿萨，在哥伦比亚被称为约扎或尤尼，在昆卡地区被称为巴巴，在玻利维亚被称为肖克或安卡，在智利被称为波尼，在厄瓜多尔被称为普鲁或普洛。而巴巴则是印加帝国统治时期印第安人比较通用的名称。

1536 年，继哥伦布后接踵到达新大陆的西班牙探险队员，在哥伦比亚的苏洛科达村最先发现了马铃薯。卡斯特朗诺在他撰写的《新王国史》一书中记述：我们刚刚到达村里，所有的人都逃跑了。我们看到印第安人种植的玉米、豆子和一种奇怪的植物，它开着淡紫色的花，根部结球，含有很多的淀粉，味道很好。这种块茎有很多用途，印第安人把生薯切片敷在断骨上疗伤，擦额治疗头痛；外出时随身携带预防风湿病，或者和其他食物一起吃，预防消化不良。印第安人还把马铃薯作为互赠的礼品。

二、马铃薯在世界的传播

（一）马铃薯在欧洲的传播

最早把印第安人培育的马铃薯介绍给欧洲人的是 1538 年到达秘鲁的西班牙航海家谢拉。马铃薯被引进到欧洲有两条路线：一条是 1551 年西班牙人瓦尔德姆把马铃薯块茎带至西班牙，并向国王卡尔五世报告了这种珍奇植物的食用方法。但直至 1570 年，马铃薯才被大量引进并在西班牙南部地区种植。西班牙人引进的马铃薯后来传播到欧洲大部分国家以及亚洲一些地区。另一条是 1565 年英国人哈根从智利把马铃薯带至爱尔兰。1586 年,英国航海家特莱克从西印度群岛向爱尔兰大量引进种薯,以后遍植英国。英国人引进的马铃薯后来传播到北欧诸国,又引种至大不列颠王国所属的殖民地以及北美洲。

到 18 世纪中期,马铃薯已传播到世界大部分地区种植,它们都是 16 世纪引进欧洲的马铃薯所繁殖的后代。大约到 19 世纪初期,马铃薯已在欧洲各国普遍种植,但在很长时间一直未能大众化,重要原因之一是马铃薯不断遭受各种病虫的袭击,产量剧烈波动。

马铃薯在欧洲传播的几百年中,在许多国家人民及不同语言中得到各种特殊的名称。例如西班牙人管它叫巴巴,爱尔兰人叫麻薯,法国人叫地苹果,意大利人叫地果,德国人叫地梨,比利时人叫巴达诺,芬兰人叫达尔多,斯拉夫人叫肤地菌或卡福尔,而在许多讲英语的国家,人们都叫它马铃薯(potato)。1753 年,植物学家林奈最后正式给它定名为 *Solanum tuberosum* L.,其语意就是广泛种植的意思。

(二)马铃薯在其他洲的传播

北美洲大陆 1762 年首次通过百慕大从英格兰引进马铃薯在弗吉尼亚种植,1718 年爱尔兰向北美洲移民又将马铃薯带到美国,至今在美国的一些州还将其称为"爱尔兰薯"。马铃薯是从海路传入亚洲和大洋洲的,据说其传播路线有三条:第一条是在 16 世纪末和 17 世纪初由荷兰人把马铃薯传入新加坡、日本和中国台湾地区;第二条是 17 世纪中期西班牙人将马铃薯传到印度和爪哇等地;第三条是 1679 年法国探险者把马铃薯带到新西兰。此外,还有英国传教士于 18 世纪把马铃薯引种至新西兰和澳大利亚。

据记述,1601 年一支荷兰船队从非洲几内亚经新加坡到达日本,他们把携带的作为食物的马铃薯留给当地人种植。17 世纪中期,日本人高野长英记述马铃薯有三大优点:① 在沙土石田谷物不是很成熟的地块生长良好;② 不受当地强风暴雨久霜危害;③ 容易繁殖,节省人力,收益很高,耕寸地而有尺地之获,故有八升薯之名,诚为荒年之善粮。1789 年,日本人又从俄国引进马铃薯在北海道种植,除食用外还作为加工淀粉原料;到了明治年间已有较大面积种植。

著名植物遗传学家沙拉曼在论述马铃薯的起源和传播历史之后说:哥伦布发现了新大陆,给我们带来的马铃薯是人类最有价值的财富之一。在西欧和美国农业中推广马铃薯不一定是必需的,但具有重要作用。不难看到,目前全世界每年马铃薯产品的价值,远远超过西班牙殖民者在 30 年内从印加王国掠夺和榨取的金银财帛的总值。沙拉曼教授满怀激情地宣布,马铃薯的驯化和广泛栽培,是"人类征服自然最卓越的事件之一"。

三、马铃薯在我国的传播

关于马铃薯传入中国的具体时间至今仍有争论。以翟乾祥为代表的观点认为马铃薯的引入是在明万历年间(1573—1619 年),以谷茂为代表的观点则认为马铃薯最早引种于 18 世纪。

(一)马铃薯传入中国的路径

由于马铃薯在栽培过程中有衰退、无性繁殖病害积累的问题,所以与其他作物相比,它的传播链比较短,而且容易中断。中国幅员辽阔,东西南北气候差异大,马铃薯由多条路径、分多次传入中国的可能较大。据史料记载和学者们考证，马铃薯可能由东南、西北、南路等路径传入中国。

1. 东 南

荷兰是世界上出产优质马铃薯种的国家之一，荷兰人将马铃薯带到我国台湾地区种植。后经过台湾海峡，马铃薯传入广东、福建一带，并向江浙一带传播，在这里马铃薯又被称为荷兰薯。

2. 西 北

马铃薯由晋商从俄国或哈萨克汗国（今哈萨克斯坦）引入中国，并且由于气候适宜，种植面积扩大，"山西种之为田"。

3. 南 路

马铃薯主要由南洋印尼（荷属爪哇）传入广东、广西，在这些地方马铃薯又被称为爪哇薯，然后马铃薯自此又向云贵川传播。四川《越西厅志》有"羊芋，出夷地"的记载。

此外，马铃薯还有可能由海路传入中国。

（二）马铃薯传入中国后的发展

马铃薯传入中国之后，在气候适宜地区，马铃薯种性稳定，能够持续生长传播，成为当地的重要作物。而在南方低海拔地区，马铃薯在无性繁殖过程中有严重的退化现象，如植株矮化，出现花叶、卷叶、皱缩叶，产量降低，病害积累等。同时，在传播过程中也出现了绝种现象，发生传播中断。

1. 缓慢传播与扩散期

19世纪，马铃薯传入中国后，它的传播显示出一定的间断性，并且其主要分布区域与气候区相关。早期马铃薯通过各种途径传入中国之后，其传播区域集中稳定在气候适宜、利于其生长发育和种性保存的高寒山地及冷凉地区，如四川、贵州、云南、湖北、湖南、陕西等地的山区。

这一时期马铃薯的繁殖传播主要依靠自然冷凉的气候条件。在气候不适宜地区，由于其种性退化，马铃薯在栽培过程中容易被人们淘汰，或由于其自身病害严重而腐烂绝种。

2. 加速传播扩散期

19世纪末，由无名氏编写的《播种洋芋方法》一书，充分反映了当时我国种植马铃薯的技术水平。此书是我国最早的一部关于马铃薯种植的专著，书中共分六章，着重介绍了整地、选种、播种、管理、收获以及储藏方法等。另有吴治俭编译英国人华莱士所著《论种荷兰薯法》一书，介绍了土宜、施肥、栽植、选种、防病等方法和技术。20世纪，罗振玉在他创办的《农学报》上发表了一系列关于马铃薯种植、引种技术，以及介绍国外的种植情况、新品种、新方法和新技术等的文章。

20世纪后，随着世界范围内试验科学技术的发展与国际交流的加强，马铃薯在中国开始了进一步的传播与扩散。山西、甘肃、辽宁、吉林、黑龙江、福建的方志中开始有马铃薯的记载。它的传播与扩散主要表现在两个方面：一是传播区域扩大。在科学技术进步和社会经济发展的共同作用下，种植区域由气候适宜的高海拔、高纬度冷凉地域向低海拔、湿度大容易引起马铃薯退化的地区扩散传播。二是播种栽培面积增加。由于自然灾害、病害、制度变化等因素，播种面积虽然有一些波动，但整体播种面积不断扩大。

（三）马铃薯在中国传播产生的作用

1. 救荒济民

马铃薯在中国传播的早期，作为粗粮的首选，它的重要作用体现在它的救荒作用。1781年，著名学者、陕西巡抚毕沅在《兴安升府奏疏》写道："自乾隆卅八年以后，因川、楚有歉收处所，穷民就日前来，旋即栖谷依岩，开垦度日，而河南、江西、安徽等处贫民亦有携家至此者……近年四川、湖广陆续前来开垦荒田，久而益众，处处俱成村落……"在这些资料中，有提到灾民情况的，也有提到马铃薯情况的，更有详细记载灾民怎样用马铃薯来度过饥荒的。汉中知县严如煜在他的《三省边防备略·民食篇》提到："洋芋花紫、叶圆，根下生芋，根长如线，累累结实数十、十数颗。色紫，如指、拳，如小杯，味甘而淡。山沟地一块，挖芋常数十石……洋芋切片堪以久贮，磨粉和荞麦均可做饼、馍。旷土尽辟之下，马铃薯落户高寒，适得其所并成种源区。"光绪十五年（1889 年），贵州夏天的雨量比往年多，导致马铃薯腐烂在地里，这下百姓没了食物，不知有多少生命散落在了山野之间。在高寒生态环境恶劣不适合其他谷物生长的地域，马铃薯的传入成为当地人赖以生存的重要粮食来源，很大程度上解决了人与环境的矛盾。在方志中有诸多类似的记载，在粮食贸易不发达的时代，马铃薯在一定程度上解决了高海拔地区人民的生计问题。在社会经济条件恶劣、人口压力剧增的时代，马铃薯的营养全面均衡、产量高、生长期短等特点使它在极大程度上缓解了人粮矛盾。马铃薯的这一作用在 20 世纪初到 21 世纪 70 年代表现得尤为突出。

2. 间作套种提高土地利用率

马铃薯在我国农村种植结构调整中具有很大的优越性，它特别适合多茬栽培，如马铃薯与玉米套种、与棉花套种、与耐寒速生蔬菜间作、与甘蓝菜花间作、薯粮间作套种、薯瓜间作套种等，大大提高了经济效益。这一栽培特性十分适合我国农业精耕细作的传统特点，在人多地少的中国对于提高土地的利用率有着重要的现实意义。

3. 改变农作物结构，创造良好的经济效益

马铃薯粮菜兼用，它的传入并成为重要的农作物改变了我国传统的农作物结构，丰富了农作物的种类，农业部将马铃薯列为 7 大主要作物之一。与其他作物相比，马铃薯的种植面积在不断增加，到 2000 年马铃薯的播种面积达到 4723.43 万公顷，占主要农作物总播种面积的 5.23%。从 1982 年开始，与稻谷、小麦种植面积逐年减少的趋势相比，我国马铃薯的播种面积变化趋势正好与之相反，其播种面积占总作物播种面积的比例逐年上升。

第二节　马铃薯品种概述

一、马铃薯的分类

马铃薯以形态、结薯习性和其他特征进行区分、归类，有 8 个栽培种和 156 个野生种。集合相近的种作为系，相近的系作为组，相近的组作为属，又根据需要在组下面设亚组。根据霍克斯的分类，分为属、组、亚组以及系。

（一）栽培种

栽培种含二倍体、三倍体、四倍体和五倍体。其中三倍体和五倍体是不孕的，仅靠无性繁殖繁衍后代。马铃薯的 8 个栽培种如下：

（1）窄刀种（*S. stenotomun* Juz.et Buk）：最早栽培的二倍体种。

（2）阿江惠种（*S. Ajanhuri* Juz.et Buk）：二倍体种。

（3）多萼种（*S.×goniocalyx* Juz.et Buk）：二倍体种。

（4）富利亚种（*S. phureja* Juz.et Buk）：二倍体种。

（5）乔恰种（*S.×chaucha* Juz.et Buk）：二倍体。

（6）尤杰普氏种（*S.×juzepczukii* Buk）：三倍体。

（7）马铃薯种（*S. tuberosum* L.）：含两个亚种，均为四倍体。

①安第斯亚种 [*tubaosum* ssp. *andigena*（Juz.et Buk）Hawkes]。

②马铃薯亚种（*S. tuberosum* L. ssp. *tuberosum*），是马铃薯中最重要的一个种。

（8）短叶片种（*S.×curtilobum* Juz. et Buk）：五倍体。

（二）野生种

现已被发现的野生马铃薯共 156 个，分属于 18 个系。

马铃薯野生种的分布局限于美洲大陆。马铃薯野生种除少数六倍体和四倍体外，大多数为二倍体。在马铃薯育种中常用的野生种有落果薯（Sdemissum）、匍枝薯（Sstoloniferum）、无茎薯（Sacause）、恰柯薯（Schacoense）、芽叶薯（Svernei）、小拱薯（Smicrodontum）、球栗薯（Sbulbocastanum）等。

二、马铃薯优良品种

1. 东农 303

东农 303 由东北农业大学农学系于 1967 年用白头翁（Anemone）做母本，"卡它丁"（Katahdin）做父本杂交，1978 年育成，1986 年经全国农作物品种审定委员审定为国家级品种。该品种块茎呈长圆形，黄皮黄肉，表皮光滑；休眠期 70 d 左右，耐储藏，二季作栽培需要催芽。该品种品质较好，淀粉含量 13%～14%，粗蛋白质含量 2.52%，维生素 C 含量为 142 mg/kg，还原糖 0.03%，适合食品加工和出口。该品种产量高，春播每公顷产薯 26 865～29 850 kg，秋播每公顷产薯 13 432～14 925 kg，早熟，播种至初收 85～90 d，地膜覆盖栽培，4 月中旬即可

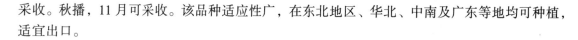

采收。秋播，11 月可采收。该品种适应性广，在东北地区、华北、中南及广东等地均可种植，适宜出口。

2. 富　金

富金由辽宁省本溪马铃薯研究所育成，2005 年通过辽宁省农作物品种审定委员会审定。该品种属早熟品种，生育期 85 d，块茎呈圆形，黄皮黄肉，表皮光滑，老熟后薯度呈细网纹状，芽眼浅，薯块大而整齐；休眠期中等，块茎干物质含量 23.5%，淀粉含量 15.68%，还原糖 0.1%，粗蛋白 2.11%，维生素 C 含量 4.8 mg/kg，平均每公顷产量 29 226 kg。该品种适应性较强，除了广大二季作区外，在北方一季作区和南方高海拔地区均可进行大面积生产，并取得了较高的收成。

3. 鲁马铃薯一号

鲁马铃薯一号由山东省农业科学院蔬菜研究所于 1976 年用"733"（克新 2 号）为母本，"6302-2-28"（Fonunax Katahdin）为父本杂交，1980 年育成，1986 年经山东省农作物品种审定委员会审定命名，并于当年推广。该品种块茎休眠期短，耐储藏。早熟，生育期 60 d 左右。食用品质较好，干物质 22.2%，淀粉含量 13% 左右，粗蛋白质含量 2.1%，维生素 C 含量 192 mg/kg，还原糖 0.01%，可用于食品加工炸片和炸条。一般产量约 22 500 kg/hm²，高产可达 45 000 kg/hm² 左右。该品种适宜于中原二季作区种植，主要分布于山东省。

4. 费乌瑞它

费乌瑞它为荷兰品种，用 ZPC50-35 作母本，ZPC55-37 作父本杂交育成，1980 年由农业部种子局从荷兰引入，又名津引薯 8 号、鲁引 1 号、粤引 85-38 和荷兰 15。该品种块茎呈长椭圆形，表皮光滑，芽眼少而浅，薯皮色浅黄，薯肉黄色，致密度紧，无空心，早熟，生育期 60 d，较抗旱、耐寒、耐储藏。块茎食味品质好，淀粉含量 12% ~ 14%，粗蛋白质含量 1.6%，维生素 C 含量 136 mg/kg，还原糖 0.03%，适合炸片和炸条用。该品种适宜性较广，黑龙江、河北、北京、山东、江苏和广东等地均有种植，是适宜于出口的品种。

5. 早大白

早大白由辽宁省本溪市马铃薯研究所育成，亲本组合为五里白×74-128。薯块呈扁圆形，白皮白肉，表皮光滑，休眠期中等，耐储性一般，生育期为 60 d 以内。块茎干物质含量 21.9%，含淀粉 11% ~ 13%，还原糖 1.2%，含粗蛋白质 2.13%，维生素 C 含量 129 mg/kg，食味中等。一般每公顷产量为 29 850 kg，高产可达 59 701 kg/hm² 以上。该品种适宜于二季作及一季作早熟栽培，目前在山东、辽宁、河北和江苏等地均有种植。

6. 克新 1 号

克新 1 号由黑龙江省农科院马铃薯研究所于 1958 年用"374128"作母本、"疫不加"（Epoka）作父本杂交，1963 年育成，1984 年通过国家农作物品种审定委员会认定为国家级品种，1987 年获国家发明二等奖。该品种耐储藏，中熟，生育日数 95 d 左右，蒸食品质中等。块茎干物质 18.1%，淀粉 13% ~ 14%，还原糖 0.52%，粗蛋白质 0.65%，维生素 C 含量 144 mg/kg。一般每公顷产 22 450 kg 左右，高产可达 37 450 kg。该品种适应范围较广，适于黑龙江、吉林、辽宁、河北、内蒙古、山西、陕西、甘肃等省、自治区，南方也有省种植。

7. 陇薯一号

陇薯一号由甘肃省农科院粮食作物研究所育成。该品种块茎呈扁圆形，皮和肉淡黄色，表皮粗糙，休眠期短，耐储藏，生育期 85 d 左右。食用品质好，淀粉含量 14% ~ 16%，粗蛋白质含量 1.55%，维生素 C 含量 105 mg/kg，还原糖 0.2%。产量为 22 500 ~ 30 000 kg/hm²，高产达 37 500 kg/hm² 以上。该品种适应性较广，一、二季作均可种植，主要分布在甘肃、宁夏、新疆、四川和江苏等省（自治区）。

8. 安农 5 号

安农 5 号由陕西省安康地区农科所育成。块茎长呈椭圆形，红皮黄肉，表皮光滑，休眠期短，耐储藏，食用品质好，淀粉含量 12% ~ 18%，粗蛋白质含量 2.28%，维生素 C 85 mg/kg，还原糖 0.5%左右，产量 22 500 kg/hm² 左右，高产达 37 500 kg/hm² 以上。该品种适宜于二季作及间套作，在陕西、四川等省均有栽培。

9. 冀张薯 3 号（无花）

冀张薯 3 号（无花）由河北省张家口市坝上农科所从荷兰品种奥斯塔拉（Ostara）的组织培养变异植株中选育而成，1994 年经河北省农作物品种审定委员会审定推广，并定名。块茎呈椭圆形，皮肉均为黄色，芽眼少而浅，商品薯率在 80%以上；休眠期中等，储藏性较差，生育期 100 d 左右。块茎食用品质中等，干物重 21.9%，淀粉含量 15.1%，粗蛋白质 1.55%，维生素 C 含量 212 mg/kg，还原糖 0.92%。该品种适合北方一季作区和西南山区种植，目前在河北、山东和北京等地种植。

10. 宁薯 5 号

宁薯 5 号是宁夏回族自治区固原地区农业科学研究所育成的品种，1994 年经宁夏回族自治区农作物品种审定委员会审定为推广品种。块茎呈圆形，黄皮白肉，休眠期较短，冬储期间易发芽，宜进行低温储藏。品质优良，食用口感好，干物重一般在 23.5%，淀粉含量 15.1%，蛋白质 3.2%，还原糖 0.13%。产量为 24 000 kg/hm²，高产田达 30 000 kg/hm² 以上。该品种适宜在宁夏南部山区和半干旱地区种植。

11. 晋薯 7 号

晋薯 7 号是山西省农科院高寒作物所育成的品种。块茎呈扁圆形，黄皮黄肉，表皮光耀，大而整齐。休眠期较长，耐储藏。食用品质好，淀粉 17.5%，粗蛋白质 2.51%，维生素 C 含量 140 mg/kg，产量达 22 500 ~ 30 000 kg/hm²，最高达 60 000 kg/hm²。该品种适合半干旱一季作区种植。

12. 渭薯 1 号

渭薯 1 号由甘肃省渭源会川农场育成。块茎呈长形，白皮白肉，中等大小，表皮光滑，含淀粉 16%左右，产量达 30 000 kg/hm² 左右。该品种适合一季作地区栽培，在河北、甘肃和宁夏等地均有种植。

13. 互薯 202

互薯 202 由青海省互助土族自治县农技推广中心育成。块茎呈扁椭圆形，皮肉浅黄，表皮光滑，耐旱，耐霜冻，耐雹灾，薯块含淀粉 20% 左右，还原糖 0.865%，产量达 30 000 kg/hm^2。该品种适合在青海种植，其他地区可以试种。

14. 大西洋（Atlantic）

大西洋是美国从 Wauseon XB5141-6 杂交后代中选育的，1978 年由美国农业部审定，1980 年由我国农业种子局引进。块茎呈圆形，大中薯率高且整齐，薯皮浅黄，有麻点网纹，薯肉白色，耐储藏，生育期 100 d 左右，干物质 23%，淀粉含量 18% 左右，还原糖 0.16% 以下，是炸片的最佳品种，产量达 22 500 kg/hm^2 左右。该品种适合一季作区或二季作区种植。

15. 春薯 3 号

春薯 3 号是吉林省蔬菜研究所育成的品种，1989 年经吉林省农作物品种审定委员会审定为推广品种，并命名。块茎呈圆形，黄皮白肉，表皮有网纹，中等大的块茎多，休眠期较长，耐储藏，食用品质好，淀粉含量 18% 以上，产量达 30 000 kg/hm^2 左右，高产达 50 550 kg/hm^2。该品种适应性广，在内蒙古、辽宁、吉林和四川等省（区）种植，其他一季作区可试种。

16. 台湾红皮（Cardinal）

台湾红皮生育期 105 d，中晚熟高产品种，结薯期早，块茎膨大快，薯形呈椭圆形，红皮、黄肉，表皮较粗糙，芽眼浅，一般每公顷产 24 002 kg，最高可达 37 450 kg 以上，商品薯率 90% 以上；适应性和抗旱性较强，休眠期较长，耐贮性中上等，干物质含量中等，淀粉较高，还原糖 0.108%。品质坚实，口味好。油炸色泽较好，适于炸片生产和鲜食利用，特别受到我国香港地区和东南亚市场的欢迎。该品种适宜内蒙古呼盟、乌盟少数旗县，河北张家口地区和东北少数地区，华北、西北干旱地区一季作区栽培，也适宜广东、福建冬季栽培。

17. 泉引 1 号

泉引 1 号由泉州市农科所育成，2005 年通过福建省农作物品种审定委员会审定。该品种属早熟品种，薯形扁圆，薯皮淡黄色，薯肉白色，表皮光滑。块茎干物质含量 23.5%，淀粉含量 18.22%，还原糖 0.12%，维生素 C 含量 176 mg/kg，粗蛋白 2.2%，食味上等。经切片油炸试验，外观好，松脆可口，炸片成品质量鉴评优，其炸片加工品质符合质量要求。该品种适合福建省冬作区种植。

18. 布尔班克（Burbank）

布尔班克由农业部种子局从美国引入。薯块麻皮较厚，呈褐色，白肉，芽眼少而浅；耐储性良好，生育期 120 d 左右；含淀粉 17%，还原糖含量低于 0.2%；产量达 15 000 kg/hm^2 左右。该品种适合北方一季作干旱、半干旱、有灌溉条件的地区种植。

19. 晋薯 13 号

晋薯 13 号由山西省农科院高寒作物研究所选育，2004 年 1 月经山西省品种审定委员会审定通过。薯块呈圆形，黄皮淡黄肉，大中薯率达 80%左右；淀粉含量 15%左右，干物质含量 22.1%，维生素 C 含量 131 mg/kg，还原糖含量 0.40%，粗蛋白 2.7%，耐储藏。该品种产量高，抗病性强，抗旱耐瘠，平均产量 30 000 kg/hm² 左右。该品种适应范围较广，在山西、河北、内蒙古、陕西北部、东北大部分地区一季作区种植。

20. 云薯 101

云薯 101 由云南省农业科学院马铃薯研究开发中心选育，2004 年 10 月经云南省农作物品种审定委员会审定命名。块茎呈圆形，表皮光滑，芽眼较浅，淡黄皮淡黄肉，休眠期较短；商品薯率 85.7%，蒸食品质优；干物质含量 27.6%，淀粉含量 21.55%，蛋白质含量 2.37%，还原糖含量 0.21%；平均产量 37 455 kg/hm² 左右。该品种适宜在云南省东川区、寻甸县、昭阳区、鲁甸县等高海拔马铃薯产区及生态气候条件与这些地区类似的地区推广种植。

第三节 马铃薯特征概述

马铃薯的植株由地上和地下两部分组成。薯块是马铃薯地下茎膨大形成的结果。在商品薯生产上主要用块茎进行无性繁殖。

一、马铃薯地上部分的形态特征

地上部分包括地上茎、叶、花、果实和种子。

（一）地上茎

地上茎即主茎，是马铃薯植株在地面上着生枝叶的茎，草质多汁，呈绿色间有紫色，有少数茸毛。茎的颜色因品种不同又有绿色、紫褐色等。有时因色素沉淀，不同部位有不同的着色，常常是基部颜色较深。茎上节部膨大，节间分明，节处着生复叶，复叶基部有小型托叶。多数品种节处和基部坚实，节间中空，主茎可以产生分枝。产生匍匐茎和块茎的低位分枝也可以认为是主茎。马铃薯的主茎和分枝如图 1-1 所示。

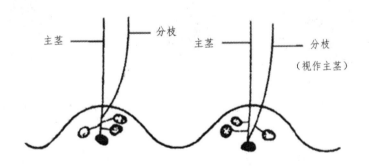

图 1-1 马铃薯的主茎和分枝

早熟品种地上茎高 40～70 cm，中、晚熟品种高 80～120 cm。植株有直立、匍匐和半匍匍之分，茎边缘的翅（或棱）有 3 棱或 4 棱。最初的分枝长在基部结位，这部分分枝较长，其他的分枝在较晚的时候长于较高节位。

（二）叶

正常的叶子为奇数羽状复叶。块茎繁殖的马铃薯第 1 片初生叶为单叶，第 2~5 片为不完全复叶，一般从第 5 片或第 6 片开始为具有品种特征的奇数羽状复叶。用实生种子繁殖时，发芽后首先长出 2 片对生的子叶，第 3~6 片为单叶，第 4 片真叶开始为不完全复叶，第 6~9 片开始形成完全的正常复叶。正常的复叶由顶小叶、侧小叶、次生裂片、叶轴和托叶组成。顶小叶只有 1 片，有叶柄，着生于叶轴的顶端，一般较侧小叶大，形状也略有不同，可根据顶小叶的特征来鉴别品种。侧小叶通过叶柄对生于叶轴上，一般有 3~7 对。侧小叶之间有次生裂片。复叶叶柄基部有 1 对托叶。复叶沿着马铃薯茎交互轮生。复叶一般较平展，其大小、形状、茸毛的多少、侧小叶的排列疏密、次生裂片的多少、与茎的夹角的大小等均因品种不同而不同。健康的复叶小叶平展、色泽光润；患病毒病的复叶小叶皱缩，叶面不平，复叶变小；被螨侵害的叶子小叶边缘向内卷曲，叶背光亮失常。

（三）花

马铃薯花为两性花，每朵花由花萼、花冠、雄蕊和雌蕊组成，如图 1-2 所示。花萼绿色多毛，基部合成管状。花冠合瓣，呈五角形，有白、浅红、紫红、蓝及紫蓝等色。雄蕊五枚，花药聚生，有淡绿橙黄、褐、灰黄等色。雌蕊子房由两个心皮组成，子房上位，两室。花柱长，柱头头状或棍棒状，两裂或多裂。

（四）果实和种子

马铃薯属于自花授粉作物，异花授粉率为 0.5% 左右。天然结实基本上都是自交结实。果实为浆果，圆形，少数为椭圆形，看上去像小番茄。果色前期为绿色，成熟时顶部变白，逐渐转为黄绿色、褐色或紫绿色。不同品种浆果的大小差异很大。

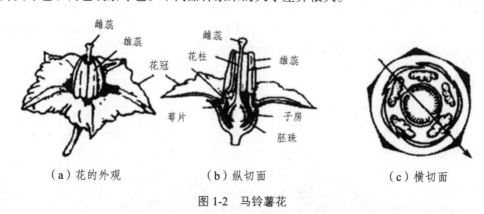

（a）花的外观　　　　　（b）纵切面　　　　　（c）横切面

图 1-2　马铃薯花

每个果实含有 200 粒或更多种子，种子很小，千粒重 0.5~0.6 g，呈扁平或卵圆形，黄色或灰色，新收获的种子有较长的休眠期，隔年种子发芽率可以达到 70%~80%。种子可以作为繁殖材料，称为实生种（True Potato Seed，TPS）。马铃薯的所有地上部分都含有一种有毒的植物碱，叫作龙葵素或茄素。浆果中的龙葵素含量最高，其次是块茎萌发的幼芽中。当块茎表皮受到光照而变绿时，龙葵素含量就显著增加，严重影响块茎的食用价值，人和牲畜食用后均会中毒，严重的甚至会导致死亡。

二、马铃薯地下部分的形态特征

地下部分是马铃薯栽培中最重要的部分，包括母薯、根、地下茎、匍匐茎和块茎，如图1-3所示。

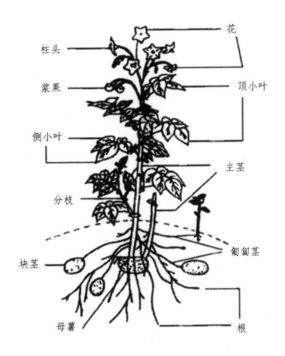

图1-3　正在结薯的马铃薯植株

（一）母　薯

母薯是种薯在植株成长后留下的。残留的种薯并非总是可见，尤其在植株生长后期因种薯腐烂而不可见。

（二）根

马铃薯的根为须根系。马铃薯栽培多用块茎作播种材料，当块茎萌发时，在幼芽基部靠芽眼处密集的3～4节部发根，这部分根被称为初生根。初生根分枝力很强，是主要吸收根系。随后在地下茎根处的匍匐茎周围发根，每节3～4条，被称为后生根。生长早期，根系的发展限于土壤表层，向水平方向扩张，横向生长30～60 cm后，转向垂直生长。一般向下伸长的深度不超过70 cm，生长后期少数根系可以达到1 m以下的土层。根系分布的深度、广度因品种和栽培条件而异，早熟品种根系分布范围小，中、晚熟品种根系分布范围大。土层松软和营养条件好，根系分布范围大，反之，则小。

（三）地下茎

块茎发芽后埋在土壤内的茎为地下茎。地下茎的长度随播种深度和生育期培土厚度的增加而增加，一般为 10 cm 左右。地下茎的节间较短，在节的部位生出匍匐茎。匍匐茎顶端膨大形成块茎。

（四）匍匐茎

匍匐茎从地下茎各节着生，地下生长的尖端发育形成块茎，窜出地面的形成侧枝。约 50%~70%的匍匐茎可以形成块茎。

（五）块　茎

块茎由地下匍匐茎尖端发育形成。两者连接处为"脐"，顶端是顶芽。马铃薯无论个头大小，形状如何，其内部结构都是一样的，其横切面如图 1-4 所示。马铃薯由表及里依次为表皮、周皮（可形成木栓层）、薄壁细胞、维管束和髓等。马铃薯组织细胞结构简单，由细胞壁、细胞质和细胞核组成。细胞壁由纤维素和果胶质组成。细胞质是呼吸及合成淀粉的场所。

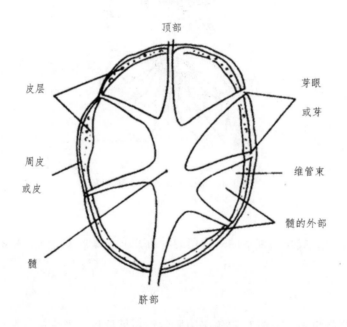

图 1-4　马铃薯的切面结构

块茎的增大是细胞的增殖和膨大，首先是髓部迅速发生大量的细胞分裂与膨大使髓部的体积显著增加，将维管束向外推移。随后皮层、木质部和韧皮部薄壁组织也出现形成层。这几部分产生的新细胞分化成薄壁组织，构成块茎的大部分。在块茎增长的同时，皮下分裂产生的子细胞形成栓皮层，产生 6~10 层木栓化的周皮。周皮上有 74~141 个皮孔。块茎的大小因品种、土壤、气候和栽培条件而异。薯块形状有圆形、椭圆形、卵形、长筒形（见图 1-5）；表皮有光滑、粗糙或网状；皮色有白、黄、浅黄、红、铁锈、粉红、黑、紫等色。肉色有白、黄、浅黄、黑、紫、红、杂色等色。

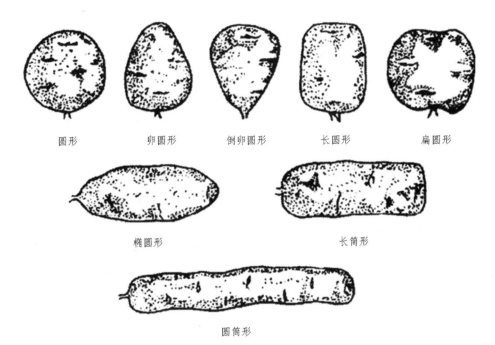

图 1-5 马铃薯的块茎形状

三、马铃薯的生物学特性

马铃薯是营养繁殖的作物，其生育期长短伸缩性很大。根据生育期长短划分为早、中、晚品种，早熟品种 75 d 以内，中早熟种 76～85 d，中熟种 86～95 d，中晚熟种 96～105 d，晚熟种 105 d 以上。

（一）马铃薯的生长发育过程

马铃薯在田间的生长发育过程经历以下五个阶段：

1. 块茎的萌发和出苗

顶部芽眼的芽萌发快，幼芽生长势最强，调节顶端优势可以控制芽苗数与芽苗生长速度。

2. 幼苗的生长和匍匐茎的伸长（出苗至孕蕾）

马铃薯的茎是合轴分枝，靠近顶芽的腋芽迅速发展为新枝。通常，单株叶面积达到 200～400 cm² 时，母薯养分基本耗完，迅速进入自养方式。出苗后 7～15 d，地下各节匍匐茎由下向上伸长。

3. 块茎形成和茎叶生长（孕蕾至开花）

主茎出现 9～17 片叶时开始开花，到地下块茎直径 3 cm 时结束，历时 20～30 d。

4. 块茎的增长与茎叶繁茂（盛花至叶衰老）

盛花期块茎膨大迅速，茎叶和分枝迅速增长，鲜重继续增加，叶面积达到最大值。这种生长势持续到终花期植株总干物质重达高峰时结束。

5. 淀粉积累与成熟（茎叶衰老与枯萎）

开花结果后，茎叶生长缓慢直至停止，植株下部叶片开始枯黄，进入淀粉积累期。此期块茎体积不再增大，茎叶中储藏的养分向块茎转移，淀粉不断积累，块茎重量迅速增加，周皮加厚，当茎叶完全枯萎，块茎成熟，逐步转入休眠。

马铃薯从开花到成熟，是块茎重量持续增长的阶段，以及生长的转折时期。此期的长短和环境条件优劣影响产量的高低。云南、贵州、四川大部分地区经历时间 25～40 d。海拔 1800 m以上的地区一季作为 60～90 d。出苗到成熟大部分地区两季作为 70～80 d。高海拔地区一季作为 100～120 d。

3 月播种萌芽的种薯，4 月出苗并进入茎秆生长期，5 月块茎开始形成，6～7 月达到茎秆生长高峰和最大生物量，7 月下旬叶片开始枯黄，进入块茎生长高峰期，8 月块茎达到生长的最大生物量。早熟品种由于生长周期短，茎秆的生物量较小，块茎的生物量（产量）只能达到 40 t/hm^2；而晚熟品种，生长周期长，块茎的生物产量可以达到 50 t/hm^2。

（二）马铃薯的生长发育特性

一株由种薯无性繁殖长成的马铃薯植株，从块茎萌芽，长出枝条，形成主轴，到以主轴为中心，先后长成地下部分的根系、匍匐茎、块茎，地上部分的茎、分枝、叶、花、果实时，就成为一个完整独立的植株，同时也就完成了由芽条生长期、幼苗期、块茎形成期、块茎增长期、淀粉积累期、成熟收获期组成的全部生育周期。

马铃薯物种在长期的历史发展和由野生到驯化成栽培种的过程中，对于环境条件逐步形成了适应能力，造成它的独有特性，形成了一定的生长规律。马铃薯具有喜凉、分枝、再生、生长发育、休眠等特性。

1. 喜凉特性

马铃薯性喜冷凉，是喜欢低温的作物。其地下薯块的形成和生长需要疏松透气、凉爽湿润的土壤环境。块茎生长的适温是 16～18 ℃，当气温高于 25 ℃ 时，块茎停止生长；茎叶生长的适温是 15～25 ℃，超过 39 ℃ 则停止生长。

2. 分枝特性

马铃薯的地上茎、地下茎、匍匐茎、块茎都有分枝的能力。

3. 再生特性

马铃薯的主茎或分枝具有很强的再生特性。在生产和科研上可利用这一特性，进行"育芽掰苗移栽""剪枝扦插"和"压蔓"等来扩大繁殖倍数，加快新品种的推广速度。特别是近年来，在种薯生产上普遍应用的茎尖组织培养生产脱毒种薯的新技术，仅用非常小的一小点茎尖组织，就能培育成脱毒苗。脱毒苗的切段扩繁、微型薯生产中的剪顶扦插等，都大大加快了繁殖速度，并获得了明显的经济效果。

4. 块茎的生长发育

马铃薯的块茎是由匍匐茎顶端细胞分裂膨大而形成的。块茎大量形成的时间是在幼苗出土后 20 d 左右。块茎膨大最快的时间是在块茎形成后 40~60 d。早熟品种匍匐茎伸出早，块茎膨大早，膨大速度快。所以早熟品种出苗后 60 d 左右即可收获供应市场。

当块茎开始膨大时，匍匐茎的顶端部分大约含有 12 个叶原基。块茎上的芽眉就是叶原基的叶柄痕迹。块茎上的芽眼就是叶腋的位置。块茎表皮上的许多皮孔是由气孔演变来的。皮孔与叶子上的气孔有类似的功能。一般条件下皮孔表现不明显，在土壤湿度特别大时，皮孔周围细胞异常膨大，呈白色，如菜花一样开裂的小点。

不同品种结的块茎数不同是品种特性的表现，而同一品种间植株结薯也不尽相同，这主要是由 3 个原因造成的。一是匍匐茎从地下茎长出时，一般每个节只生出 1 条匍匐茎，但有时也会生出 2~3 条匍匐茎。同时地下茎每节都可生出匍匐茎，植株养分积累得多，匍匐茎也多时，形成的块茎也就多。二是种薯发芽的早晚和同一块茎上产生的主茎数不同，形成的块茎数也不同。整薯或切块播种的，有的可生出 2~3 个茎，有的只生出顶芽 1 个茎。三是植株生长的环境和匍匐茎伸出的时期和部位不同，不可能都形成块茎。

5. 块茎的休眠

块茎在母株上生长成熟时，从芽向顶的顺序休眠，最后顶芽休眠。块茎收获后储藏在低于适温下，呈现不发育状态，称为真休眠。真休眠期可以达到 18~33 周，通常 22~33 周。块茎收获后即使在适宜的环境下也不能立刻诱导发芽，称为熟休眠。熟休眠期可以达到 5~19 周。

按照品种间休眠期的长短不同，可以分为短、中、长 3 种类型。温度 26 ℃ 左右，短休眠期 45 d，中等休眠期 75 d，长休眠期 90 d。

影响块茎休眠期的因素很多，温度 0~4 ℃ 时块茎可以长期休眠，温度升到 20 ℃ 以上，休眠期随之缩短。块茎年龄越小，休眠期越长。早熟种比晚熟种休眠期短。高温干旱促进块茎提前结束休眠期。

第四节　马铃薯营养概述

一、马铃薯的营养成分

马铃薯有低脂肪、高碳水化合物、高维生素、高钾等特点，有"地下苹果"之美誉。马铃薯中的淀粉含直链结构和支链结构，相较于禾谷类淀粉更易被人体吸收。马铃薯中所含的蛋白质属于完全蛋白质，其赖氨酸含量高于谷物，可与各种谷物互补，可作为弥补"赖氨酸缺乏症"的优质食物。马铃薯属于碱性食品，其中的矿物质多为碱性，这是其他蔬菜无法比拟的（表 1-1）。

马铃薯的块茎中含有 76.3% 的水分和 23.7% 的干物质，干物质包括 17.5% 的淀粉和 0.5% 的糖类，1.6%~2.1% 的蛋白质，以及 1% 的无机盐。相对而言，由于马铃薯含有的脂肪较少，膳食纤维较高，因此马铃薯是营养全面、低脂肪、高热量的健康食物，可以满足人体所需的基本营养，作为主粮后，可优化居民膳食结构，促进居民健康情况的改善。

表 1-1　马铃薯和其他主粮食物营养成分比较（每 100 g 可食部分）

食物名称	能量/kJ	蛋白质/g	脂肪/g	碳水化合物/g	水/g	锌/mg	钾/mg	维生素B₂/mg	维生素C/mg
马铃薯鲜薯	77	2.0	0.2	17.2	79.8	0.4	342	0.04	27.0
马铃薯全粉	355	8.4	0.5	79.2	5.6	12.5	980	0.25	25.9
马铃薯丁	344	5.7	0.5	79.2	11.4	0.4	267	0	20.0
大米	347	7.4	0.8	77.9	13.3	1.7	103	0.05	0
小麦	339	11.9	1.3	69.9	10.0	2.3	289	0.10	0
玉米	350	8.8	3.8	70.3	12.5	1.8	281	0.10	0

1. 蛋白质

马铃薯中蛋白质的质量较好，属于完全蛋白质。从蛋白质的氨基酸组成来看，马铃薯蛋白质的氨基酸构成平衡，马铃薯中含有人体所需的 8 种氨基酸，且富含谷类食物中相对不足的赖氨酸和色氨酸，每 100 g 鲜薯中含赖氨酸 93 mg，色氨酸 32 mg，因而马铃薯与谷类混合食用可提高蛋白质的利用率。在马铃薯的鲜薯块茎中蛋白质含量高达 2.7% 以上，全粉中蛋白质含量 8%～9%，并且质量与动物蛋白相近，可媲美于鸡蛋，利于消化吸收。在马铃薯中共含有 18 种氨基酸，包括人体不能合成的必需氨基酸，如苯丙氨酸、亮氨酸、异亮氨酸、缬氨酸、精氨酸、组氨酸、赖氨酸以及色氨酸等。

2. 脂　肪

马铃薯中脂肪含量较低，一般在 0.04%～0.94%，平均在 0.2% 左右，相当于粮食作物的 1/2～1/5，主要成分是甘油三酯、棕榈酸、豆蔻酸和少量的亚油酸和亚麻酸。

3. 碳水化合物

马铃薯的碳水化合物含量丰富，包括单糖（蔗糖和果糖）和多糖（淀粉），以淀粉为主。虽然马铃薯鲜薯碳水化合物含量仅为 17.2 g/100 g，但是全粉中含量为 79.2 g/100 g，高于大米、小麦和玉米（分别为 77.9、69.9、70.3 g/100 g）。马铃薯鲜薯能量密度仅为 77 kJ/100 g，远低于大米、小麦及玉米（347、339、350 kJ/100 g）。但是，脱水马铃薯及马铃薯全粉能量密度与稻米、小麦及玉米相当，分别为 344、355 kJ/100 g。马铃薯主食产品多以全粉加工而成，所供能量也以碳水化合物为主，符合人体能量供给模式。

马铃薯淀粉含量为 12%～22%，占块茎干物质的 70%～80%，由 72%～82% 的支链淀粉和 18%～28% 的直链淀粉组成。块茎淀粉的含量随着块茎的生长而逐渐增加。马铃薯还含有葡萄糖、果糖和蔗糖，占 1.5% 左右。新收获的马铃薯块茎中含糖分较少，经过一段时间的储藏后逐渐增加，尤其是低温储藏时对还原糖的累积比较有利。

4. 维生素

马铃薯是所有粮食作物中维生素含量最全的，与蔬菜相当，主要分布在块茎的外层和顶部，主要包括维生素 A、维生素 B_1、维生素 B_2、维生素 B_3、维生素 B_6、维生素 PP 以及维生素 C。其中马铃薯中含有的 B 族维生素含量是苹果的 4 倍，含有其他禾谷类粮食所没有的胡萝卜素和维生素 C，主要分布在块茎的顶部和外层，其所含的维生素 C 是苹果的 10 倍，且耐加热。另外含有营养学实验表明，若每天食用 0.25 kg 的新鲜马铃薯够一个人 24 h 消耗所需的维生素。

5. 矿物质

马铃薯块茎中矿物质元素含量占干物质总量的 2.2%～7.8%，平均在 4.6%左右，含有人体所需的矿物质元素，其中磷、钾含量较高。钾的含量约占灰分总量的 2/3，对于高血压和中风有很好的防治作用；磷约占灰分总量的 1/10。磷元素的含量与淀粉的黏度有关，磷含量越高，淀粉黏度就越大。另外，马铃薯块茎中还含有钙、镁、硫、氯、硅、钠等元素。

6. 纤维素

马铃薯块茎的纤维素含量在 0.2%～3.5%。当加工含有大量的纤维素的马铃薯时，将会产生废渣，国外利用薯渣通过发酵方法制成燃料级酒精、酶、精饲料以及可降解塑料，国内利用薯渣主要制成醋、酱油、白酒、膳食纤维、果胶、饲料等。

7. 酶　类

马铃薯中含有淀粉酶、蛋白酶、氧化酶等。氧化酶有过氧化酶、细胞色素氧化酶、酪氨酸酶、葡萄糖氧化酶、抗坏血酸氧化酶等。这些酶主要分布在马铃薯能发芽的部位，并参与生化反应。马铃薯在空气中的褐变就是其氧化酶的作用。通常防止马铃薯变色的方法是破坏酶类或将其与氧隔绝。

二、马铃薯的用途

马铃薯块茎中含有丰富的淀粉和对人体极为重要的营养物质，如蛋白质、糖类、矿物质、盐和多种维生素等。马铃薯中除脂肪含量较少外，其他物质如蛋白质、碳水化合物、铁和维生素的含量均显著高于小麦、水稻和玉米。每 100 g 新鲜马铃薯块茎能产生 356 J 的热量，如以 2.5 kg 马铃薯块茎折合 500 g 粮食计算，它的发热量高于所有的禾谷类作物。马铃薯的蛋白质是完全蛋白质，含有人体必需的 8 种氨基酸，其中赖氨酸的含量较高，每 100 g 马铃薯中的含量达 93 mg，色氨酸也达 32 mg。这两种氨基酸是其他粮食作物所缺乏的。马铃薯淀粉易被人体所吸收，其维生素的含量与蔬菜相当，胡萝卜素和抗坏血酸的含量丰富，每 100 g 马铃薯中的含量分别为 40 mg 和 20 mg。美国农业部研究中心的研究报告指出："作为食品，牛奶和马铃薯两样便可提供人体所需要的营养物质。"而德国专家指出，马铃薯为低热量、高蛋白、多种维生素和矿物质元素食品，每天食进 150 g 马铃薯，可摄入人体所需的 20%维生素 C、25%的钾、15%的镁，而不必担心人的体重会增加。

马铃薯不但营养价值高，而且还有较为广泛的药用价值。《神农本草经》称马铃薯具有补虚赢、除邪气、补中益气、长肌肉之效。《湖南药物志》记载："补中益气，健脾胃，消炎。"《食物中药与便方》记载："和胃，调中，健脾，益气。"马铃薯的蛋白质中含有大量的黏体蛋白质，能预防心血管系统的脂肪沉积，保持动脉血管的弹性，阻止动脉粥样硬化过早发生，防止肝脏和肾脏中结缔组织的萎缩，保持呼吸道、消化道的滑润，对肾脏病、高血压有良好的食疗效果。马铃薯中含有大量的优质纤维素，在肠道内可以供给肠道微生物大量营养，促进肠道微生物生长发育，促进肠道蠕动，保持肠道水分，有治疗胃弱、胃溃疡、预防便秘和防治癌症等作用。马铃薯中含有的钾、锌、铁微量元素，可预防脑血管破裂，同时钾对调解消化不良又有特效。马铃薯所含的营养成分在人体抗老防病过程中也有着重要作用。据研究发现，每周吃 5～6 个马铃薯，可使中风概率下降 40%。同时，马铃薯也是癌症患者较好的康复食品。食用马铃薯全粉或马铃薯泥可止吐、助消化、维护上皮细胞，能缓解致癌物在体内的毒性。由于马铃薯富含维生素和花青素，食用马铃薯可预防与自由基有关的疾病，包括癌症、心脏病、过早衰老、中风、关节炎等。俄罗斯的营养专家曾对莫斯科市 1 200 人进行调查，结果表明，平时常吃马铃薯的人比不吃马铃薯的人患流感、传染性肝炎、痢疾、伤寒、霍乱等传染病的概率低 72.4%。

马铃薯淀粉在糊化之前属于抗性淀粉，几乎不能被消化吸收，糊化之后很容易被消化吸收，糊化过后返生的马铃薯淀粉可视为膳食纤维，同样不能被消化吸收。抗性淀粉具有多种功效，能够降低糖尿病患者餐后的血糖值，从而有效控制糖尿病；可增加粪便体积，对于便秘、肛门直肠等疾病有良好的预防作用；还可将肠道中有毒物质稀释，从而预防癌症的发生。

富钾是马铃薯的重要特征之一，钾元素对人体具有重要作用，适量的钾元素能够维持体液平衡，另外钾元素对维持心脏、肾脏、神经、肌肉和消化系统的功能也具有重要作用。经常食用马铃薯对低钾血症、高血压、中风、肾结石、哮喘等疾病具有良好的预防和治疗效果。钾能够使人体内过剩的钠排出体外，因此，常吃马铃薯有助于预防因摄入钠盐过多而导致的高血压。

除了含有维生素和矿物质以外，马铃薯块茎中还含有一些小分子复合物，其中很多为植物营养素。这些植物营养素包括多酚、黄酮、花青素、酚酸、类胡萝卜素、聚胺、生物碱、生育酚和倍半萜烯。马铃薯中酚类物质含量丰富，其大部分酚类物质为绿原酸与咖啡酸。一项研究评估在美国饮食中的 34 种水果和蔬菜对酚类摄入量所做的贡献，最后得出结论，马铃薯是继苹果和橘子之后的第三个酚类物质的重要来源。

（一）粮食和蔬菜作物

马铃薯在日常消费中形式多样、特色各异。作为蔬菜，它不仅能独立成菜，也可与多种食材搭配，佐各式主餐；作为水果，它清爽简单，鲜美平和，符合追求健康生活的消费者的意愿；作为主粮，它营养丰富，特别是富含维生素、矿物质、膳食纤维等成分，能满足消费结构升级和主食文化发展的需要。欧洲人的"杰克烤马铃薯"曾经是工人的美食，价廉且便捷，更能节省时间，加快了机械时代的前进步伐；薯条、薯片更成为西式快餐的主角，风靡全球；洋芋擦擦、洋芋饼则是具有浓郁中国西部特色的美味佳肴。无论是欧洲或美洲，还是亚洲和非洲，几乎每一家的食单上，马铃薯都赫然在列。

据初步统计，马铃薯可做成近 500 道味道鲜美、形色各异的食品，创各种菜肴烹饪技艺之最。其中著名的菜肴和食品有：俄罗斯的马铃薯烧牛肉、马铃薯炒洋葱、咖喱马铃薯肉片；美国的马铃薯甜圈、巧克力马铃薯糕、炸薯片、炸薯条；法国的马铃薯夹心面包、马铃薯肉饼；德国的炸薯条；我国的拔丝土豆、土豆炖肉等。马铃薯的吃法很多，不仅可作主食和蔬菜，也可作馅儿，能凉拌或做成沙拉等，更能加工成食品原料，如淀粉、全粉、薯泥等。在欧美等发达国家，马铃薯多以主食形式消费，并颇得消费者青睐，已成为日常生活中不可缺少的重要食物之一。在美国，每年人均马铃薯消费量为 65 kg，仅次于小麦。马铃薯加工制品的产量和消费量约占总产量的 76%，马铃薯食品多达 90 余种，市场上马铃薯食品随处可见。在俄罗斯，马铃薯享有"第二面包"的美称。俄罗斯是马铃薯消费大国，俄罗斯人几乎一年四季每顿饭都离不开马铃薯，烤马铃薯、马铃薯烧牛肉风靡全国，每年人均马铃薯消费量为 100 kg，几乎与主粮的消费量差不多。

（二）加工方面

马铃薯全粉低脂肪、低糖分，维生素 B_1、维生素 B_2、维生素 C 含量高并含有矿物质钙、钾、铁等营养成分，可制成婴儿或老年消费者理想的营养食品，而且易与其他食品加工原料混合，加工出营养丰富、口感独特的食品，如复合薯片、膨化食品、婴儿食品、快餐食品、速冻食品、方便土豆泥、油炸薯片（条）及鱼饵等，也是饼干、面包、香肠加工的添加料，对调整食品营养结构及提高经济效益有显著促进作用。马铃薯淀粉及其衍生物可作为纺织、造纸、化工、建材等众多领域的添加剂、增强剂、黏结剂、稳定剂等。在医药上，马铃薯是生产酵母、多种酶、维生素、人造血液、葡萄糖等的主要原料。据资料介绍，每 1000 kg 马铃薯一般可制成干淀粉 140 kg 或糊精 100 kg，或合成橡胶 15～17 kg。以单位面积做比较，每公顷所产马铃薯可制造酒精 1660 L，而大麦仅可制造 360 L。随着近年来加工业的发展，马铃薯冷冻食品、油炸食品、脱水食品、膨化食品及全粉的生产等相继兴起，因而马铃薯的加工产值会得到进一步的提高。

（三）畜牧业方面

马铃薯是一种良好的饲料，不仅块茎可做饲料，其茎叶还可做青贮饲料和青饲料。我国广大农村多用屑薯或带有机械伤口块茎煮熟后喂猪，用鲜薯做多汁饲料喂牛和羊，把块茎切碎混拌上糠麸充做家禽饲料等。据试验每 50 kg 块茎用以喂猪，可长肉 2.5 kg；用以喂奶牛可产牛奶 40 kg 或奶油 3.6 kg。对家禽而言，马铃薯的蛋白质很容易消化，是有较好价值的饲料。在单位面积内，马铃薯可获得的饲料单位和可消化的蛋白质数量是一般作物所不及的。

（四）其他方面

马铃薯的收获指数高达 75%～85%（比禾谷类高 50%），其茎叶是很好的绿肥，所含氮、磷、钾均高于紫云英。因此，马铃薯在作物轮作制中是肥茬，宜做各种作物的前作。当其他作物在生育期间遭受严重的自然灾害而无法继续种植时，马铃薯则又是良好的补救作物。马铃薯还有很强的适应性，它对土壤的要求不是特别严格，土壤 pH 4.8～7.1 都能正常发育，能适应不同的生态类型，在一些不适宜种植水稻、小麦的地方种植马铃薯，也能获得较好的产量。马铃薯又是理想的间、套、复种的作物，可与粮、棉、菜、烟、药等作物间套复种，能有效提高土地与光能利用率，增加单位面积产量。

三、马铃薯的药用价值

马铃薯不但营养价值高，而且还有较广泛的药用价值。我国传统医学认为，马铃薯有和胃、健脾、益气的功效。可以预防和治疗十二指肠溃疡、慢性胃炎、习惯性便秘和皮肤湿疹等疾病，还有解毒、消炎之功效。多吃马铃薯可以防止口腔炎，更有预防维生素 C 缺乏病及结肠癌之作用，对肾脏病、高血压也有良好的食疗效果，同时还能有效改善人脑的记忆功能。

煮熟的马铃薯对脾虚泄泻、大便干燥、虚劳久咳、尿频、乳汁稀少等有辅助治疗功效，其功能为利水消肿、和中养胃，因其丰富的营养和易消化性，适宜脾胃气虚，营养不良之人食用。另外，马铃薯含有较多的钾元素，它也是心脏病、肾病患者的有益食品。

此外，马铃薯藤叶中含有丰富的胡萝卜素、VC、VB_1、VB_2、V_{PP} 和无机盐等，营养成分明显优于芹菜、菠菜等，特别是胡萝卜素的含量，比萝卜还高 36 倍，马铃薯藤叶具有补虚乏、益气力、健脾胃、生肌肉、抗癌、美容、延年益寿等多种保健作用。

第五节　马铃薯生产概述

由于马铃薯丰产性好，适应性广，耐旱耐瘠，以及其营养成分比例平衡，因此已逐步成为人类重要的食品、蔬菜、饲料、能源和工业原料。目前，马铃薯已成为世界上仅次于水稻、小麦、玉米的第四大粮食作物，分布范围广泛。世界上种植马铃薯的国家和地区达 150 个左右。

一、世界马铃薯生产区域分布

马铃薯环境适应性较强，从水平高度至海拔 4000 m，从赤道到南北纬 40°的地区均能种植，其种植地区涵盖了除南极洲外的各大洲。目前世界公认的马铃薯三大产区分别为：高山地区，包括中国喜马拉雅山脉、南美安第斯山脉以及其他分布在亚洲、非洲、大洋洲和拉丁美洲的一些山区；低地热带区，从巴基斯坦通过印度延伸到孟加拉国的印度恒河平原、北墨西哥和秘鲁海岸；温带区，包括大部分发达国家。马铃薯在全球各大洲的分布差异较大，其中亚洲和欧洲的马铃薯种植面积、产量占到世界的 80%～90%，而美洲、非洲和大洋洲仅占10%～20%。虽然亚洲和欧洲是马铃薯种植和生产的主要地区，但马铃薯在这两大洲的发展却呈相反的变化趋势。亚洲马铃薯生产在近年增长迅猛，成为推动世界马铃薯产业发展的重要力量。

20 世纪 60 年代以来，虽然世界马铃薯种植面积在逐步下降，但产量却呈现波动上升的趋势。在种植面积减少 20.63%的情况下，产量从 1961 年的 27 055.22 万吨增加到 2018 年的36 816.89 万吨，增长了 36.08%。欧洲马铃薯产量从 1961 年的 22 182.86 万吨减少到 2018 年的 10 518.13 万吨，减少了 52.58%，低于种植面积减少的比例。亚洲马铃薯产量从 1961 年的2335.73 万吨增加到 2018 年的 18 864.47 万吨，增长了 707.65%，远高于马铃薯种植面积增长的比例。亚洲是对世界马铃薯产量增加贡献最大的地区。非洲马铃薯产量从 1961 年的仅有210.12 万吨，增长到 2018 年的 2604.17 万吨，增长的比例高达 1139.40%。美洲马铃薯产量从1961 年的 2257.08 万吨，增长到 2018 年的 4659.64 万吨，大洋洲马铃薯产量从 1961 年的 69.44万吨，增长到 2018 年的 170.48 万吨，分别增长了 106.45%和 145.53%。除了欧洲，其他各洲在过去的 50 多年间，马铃薯产量均有大幅增长。自 2002 年起，亚洲马铃薯产量超过欧洲，成为全球生产马铃薯最多的区域。

二、世界马铃薯主要生产国

从种植的国家来看，当前欧洲种植马铃薯的国家主要集中在东欧，如俄罗斯、乌克兰、波兰、白俄罗斯等。亚洲种植马铃薯的国家主要是中国、印度、孟加拉国等国。非洲种植马铃薯的国家主要是尼日利亚、肯尼亚等国。美洲种植马铃薯的国家主要是美国，其次是秘鲁、加拿大等国。根据联合国粮农组织数据库统计，在马铃薯种植面积方面，2018 年排名前 10 位的国家分别为中国、印度、乌克兰、俄罗斯、孟加拉国、美国、尼日利亚、秘鲁、波兰以及白俄罗斯，其中中国种植面积达 481.09 万公顷，占世界的 27.37%，超过 1/4，印度的马铃薯种植面积超过 200 万公顷，乌克兰、俄罗斯的马铃薯种植面积超过 100 万公顷；其余国家的马铃薯种植面积也均超过 25 万公顷。从增长幅度来看，近 20 年来，印度、孟加拉国、巴基斯坦、马拉维、玻利维亚、埃及、蒙古、菲律宾等国家马铃薯种植面积增幅较大。马铃薯生产规模快速扩张的国家多是发展中国家。因为发展中国家人口多、人均耕地少，维护国家粮食安全的压力比较大，同时这也说明马铃薯在保障全球粮食安全方面发挥着重要作用。2019年马铃薯产量前 3 位的国家分别是中国（9300 万吨）、印度（5100 万吨）和乌克兰（2300 万吨）。3 国马铃薯产量占全球马铃薯产量的 45%。近 1/4 的产量分布在俄罗斯、美国、孟加拉国、德国、法国、波兰、荷兰、加拿大和白俄罗斯。

三、我国马铃薯生产区域与产量

（一）马铃薯生产区域

中国地区辽阔，气候多样，从北到南，由于纬度的差异，无霜期从 80 d 到 300 d，从北部的春播秋收年种一季马铃薯，中原地区的春播夏收、夏播秋收到南方的秋播冬收、冬播春收年种两季马铃薯，以及西南山区随海拔高度变化而形成的马铃薯单、双季立体种植。地区纬度、海拔、地理和气候条件的差异，导致了光照、温度、水分、土壤类型的差异，以及与其相适应的马铃薯品种类型、栽培制度等不同。中国马铃薯的栽培区域可划分为 4 个各具特点的类型，即马铃薯北方和西北一季作栽培区、中原春秋二季作栽培区、西南一二季垂直分布栽培区和南方秋冬或冬春二季作栽培区。

1. 北方和西北一季作栽培区

该区种植面积约占全国的 46%，又分为东北、华北和西北一季作区。东北一季作区包括黑龙江、吉林、内蒙古东部和辽宁北部，华北一季作区包括内蒙古中西部、山西和河北北部，西北一季作区包括甘肃、青海、宁夏、新疆和陕西北部。北方一作区播种期为 4 月下旬到 5 月中下旬，以旱作为主，除黑龙江和吉林外，其他都属于干旱或半干旱地区。干旱是制约该区马铃薯产量提高的主要因素。

该区多在高纬度、高海拔地区，夏季气候凉爽，昼夜温差大。光照充足，生育期短，但是连在一起的时间长，一年只种一季马铃薯，即春种秋收，可以满足中晚熟品种的生长。马铃薯生育季节主要在夏季，故又称夏作类型。该区是我国马铃薯的主要产区，交通比较方便的一些省、自治区，如黑龙江、内蒙古、山西北部和河北坝上，都是我国主要的种薯生产基地，每年要调出大量种薯，供应中原马铃薯二季作区和南方冬作区。近年来，北方马铃薯淀

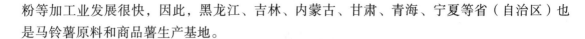

粉等加工业发展很快，因此，黑龙江、吉林、内蒙古、甘肃、青海、宁夏等省（自治区）也是马铃薯原料和商品薯生产基地。

2. 中原春秋二季作栽培区

该区位于北方春作区南界以南，大巴山、苗岭以东，南岭、武夷山以北各省，包括辽宁、河北、山西、陕西四省的南部，湖北、湖南二省的东部，以及北京、天津、山东、河南、江苏、浙江、上海、安徽、江西等省（市）。受气候条件、栽培制度等影响，该区马铃薯栽培面积分散，播种面积约占全国的10%。

该区一年种植春秋两季马铃薯。两季栽培方式已有近百年的历史，是中国马铃薯栽培的特点之一。马铃薯二季作栽培方式，就是春季利用保护措施（冷床、大棚等）早种早收的种薯（可躲避蚜虫传播病毒），作为当年秋季栽培用种；利用秋季生产的种薯用于翌年春季马铃薯生产。该地区的春秋两季马铃薯的生育期都只有80~90 d，因此需要高产、抗病毒病、休眠期较短、薯形好的早熟或块茎膨大速度快的中早熟品种。春作马铃薯结薯期多处于较高的气温条件下，因而传毒媒介蚜虫发生频繁，种薯易感染病毒退化。除河南省郑州市蔬菜研究所通过早种早收、避蚜躲高温、马铃薯脱毒等综合措施，防止马铃薯病毒性退化，实现就地留种，生产出健康种薯，达到种薯自给外，其他大部分省、自治区仍然靠从高纬度、高海拔地区调入种薯，进行马铃薯生产。

该地区马铃薯除单作外，多与棉、粮、菜、果等间作套种，大大提高了土地和光能利用率，增加了单位面积的产量和效益。目前，黄淮海平原地区适于和马铃薯间作套种的粮棉菜等作物面积约为50万公顷。由于薯棉、薯粮等间作套种面积有逐渐扩大的趋势，故马铃薯的栽培面积也相应增加。

3. 西南一二季垂直分布栽培区

该区包括云南、贵州、四川、重庆、湖南西部地区，湖北西南、西北山区及相连的陕西西康地区。该区域地域辽阔，地势复杂，万山重叠。大部分山地虽侧坡陡峭，但顶部却较平缓，上有灰岩丘陵，连绵起伏，并有山间平地或平坝错落其间，全区有高原、盆地、山地、丘陵、平坝等各种类型。据20世纪80年代的调查，在各种地形中，以山地为主，占土地总面积的71.7%，其次是丘陵占13.5%，高原占99%，平原面积最少，仅占4.9%。为了改善生态环境，防止水土流失，在政府的大力扶持下，陡坡地已基本停耕换林，但以山地为主的格局并没有改变。

该区由于山地丘陵面积大，因此形成了旱地多及坡地、梯田多的耕地特点。耕地土壤pH一般偏酸性。由于秦岭、巴山、岷山等屏障，阻挡了冬季北方寒流的袭击，因而该区冬无严寒，中海拔以上地区更无炎热，气候凉爽。该区气候垂直差异非常明显，构成典型立体农业的特征，同时亚热带山地气候特征显著，雨多雾重，湿度大，日照少，尤以云贵高原、湘鄂西部为甚，是全国云雾最多、日照最少的地方，日照百分率大多在30%左右。

该区马铃薯栽种类型多种多样。低海拔地区有高山屏障，冬季冷空气侵入强度较弱，无霜期可达260~300 d，适于马铃薯二季栽培；中海拔以上地区主要与玉米套种，高海拔地区少数单作。因此，全国马铃薯栽培区划将西南地区定为单、双季混作区。在高海拔地区，有效积温少，种植的主要作物是马铃薯，并成为当地农民赖以生存的主食。

4. 南方秋冬或冬春二季作栽培区

该区位于苗岭、南岭、武夷山以南的各省、自治区，包括广东、海南、广西、福建、台湾。该区大部分位于北回归线附近，即北纬26°以南，冬季平均气温12～16 ℃，此时恰连干旱，南方水源充足，通过人工灌溉，可显著提高马铃薯产量。马铃薯在该地区的种植时间为晚秋、冬季和早春。这期间的气候条件非常适合马铃薯的生长，产量较高。本区虽非马铃薯的重点产区，栽培面积不足全国马铃薯播种面积的2%，但可充分利用水稻冬闲地种植马铃薯，晚秋和冬季的短日照有利于马铃薯块茎的膨大，生育期短，产量高，品质好。

该区发展马铃薯的主要问题是不能生产种薯，马铃薯11～12月份播种后，翌年2～3月份收获，收获的块茎无法储存到当年的11月份播种，因此，每年必须从北方一季作区的种薯生产基地大量调入种薯，如能保证种薯的质量，才能达到丰产丰收。

（二）种植面积与产量

20世纪30年代中期，全国马铃薯种植面积约33.3万公顷，50年代为155.9万公顷，70年代中期上升到417.0万公顷，1980年达到466.7万公顷。20世纪90年代初，我国成为世界马铃薯生产第一大国，马铃薯的播种面积和总产量稳定增长。据推算，在4个栽培区域中，常年栽培面积在40万公顷以上的有内蒙古、贵州、甘肃等省区；30万公顷以上的有黑龙江、陕西、四川、重庆等省（直辖市）；27万公顷以上的有山西和云南等省；13万公顷以上的有河北、宁夏等省（自治区）。近年来，山东、河南、安徽等中原地区发展马铃薯与粮棉等间作套种，马铃薯的面积迅速增加，同时，广东、福建等稻作区的冬季休闲田也在不断扩大马铃薯的种植面积。

据联合国粮食及农业组织（FAO）数据，2005—2014年，我国马铃薯播种面积增加了76.4万公顷、总产量增加了2465万吨。2010—2015年，我国马铃薯年均播种面积为542.5万公顷、年均产量为8852.4万吨，分别比2005—2009年增加了44.2万公顷和1647.6万吨，增幅分别为8.9%和22.9%。2006年我国马铃薯播种面积和产量曾经出现迅速下滑，但从2008年开始呈现出稳定增长的态势。2019年我国马铃薯种植面积为537.9万公顷，比2018年减少了5.4%；平均单产为18 449 kg/hm^2，比2018年提高了1.2%；总产量为9905万吨，比2018年下降了4.2%。目前，我国马铃薯种植面积占世界总面积的1/4，总产量占到全世界的1/5，面积和产量均居世界首位。

第六节　马铃薯储藏概述

一、马铃薯储藏前管理

（一）适时收获

1. 收获期确定

依据成熟度、农药使用情况、气候、市场及后作农时等因素确定收获期。

2. 收前控水

收获前使土壤湿度控制在 60%，保持土壤通气环境，防止田间积水，避免收获后烂薯，提高耐贮性。

3. 收获天气

选择晴天或晴间多云天气收获，以免雨天拖泥带水，既不便收获、运输，又影响商品品质，同时又容易因薯皮损伤而导致病菌入侵，发生腐烂或影响储藏。

4. 收获方法

机械收获、犁翻、人工挖掘均可，要尽量减少机械损伤。收获后既要避免烈日暴晒、雨淋，又要晾干表皮水汽，使皮层老化。预贮场所要宽敞、阴凉，不要有直射光线（暗处），堆高不要超过 50 cm，要通风，有换气条件。

（二）包装运输

马铃薯储藏时可按品种类型、薯块大小、整齐程度以及规格质量进行分级包装。包装物可以选用编织袋、纸袋、塑料袋以及筐、箱。短途运输可用汽车或中小型拖拉机及人力三轮车等工具，包装以筐装为主，也可散装；中长途运输以汽车、火车为运输工具，以麻袋或编织袋及筐、箱等包装。运输时要防高温、防潮、防冻，尽量避免机械损伤。

（三）抑芽处理

1. 预处理

薯块在收获后，可在田间就地稍加晾晒，散发部分水分，以便贮运。一般晾晒 4 h，就能明显降低储藏发病率，日晒时间过长，薯块将失水萎蔫，不利于储藏。夏秋季节收获的马铃薯都需先堆放在阴凉通风的室内、棚窖内或荫棚下预贮，然后进行挑选，剔除病害、机械损伤、萎蔫、腐烂薯块。在搬运中最好整箱或整垛移动，尽量避免机械损伤。

2. 防腐处理

苯诺米尔、噻苯咪唑、氨基丁烷熏蒸剂等多用于马铃薯的防腐保鲜及果蔬加工中。仲丁胺也是一种新型的安全的仿生型马铃薯防腐剂，洗薯时，每千克 50%的仲丁胺商品制剂用水稀释后，可洗块茎 20 000 kg；熏蒸时，按每立方米薯块 60 mg ~ 14 g 50%仲丁胺使用，熏蒸时间 12 min 以上，防腐效果良好。

3. 抑制发芽处理

根据马铃薯的休眠特性，自然度过休眠期后，它就具备了发芽条件，特别是温度条件在 5 ℃ 以上就可以发芽，而且在超过 5 ℃ 的条件下，长时间储藏更有利于它度过休眠期。然而，加工用薯的储藏，又需要 7 ℃ 以上的窖温，因而很容易造成大量块茎发芽，影响块茎品质，降低使用价值。

（1）抑芽剂的剂型

马铃薯抑芽剂的有效成分是氯苯胺灵（CIPC），按物理状态分为两种剂型：一种是粉剂，为淡黄色粉末，无味；另一种是气雾剂，为半透明稍黏的液体，稍微加热后即挥发为气雾。

（2）施用时间

用药时间在块茎解除休眠期之前，即将进入萌芽时是施药的最佳时间。同时还要根据储藏的温度条件做具体安排。比如窖温一直保持 2~3 ℃，温度就可以强制块茎休眠，在这种情况下，可在窖温随外界气温上升到 6 ℃ 之前施药。如果窖温一直保持在 7 ℃ 左右，可在块茎入窖后 1~2 个月的时间内施药。一般来说，从块茎伤口愈合后（收获后 2~3 周）到萌芽之前的任何时候，都可以施用，均能收到抑芽的效果。

（3）剂量

用粉剂，以药粉质量计算。比如用 0.7% 的粉剂，药粉和块茎的质量比是（1.4~1.5）∶1000；若用 2.5% 的粉剂，药粉和块茎质量比是（0.4~0.8）∶1000。

用气雾剂，以有效成分计算，浓度以 3/100 000 为好。按药液计算，每 1000 kg 块茎用药液 60 mL。还可以根据计划储藏时间，适当调整使用浓度。储藏 3 个月以内（从施药算起）的，可用 2/100 000 的浓度；储藏半年以上的，可用 4/100 000 的浓度。

（4）施药方法

① 粉剂施法。根据处理块茎数量的多少，采取不同的方法。如果处理数量在 100 kg 以下，可把药粉直接均匀地撒于装在筐、篓、箱或堆在地上的块茎上面。若数量大，可以分层撒施。有通风管道的窖，可将药物粉末随鼓入的风吹进薯堆里边，并在堆上面撒一些，也可用手撒或喷粉器将药粉喷入堆内。药粉有效成分挥发成气体，便可起到抑芽作用。无论采用哪种方法，撒上药粉后都要密封 24~48 h。处理薯块，数量少的，可用麻袋、塑料布等覆盖，数量大的要封闭窖门、屋门和通气孔。

② 气雾剂施法。气雾剂目前只适用于储藏 10 t 以上并有通风道的窖内。用 1 台热力气雾发生器（用小汽油机带动），将计算好数量的抑芽剂药液，装入气雾发生器中，开动机器加热产生气雾，使之随通风管道吹入薯堆。等药液全部用完后，关闭窖门和通风口，密闭 24~48 h。

（5）注意事项

抑芽剂有阻碍块茎损伤组织愈合及表皮木栓化的作用，所以块茎收获后，必须经过 2~3 周的时间，使损伤组织自然愈合后才能施用。切忌将马铃薯抑芽剂用于种薯和在种薯储藏窖内进行抑芽处理，以防止影响种薯的发芽，给生产造成损失。

二、马铃薯的储藏方法

（一）马铃薯储藏的形式

1. 埋藏法

秋薯收后置于阴凉处，避光堆放，待外界气温接近 0 ℃ 时储藏。储藏沟深 1.5~2 m、宽 1~1.5 m，长度不限。

块茎入沟中，每 30~40 cm 上覆 10 cm 厚的一层干沙，共埋 3 层。最上面盖上稻草，再随着气温下降陆续覆土。覆土总厚度不能小于当地的冻土层，一般为 60～80 cm。

2. 夏季堆藏法

夏季收获后置于阴凉、避风处，堆厚 30～40 cm，经 15～20 d，待表皮充分干燥和老化、愈伤组织形成后即可堆藏。

块茎堆放在通风良好的室内或通风储藏库中，堆高在 50 cm 以下，每隔 1～2 m 设一通风筒。有条件时，装筐码垛最好，储藏期间要经常检查，淘汰烂者，并注意通风。

3. 窖藏法

块茎收获后，堆于阴凉处，避光晾 5～7 d。待外界温度接近 0 ℃ 时，入窖储藏。窖藏的形式在土质较黏重的地区可采用井窖窖藏法，每窖室可储藏 3000 kg。在有土丘或山坡地的地方，可采用窑窖储藏。以水平方向向土崖挖成窑洞，洞高 2.5 m、宽 1.5 m，长 6 m，窖顶呈拱圆形，底部也有倾斜度，与井窖相同，每窖可储藏 3500 kg。

井窖和窑窖利用窖口通风并调节温湿度，因此窖内储藏不宜过满。入窖初期，要加强通风，降低温度；深冬应注意保温防冻，维持窖内 2～4 ℃ 的温度和 90% 的相对湿度。如管理得当，窖温稳定，储藏效果才会好。另外，东北地区多采用棚窖储藏，棚窖与大白菜窖相似，深 2 m、宽 2～2.5 m、长 8 m，窖顶为秫秸盖土，共厚 0.3 m。天冷时再覆盖 0.6 m 秫秆保温。窖顶一角开设一个 0.5 m×0.6 m 的出入口，也可做放风用。每窖可储藏 3000～3500 kg 薯块。黑龙江地区马铃薯 10 月份收获，收获后随即入窖，薯堆高 1.5～2 m。吉林 9 月中下旬收获后经短期预贮，10 月下旬再移入棚窖储藏。冬季薯堆表面要覆盖秫秆防寒。

4. 通风库储藏法

通风储藏库应事先用福尔马林熏蒸消毒。马铃薯收后稍晾即入库。堆高 0.8～1.5 m，宽 2 m。每隔 2～3 m 垂直放一个通风筒，以利通风散热。入库后 2 个月，按每 5000 kg 块茎，取 98% 的萘乙酸甲酯或乙酯 150 g，溶于 300 g 丙酮或酒精中，再拌入 10～12.5 kg 细土中，然后将药物均匀撒在薯块上。撒后在薯块上封一层纸或麻布，使药物在较密闭的环境中挥发。以此可防止薯块发芽，减少损失。

（二）储藏方法

为提高储藏效果，必须对马铃薯采取一些预处理措施。

1. 晾　晒

薯块收获后，可在田间就地稍加晾晒，散发部分水分，以便贮运。一般晾晒 4 h，就能明显降低储藏发病率。日晒时间过长，薯块将失水萎蔫，不利于储藏。

2. 预　贮

夏秋季节收获的马铃薯都需先堆放在阴凉通风的室内、棚窖内或荫棚下预贮。为便于通风散热和翻倒检查，预贮堆不宜过大（高不超过 0.5 m，宽不超过 2 m），并在堆中设通风管。

为避免阳光照射，可在薯堆上加覆盖物遮光。

3. 挑　选

马铃薯在预贮后要进行挑选，剔除病害、机械损伤、萎蔫、腐烂薯块。

4. 药物处理

用化学药剂进行适当处理，可抑制薯块发芽，同时还有一定的杀菌防腐作用。在马铃薯收获前 2~4 周内，用 0.25%的青鲜素水溶液进行叶面喷洒，可抑制薯块在储藏期间的发芽。但需在薯块肥大期进行田间喷洒，喷洒过早或过晚，药效都不明显，尤其在雨季喷洒时，要注意药液在植株上的运转速度。试验证明，青鲜素在春作薯叶上需要 48 h，在秋作薯叶上需要 72 h，才能发挥抑芽的作用。在此期间，若遭雨淋，药效会明显下降，应当重喷。

用高浓度的萘乙酸甲酯（或乙酯）处理马铃薯块，可防止其发芽。处理方法是：将 98% 的纯萘乙酸甲酯 15 g 溶解在 30 g 丙酮或酒精中，再缓缓拌入预先准备好的 1~1.25 kg 的细泥中，尽快充分拌匀后装入纱布或粗麻布袋中，然后均匀地撒在 500 kg 薯块上。注意：药物要现配现用，撒药越均匀越好。药物处理的时间，一般在收获后的 2 个月左右比较适宜，即在薯块的休眠中期处理，用药过晚则效果不佳。

5. 辐射处理

用 ^{60}Co 射线，辐射剂量为 2.06~5.16 C/kg 照射薯块，有明显的抑制发芽的效果。各地储藏马铃薯的形式多样，南方多室内堆藏，北方多埋藏、窖藏、通风库储藏，若条件允许用冷库储藏效果更好。

第七节　马铃薯应用概述

一、马铃薯产品开发利用现状

通过近十年来的研究与开发，以马铃薯为原料的加工产品得到了空前的发展。目前全世界的马铃薯加工产品有：薯片、薯条、雪光粉、颗粒粉、薯块、全粉、淀粉、罐头、去皮薯、薯粒、沙拉及化工产品，如乙醇、茄碱、乳酸等。但最主要的加工产品仍为淀粉、薯片（再塑薯片），薯条和全粉（颗粒粉和雪花粉）。总之，全世界有 50% 的马铃薯用作鲜食，10% 用于加工，20% 用于饲料，10% 用于种薯。

（一）国外马铃薯产品开发利用现状

发达国家马铃薯的加工量占总产量的比例较高，美国一半以上的马铃薯用于深加工；荷兰 80% 的马铃薯用于深加工后进入市场；日本每年加工用的鲜马铃薯占总产量的 86%，利用淀粉已开发出 2000 多种新产品，加工产品主要有冷冻马铃薯产品、马铃薯条（片）、马铃薯泥、薯泥复合制品、淀粉以及马铃薯全粉等深加工制品和全价饲料等；德国每年进口的马铃薯食品，主要是干马铃薯块、丝和膨化薯块等，每年人均消费马铃薯食品 19 kg，全国有 135

个马铃薯食品加工企业，加工比例占 13.7%；英国马铃薯加工比例占 40%，每年人均消费马铃薯近 100 kg，以冷冻马铃薯制品最多；瑞典的阿尔法·拉瓦-福特卡联合公司，是生产马铃薯食品的著名企业，年加工马铃薯 1 万多吨，占瑞典全国每年生产马铃薯食品 5 万吨的 1/4；法国马铃薯加工比例占 59%，以马铃薯泥为主；波兰成为世界上最大的马铃薯淀粉、马铃薯干品及马铃薯衍生品生产国，并在加工工艺、机械设备制造方面积累了丰富的经验，具有独特的生产技术手段。因此，欧共体成员国引进的现代化马铃薯加工技术设备大多来自波兰，发达的加工业为波兰各项工业特别是食品加工业的发展打下了基础。由此表明，当前全球马铃薯加工产业的发展正进入兴旺发达阶段。

（二）我国马铃薯产品开发利用现状

中国对马铃薯的加工尚属起步阶段，加工比例仅有 5%，其中绝大部分用于鲜食和淀粉加工，其他产品大多仍属于初期阶段，数量都十分有限。

在我国，马铃薯多限于鲜储、鲜运、鲜销、鲜食。在传统的膳食结构中，除部分地区作为主食直接食用，95%以上的马铃薯是作为蔬菜鲜食，并且近年来直接消费量不断下降。马铃薯工业加工多限于加工成粗制淀粉，制作粉丝、粉皮、粉条、酒精、休闲食品（薯片）等，不仅数量少，而且加工深度不够，经济效益不高，消化能力有限。在广大的马铃薯种植产地，由于缺乏相应的加工技术，加之受交通运输条件所限，收获后的鲜薯以作薯干或饲料为主。由于受市场限制，马铃薯在当地的销售价格低廉，马铃薯高产优势的发挥受到极大的制约。而且由于没有现代化的储藏设备和科学的加工技术，每年全国因此而损失的马铃薯为 25%～30%，其余的也基本用于鲜食或者加工成粉丝、粉条及淀粉，使马铃薯的营养价值没有得到充分的发挥，也使其综合经济效益受到了极大的限制。

关于我国马铃薯淀粉及其深加工制品的进出口情况，进口马铃薯淀粉及其深加工制品量占据了进口总量的 30%，出口马铃薯淀粉及其深加工制品量仅占据了出口总量的 3%。近年来，在党和国家政策的推进下，全国各地区为马铃薯产业化采取了各种措施和办法，云南润凯公司曾与世界最大的马铃薯淀粉生产企业——荷兰艾维贝公司合资成立了云南艾维贝润凯淀粉有限公司。内蒙古已建成的马铃薯大型加工企业有 8 家，年产马铃薯淀粉——马铃薯全粉 2 万吨、雪花粉 1 万吨，全区马铃薯加工总量约为 100 万吨，工业利用率达 15%。宁夏回族自治区全区马铃薯加工企业有 22 家，形成了 8.8 万吨的加工能力，其中粗淀粉 2.4 万吨，精制淀粉 6.4 万吨，以精制淀粉再加工的预糊化淀粉 3.4 万吨，在广大农村还有 2 000 多家生产粉条、粉丝的小作坊，年产 2 万吨左右，全年加工量达 70 万吨。四川省马铃薯加工产品主要有马铃薯淀粉、粉丝、薯片等初级产品，加工数量极为有限，近年来与国际马铃薯中心等合作开发了马铃薯精制淀粉、马铃薯全粉、油炸薯片等品种。

2015 年年初，我国开展了马铃薯主粮化发展战略研讨会。马铃薯主粮化是用马铃薯加工成适合中国人消费习惯的馒头、面条、米粉等主食产品，实现马铃薯由副食向主食消费转变、由原料产品向产业化系列制成品转变、由温饱消费向营养健康消费转变，以作为我国三大主粮的补充，并逐渐成为第四大主粮作物。目前已有马铃薯馒头上市销售。

二、马铃薯的工业应用

马铃薯是一种营养成分较全面的食物，含有大量的淀粉以及蛋白质、维生素、矿物质、脂肪等营养物质，是一般的粮食和蔬菜所不能比拟的，因此，以马铃薯为原料开发一系列加工产品，具有广阔的市场应用前景。马铃薯既可作为食品加工原料或添加剂，也可作为工业生产辅料用于印染、浆纱、造纸、铸造、医药、化工、轻工、皮革等多种工业领域。而且随着科学技术的发展，以马铃薯淀粉为原料，经物理、化学方法及酶制剂的处理，用途更加广泛，不但提高了淀粉的经济价值，而且各种新产品的性质更加适用于工业生产的需要。据测算，国内对马铃薯淀粉及其衍生物的潜在年需求量在 100 万吨以上，主要用途有：

（一）食品工业

目前，我国居民马铃薯日常膳食多为鲜薯，马铃薯在食品工业应用中具体有以下几个方面：

1. 马铃薯粉类、粉条（丝）

主要包括马铃薯全粉、淀粉以及粉丝、粉条、粉皮等。

2. 主食类产品

马铃薯主食开发产品则是先研制马铃薯全粉，再以马铃薯全粉与小麦面粉或大米面粉按照一定比例混合配比后加工制成，即可以开发成馒头、面包、包子、油饼、油条、面条、丸子、饼干、月饼等系列产品。2016 年，内蒙古首条马铃薯主粮化馒头生产线在乌兰察布市兴和县建成投产。目前，仅乌兰察布市就有兴隆食品等 6 家专门从事马铃薯主食产品加工的企业，产品已经推向市场，在全市大小型超市销售，并辐射到周边地区。目前，国家马铃薯主粮化项目组已成功开发出马铃薯全粉占比 35% 的马铃薯面条、40% 的马铃薯馒头、15% 的马铃薯米粉等主食产品的配方及加工工艺。另有一些适宜户外特殊环境下稍微加热或是开水冲调后即可食用的速食类制品。

3. 马铃薯休闲食品

马铃薯休闲食品以薯条、薯片为主，还有马铃薯泥、马铃薯罐头、薯脯、薯酱、糖果等。据中国食品协会不完全统计，我国冷冻薯条生产量近年来逐年递增，2007—2009 年年增长从 1 万吨跨上了 2 万吨的新台阶，达到年产 9.8 万吨，同比增长 25.6%，表现出高速增长的可喜态势。国内已建成的规模化薯条加工能力大约 10 万吨以上。据估算，全世界冷冻马铃薯薯条的总产量约为 800 万吨。国内消费市场中约有 20 万吨马铃薯薯条为进口商品。马铃薯薯片分为切片型薯片和复合薯片。目前生产薯片的企业有百事公司、福建达利集团、上好佳（中国）有限公司、好丽友食品有限公司等，代表性产品分别为"乐事薯片""可比克薯片""上好佳薯片""薯愿薯片"。

4. 马铃薯调味品

马铃薯调味品主要有马铃薯黄酒、马铃薯食醋、马铃薯酱油、味精等。

5. 马铃薯饮品

目前市场上开发的马铃薯饮品主要有马铃薯白酒、马铃薯乳酸菌饮料、马铃薯格瓦斯、马铃薯果醋、马铃薯复合饮品等。

6. 马铃薯淀粉

马铃薯淀粉是目前马铃薯深加工的主要产品,在食品工业中,马铃薯变性淀粉主要用作增稠剂、黏结剂、乳化剂、充填剂、赋形剂等。变性淀粉的开发应用已经有 150 多年历史,工业化较早的是欧美国家。在美国,马铃薯淀粉约 30%应用在食品上。特别是在汤料中大量使用,这是因其具有较高的初始黏度,能有效分散各种成分,且在随后的高压消毒处理时,最终产品的黏度可以达到所要求的程度。同时,它还用于焙烤特殊食品;制成颗粒作为"布丁";香肠的扎线和填充料;适于口味极温和的水果清水罐头等;添加在糕点面包中,可增加营养成分,还可防止面包变硬,从而延长保质期;添加在方便面中,增强柔软度、改善口感。另外,还可作为制作造型糖果的成形剂;作为稠化剂以增加焦糖和果汁软糖的光滑性和稳定性;作为馅饼、人造果冻的增稠剂,浇模糖果如雪花软糖的凝胶料,乳脂糖或果汁软糖的黏合剂,胶姆糖、口香糖等糖果的撒粉剂。作为胶黏剂,主要是糊精化马铃薯淀粉。在美国约有 19% 的马铃薯淀粉用于制备胶黏剂。糊精化马铃薯淀粉具有高的糊黏性和柔韧性的最终膜,还具有极容易再显胶的特性,使它可用于生产涂胶商标、贴标签、包装胶纸和胶带纸等。另外,宾馆、饭店、粉丝厂等,均需要质量好、黏度大的马铃薯淀粉。

(二)医药行业

马铃薯淀粉和衍生物可用于制药和临床医疗行业等。在制药行业,广泛用于药膏基料、药片、药丸中,如抗炎药物、胶囊软壳等,能起到黏合、赋形等作用。在临床医疗中,广泛用于牙料材料、接骨黏固剂、电泳凝胶、医药手套润滑剂等。压制药片是由淀粉作为赋形剂,将淀粉稀释后压制成片起到黏合和填充的作用。另外,马铃薯淀粉可用于生产葡萄糖,还可以转化为柠檬酸、乳酸、醋酸、丁酸、维生素类、甘油、酶制剂等发酵产物。

(三)造纸业

主要用在四个方面:打浆机上胶,在薄纸成形之前,将纤维组织凝结在一起;桶上胶,浸透稀胶液,预形成薄纸;轧光机上胶,上光整修;表面上胶。美国的马铃薯淀粉约有 33%用于造纸工业,使用的主要产品是阳离子衍生物。阳离子马铃薯淀粉能改善填充剂和细纤维的固定能力以及纸张的其他化学性质。

(四)纺织业

主要用于棉纱、毛织物和人造丝织物的上浆,以增强和保持经纱在编制时的耐磨性、光洁度。经马铃薯淀粉上浆的纱具有另一个优点就是染色后能得到鲜艳的色泽。用马铃薯淀粉精梳的棉纺品具有良好的手感和光滑的表面。经过接枝改性后的马铃薯淀粉作为替代进口的上浆料,每吨市场价达到 1.1 万元以上,一个中型纺织企业使用接枝马铃薯淀粉可每年节约成本 100 万元以上。

(五)饲料工业

马铃薯的块茎、蔓、叶都具有丰富的营养,可直接用作牲畜的饲料。甲鱼、鳗鱼有机肥是浮漂在水中供食用的，作为水产养殖饲料应该具有不怕水、易于消化、无毒等特点，而马铃薯精淀粉的变性产物预糊化淀粉是鳗鱼饲料的最好黏结剂，一般添加量占 20%。马铃薯扩大了饲料的来源，有利于促进畜牧养殖行业的发展。

（六）铸造业

预糊化淀粉在高温状态下失去黏性并碳化为粉末，这一特性使其在铸造业上得到广泛应用。用预糊化淀粉作黏结剂制作的砂芯，不仅清砂容易，而且具有表面光洁等特点。国外已广泛采用此技术，国内也开始应用。

（七）石油行业

马铃薯淀粉具有抗高温和耐高压的特性，国外用作石油钻井中的稠度稳定剂，能有效控制泥浆水分的滤失。美国马铃薯淀粉在油田中的使用约占它总消费量的 15%。一般情况下，钻一口深油井需预糊化淀粉 2~5 t。国内目前钻井用预糊化淀粉只是试用阶段，预计以后会大幅度增长。

（八）其他领域

其他方面的应用：在烘焙粉末状物料时作为吸水辅助剂；发酵制品的原辅料；片状制品凝固剂；肥皂填充剂；化妆品稳定剂；干电池中隔离剂；硝基淀粉制造原料；农药混合吸附剂；锅炉用水净化剂；采矿作业用水澄清剂等。

三、马铃薯加工产品的宏观效益

马铃薯在工业生产中具有广泛的用途，国内外经验已证明，对马铃薯进行精深加工，能够获得较好的经济效益，可促进和带动当地经济的发展。我国马铃薯资源丰富，加工历史悠久，但发展缓慢，深加工产品较少，在马铃薯的生产中存在规模小、技术落后、产量低、经济效益不高的问题。从马铃薯的加工量来看，在发达国家的马铃薯产地，未用于加工的马铃薯仅占马铃薯总产量的 40% 左右，而我国则有高达 90% 的马铃薯未进行加工。从马铃薯制品的种类上来看，发达国家的马铃薯加工产品种类多达上千种，淀粉深加工产品有 2000 多种。在工业生产中，采用发酵技术对马铃薯进行处理后，可广泛应用于医药、纺织、化工等领域。另外，马铃薯全粉、薯泥、薯条、脆片等产品的生产工艺先进、加工技术机械化程度高。因此，对马铃薯进行精深加工，不仅能够获得较好的经济效益，还可促进和带动当地经济的发展。

马铃薯的加工程度越高，加工工艺越优化，加工机械化程度越高，马铃薯的经济效益越高。也就是说，加工产品的产值比直接利用鲜薯提高数倍甚至数十倍，如马铃薯加工成粉面，比直接出售增值 30%，加工成粉条可增值 80%；马铃薯加工成乳酸，原料和乳酸的比例为 10：1，产值为 1：3。马铃薯加工成柠檬酸，原料与柠檬酸的比例为 6：1，产值为 5：1；马铃薯加工成精淀粉，原料与环糊精的比例为 12：1，产值为 1：21。1000 t 马铃薯经过深加工，可生产味精 28 t、柠檬酸 110 t、乳酸 140 t，再加上葡萄糖、山梨醇等产品，其产值比直接出售原料增加 13 倍。再如，1 t 马铃薯可提取干淀粉 140 kg，或糊精 100 kg，或 40 度酒精 95 L，或合成橡胶 15~17 kg，其深加工后产品价值比鲜薯要高 20 倍以上。在食品加工方面，马铃薯加工链亦具有很大增值潜力，新鲜马铃薯加工成麦当劳的薯条升值 50 倍；加工成肯德基的薯泥升值 40 倍；加工成油炸薯片升值 25 倍；加工成薯类膨化食品，升值 30 倍。由此可见，马铃薯的加工利用是延伸马铃薯产业链条、创造高附加值产品、获得良好经济效益的极其重要和必需的手段。

第二章　马铃薯即食食品

第一节　马铃薯薯片

马铃薯薯片制品不但营养丰富，香脆可口，而且食用方便、包装精美、便于储携，已成为当今世界上流行最广泛的马铃薯食品，也是重要的方便食品和休闲食品。随着马铃薯食品加工工艺的不断改进，马铃薯薯片制品的种类也不断增加。以马铃薯粉、脱水马铃薯片等为配料经油炸、烘烤、膨化等工艺制成的薯片制品更是香酥可口，风味各异。这些薯片制品不但各具特色，而且工艺简单，非常适合中小型食品加工企业生产。

一、油炸马铃薯片

油炸马铃薯薯片又名油炸马铃薯片，经过清洗、去皮、切片、漂烫、油炸和调味等工序而制成的产品，其松脆可口、口味多样、食用方便，是一种非常受欢迎的马铃薯食品。早在1995年，北美生产的10%马铃薯已用于炸片的生产，而近年来，受西方饮食文化的影响，马铃薯炸片的需求量和消费量也在日益迅速增加。从产值上来说，油炸马铃薯片比鲜薯的价值增加近5~6倍，是一个利润比较高的行业。

（一）工艺流程

马铃薯→清洗→去皮→切片→漂洗→漂烫→脱水→油炸→脱油→调味→冷却→包装。

（二）操作要点

1. 原料处理

选择形状整齐、大小均一、皮薄芽浅、比重大、淀粉含量高的马铃薯品种做原料。另外，需注意的是在原料投入生产之前首先对其成分进行测定，主要检测还原糖的含量，最好是还原糖含量低于0.2%，如果含量高于0.3%则不宜用于加工，需储藏放置，直到糖分达到标准才可使用。

2. 清洗和去皮

用滚笼式清洗机去除表面泥土，然后采用机械摩擦去皮法，一般一次投料30~40 kg，去皮时间在3~8 min。要求马铃薯外皮出尽，外表光洁，并且去皮时间不宜过长，以免损失原料。

3. 切　片

将原料以均匀的速度送入离心式切片机，将马铃薯切成薄片，厚度控制在1.1~1.5 mm。

尽量使薄片的厚度和尺寸保持一致，表面要求光滑，否则影响油炸后薄片的颜色和含水量，如太厚导致薯片不能炸透。切片机的刀片必须锋利，因为钝刀将会损坏马铃薯表面细胞，从而在漂洗过程中造成干物质的损失。

4. 漂 洗

切好的薯片需立即漂洗，否则在空气中易发生褐变。将薯片投入 98 ℃ 的热水中处理 2 ~ 3 min，以除去表面淀粉和可溶性物质，防止油炸时切片相互粘连，或淀粉浸入食油影响油的质量。

5. 漂 烫

在 80 ~ 85 ℃ 的热水中漂烫 2 ~ 3 min。热处理的作用主要有以下两点：一是在淀粉的 α-熟化过程，防止油温逐渐变热，切片后淀粉糊化形成胶体隔离层，影响内部组织脱水，降低脱水速率；二是破坏酶的活性，稳定薯片色泽。经热处理的脆片硬度小，口感好。

6. 脱 水

去除薯片表面的水分，热风的温度 50 ~ 60 ℃。薯片尽量晾干，因为薯片内部表面的水分越少，油炸所需要的时间越短，产品的含油量就越少。

7. 油 炸

脱水后的薯片可直接输送到油炸锅，油温 185 ~ 190 ℃，油炸 120 ~ 181 s，使薯片达到要求的品质。油炸所用的油脂必须是精炼油脂，如精炼玉米油、花生油、米糠油、菜籽油、棕榈油等，要求不易被氧化酸败的高稳定油脂。在油炸过程中，温度越高，薯片含油量越少。

8. 脱 油

油炸薯片是高油分食品，在保证产品质量的前提下，应尽量降低含油率。将炸后的薯片放入离心机中，转速 1200 r/min，离心 6 min，去除表面余油。

9. 调 味

将油炸后的薯片通过调味剂着味后，可制成多种不同风味的产品。我国目前调味料主要有麻辣味、烧烤味、番茄味、五香牛肉味等，一般调味料的添加量控制在 1.5% ~ 2%。

10. 冷却和包装

将薯片冷却到室温后，将薯片称重包装。为保持薯片的风味、口感，以及延长产品的保存时间，一般采用真空充氮或普通充气包装。

二、低脂油炸薯片

低脂油炸薯片具有低脂肪、低热量、富含膳食纤维，保持了马铃薯本身的营养组分，口感和风味良好，获得广大消费者的青睐。

（一）工艺流程

马铃薯→清洗→去皮→切片→护色液浸泡→漂洗→离心脱水→混合→涂抹→微波烘烤→

调味→包装→成品。

（二）操作要点

1. 原料配比

新鲜马铃薯 100%，大豆蛋白粉 1%，NaHCO₃ 0.25%，植物油 2%，调味品及香料适量。

2. 去　皮

采用碱液去皮法，去皮后检查薯块，除去不合格薯块，并修整已去皮的薯块。

3. 切　片

切成厚度均匀为 1.8～2.2 mm 的薯片。切好的薯片用 1% 的食盐渍一下，时间 3～5 min，可除去 10% 的水分。

4. 护色液浸泡

用 0.045% 的偏重亚硫酸钠和 0.1% 的柠檬酸配成护色液，浸泡薯片 30 min，可抑制酶褐变和非酶褐变。浸泡时间若长达 2～4 h，也可使薯片漂白。

5. 离心脱水

用清水冲洗浸泡后的薯片至口尝无咸味即可。然后将薯片在离心机内离心 1～2 min，脱除薯片表面的水分。

6. 混合和涂抹

将离心脱水的薯片置于一个便于拌合的容器内，按薯片质量计，加入脱腥的大豆蛋白粉 1%、NaHCO₃ 0.25%、植物油 2%（人造奶油或色拉油），然后充分拌和，使薯片涂抹均匀，静置 10 min 后烘烤。

7. 微波烘烤

用特制的烘盘单层摆放薯片，然后放在传送带上进行微波烘烤，速度可任意调控，受热 3～4 min，再进入热风段，除去游离水分 3～4 min 后进入下一段微波烘烤，整个过程约 10 min。

8. 调　味

直接将调味品和香料细粉撒拌薯片上混匀，也可直接将食用香精喷涂在热的薯片上，调味后立即包装。

三、低温真空油炸薯片

低温真空油炸马铃薯片是一种将新鲜马铃薯经过低温真空油炸等技术加工而成的休闲食品。低温油炸技术将油炸和脱水作用有机地结合在一起，使样品处于负压状态下，其绝对压力低于大气压。在这种相对缺氧的情况下进行食品加工，一方面可以减轻甚至避免氧化作用（如脂肪酸败、酶促褐变等）所带来的危害；另一方面使食品中水汽化温度降低，能在短时间内迅速脱水，实现在低温条件下对食品低温真空油炸。

（一）工艺流程

原料→去皮→护色→真空油炸→脱油→成品。

（二）操作要点

1. 预处理

选用优质新鲜的马铃薯品种作为原料，经过清洗、去皮、修整，切片厚度以 1.5 ~ 2.0 mm 为宜，清水反复漂洗后，在 85 ~ 90 ℃ 热水中漂烫 2 ~ 3 min，浸入温度为 30 ℃ 的 0.1%柠檬酸中护色 10 min，沥干水分后备用。

2. 真空油炸

将干燥后的薯片油炸，工艺参数设置为温度 105 ℃，时间 20 min，真空度 0.090 MPa。由于真空油炸用油的品质会随着反复使用而发生氧化变质，并影响最终产品马铃薯片的品质，因此需要定期对油炸用油进行检测更换，当油的过氧化值（以脂肪计，meq/kg）≤20 时需要进行更换。

3. 脱　油

油炸后的薯片油脂含量很高，过高的含油量直接影响产品的色泽和口感，而且会缩短产品的保质期，因此薯片油炸后需及时进行脱油处理，以降低产品的含油量。工艺参数设置为：转速 400 ~ 500 r/min，时间 5 ~ 7 min，真空度 0.09 MPa。

四、复合型马铃薯薯片

复合薯片的主要原料是马铃薯全粉，其中全粉的含量占总量的 70% ~ 80%，其他为工艺性配料和少量用来改善制品性能的功能性配料，如玉米淀粉、马铃薯淀粉、玉米粉、糊精和改性剂等。复合薯片与其他马铃薯食品相比较具有以下特点：一是复合薯片采用马铃薯全粉、马铃薯淀粉等马铃薯一次加工产品为原料进行生产，其对加工点的选择不如油炸薯片那样严格；二是复合薯片采用复合工艺加工生产，与其他马铃薯食品相比，比如油炸薯片，在产品的形状、品种、规格，尤其是产品的口味、风味的调制、薯片含油量的控制等方面有着更大的灵活性；三是复合薯片大多采用纸复合罐等硬性容器包装。与同样质量的油炸薯片产品相比，其包装容积缩小、保质期大大增加。

（一）工艺流程

原料、配料→搅拌→压片→成型→油炸→调味→冷却→包装。

（二）操作要点

1. 原料的计量

将马铃薯雪花粉、马铃薯淀粉和玉米淀粉按照工艺配方的原料组成要求，对复合薯片的各种主辅料分别准确计量。

2. 混合拌料

各种主料和盐按混合的顺序与水分混合均匀，原料的吸水性和黏性直接影响产品的质量，因此要求原料达到一定的含水量，混合好的坯料放置 10 min 后备用。

3. 压 片

混合好的物料进入辊压机，压片厚度 0.6 ~ 0.7 mm。

4. 成 型

利用成型机对面片进行成型处理，成型面片为椭圆形。

5. 油 炸

成型后的薯片由传送带送至油炸机，利用棕榈油油炸，温度为 170 ~ 185 ℃，时间为 15 ~ 20 s，生产中的同种产品应保持恒温。

6. 调 味

油炸后的薯片在传送带的输送下进入调味机，将预先调好的粉末状调料均匀地喷洒到每一片薯片上，形成所需的口味。

五、琥珀马铃薯片

（一）工艺流程

原料选择→清洗→去皮→切片→漂洗→烫漂→护色→干制→涂糖→油炸→冷却→脱油→调味→包装→成品。

（二）操作要点

1. 原料选择、清洗

选择新鲜的白皮马铃薯，要求同一批原料大小均匀一致。小批量生产可采用人工洗涤，在洗池中洗去泥沙后，再用清水喷淋；大批量生产可采用流槽式清洗机或鼓风式清洗机进行清洗。

2. 去皮、切片

小批量生产可采用人工去皮，大批量生产应使用摩擦去皮机或碱液去皮。采用碱液去皮时，碱液浓度为 10% ~ 15%，温度为 80 ~ 90 ℃，时间为 2 ~ 4 min。小批量生产可采用人工切片，注意厚度要均匀一致；大批量生产可采用切片机将去皮马铃薯切成均匀的薄片。

3. 漂 洗

切片后迅速放入清水中或喷淋装置下漂洗，以去除表层的淀粉。

4. 烫漂、护色

马铃薯片的褐变主要包括酶促褐变和非酶促褐变两种，在加工过程中以酶促褐变起主要作用，所以须对切好的马铃薯片进行灭酶及护色处理。烫漂温度为 75～90 ℃，处理时间控制在 20～60 s，可以使马铃薯中的多酚氧化酶和过氧化酶充分钝化，降低鲜马铃薯的硬度，基本保持原有的风味和质地，软硬适中。护色液组成为柠檬酸和亚硫酸氢（0.05%，pH 4.9）时，结合烫漂操作，护色效果更理想。

5. 干制

干制可采用自然晒干或人工干制。自然晒干是将烫漂护色后的马铃薯片放置在晒场，于日光下晾晒，每隔 2 h 翻 1 次，以防止晒制不均匀，引起卷曲变形。人工干制可采用烘房，温度控制在 60～80 ℃，使干制品水分低于 7%即可。

6. 涂糖

糖液组成为：白砂糖 50 kg、液体葡萄糖 2.5 kg、蜂蜜 1.5 kg、柠檬酸 30 g，水适量。将糖液置夹层锅中溶解并煮沸。将干马铃薯片放入 50%～60%的糖液中，煮 5～10 min，使糖液浓度达 70%，立即捞出，滤去部分糖液，摊开冷却到 20～30 ℃。

7. 油炸

在低温（温度低于 140 ℃）条件下油炸时，马铃薯片表面起泡、颜色深，影响外观和口感；在高温（温度高于 170 ℃）下油炸则可以避免上述现象。

8. 冷却

将炸好的马铃薯片迅速冷却至 60～70 ℃，翻动几下，使松散成片，再冷却至 50 ℃ 以下。

9. 脱油

将上述油炸冷却的马铃薯片，进行离心脱油约 1 min，使表面油分脱去。

10. 调味、包装

可在油炸冷却后的马铃薯表面撒上或滚上熟芝麻或其他调味料，使其得到不同的风味。在油炸后冷却 1 h 内，装入包装袋，并进行真空封口。若冷却时间过长，则会由于吸潮而失去产品应有的脆度。产品经过包装即为成品。

六、低温真空马铃薯脆片

马铃薯脆片是近年来开发的新产品，利用真空低温（90 ℃）油炸技术，克服了高温油炸的缺点，能较好地保持马铃薯的营养成分和色泽，含油率低于 20%，口感香脆，酥而不腻。

（一）工艺流程

马铃薯→分选→清洗→切片→护色→脱水→真空油炸→脱油→冷却→分选→包装→成品。

（二）操作要点

1. 切片、护色

由于马铃薯富含淀粉，固形物含量高，其切片厚度不宜超过 2 mm。切片后的马铃薯片的表面很快有淀粉溢出，在空气中放置过久会发生褐变，所以应将其立即投入 98 ℃的热水中处理 2～3 min，捞出后冷却沥干水分即可进行油炸。

2. 脱　水

去除薯片表面水分可采用的设备有：冲孔旋转滚筒、橡胶海绵挤压辊及离心分离机。

3. 真空油炸

真空油炸系统包括工作部分和附属部分，其中工作部分主要是完成真空油炸过程，包括油炸罐、储罐、真空系统、加热部分等。附属部分主要完成添加油、排放废油、清洗容器及管道（包括储油槽、碱液槽）等过程。真空油炸时，先往储油罐内注入 1/3 容积的食用油，加热升温至 95 ℃，将盛有马铃薯片的吊篮放入油炸罐内，锁紧罐盖。在关闭储罐真空阀后，对油炸罐抽真空，开启两罐间的油路连通阀，油从储罐内被压至油炸罐内，关闭油路连通阀，加热，使油温保持在 90 ℃，在 5 min 内将真空度提高至 86.7 kPa，并在 10 min 内将真空度提高至 93.3 kPa。在此过程中可看到有大量的泡沫产生，薯片上浮，可根据实际情况控制真空度，以不产生"暴沸"为度。待泡沫基本消失，油温开始上升，即可停止加热。然后使薯片与油层分离，在维持油炸真空度的同时，开启油路连通阀，油炸罐内的油在重力作用下，全部流回储罐内。随后再关闭各罐体的真空阀，关闭真空泵。最后缓慢开启油炸罐连接大气的阀门，使罐内压力与大气压一致。

4. 离心脱油

趁热将薯片置于离心机中，转速 1200 r/min，离心 6 min。

5. 分级、包装

将产品按形态、色泽条件装袋、封口。最好采用真空充氮包装，保持成品含水量在 3%左右，以保证质量。

七、非油炸马铃薯脆片

非油炸马铃薯脆片利用滚筒干燥设备进行成型干燥，其脆片营养更加丰富健康，符合现代人多口味且少油的理念，值得积极开发。

（一）工艺流程

马铃薯、黄豆→预处理→护色→混合打浆→干燥→切分→烘烤→包装。

（二）操作要点

1. 原料预处理

选择新鲜的马铃薯和黄豆，清洗去杂，洗去表面的灰尘等杂质。黄豆在室温下用水浸泡，使其充分吸水软化，便于后续打浆工艺。

2. 护　色

将洗净的马铃薯切成 1 cm 左右的方丁状，然后浸泡在护色液中。

3. 打　浆

将马铃薯、黄豆和面粉，加入适量的水混合打浆，要求浆料细腻均匀，无明显颗粒，过 60 目筛即可。然后将浆料与调味料、膨松剂混合均匀。

4. 干　燥

将调配好的物料加入滚筒干燥成型设备中，设备开始运转，使物料均匀地流到上料板形成一层料膜，但料膜达到滚筒底部的时候由刮刀刮下，然后传送到下个工序。

5. 切分和烘烤

将料膜切分成边长 4 cm 的正方形形状，单层平铺在铁网上，放进 95 ℃ 烘箱内烘烤，要求水分含量控制在 5% 以下，最后冷却即可包装。

八、酥香马铃薯片

（一）工艺流程

脱水马铃薯片→粉碎→拌料→挤压膨化→成型→油炸→调味→包装。

（二）工艺要点

1. 粉　碎

将脱水马铃薯片粉碎成粉状，过 0.6 ~ 0.8 nm 的孔径筛。粉碎的颗粒大，膨化时产生的摩擦力也大，同时物料在机腔内搅拌糅合不匀，导致膨化制品粗糙，口感欠佳；颗粒过细，物料在机腔内易产生滑脱现象，影响膨化。

2. 拌　料

在拌粉机中加水拌混，一般加水量控制在 20% 左右。加水量大，则机腔内湿度大，压力降低，虽出料顺利，但挤出的物料含水量高，容易出现黏结现象；如加水量少，则机腔内压力大，物料喷射困难，产品易出现焦苦味。

3. 挤压膨化

配好的物料通过喂料机均匀进入膨化机中。膨化温度控制在 170 ℃ 左右，膨化压力 3.92 ~ 4.9 MPa，进料电机电压控制在 50 V 左右。

4. 成　型

挤出的物料经冷却送入切断机切成片状，厚度按要求而定。

5. 油 炸

棕榈油及色拉油按一定比例混合后作为油炸用油。油温控制在 180 ℃ 左右，炸后冷却的产品酥脆，不能出现焦苦味及未炸透等现象。

6. 调 味

配成的调味料经粉碎后放入带搅拌的调料桶中，将调味料均匀地撒在油炸片表面，然后立即包装即为成品。

九、马铃薯酥糖片

马铃薯酥糖片的加工简单而且容易并具有香、甜、酥等的特点，是非常受欢迎的休闲小零食。

（一）工艺流程

马铃薯→清洗→切片→漂洗→水煮→烘干→油炸→上糖衣→冷却→包装。

（二）操作要点

1. 选 料

选择沙质、向阳土地生长，且无病虫害、无霉烂的马铃薯，要求薯块的质量在 50～100 g，这种薯块淀粉含量高。

2. 切 片

洗净的薯块用 20%～22% 的碱液去皮，然后用切片机切成厚度 1～2 mm 的薄片，要求薄厚均匀，切好的薯片浸入水中以防变色。

3. 水 煮

将薯片倒入沸水锅内，薯片达到八成熟时，迅速捞出晾晒。

4. 干 制

可自然干制或人工烘干，直至抛洒时有清脆的响声，一压即碎为止。

5. 油 炸

将薯片炸成金黄色时，迅速捞出，沥干油分，炸时注意翻动，使受热均匀。

6. 上糖衣

将白糖放入少量水加热溶化，倒入炸好的薯片，不断搅拌均匀，缓慢加热，使糖液中的水分完全蒸发而在薯片表面形成一层透明的黏膜，冷却后包装密封。

十、微波膨化马铃薯片

马铃薯经微波膨化制成脆片，代替了传统的油炸膨化，制品能完整地保持原有的各种营养成分，微波的强力杀菌作用避免了防腐剂的使用。产品颜色金黄、松脆、味香，最大的特点是产品不含油脂，不含强化剂和防腐剂，适合老年人和儿童当作休闲食品食用。

（一）工艺流程

原料→去皮→切片→护色、浸胶、调味→微波膨化→包装→成品。

（二）操作要点

1. 原　料

选择无霉、无病虫害、不变质、无芽、无青色皮，储存期小于一年的马铃薯。

2. 配制溶液

考虑原料的褐变、维生素 C 的损失、品味调配，所以溶液要兼有护色、调味等作用，且应掌握时间。量取一定量水分，加入食盐 2.5%、明胶 1%，加热至 100 ℃ 全部溶解。制作同样的两份溶液，一份加热沸腾，一份冷却至室温。

3. 去　皮

马铃薯去皮切分，深挖芽眼。切片厚 1～1.5 mm，薄厚均匀一致。

4. 护色和调味

先将马铃薯片放入沸腾溶液中烫漂 2 min 后，立即捞出放入冷溶液中，并在室温中浸泡 30 min。

5. 微波膨化

捞出后马上放入微波炉内膨化，调整功率为 1 W，持续 2 min 后翻个，再次进入 750 W 微波炉 2 min，调整功率 75 W，持续 1 min 左右，产品呈金黄色，无焦黄，内部产生细腻而均匀的气泡，口感松脆。

6. 调味和包装

及时封装，采用真空包装或气体包装，低温低湿避光储藏，包装材料要求不透明、非金属、不透气。

十一、风味马铃薯膨化薯片

此种薯片原料配方多种多样，加工工艺大同小异，仅以此配方为例加以介绍。

（一）工艺流程

原料、配料→调配→蒸煮→冷冻→成型→干燥→膨化→调味→成品。

（二）操作要点

1. 调　配

马铃薯粉 83.74 kg、氢化棉籽油 3.2 kg、熏肉 4.8 kg、精盐 2 kg、味精（80%）0.6 kg、鹿

角菜胶 0.3 kg、棉籽油 0.78 kg、磷酸单甘油 0.3 kg、BHT（抗氧化剂）30 g、蔗糖 0.73 kg、食用色素 20 g，水适量。按配方比例称量物料，将各物料混合均匀。

2. 熏　煮

采用蒸汽蒸煮，使物料完全熟透（淀粉充分糊化），或者将混合原料投入双螺杆挤压蒸煮型机中，一次完成蒸煮成型工作。将物料挤压成片状。

3. 冻　将

片状的马铃薯在 5～8 ℃的温度下，放置 24～48 h。

4. 干　燥

利用干燥的方法，将成型的薄片干燥至含水量为 25%～30%。

5. 膨　化

采用气流式膨化设备进行膨化，即为成品。

十二、中空薯片

中空薯片是利用马铃薯淀粉（生淀粉）的连接性，用冲压装置冲压后，两层面片相互紧密地连接在一起，炸过后，两层片之间膨胀起来，形成了一种特别的中间膨胀的产品。这种产品组织细密，食用时感觉轻而香脆。

（一）工艺流程

原料→混合→压片→冲压成型→油炸→成品。

（二）操作要点

1. 混　合

马铃薯粉 100 kg、发酵粉 0.5 kg、化学调味料 0.5 kg、马铃薯淀粉 20 kg、乳化剂 0.6 kg、水 65 kg、精盐 1.5 kg。按配方称料，在和面机中混合均匀。

2. 压　片

用压面机将和好的面团压成 0.6～0.65 mm 厚的薄片料（片状生料中含水量约为 39%）。

3. 冲压成型

将两片面片叠放在一起，用冲压装置从其上方向下冲压，得到一定形状的两片叠压在一起的生料片。

4. 油　炸

生料片不经过干燥，直接放在 180～190 ℃的油中炸 40～45 s。由于加进 20%的马铃薯生淀粉，生料的连接性很好，组织细密，炸后两层面片之间膨胀起来，成为一种特别的中间膨胀的产品即为成品。

十三、马铃薯三维膨化干片

马铃薯三维膨化干片是近几年来流行欧美的一种马铃薯休闲食品，它以科技含量高、配方独特、形状特异、口感好，品种齐全等优势，十分走俏于市场。马铃薯三维膨化干片主要选用马铃薯雪花全粉、马铃薯变性淀粉、马铃薯精淀粉为主要原料，经挤压工艺制成各种立体形状的膨化干片，再经油炸工艺制成口味纯正的小食品。美国百事食品公司所生产的马铃薯三维膨化干片在我国市场上十分走俏。据专家介绍，马铃薯全粉、变性淀粉、精淀粉产品经加工成三维干片可以增值3倍，而三维干片再经油炸膨化后可以增值10多倍，这是寻求和创造利润增长点的新途径。

（一）工艺流程

原料→熟化→挤压→冷却→复合成型→烘干→油炸→调味→包装→成品。

（二）操作要点

1. 原料预处理

将马铃薯淀粉、玉米淀粉、食用植物油、大米淀粉等物料混合均匀后，用水调和，使混合后的物料含水量为28%~35%。

2. 熟 化

预处理后的原料经螺旋机挤出使之达到90%~100%的熟化。

3. 挤 压

经过熟化的物料自动进入挤压机，温度在 70~80 ℃，挤压出宽 200 mm、厚 0.8~1 mm 的大片，呈透明状，有韧性。

4. 冷 却

挤压过的大片经过 8~12 m 输送带的冷却处理。

5. 复合成型

（1）压花：由两组压花辊来操作。

（2）复合：压花后的两片经过导向重叠进入复合辊，复合后的成品随输送带进入烘干机。

（3）多余物料进入回收装置。

6. 烘 干

挤出的坯料含水量 20%~30%，要求在较低温度较长时间来进行烘干，使坯料水分降到 12% 为宜。

7. 油 炸

烘干后的坯料进入油炸锅，产品水分为 2%~3%，坯料可膨胀 2~3 倍；

8. 调味、包装

用自动滚筒调味机对产品表面喷涂韩国泡菜调味粉 5%~8%，然后包装，即为成品马铃薯三维膨化干片。

第二节　马铃薯薯条

一、复合马铃薯膨化条

（一）工艺流程

选料→切片→护色→蒸煮→混合→老化→干燥→挤压膨化→调味→包装→成品。

（二）操作要点

1. 选　料

选择白粗皮且存放期至少 1 个月的马铃薯。因为白粗皮的马铃薯淀粉含量高，营养价值高，存放后的马铃薯香味更浓。

2. 切片和护色

将选好的马铃薯利用清水洗涤干净去皮，然后进行切片。切片的目的是减少蒸煮时间，而柠檬酸钠溶液的处理是为了减少在入锅蒸煮前这段较短的时间内所发生的酶促褐变，保证产品的良好外观品质。柠檬酸钠溶液的浓度用 0.1%~0.2%即可。

3. 蒸煮、揉碎

将马铃薯放入蒸煮锅中进行蒸煮，待马铃薯蒸熟后，将其揉碎。

4. 混合、老化

将揉碎的马铃薯与各种辅料进行充分混合，然后进行老化。蒸煮阶段，淀粉糊化，水分子进入淀粉晶格间隙，从而使淀粉大量不可逆地吸水，在 3~7 ℃、相对湿度50%左右下冷却老化 12 h，使淀粉高度晶格化从而包裹住糊化时吸收的水分。在挤压膨化时，这些水分就会急剧汽化喷出，从而形成多空隙的疏松结构，使产品达到一定的酥脆度。

5. 干　燥

挤压膨化前，原、辅料的水分含量直接影响产品的酥脆度。所以，在干燥这一环节必须严格控制干燥的时间和温度。本产品可采用微波干燥法进行干燥。

6. 挤压膨化

挤压膨化是重要的工序，除原料成分和水分含量对膨化有重要影响之外，膨化中还要注意适当控制膨化温度。因为温度过低，产品的口味口感不足，温度过高，又容易造成焦煳现象。膨化适宜的条件为原辅料含水量 12%、膨化温度 120 ℃、螺旋杆转速 125 r/min。

7. 调 味

因膨化温度较高，若在原料中直接加入调味料，调味料极易挥发。将调味工序放在膨化之后是因为刚刚膨化出的产品具有一定的温度、湿度和韧性，此时将调味料喷撒于产品表面可以保证调味料颗粒黏附其上。

二、橘香马铃薯条

（一）原料配方

马铃薯 100 kg、面粉 11 kg、白砂糖 5 kg、柑橘皮 4 kg、奶 1 ~ 2 kg、发酵粉 0.4 ~ 0.5 kg，植物油适量。

（二）工艺流程

选料→制泥→制柑橘皮粉→拌粉→定型→炸制→风干→包装→成品。

（三）操作要点

1. 制马铃薯泥

选无芽、无霉烂、无病虫害的新鲜马铃薯，浸泡 1 h 左右后用清水洗净其表面泥沙等杂质，然后置蒸锅内蒸熟，取出去皮，粉碎成泥状。

2. 制柑橘皮粉

将柑橘皮，用清水煮沸 5 min，倒入石灰水中浸泡 2 ~ 3 h，再用清水反复冲洗干净，切成小粒，放入 5% ~ 10%的盐水中浸泡 1 ~ 3 h，并用清水漂去盐分，晾干，碾成粉状。

3. 拌 粉

按配方将各种原料放入和面机中，充分搅拌均匀，静置 5 ~ 8 min。

4. 定形、炸制

将适量植物油加热，待油温升至 150 ℃ 左右时，将拌匀的马铃薯混合料通过压条机压入油中。当泡沫消失，马铃薯条呈金黄色即可捞出。

5. 风干、包装

将捞出的马铃薯条放在网筛上，置干燥通风处冷却至室温，经密封包装即为成品。

三、蛋白质强化马铃薯条

（一）工艺流程

马铃薯→清洗→切片→热烫→预干燥→挤压成型→油炸→冷却→成品。

（二）操作要点

1. 清洗和切片

将马铃薯用清水洗净后，用切片机将马铃薯切成 0.5 cm 厚度的薄片。

2. 热　烫

将切片后的马铃薯薯片在 60 ℃温水中漂烫 15 s，使原料中的酶失去活性。

3. 预干燥

将热烫后的马铃薯沥干，放入干燥箱进行预干燥，温度设置为 200 ℃，时间约为 15 min，使薯片的水分含量控制在一定的范围内。

4. 挤压成型

将干燥后的马铃薯薯片与植物蛋白粉混合均匀，送入挤压机，制成条状。

5. 油　炸

将薯条在棕榈油中油炸 3 min 后捞出，滤去多余油分，冷却后即可称量包装。

四、酥脆薯条

（一）工艺流程

马铃薯清洗→去皮、修整→切条→漂烫→冷却→冻结→真空油炸→脱油→包装→成品。

（二）操作要点

切片厚度为 8～10 mm，切条长度为 60～70 mm，用 100℃热水漂烫 4 min，真空油炸后的薯条在转速为 900 r/min 的条件下离心脱油 3 min。

（三）优化后的工艺配方

-30 ℃冷冻 18 h 后，在温度为 95 ℃、真空度为 0.096～0.100 MPa 条件下油炸 30 min，900 r/min 离心脱油 3 min。在该工艺下制得的酥脆薯条具有良好的酥脆性，并含有丰富的马铃薯特征气味物质。

（四）酥脆薯条的香气特征

以大西洋品种的马铃薯为原料，采用上述工艺制作薯条，共检出 19 种化合物，以酯类和烷烃化合物最多，其次是醛类、烯烃、醇类等，以及少量呋喃类、酮类、吡咯类、酚类化合物、低级饱和脂肪酸、醇反应生成酯，含有各种香气。醛类物质(E, E)-2,4-癸二烯醛是典型的油炸食品风味活性物质，2,4-癸二烯醛是亚油酸氧化的基本产物，亚油酸的自氧化作用产生了亚油酸的 9-氢过氧化物和 13-氢过氧化物。13-氢过氧化物断裂生成己醛，9-氢过氧化物断裂生成 2,4-癸二烯醛。2-甲基丁醛、壬醛、癸醛、安息香醛、苯乙醛等脂质类衍生物对油炸薯条的风味有一定影响。癸醛被认为是棕榈油在油炸产品感官上潜在的标记物质。安息香醛可呈现出特杏仁气味，苯乙醛有玉簪花的浓郁香气。而一些含氧杂环化合物是产生焦糖类、焙烤香气的主要原因，比如 3,5-二羟基-2-甲基-4(H)吡喃-4-酮、3,4-环氧四氢呋喃等，这些化合物通常与美拉德反应和焦糖化反应有关。C_7 以上的醇类物质带有令人愉悦的芳香气味，如月桂醇就具有花香味。另外，还有一些烯烃类化合物也有一定的作用，如柠檬烯提供了类似柠檬的香气。

马铃薯的烫漂过程中，在脂肪氧合酶催化下，不饱和脂肪酸氧化形成过氧化物的过程会产生一些醛类和醇类物质。脂质氧化是生成特殊马铃薯风味的重要途径。马铃薯泥中起主要作用的挥发性风味物质有 2-苯氧基乙醇、壬醛、癸醛、邻苯二甲酸二异丁酯、(E,E)-2,4-癸二烯醛。

五、速冻薯条

速冻薯条是将新鲜的马铃薯经过去皮、切条、蒸煮、干燥、油炸和速冻等工艺加工而成的产品，是西式快餐的主要食品之一。随着麦当劳、肯德基、比萨饼等快餐店的发展，速冻薯条在中国的市场正在不断扩大。

（一）工艺流程

马铃薯→清洗→去皮→切条→漂烫→干燥→油炸→预冷→速冻→包装→冷冻。

（二）操作要点

1. 选 料

选择表皮光滑、芽眼浅、无病变、发芽、变绿表皮干缩的长椭圆形或长圆形马铃薯，要求干物质含量高，还原糖含量低于 0.25%。若还原糖含量过高，则应将其置于 15～18 ℃ 的环境中，进行 2～4 周的调整。

2. 去 皮

清洗后的马铃薯宜采用机械去皮或化学去皮，应防止去皮过度，降低产量。

3. 切 片

用切片机将马铃薯切成 3 mm 左右的条状备用。

4. 漂洗和热烫

漂洗的目的是洗去表面的淀粉，以免油炸过程中出现产品的黏结现象或造成油污染。热烫、漂烫可灭酶、去糖、杀菌，亦可使薯条部分淀粉糊化，改善原料组织结构，减少油炸时表面淀粉层对油的吸收，提高坚挺度并加快脱水速率。采用 85～90 ℃ 的热水漂烫，利于改善薯条质地。

5. 干 燥

通常，采用压缩空气进行干燥，目的是除去薯片表面的多余水分，减少油炸过程中油的损耗和分解，同时使漂烫过的薯片保持一定的脆性，应避免干燥过度而造成黏片。

6. 油　炸

油炸是利用油脂作热交换介质，使薯条的蛋白质变性、淀粉糊化、水蒸气溢出，进而获得酥脆外壳、疏松的结构及特殊的风味。将干燥后的薯片放入油锅中油炸，将油的温度控制在 170 ~ 180 ℃，时间为 1 min 左右。

7. 速　冻

油炸后的薯片经预冷后进入速冻机速冻，速冻温度在 -36 ℃ 以下，使薯片中心温度在 18 min 内降至零下 18 ℃ 以下。速冻后的薯片要迅速包装，然后在零下 18 ℃ 以下的冷冻库内保存。

第三节　马铃薯面包

面包是以面粉为主要加工原料，具有蜂窝状结构和特殊色、香、味的一种营养食品。面包最早是西方国家的主食。德国是欧洲面包生产的大国，面包占有 25.96% 的市场份额，其次是意大利、法国、英国和西班牙。随着世界文化和科技的发展，中西方的饮食文化也在渐渐融合。现如今，面包在国内也非常普遍，已成为世界各地都常食用的一种面食。面包也因其方便、营养又美味的特点受到了人们的青睐。比较受欢迎的面包主要是谷物面包和全麦面包。面包是焙烤食品中历史最悠久、消费量最多、品种繁多的一大类食品，是人们生活中经常食用的食品，食用方便且营养丰富，但其膳食纤维含量极低，而马铃薯全粉作为一种以淀粉为主要成分的食品原料，营养丰富且膳食纤维充足，其淀粉颗粒大，含有天然磷酸基团，具有非常好的增稠、吸水和吸油性，并能够提供特殊的口感气味。在面包中添加一定量的马铃薯全粉，不仅可提高面包的营养价值，而且可以使面包的品质得到改良。

一、面包改良剂研发现状

国内外面包加工业经常使用改良剂来改善面团操作性能及成品烘烤品质。面包改良剂是一种在面包生产过程中添加的食品添加剂，它是由还原剂、氧化剂、酶制剂、增稠剂、乳化剂、缓冲剂、水的硬度、pH 调节剂、矿物质等物质，配以天然的分散剂混合而成，能防止或延缓面包的老化，改变面筋的筋力，提高面团的机械加工性能，改善面包品质。使用面包改良剂的目的一般可归纳为以下几点：① 改善手工或机械操作过程中面团物理性状，提高面团的机械耐力，减少机械老化的影响；② 供给酵母细胞增殖所必需的氮素源，促使面团中的酵母繁殖，增强发酵能力；③ 供给酵母生存所必需的矿物质，提高酵母的代谢机能，使发酵作用旺盛；④ 调节水的硬度，使面团中钙、镁离子达到一定的标准；⑤ 调节面团的 pH，使面团适应面粉、酵母及外加酶的作用范围；⑥ 改善面筋质量，提高面团的贮气性和烘烤弹性，使面团体积增大，瓤芯纹理好，气膜薄而细密。

（一）面包改良剂中各组分的作用

1. 矿物质

酵母的营养源主要是铵盐，如氯化铵、硫酸铵、磷酸氢铵等，能促进发酵或本身分解成酸，降低 pH 刺激发酵；钙盐，如碳酸钙、硫酸钙、磷酸钙等可以调节硬度和 pH，使发酵稳定，面筋强化，从而增大面包比容。

2. 氧化剂

氧化剂能将面筋蛋白中的硫氢基（—SH）氧化为二硫基（—SS—），使蛋白分子通过二硫基互相连接，形成大分子网络结构。二硫基越多，形成的网络结构越大、越牢固，面筋的筋力越强，弹性和韧性越强，持气性越好。面团的持气性越好，保持住的气体越多，可以增大面包体积。

3. 还原剂

还原剂可以将二硫基还原为硫氢基，从而降低面团筋力，使团具有良好的可塑性和延展性。

4. 酶制剂

酶制剂主要分为淀粉酶和蛋白酶。淀粉酶会水解淀粉，生成酵母生长所需营养物质，促进发酵，并使面包具有良好的风味和色泽，延缓老化；蛋白酶则会水解蛋白，增加面筋的延展性能，一般在面筋强度过强时使用。

5. 表面活性剂

表面活性剂如单甘酯、硬脂酰乳酸钠、硬脂酰乳酸钙等能提高面团的物理特性，提高面团的机械耐力。面包中使用活性剂可以显著改善产品品质，如增大面包体积、改善组织结构和颜色，明显延缓面包老化。

6. 淀粉或面粉

淀粉或面粉作为分散剂，可增加面包改良剂的用量，使称量简单化，通过对各种制剂的分散缓冲能防止各种制剂混合接触的害处，如吸收水分后发生化学变化。

（二）面包改良剂的研究概况

在西方国家，人们把面包作为主食，为了生产满足不同地区、不同年龄、不同口味的要求，国外研究开发的面包用的食品添加剂达 200～300 种，而且现在还在投入大量的人力物力，进一步研究开发新的面包和面食添加剂，使面食品的质量更上一层楼。我国的食品添加剂工业起步较晚，但经 20 多年努力，全国各地开发的面粉和面食品质改良剂也不少。据不完全统计，已经列入国家使用卫生标准的面粉和面食，包括面包、饼干、面条、糕点等各类食品添加剂已有 50～60 种。

随着国际上对食品安全的日益重视，国外对食品添加剂的要求趋向于绿色安全、营养。20 世纪 80 年代日本和英国经长期研究发现，溴酸钾在焙烤后有残留物，有致癌毒性。以后，FAO/WHO 联合食品添加剂专家委员会于 1994 年撤销了溴酸钾在面粉中使用的 ADI 值。近 10 多年来，我国食品添加剂行业提出了大力开发"天然营养多功能性添加剂"的发展方针，重点研究开发功能性食品添加剂。然而，针对具有致癌毒性的溴酸钾，我国食品添加剂标准化技术委员会于 1998—1999 年的年会上提出建议，停止在面粉中使用溴酸钾，直到 2005 年才明确规定禁止在面粉中使用溴酸钾。现在面包改良剂的研究方向趋向于专用型，即针对某种特定面包的需求进行研制。

（三）我国马铃薯面包专用改良剂研究

喻勤等以 20%的马铃薯全粉替代小麦粉制备面包，在不同品类改良剂单因素试验的基础上，选取 3 种具有显著良性变化的改良剂进行正交试验，得到最佳复配改良剂的配比：单甘酯 1.5%，脂肪酶 0.001%，抗坏血酸 0.005%。按此配方做出的面包产品体积与对照组产品相比，体积增加了 83.5%；在老化试验中与对照组相比硬度变化改善了 71%。复配改良剂能够明显改善马铃薯面包面团的持气性和成品老化速率，延长马铃薯面包货架期。田志刚等研究面包改良剂谷朊粉、马铃薯淀粉、硬脂酰乳酸钠、乳清蛋白添加量对马铃薯面包品质的影响。研究结果表明，在谷朊粉添加量 10%、马铃薯淀粉添加量 3%、硬脂酰乳酸钠添加量 0.2%、乳清蛋白添加量 3%的条件下制备的马铃薯面包品质优于未经优化的对照组，其中比容值是对照组的 1.52 倍，硬度值、胶着度值、咀嚼度值显著降低、弹性值升高。

二、面包的老化

新生产出的面包，质地柔软，口感怡人且富有弹性。但在储存过程中，面包由于物理、化学、微生物的变化易发生老化。面包的老化又指陈化，指面包皮变软、口感粗糙、没有弹性、掉渣、风味消失现象。面包的老化具体又分为面包皮老化和面包心老化。老化的面包失去了口感和营养价值，一般用于工业原料或者饲料，甚至被当作垃圾处理掉。据统计，面包由于老化所造成的经济损失为 3% ~ 7%。面包老化的问题是学者多年来关注的一个重点问题，如何延缓老化或控制老化，延长货架期成为一个世界性难题。

（一）面包老化的影响因素

面包老化现象比较常见，原因众多，主要包括配方、加工工艺、包装、储藏 4 个方面。

1. 配方对面包老化的影响

（1）含水量。面包老化受其含水量影响，因其含水量的降低而易发生老化。配方中的加水量对面包产品的保存性有重要作用。

（2）面粉。面粉的化学成分种类多样，面包变硬的主要原因是淀粉回生。面粉中所含的面筋性蛋白的品质和含量也会影响面包硬化，使用含有蛋白质含量较高的面粉制作面包，产品更不易老化。

（3）脂类物质。脂类物质与淀粉颗粒相遇后，可均匀包围在其表面，有效阻止了糊化淀粉分子的重排。另外，在生产加工过程中，将适量的起酥油加入含有油脂的天然面粉中，面粉中所含油脂可以和起酥油发生作用，减缓面包硬化速度。

（4）乳化剂。加入乳化剂后，面包不易老化。乳化剂与脂类物质按适当比例混合，具有抗老化作用，还可以和淀粉作用，降低淀粉硬化。

（5）糖和乳制品。糖类既可以增加甜度、提高营养价值、提供酵母能量，又可以提高产品的色香味，其吸湿性可防止面包发干变硬；牛奶、奶粉等制品可增加产品的营养价值并改善产品色香味，乳蛋白质可增加面团吸水量，改善面筋性，使面包膨胀作用加大，减缓面包老化速率。

（6）酵母。过量加入酵母会使面包更易老化，面团发酵过度或过嫩也都容易使产品老化。

2. 工艺对面包老化的影响

在面包的生产工艺中，调粉的加水量和搅拌速度对面包老化有一定影响，在保证面包烤熟的基础上，适当多加水可使面团适量变软，增加面包的水分含量，减慢产品硬化的速率。面团经高速搅打，产品更柔软，老化速率更慢。发酵时酵母繁殖，改善面筋，增加产品风味，使面团成熟，在面团体积膨胀的过程，合适的发酵时间和酵母用量会显著影响面包的保存性状。

3. 包装对面包老化的影响

高湿或密封保存面包，可适当延缓面包老化。包装对面包老化有重要影响，包装可以使面包产品与外界隔离，降低微生物侵染的可能性，维持面包产品的芳香气息和松软质地，还可以防止因水分耗损而变硬，从而延缓面包的老化。

4. 储藏对面包老化的影响

储藏环境温度对面包的老化程度影响作用较大。研究表明，将面包放置在-18 ℃ 下不容易老化，面包储藏在-7 ~ 20 ℃ 时老化快；但是如果为了延缓老化，将储藏温度调至较高至43 ℃，虽然老化延缓，但适合微生物的生长，会使面包发霉腐烂，也不利于维持面包产品的芳香气息和水分含量。

（二）延缓面包老化的措施

1. 优化产品配方

针对面包老化现象，可考虑对配方进行优化改进：① 可适当提高含水量，选择的含水量应既满足产品的感官要求，又不影响产品理化要求；② 选用蛋白质含量高且面筋蛋白质量好的优质面粉，在小麦粉中加入适量的米糠、变性淀粉、糯小麦粉和价格低廉的真菌 α-淀粉酶等；③ 选用猪油、起酥油、大豆磷脂与含有油脂的天然面粉；④ 添加合适种类和数量的乳化剂或抗老化剂等，可改善产品品质，增大面包体积；⑤ 适量添加糖、乳制品、藻酸盐类、β-环糊精等；⑥ 添加的酵母量一定要适宜；⑦ 适量添加脱脂大豆粉，可降低淀粉从 α-状态逆转到 β-状态程度，从而降低面包中水分的损失。但添加量过多会使面包有豆腥味。此外，添加丙二醇可适当延长面包存放时间。

2. 改善生产工艺

为了延缓面包老化、维持柔软状态、保持产品原有的口感和风味，可以对面包生产工艺进行改进：① 严格控制调粉时的加水量和搅拌速度，适当多加水且高速搅拌；② 适当控制发酵时间和酵母用量；③ 成型过程中适量涂抹乳化剂、油脂、乳酪等。

3. 选择优良包装

优良包装可防止面包变硬、增加产品美观度。包装材料和包装条件对面包的老化影响较大，简单的塑料袋密封包装就是有效的方法，可使面包保鲜达到 3~5 d。因此选择包装材料时，应选用有一定的机械强度和气密性的材料，从而预防外力机械损伤，并防止面包的水分散失。面包冷却至 32~38 ℃，含水量控制在 35%~40%，包装车间相对湿度控制在 75%~80% 为宜。

4. 满足储藏条件

尽量避免将面包储藏在 4~8 ℃ 冷藏室内，无包装面包较为适宜贮存在温度为 30 ℃、相对湿度为 80% 的环境中，但要预防微生物的生长和繁殖。冷冻贮存法是目前国外常用的方法，实用且有效，即将面包放置在-29~-23 ℃ 的冷冻器中，使其在 2 h 内冷却至-6.7 ℃ 以下，再将产品温度逐渐降至-18 ℃，面包在该温度下放置可保鲜 1 个月左右。同时，在储藏时应尽量避免温度的波动。

三、马铃薯全粉-小麦粉面包

本节以赵月研制的马铃薯全粉-小麦粉面包为代表。

（一）生产工艺流程

白砂糖、酵母、食盐、奶粉、黄油→面包粉、马铃薯全粉→称重→过筛→加水和面至面筋形成→发酵→成型→醒发→焙烤→冷却→成品。

（二）操作要点

1. 干酵母活化

将干酵母加入 30 ℃ 的温水中进行溶解，放置 30 min 后使用。使用时避免与白糖直接接触。

2. 调　粉

马铃薯全粉和面包粉按照一定的比例进行称量混合，然后再称取白糖、奶粉、植物油、面包改良剂、酵母液等配料并混合均匀，将混合粉和配料粉充分混合，加入温水进行调制，搅拌、和面。

3. 发　酵

面团揉制好后，放置在温度 27~28 ℃，相对湿度 75%~80% 的醒发箱中发酵 2 h。

4. 成型、醒发

结束后进行分坯，切成 100 g 小面团，揉光、搓圆、定型，放置在温度 35~40 ℃，相对湿度 90%~95% 的醒发箱中醒发 45 min。

5. 焙　烤

醒发结束后放到烤箱中焙烤，将温度控制在 170 ℃，焙烤 35~38 min。

6. 冷却、包装

自然冷却后立即包装，避免长时间暴露在空气中。

（三）工艺配方

1. 马铃薯全粉添加量对面包比容的影响

马铃薯全粉添加量在 0~15%时，随着马铃薯全粉添加量的增加，面包比容缓慢增加；添加量超过 15% 时，随着添加量的增多，比容显著急剧下降。低比例添加马铃薯全粉，比容缓慢增加是因为全粉中含有较多的钾、镁、氯等元素，能刺激酵母生长，同时马铃薯淀粉容易被加热糊化，有利于淀粉酶的水解作用，为酵母生长提供碳源。另外，当面团加热膨胀时，气孔壁上的淀粉粒被平行拉长，由于马铃薯淀粉颗粒大、糊化温度低、胀润性好，颗粒变得十分柔软，紧贴在气孔壁上，有利于面包的烤炉胀发和面包结构的稳定。高比例添加全粉会使面包比容急剧下降，是因为全粉中不含面筋蛋白。全粉过量添加会干扰面粉中的蛋白质-淀粉复合体的形成，同时对面筋稀释作用较大，降低了面团的强度和持气性，导致面包胀发困难，体积变小

2. 马铃薯全粉添加量对面包含水量的影响

马铃薯全粉添加量在 0~15%时，随着添加量的逐渐增加，水分急剧增加；之后随着添加量的增加，面包含水量增加缓慢。低比例全粉添加量会使面包的含水量急剧增加，这是因为全粉中淀粉颗粒大，含有天然磷酸基团，具有非常好的增稠、吸水性，从而增加面包的含水量。随着添加量的增加，吸水性有限，所以含水量增加缓慢。

3. 马铃薯全粉添加量对面包感官品质的影响

添加马铃薯全粉对面包的各项指标均有不同程度的影响，随着全粉添加量的增加，面包的各项评价评分和总评分出现不同程度的增加。当添加量为 15%时，面包的总评分最高，但之后随着添加量的增加，各项评价评分和总评分均减小。马铃薯全粉添加量在 15%以下时，面包外观颜色和冠大小、芯色泽影响不大，但随着添加量的继续增加，面包的外观色泽和芯色泽逐渐加深，内部由平滑、细腻的结构变为粗糙、不柔软，弹性也变差，内部出现不致密、不均匀的大孔洞，口感较硬，没有面包的香味，相应的感官评分也随之下降。以上现象的出现可能是由于大量地添加马铃薯全粉，会破坏面筋蛋白，导致面包的持气能力减弱，体积减小，色泽和口感均受到影响，降低了烘烤后的面包质量。

4. 马铃薯全粉添加量对面包质构特性的影响

面包弹性和硬度能很好地反映面包老化过程中表皮质地、组织结构、口感、柔软度等品质；硬度与胶黏性共同决定耐咀性，其中硬度影响较大；胶黏性、弹性与耐咀性有关，其中胶黏性对耐咀性影响较大。即表明硬度对胶黏性和耐咀性影响较大，可用面包的硬度来间接表示胶黏性和耐咀性。马铃薯全粉添加量在 0~15%时，面包的弹性、回复性逐渐增加，硬度、咀嚼度逐渐减少；添加量超过 15%时，随着添加量的增加，硬度、咀嚼度增加，弹性、回复性降低，凝聚性变化不大。低比例的全粉添加，弹性、回复性增强可能与马铃薯全粉含有天然磷酸基团，具有良好的吸水性有关，面筋蛋白原本聚集在分子内部的憎水基受水的强力排斥往外翻，使蛋白质分子松散伸展开来，增加了蛋白质分子之间的接触面，使各种化学键大量形成，这就使很多蛋白质分子牢固地交织在一起，形成空间网络，所以弹性、回复性都增

大，面团含水量增多，有助于酵母的增殖，同时因面团较软，容易膨胀，面包的硬度和咀嚼性均下降，口感更加柔软。而当全粉添加量过度增加时，过多的全粉对小麦粉的吸水、酵母发酵和面团结造成不利影响，导致面包的硬度和咀嚼性反而上升，面包弹性、回复性下降。

5. 优化配方

马铃薯全粉添加量在 15% 时，制作得到的面包比容为 4.22 mL/g，含水量为 37.93%，此时的感官评分最高，制得的面包松软、爽口、不黏牙、有弹性，马铃薯香味和面包香协调一致。

四、马铃薯泥-小麦粉面包

（一）参考配方

面粉 50%、马铃薯泥 50%、食用盐 0.2%、食用碱 0.1%、食用油 2%、鸡蛋 0.15%，安琪酵母 5.0 g/kg 面粉量添加，瓜尔胶、海藻酸钠、魔芋精粉按照《食品添加剂使用卫生标准》（GB 2760）适量添加，水适量。

（二）工艺流程

魔芋精粉、食盐、瓜尔胶、海藻酸钠、蔗糖、安琪酵母、料酒、鸡蛋、食用油、食用碱
面→马铃薯→清洗→去皮→切块→蒸制→捣泥→和面→醒发→烘烤→成品。

（三）操作要点

1. 马铃薯泥的制作

将马铃薯精选，洗净，在蒸笼里蒸煮 1 h 左右，取出，去皮，用粉碎机打碎放在无污染处备用。

2. 面包的制作

将面粉和魔芋精粉、食盐、瓜尔胶、海藻酸钠、蔗糖、安琪酵母、食用碱面、食用盐混匀后，再加入马铃薯泥、料酒、鸡蛋在搅拌机搅拌 3 ~ 5 min，醒发 40 min，烘烤时间 140 min。

（四）注意事项

（1）原料混匀是关键，特别是马铃薯泥，不易和其他原料混匀。

（2）添加鸡蛋有腥味，适当添加料酒可去除腥味。

（3）魔芋精粉、瓜尔胶、海藻酸钠是从植物中提取的，在《食品添加剂使用卫生标准》（GB 2760）中属于适量添加，没有明确限量，而且这些物质可有效降低人体血糖、血压、血脂，添加到面制品中可有效改善口感、感官品质、降低断条率，但价位较高，不宜过多添加。

（4）食用碱食用量不宜超过 0.1%，否则面包色泽发乌。

（5）制作面包发酵时间不宜太长，否则面包易塌陷。发酵温度掌握在 25 ℃ 左右。

五、其他新型马铃薯面包

（一）马铃薯猴头菇面包

1. 工艺流程

一级发酵液的制备→发酵醪液的制备→酵母预活化→原辅料处理→主面团调制→主面团一次发酵→分割、成型→醒发→焙烤。

2. 优化后的产品配方

马铃薯全粉 20%、猴头菇粉 5%、猴头菇发酵液 80%、酵母 4%。该产品具有饱满光滑的外观、规则的形状、均匀一致的气孔，疏松程度好。

（二）马铃薯大列巴

李明安等公开了一种马铃薯大列巴及其制备方法和应用。采用该方法制备的马铃薯大列巴具有良好的风味，通过多种原料的合理搭配，可使马铃薯大列巴的膨发充分，口感相对细致，营养全面，维生素和矿物质含量都比精制面粉制成的传统大列巴高，并且热量低，具有俄式风味和口感，解决了现有大列巴大多是以小麦粉为原料进行制备、口味风格单一的问题。

1. 产品配方

马铃薯全粉 20 ~ 75 份、全麦粉 1 ~ 10 份、高筋面粉 30 ~ 180 份、食盐 0.1 ~ 4 份、白砂糖 10 ~ 50 份、黄油 1 ~ 8 份、奶粉 1 ~ 10 份、鸡蛋 5 ~ 30 份、酵母 1 ~ 4 份、啤酒花液 20 ~ 120 份、谷朊粉 2 ~ 10 份、面包改良剂 0.1 ~ 2 份、双乙酰酒石酸单甘酯 0.1 ~ 2 份、硬脂酰乳酸钙 0.1 ~ 0.5 份、水 10 ~ 70 份。

2. 操作要点

（1）调制面团。按照比例称取马铃薯全粉、全麦粉、高筋面粉、水、白砂糖、食盐、奶粉、鸡蛋、酵母、谷朊粉、面包改良剂、双乙酰酒石酸单甘酯与硬脂酰乳酸钙进行混合后加入啤酒花液和匀面团，得到调制面团。

（2）揉搓面团。调制面团中加入黄油继续揉搓，得到揉搓面团。

（3）第一次发酵。揉搓面团放入 28 ~ 30 ℃的发酵箱中发酵 1.5 ~ 2.0 h（具体根据面团软硬程度以及发酵程度合理调节），发酵至体积增大为 2 ~ 2.5 倍，微酸最好，得到第一次发酵面团。

（4）第二次发酵。第一次发酵面团排气整形后揉至光洁，放入烤盘中，再放入 36 ~ 38 ℃的发酵箱中发酵至体积增大为 2 ~ 2.5 倍，得到第二次发酵面团。期间要注意发酵箱的湿度。

（5）焙烤。第二次发酵面团刷上蛋液，放入烤箱在 170 ~ 190 ℃焙烤 20 ~ 40 min，得到所述马铃薯大列巴。

（三）马铃薯-杏鲍菇复合面包

1. 工艺流程

原料预处理→配方→和面→发酵→整形→摆盘、醒发→烘烤→冷却→产品。

2. 操作要点

（1）原料预处理。干品杏鲍菇经粉碎机粉碎后，过 50 目筛滤去残渣，得到细腻的杏鲍菇干粉。

（2）调粉。按配方比例，将杏鲍菇粉、马铃薯全粉、面包改良剂、高筋面粉和白砂糖、奶粉、食盐混合。

（3）和面。将混合好的粉剂、鸡蛋、酵母加入植物油和适量水，和成表面光滑且富有弹性的面团。

（4）面团发酵。调制好的面团在 35 ℃、相对湿度 70% 条件下发酵 1 h，手指轻压面团时，面团轻微塌陷而不立即恢复原状，表明面团已发酵成熟，再将面团分成大小均匀的小块，搓成圆形。

（5）面团醒发。将面团在温度 35 ℃、湿度 75% 条件下醒发 1 h 左右，醒发好的面团一般膨胀为原体积的 2 倍。

（6）烘烤。烘烤温度 180 ℃，烘烤时间 10 min。

（7）冷却。将面包取出，冷却。

3. 优化后的产品配方

马铃薯全粉 15.0%、杏鲍菇 4.3%、酵母 2.2%。

（四）马铃薯儿童面包

王同阳以马铃薯代替部分淀粉，以功能性卵磷脂、钙粉为强化剂，生产适合儿童生长发育需要的低脂、高营养、多功能的儿童面包，具体操作如下：

1. 马铃薯泥的制备

（1）选料选择优质马铃薯，无青皮、虫害、个体均匀，禁止使用发芽或发绿的马铃薯。

（2）切片。将马铃薯切成 15 mm 左右的薄片。

（3）浸泡。切片后，立即将马铃薯薄片投入 3% 柠檬酸和 0.2% 抗坏血酸溶液或亚硫酸溶液中。因为去皮后马铃薯易发生褐变，经过浸泡处理后，可避免马铃薯片在加工过程中的褐变。

（4）蒸煮。常压下用蒸气蒸煮约 30 min。

（5）捣烂。蒸煮后冷却片刻，用搅拌机搅成马铃薯泥。

2. 面包的制备

将面粉和酵母混合均匀后，倒入搅拌机中，与制备好的马铃薯泥搅拌均匀。将糖、鸡蛋、面包添加剂加入 30 ℃ 的温水中调匀，投入搅拌机继续搅拌。在面坯中面筋尚未充分形成时，加入色拉油继续搅拌。当面团不粘手、手拉面团有很大弹性时，加入精盐再搅拌 10 ~ 15 min。从搅拌机中取出已经揉好的面团，静置，将面团分割成 100 g 左右的生坯，揉圆入模，在 38 ℃、相对湿度 85% 以上的恒温恒湿箱中发酵 2.5 h，送入远红外烘箱 198 ℃ 烘烤约 10 min。

（五）马铃薯米醋强化面包

1. 产品配方

面包粉 380 g、马铃薯 75 g、绵白糖 60 g、盐 4 g、鸡蛋 1 个、油 30 g、酵母 4 g、面包添加剂 1.5 g，卵磷脂、米醋、水适量。

2. 工艺流程

（1）米醋的制备

糯米→清洗→浸泡→蒸煮→冷却→混合→酒精发酵→压滤→酒液稀释→接种→醋酸发酵→陈酿→灭菌→米醋。

（2）马铃薯泥的制备

新鲜马铃薯→选料→洗涤→剥皮→切片→浸泡→蒸煮→马铃薯泥。

（3）面包的制备

鸡蛋、糖、米醋、卵磷脂、面包添加剂→加水调配→混合→搅拌→面坯→静置→整形→发酵→烘烤→冷却→成品。

3. 操作要点

（1）米醋的制备

精白米用水洗净后，在水中浸泡 20 h，捞出后放在锅中蒸煮，常压下蒸 30 min 左右，使米粒松软熟透。冷却至 35~38 ℃ 后接入酒曲，置培养室培养发酵，在糖化的同时进行酒精发酵。在 28~30 ℃ 下经过 30 天的酒精发酵后，得到酒醪，乙醇含量为 16%~18%。然后挤压出酒糟，分离酒液。将酒液用水稀释至酒精含量为 8% 左右，达到醋酸菌的发酵浓度，再将醋酸菌菌种接入酒液，进行醋酸发酵。醋酸发酵结束后，进行陈酿、杀菌后制得所需米醋产品。最后所得米醋的氨基酸含量在 250 mg/L 以上，可溶固形物为 2.5%。由于米醋酿造阶段加入了多种微生物，如米曲霉、乳酸菌、酵母菌、醋酸菌等，通过代谢产生多种营养物质，如维生素 B_1、B_2、B_6、B_{12}，泛酸、烟酸、烟酰胺、叶酸、肽、肌醇、胆碱和生物素等。这些营养素在面包中具有极为重要的作用。

（2）马铃薯泥的制备

① 选料。选择优质马铃薯，无青皮、虫害、大小均匀，禁止使用发芽或发绿的马铃薯。因为马铃薯含有茄科植物共有的茄碱苷，主要集中在薯皮和萌芽中。马铃薯受光发绿或萌芽后，产生大量的茄碱苷，超过正常含量的十几倍。茄碱苷在酶或酸的作用下可生成龙葵碱和鼠李糖，这两种物质是对人体有害的毒性物质。因而当马铃薯发芽或发绿时，必须将发绿或发芽部分削除，或者整个剔出。

② 切片。将马铃薯切成 1.5 cm 左右的薄片。

③ 浸泡。切片后，立即将马铃薯薄片投入 3% 柠檬酸和 0.2% 抗坏血酸溶液或亚硫酸溶液中。因为去皮后马铃薯易发生褐变，浸泡处理可避免马铃薯片在加工过程中的褐变。

④ 蒸煮。常压下用蒸汽蒸煮 30 min 左右。

⑤ 捣烂。蒸煮后稍冷却片刻，用搅拌机搅成马铃薯泥。

（3）面包的制备。将面粉和酵母混合均匀后，倒入搅拌机中，与制备好的马铃薯泥搅拌均匀。将糖、鸡蛋、米醋、面包添加剂、卵磷脂等加入 30 ℃ 的温水调匀，投入搅拌机继续搅拌。在面坯中面筋尚未充分形成时，加入色拉油继续搅拌。当面团不粘手、手拉面团有很大弹性时，加入精盐再搅拌 15 min 即可。从搅拌机中取出已经揉好的面团，静置，将面团分割成 100 g 左右的生坯，揉圆入模，在 38 ℃、相对湿度 85% 以上的恒温恒湿箱中发酵 2.5 h，送入远红外烘箱 198 ℃ 烘烤约 10 min。

第四节　马铃薯饼干

一、马铃薯韧性饼干

（一）参考配方

低筋粉 50 kg、白砂糖 15 kg、植物油 7.5 kg、食盐 0.3 kg、小苏打 0.35 kg、水 5 kg。

（二）工艺流程

原辅料的预处理→称量→调粉→静置→辊轧→成型→烘烤→冷却→成品。

（三）操作要点

1. 原辅料的预处理

选择优质、无青皮、虫害、大小均匀的马铃薯，洗去表面的泥沙等杂质，切成 1 cm 厚的圆片，迅速去皮于沸水中煮制 15 min，待筷子可以穿透即关火，待其冷却后捣成泥备用。

2. 调　粉

按配方称取原辅料，将白砂糖、小苏打、食盐、水充分混合均匀，然后加入面粉和马铃薯泥进行充分调制，最后加入植物油搅拌均匀，调制时间为 10 ~ 15 min。调粉时面团温度要保持在 37 ~ 40 ℃。

面团要求：软硬适中，有一定的可塑性。

3. 静　置

将调制好的面团置于恒温恒湿的培养箱中静置。静置可以消除搅拌时的张力，降低面团黏性和弹性。静置时间为 15 ~ 20 min，温度 36 ℃。

4. 辊　轧

将调制的面团辊轧成 1 mm 厚、光滑、平整和质地细腻的面带。

5. 成　型

辊轧后的面带，采用自制的针孔成型工具均匀扎孔，且针孔应穿透饼坯，然后用自制饼干模具成型。

6. 烘 烤

将成型的饼干面坯置于上火 180 ℃、下火 130 ℃，且上下火稳定的烤箱中，烘烤 10 min 左右即可。

二、马铃薯全粉酥性饼干

（一）参考配方

马铃薯全粉 40 kg、马铃薯淀粉 20 kg、面粉 40 kg、植物油 14 ~ 16 kg、鸡蛋 8 kg、糖 30 ~ 32 kg，香精、碳酸氢钠和碳酸氢铵适量。

（二）工艺流程

面团调制→辊轧成型→烘烤→冷却→包装→成品。

（三）操作要点

1. 面团调制

将疏松剂碳酸氢钠、碳酸氢铵放入和面机中，加入冷水将其溶解，然后依次加入糖、鸡蛋液和香精，充分搅拌均匀后，将预先混合均匀的马铃薯全粉、马铃薯淀粉及面粉放入和面机内，充分混匀。面团调制温度以 24 ~ 27 ℃ 为宜，面团温度过低黏性增加，温度过高则会增加面筋的弹性。

2. 成 型

面团调制好后，送入辊轧成型机中经辊轧成型即可进行烘烤。

3. 烘 烤

采用高温短时工艺，烘烤前期温度为 230 ~ 250 ℃，以使饼干迅速膨胀和定型；后期温度为 180 ~ 200 ℃，是脱水和着色阶段。因酥性饼干脱水不多，且原料上色好，故采用较低的温度，烘烤时间为 3 ~ 5 min。

4. 冷却、包装

烘烤结束后的饼干采用自然冷却的方法进行冷却，在 6 ℃ 下冷却 8 min。冷却过程是饼干内水分再分配及水分继续向空气扩散的过程。不经冷却的酥性饼干易变形。经冷却的饼干待定型后即可进行包装，经过包装的产品即为成品。

三、马铃薯桃酥

（一）参考配方

面粉、马铃薯泥为 8∶2（面粉 48 kg、马铃薯泥 12 kg），白砂糖为面粉的 40%，猪油为面粉的 35%，鸡蛋 6 kg，水 6 L，小苏打及碳酸氢铵适量。

（二）工艺流程

预处理→切块→蒸煮→制泥→调配→面团调制→切块→成型→烘烤→冷却→包装→成品。

（三）操作要点

1. 原料选择

马铃薯块茎表面光滑，清洁，不干皱，无明显缺陷（包括病虫害、绿薯、畸形、冻害、黑心、空腔、腐烂、机械伤和发芽薯块）。

2. 马铃薯泥的制备

马铃薯清洗后，切成厚薄均匀的马铃薯块。为防止马铃薯发生褐变，将切好的马铃薯放入蒸盘中蒸制 15 min 左右，将蒸好的马铃薯去皮，制成泥备用。

3. 调　配

将低筋粉、马铃薯泥、鸡蛋、小苏打和碳酸氢铵称好装入小盘中，搅拌均匀。将水加入已经称好的白砂糖中，于电磁炉加热溶解，再将猪油与之混合搅拌均匀，冷却至室温。其间要不断搅拌防止再次凝固。

4. 面团调制

将上述糖和油的混合液体加入面粉混合物中，搅拌并和成面团。

5. 成　型

把调好的面团在操作台上摊开，擀压成约 1 cm 的厚片。

6. 摆　盘

将生坯摆入擦过油的烤盘内，要求摆放均匀，并留出摊裂空隙。

7. 烘　烤

摆盘后立即进行烘烤，烘烤炉温为 180～220 ℃，时间约 15 min。前期 210 ℃ 入炉，开面火、关底火，让其摊裂；中期面火、底火同时开，让其定型；后期开面火、关底火，使其上色且防糊底。待产品上色均匀后进行冷却。

8. 冷　却

刚出炉的桃酥易变形破碎，所以必须冷却。充分冷却后才能表现出应有的特点，冷却后即为成品。

四、低糖型马铃薯饼干

（一）工艺流程

原辅料预处理→称量→无盐奶油→水浴软化→分次加蛋液→搅匀→加入牛奶、奶粉、糖粉、盐、泡打粉、乳化剂、香草粉→搅匀→加入过筛低筋小麦粉、马铃薯、苦荞粉→拌和均匀→擀压→成型→烘烤→出炉→冷却、包装→成品。

（二）操作要点

1. 原辅料预处理

马铃薯雪花片状全粉粉碎、过 80 目筛；小麦面粉、苦荞粉过 80 目筛，备用。

2. 称　量

按配方准确称量各种原辅料，做好试验准备工作。

3. 辅料预混

将蛋液分次加入软化打发好的无盐奶油中搅拌均匀；将 5 g 糖粉、5 g 奶粉、2.5 g 泡打粉、0.4 g 盐、0.9 g 单甘酯、0.5 g 香草粉、小麦粉、马铃薯粉、苦荞粉等干料混合，并探讨小麦面粉、马铃薯粉、苦荞粉的配比和无盐奶油、奶水添加量对饼干质构特性的影响。

4. 面团调制

将混合干料加入奶油和蛋液混合液中，用刮板不断搅拌，直至混合均匀，再加入小麦面粉、马铃薯粉、苦荞粉，充分拌和均匀，调制成面团。

5. 擀压、成型

将面团压片，利用模具进行造型。

6. 烘　烤

将已成型的饼干放入面火 175 ℃ 左右、底火 130 ℃ 的烤箱中烤制 12 ~ 15 min，烤至表面微微金黄色即可。

7. 冷却、包装

将烤好的饼干放置在晾架上冷却，采用 PVC 塑料片材热成型盒内装，用 PE/PET/AL//PE 复合袋外包装。

（三）优化的工艺配方

小麦粉 100 g、马铃薯 40 g、苦荞 5 g、奶粉 5 g、糖粉 5 g、无盐奶油 50 g、牛奶 25 mL、全蛋液 25 g、泡打粉 2.5 g、盐 0.4 g、单甘酯 0.9 g、香草粉 0.5 g。

第五节　马铃薯蛋糕

蛋糕是以面粉、鸡蛋、食糖等为主要原料，经搅打充气，辅以膨松剂，调制成发松的面糊，浇入模盘，通过烘烤或汽蒸而使组织松发的一种疏松绵软、适口性好、营养丰富且方便的食品，深受国内外消费者的青睐。

一、马铃薯全粉蛋糕

本节以马莹研制的马铃薯全粉蛋糕为代表。

（一）工艺流程

辅料（含蛋白）→打发→原辅料（含蛋黄）→搅拌→调糊→浇模→烘烤→冷却→出模→成品。

（二）基础配方

马铃薯全粉蛋糕的基本配方如表2-1所示。

表2-1 马铃薯全粉蛋糕基础配方（以面粉和马铃薯全粉总和100 g粉作为基准）

原料	添加量/g	原料	添加量/g
色拉油	45	鸡蛋（蛋黄）	120
白砂糖（蛋白）	50	食用醋	3~4滴
全脂牛奶	50	蛋糕专用粉	80
鸡蛋（蛋白）	228	马铃薯全粉	20

（三）操作要点

1. 马铃薯全粉制备

以新鲜马铃薯为原料，经清洗、去皮、挑选、切片、漂洗、蒸煮、捣泥、烘干，粉碎成颗粒状，过100目筛后得到马铃薯全粉。

2. 蛋黄调糊

用手动搅打器将蛋黄搅打均匀待颜色变浅后，依次加入全脂牛奶、色拉油、白砂糖、马铃薯全粉与糕点专用粉的混合粉，充分搅打，慢慢搅匀至光滑细腻无颗粒感。

3. 蛋白打发

蛋白pH在7.6~8，加入2~3滴食用醋调节蛋白pH，用搅打器搅打均匀。后分3次加入白砂糖低速打至可呈现纹路状态，固定方向搅打至蛋白糊成干性发泡状态。

4. 混合调制

用刮刀取1/3蛋白糊加入蛋黄糊中，用刮刀翻拌均匀：继续刮取1/3蛋白糊加入蛋黄糊中，持续翻拌均匀，倒入模具。

5. 蛋糕烘烤、冷却

烤箱预热20 min。第一阶段：先关闭上火温度，设置底火温度160 ℃，烘烤35 min时间；第二阶段：设置上火温度110 ℃，底火温度不变，烘烤时间10 min。烤制结束后立即倒扣冷却。

（四）工艺配方

1. 马铃薯全粉添加量

马铃薯添加量为20%时，感官评定分数最佳，品质接近且稍优于对照组蛋糕。当马铃薯全粉含量超过 20%，感官品质降低。随着马铃薯全粉添加量的增加，蛋糕比容显著降低，可能由于马铃薯全粉中面筋和淀粉含量的降低，在受热过程中，形成面筋网络蓬松结构的力降低，黏度增大，持气力降低，马铃薯全粉蛋糕的比容降低。所以马铃薯全粉添加量的最佳范围为 10% ~ 30%。

2. 色拉油添加量

添加色拉油的目的是使蛋糕更加滋润柔软细腻，同时还可以有效锁住蛋糕里的水分，减缓蛋糕因缺水变干硬的时间。随着色拉油添加量的增加，马铃薯全粉蛋糕感观评定分数先增加后降低。蛋糕比容呈现缓慢上升后缓慢降低趋势，变化不大。当大豆色拉油添加量为 30%时，感官品质最佳。当色拉油添加量为 30%和 40%时，蛋糕比容分别达到最大值。蛋糕比容变化的原因可能由于色拉油加的量过少，蛋糕会变得干瘪，不能有效锁水；色拉油加的量过多，则不易均匀地融入蛋黄糊里，还会破坏蛋白糊中的泡沫，最终影响蛋糕的感官评定及比容。所以色拉油添加量的最佳范围为 20% ~ 40%。

3. 牛奶添加量

蛋糕中加入牛奶可以增加蛋糕的香味，使蛋糕蓬松柔软。添加的牛奶是全脂牛奶，含有 3.5%的脂肪，起到软化、保湿的作用。随着牛奶添加量的增加，蛋糕的比容感官评分呈先上升后降低趋势。牛奶添加量为 50% ~ 60%时，分数增加且差异显著。蛋糕比容同样在此范围内有显著差异。牛奶添加量超过 60%时，感官评分及蛋糕比容降低，主要是由于蛋糕在烘焙过程中，牛奶充当水分，加热后变为蒸气，蒸汽与蛋糕中的空气和二氧化碳结合，使蛋糕逐渐蓬松，体积增大，充盈蛋糕内部。当牛奶加入量过多时，一方面蛋糕出炉后，水蒸气无法全部排出，造成蛋糕塌陷、制品体积收缩；另一方面蛋糕中的脂肪也增加，造成蛋糕软化过度，最终造成比容、感官品质降低。所以牛奶添加量为 50% ~ 60%最适宜。

4. 白砂糖添加量

蛋糕中加入白砂糖可以增加蛋糕的甜味；改善表皮颜色，在烘烤过程中，发生美拉德反应，增加表皮颜色并发出香味；糖可以削弱面糊中的结构剂，减缓并减少蛋白质之间的相互作用（形成面筋蛋白）及鸡蛋白的凝固，还能降低淀粉的凝胶化，延长烘焙时间，使蛋糕口感柔软细腻；糖会吸附水分子，有助于保持水分，帮助蛋白打发，糖晶体使空气包裹到蛋白糊中，受热膨胀，使蛋糕蓬松。随着白砂糖的增加，蛋糕的感官评分先增加后降低。当白砂糖添加量为 55%时，感官评分与比容达到最大。造成感官与比容呈现这一趋势的原因是：首先加入糖的量较少，导致蛋糕表皮上色不足，蛋糕不够细腻，感官品质较差。加入糖少使蛋糕在搅拌过程中摩擦力小，拌入空气不足，蛋糕无法充盈，比容较小。加入糖过量，会使蛋糕表皮颜色过深，蛋糕过甜，口感不够细腻，感官品质降低。在搅打蛋白时，白砂糖过多，蛋白糊中留下的间隙较小，空气拌入不足，在加热过程中，产生气体较少，内部结构有损害，抑制了蛋糕的蓬松，比容降低。

5. 优化后的工艺配方

以面粉和马铃薯全粉的总和 100 g 为基数，鸡蛋添加量为 587 g、马铃薯全粉 20 g、色拉油 40 g、全脂牛奶 55 g、白砂糖 50 g。

二、干果马铃薯蛋糕

（一）基本配方

干果马铃薯蛋糕的基本配方如表 2-2 所示。

表 2-2 干果马铃薯蛋糕的基本配方

原料名称	烘烤百分比/%	投料量/g
面粉和马铃薯粉	100.0	154.0
白砂糖	100.0	154.0
鸡蛋（带壳）	130.0	200.0
碳酸氢铵	0.5	0.8
水	40.0	62.0
干果	10.0	16.0

注：154 g 面粉和马铃薯粉中 61.6 g 为马铃薯粉，92.4 g 为低筋面粉。

（二）操作要点

1. 打 蛋

首先将蛋液慢速搅打 1 min；加入白砂糖再快速搅打 8～10 min，直至蛋液呈乳白色泡沫状；加入碳酸氢铵和水搅打 10～15 s。

2. 搅 拌

将面粉和马铃薯粉称量、过筛后混合，搅打 15～30 s，分布均匀，理想面糊温度为 24 ℃。

3. 注 模

将蛋糊注入已刷油的蛋糕纸杯中，注入 2/3 即可。

4. 烘 焙

上火 150 ℃，下火 180 ℃，烘焙时间 15 min。表面刷油并冷却包装。

（三）优化后的工艺配方

以马铃薯全粉与低筋面粉混合计为烘烤百分比 100%，其中低筋面粉与马铃薯全粉质量比 3：2，鸡蛋的烘烤百分比 130%，白砂糖烘烤百分比 110%，碳酸氢铵 0.5%，水 40%，干果 10%。与传统的蛋糕相比，干果马铃薯蛋糕维生素、膳食纤维和矿物质元素更加丰富，蛋糕内部组织扎实细腻，薯香浓郁，口感更加润泽。

三、马铃薯全粉戚风蛋糕

（一）工艺要点

1. 蛋黄糊调制

将与蛋白分离后的蛋黄打散加入占总糖量为 30% 的白砂糖、植物油、牛奶混匀，加入马铃薯全粉、低筋面粉，用刮刀从下往上翻拌。

2. 蛋白糊调制

向蛋清中加入 8 滴柠檬汁，用电动打蛋器打到鱼眼泡状，然后加入 1/3 的细砂糖，继续打，打到蛋白开始变浓稠，再加入 1/3 的细砂糖，再继续用电动打蛋器打，打到蛋白比较浓稠，表面出现纹路，加入剩下的 1/3 细砂糖，再继续打。当提起打蛋器，蛋白能拉出弯曲的尖角时，表示已经达到湿性发泡的程度。当提起打蛋器时，蛋白能拉出一个短小直立的尖角，就表明达到了干性发泡的状态，停止搅打。

3. 蛋白糊和蛋黄糊混合

用刮刀将 1/3 蛋白加入蛋黄糊中，用刮刀轻轻翻拌均匀（从底部往上翻拌，不要划圈搅拌，以免蛋白消泡），翻拌均匀后，再用刮刀分 2 次将余下的 2/3 蛋白加入蛋黄糊中，翻拌均匀，使之呈浅黄色。

4. 入　模

将混合好的蛋糕糊倒入模具中，用手端住模具在桌子上用力震几下，把内部的大气泡震出来。

5. 烘　烤

烤箱 180 ℃ 预热 5 min，然后将模具放入烤箱进行烘烤，上火 180 ℃，下火 180 ℃，烘烤 50 min。

6. 脱　模

将烤好的蛋糕从烤箱取出后，用力在桌子上震两下，立即倒扣在冷却架上，直到冷却脱模。

（二）优化后的工艺配方

低筋面粉与马铃薯全粉质量比为 6 ∶ 4（即低筋面粉 60 g、马铃薯全粉 40 g）、牛奶 50 g、白砂糖 90 g、鸡蛋 300 g、柠檬汁 8 ~ 10 滴、植物油 50 g。按照该配方制作的戚风蛋糕组织蓬松，口感色泽良好。

四、马铃薯蛋糕老化特性

老化是烘焙产品在储藏过程中发生的包括物理、化学和感官品质等综合变化的复杂过程，涉及淀粉回生、水分迁移、淀粉-蛋白质之间的相互作用以及在非晶区内淀粉聚合物的重组等，会导致蛋糕变硬、失去光泽、口感变粗糙、风味发生劣变。对马铃薯蛋糕在储藏期间的老化特性进行研究发现，蛋糕储藏 1 h 后，在 X 射线衍射（XRD）2θ 12.5° 和 20° 附近出现衍射峰，分别对应于禾谷类淀粉的无定形峰和由直链淀粉与脂肪酸形成的螺旋形复合物（V 形结晶）。当储藏时间达到 120 h 时，在 2θ 17° 附近出现由支链淀粉回生产生的 B 形结晶。傅里叶变换红外光谱（FT-IR）在波数 925、995、1025、1047、1079、1155 和 1243 cm^{-1} 附近出现吸收峰，1025 和 1047 cm^{-1} 附近的吸收峰分别对应淀粉的非结晶区特征和结晶区特征。（1047/1025）cm^{-1}

峰强度比值能够反映淀粉分子的有序程度，其比值越大，有序度越高。马铃薯蛋糕在储藏期间的 X 射线衍射峰和红外吸收峰强度以及（1047/1025）cm^{-1} 比值均小于普通蛋糕，表明其老化速度慢于普通蛋糕。老化会导致蛋糕硬度、咀嚼性、胶着性、黏聚性降低，从而使蛋糕失去光泽、口感变粗糙、风味发生劣变。

第六节　马铃薯月饼

一、马铃薯酥皮月饼

（一）工艺流程

1. 豆沙馅的制备

红小豆→挑选→煮制→捣碎→炒制→豆沙馅。

2. 马铃薯泥的制备

马铃薯→清洗→切片→蒸煮→去皮→捣碎→马铃薯泥。

3. 马铃薯酥皮月饼的工艺流程

水皮面团：油+水→快速搅打→乳化+面粉→搅打；
油酥面团：面粉+马铃薯泥+植物→调制→搓面；
水皮面团+油酥面团→酥皮制作→包馅→成型→烘烤→冷却→包装→成品。

（二）操作要点

1. 豆沙馅的炒制

挑选出红小豆中的杂质，包括黑点、褐斑、虫害以及大型颗粒状杂质等。洗净红小豆，加水煮熟捣碎加白砂糖进行炒制浓缩，待用。

2. 马铃薯泥的制备

选择表面光滑无霉烂的马铃薯清洗干净并切片，蒸熟后去皮捣碎即成马铃薯泥。

3. 水皮面团的调制

先将油和水进行充分搅拌（约 10 min）成乳化状，然后加入面粉搅拌成不粘手、软硬适宜的柔软面团。

4. 油酥面团的调制

将面粉、马铃薯泥与色拉油脂充分揉搓均匀，形成与水皮面团软硬一致即可。

5. 酥皮（月饼皮）的制作

将水皮面团，于工作台上擀成圆形片状，油酥面团铺于其中心，用水皮面包油酥面，擀成圆形薄片，在面片中心挖一小孔 360°向四周卷起，用刀切割成定量的面块，再将面块碾压成圆形薄片，即成酥皮。

6. 包馅成型

将事先分摘称量并经过搓圆的豆沙馅包入酥皮内，把酥皮封口处捏紧，压成扁圆形饼坯即成。酥皮月饼一般不借助饼模成型。

7. 烘 烤

酥皮月饼要求"白脸"，一般要求上火温度略低（170 ℃），下火稍高（180 ℃），烘烤时间 25 ~ 30 min。熟透的酥皮月饼饼面光滑，鼓起外凸，饼边周围呈乳黄色，起酥。

二、马铃薯黔式月饼

黔式马铃薯月饼改变了只用面粉精粉制作月饼皮的习惯，将马铃薯全粉、面粉、猪油按一定比例混合后作为马铃薯月饼的制备材料。制得的黔式马铃薯月饼既有马铃薯的薯香味，又色泽金黄、外壳酥脆，层次分明，口感细腻，有弹性、韧性，粘连性较好。具体操作如下：

（1）油皮的制作。按质量份数计算，中筋面粉 100 ~ 150 份、马铃薯全粉 100 ~ 150 份、猪油 40 ~ 70 份、细砂糖 5 ~ 10 份、70 ℃ 热水 40 ~ 70 份。将中筋面粉、马铃薯全粉、细砂糖倒入碗里，一边搅拌一边加水，待水分完全吸收后，分 3 次加入猪油，边加边揉成光滑的面团。揉好后放在桌子上静置 20 min，倒扣上盘子。

（2）油酥的制作。按质量份数计算，中筋面粉 60 ~ 80 份、猪油 25 ~ 40 份。将中筋面粉和猪油充分混合，用手搅拌均匀，直到猪油和面粉完全融合成面团。

（3）将油皮分成 20 g/个、油酥分成 15 g/个，揉成圆形备用。

（4）取一个油皮面团，用手掌压扁。将一个油酥面团放在油皮面团中央，包起来，收口捏紧。将面团的收口朝上，光滑的一面朝下放在案板上，先用手掌压扁。

（5）用擀面杖将面团自上而下，自左而右擀开成长方形面片。将擀好的面片左右两边向中间折过来，然后再将面片上下部分向中间对折，擀平成长方形面片。同样的操作手法重复做 3 次，直到面团表面变得非常光滑，平整。注意擀的过程中面皮不能破，否则油会外漏。

（6）将擀好的酥皮面团静置 20 min 左右。

（7）馅料的制备：① 五仁馅：核桃仁 30 ~ 50 份、葵花籽仁 50 ~ 70 份、腰果 30 ~ 50 份、西瓜子仁 50 ~ 70 份、白芝麻 30 ~ 50 份、糖冬瓜 30 ~ 50 份、橘饼 10 ~ 30 份、玫瑰糖 5 ~ 15 份、细砂糖 70 ~ 90 份、水 70 ~ 90 份、朗姆酒 5 ~ 15 份、植物油 20 ~ 40 份、熟糯米粉 110 ~ 130 份。② 所有的干果在使用之前都需要先烤熟，180 ℃ 烤 10 ~ 15 min，烤出香味即可。烤好的干果冷却后，将干果压碎。不同的干果烤的时间可能不同，尽量将不同种类的干果分批烤熟。③ 橘饼和糖冬瓜切成小丁备用。把所有准备好的干果、橘饼、糖冬瓜全部放入大碗混合均匀，倒入细砂糖、玫瑰糖、朗姆酒、植物油、水，用筷子搅拌均匀。最后加入熟糯米粉，然后揉成团，即成五仁馅。

（8）取一块酥皮面团，压扁，放上五仁馅，然后将面团放于左手虎口位置，用大拇指的大鱼际部位推动面皮，让面皮慢慢地包裹在馅上，收口成半圆形。

（9）将制作好的马铃薯月饼放入烤箱中，上火 200 ℃，下火 180 ℃，20 min 左右，中途翻面。

（10）月饼冷却至室温，置于小型托盘包装盒中，装入脱氧剂，包装密封即可。

三、马铃薯云腿月饼

（一）工艺流程

（1）饼皮：马铃薯全粉、小麦粉→加入水混匀→加入蜂蜜、白砂糖、猪油→混匀。

（2）馅料：云南宣威精制火腿切丁→加入蜂蜜、白砂糖、猪油→加入炒熟面粉混匀。

（3）饼皮+馅料→包入馅料→成型→烘烤→冷却→成品。

（二）操作要点

1. 原料处理

小麦粉（中筋面粉）、马铃薯全粉分别过筛备用。

2. 面团制作

将小麦粉和马铃薯全粉混合均匀放入和面机，依次加入水、蜂蜜、白砂糖、猪油，其中以面粉含量为100%计算，水相对含量为25%，白砂糖相对含量为3.5%，蜂蜜相对含量为6.5%，小苏打相对含量为0.125%，和面至面团有一定的韧性且不粘手即可。

3. 静　置

将面团于室温下醒发30 min，使面团性能保持一定的稳定性。

4. 馅料选择

精选肥瘦适中、肉质细腻、香气浓郁、咸香适口的云南宣威火腿，切丁备用。

5. 馅料混合

加入蜂蜜、白砂糖、猪油混合均匀，其中猪油呈黏稠状且有一定的流动性。

6. 面粉炒制

小火翻炒，略微发黄。

7. 馅料调制

将拌好的火腿丁加入炒熟后的面粉，揉搓至无干粉状态。

8. 包　馅

将饼皮和火腿馅料按比例分割，云腿馅料包入饼皮后，整形成半圆形，收口朝下。

9. 烘　烤

在成型后的马铃薯云腿月饼的饼坯表面刷蜂蜜蛋液，放入烤箱，上火200 ℃，下火185 ℃，烘制15 min。

（三）优化后的工艺配方

马铃薯全粉与小麦粉的配比20∶80，猪油相对含量20%，云腿馅料与饼皮面团配比50∶50。采用此配方生产的马铃薯云腿月饼具有良好的外观形态、滋味口感和组织结构。

第七节　马铃薯馒头

馒头，又称馍或馍馍，是我国传统主食，在国人的饮食文化和日常生活中占据了重要地位，其消费量约占北方面食结构的2/3，在全国面制品中约占46%。新中国成立以来，随着人民生活水平的不断提高，中国传统主食馒头的研究工作逐渐展开，并且取得了一定的成果。2015年6月1日，马铃薯全粉占比30%的第一代马铃薯馒头在北京成功上市，并在北京200多家超市销售。这标志着马铃薯馒头已成为居民餐桌上的一员，加速推进了马铃薯主食化进程。

一、北方马铃薯馒头的典型生产工艺

本节以薛丽丽研制北方马铃薯馒头生产工艺为代表，采用二次发酵法。

（一）工艺流程

酵母活化→配方配料→和面→发酵→成型→醒发→汽蒸→冷却→包装。

（二）操作要点

按表2-3中的配方称取原料，将酵母溶于温水（38 ℃左右）中活化3 min，将酵母水溶液缓缓倒入面粉中，搅拌后手工和面成团即可，放入温度为38 ℃，相对湿度为80%~85%的条件下，发酵1 h，手工成型，于室温下（25 ℃左右）醒发10 min，放入蒸锅中汽蒸25 min，待馒头蒸熟后出锅放置于室温下冷却至25 ℃进行包装。

表2-3　马铃薯馒头的基本配方

原料	质量/g	原料	质量/g
面粉+马铃薯全粉	500	水	250
酵母	4	糖	2

1. 马铃薯全粉添加对馒头比容的影响

馒头比容随马铃薯全粉添加量的增加先增加后减小，添加量10%时达到最大值（2.7 mL/g），添加量超过10%时，馒头的比容有所下降。这是由于马铃薯全粉具有良好的持水性，适量的添加有利于面筋蛋白网络结构的维持，有利于馒头的醒发和蒸制过程中二氧化碳的保持，从而增大馒头比容，但是当马铃薯全粉添加量过大（超过10%）时面团的拉伸性能降低，从而不利于面筋网络结构的维持，使气室中固定的气体减少，导致馒头的比容降低。

2. 马铃薯全粉添加对馒头含水量的影响

水分含量是食品中一项重要的指标，水分含量对食品的新鲜度、硬度、流动性、风味物质的呈现及食品保藏和加工等许多方面都有着极其重要的影响。馒头中水分含量较高，馒头的水分含量对馒头的口感和食用品质都起着重要作用。在同一储藏时间内，不同马铃薯全粉添加量的馒头中的水分含量不同，马铃薯全粉的添加量越大，馒头中的水分含量越高。这是因为马铃薯全粉具有良好的持水性和保水性，其添加能够使馒头缓解失水，但是并不是水分含量越高越好，馒头的水分含量过高时会发黏，不利用食用品质且易滋生微生物。马铃薯全粉添加量为20%以内时馒头的水分含量均符合国标中关于小麦粉馒头含水量小于45%的规定。

3. 马铃薯全粉添加对面粉糊化特性的影响

在马铃薯全粉添加量增加的情况下，小麦粉糊化特性的各个参数均显著降低。引起面粉的糊化黏度（峰值黏度、最低黏度、最终黏度）降低的原因可能是马铃薯全粉中的淀粉发生了氧化反应，引入了羧基基团，使淀粉的结构遭到破坏，造成分子链之间的氢键大量断裂，引起大分子的解聚，造成了淀粉分子空间结构发生改变，由此增加了淀粉的溶解度，并使黏度降低。从某种意义上来讲，糊化温度降低也降低了加工的难度。

4. 马铃薯全粉添加对馒头质构特性的影响

（1）硬度

馒头中加入马铃薯全粉后硬度值均比普通小麦粉馒头的硬度值小，当马铃薯全粉的添加量为15%时，馒头的硬度值最小，说明适量地添加马铃薯全粉能够改善馒头的硬度。这可能是因为马铃薯全粉吸水膨胀使馒头的硬度降低，当马铃薯全粉的添加量为20%时，馒头的硬度再次增加。这是因为引起馒头硬化的一个重要因素就是支链淀粉的重结晶，马铃薯全粉含量较高时，支链淀粉发生重结晶的概率变大，淀粉回生造成馒头硬化使馒头硬度再次变大。

（2）弹性

添加马铃薯全粉能够改善馒头的弹性，当马铃薯全粉添加量为0%~15%时，馒头的弹性不断增大；当马铃薯全粉添加量为15%时，馒头的弹性最大；当马铃薯全粉添加量为20%时，馒头的弹性值最小。馒头的弹性表示馒头在受到外力的压力后恢复到原来高度的能力的大小，弹性是评价馒头品质的一个重要指标。由此可知，适量添加马铃薯全粉能够使馒头保持良好的弹性，但是马铃薯全粉添加量过大时会使馒头的弹性降低。这是因为马铃薯全粉中不含面筋蛋白，改变了面团的内部结构，面团的持气性也下降以致面团难以胀发，因此马铃薯全粉添加量过大时，对馒头的弹性产生不利影响。

（3）黏聚性

黏聚性表示馒头在受到挤压破坏时能够紧密相连，维持馒头完整的能力，通过比较馒头黏聚性值的大小能够得出馒头内部结合力的大小，反映出馒头掉渣的难易程度。馒头的黏聚性随马铃薯全粉添加量的增大而逐渐增大。添加量大于15%时馒头的黏聚性的值又减小，说明在合适的马铃薯全粉添加量范围内，能够改善馒头维持完整状态的能力，改善其掉渣现象，但是当马铃薯全粉添加量过高时，馒头的内部结合能力下降，馒头更容易出现掉渣的情况。

（4）回复性值

馒头的回复性能够反映馒头的老化程度，回复性值越大说明馒头越不易老化。当马铃薯全粉添加量为15%时，馒头的回复性值最大，这说明添加马铃薯全粉能够减缓馒头的老化速率，最佳添加量为15%。

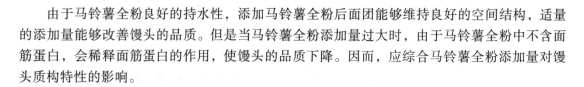

由于马铃薯全粉良好的持水性，添加马铃薯全粉后面团能够维持良好的空间结构，适量的添加量能够改善馒头的品质。但是当马铃薯全粉添加量过大时，由于马铃薯全粉中不含面筋蛋白，会稀释面筋蛋白的作用，使馒头的品质下降。因而，应综合马铃薯全粉添加量对馒头质构特性的影响。

（三）马铃薯馒头的挥发性风味物质

通过 GC-MS 检出马铃薯全粉添加量为 10% 时，馒头中有 34 种挥发性风味物质，其中醇类 9 种、醛类 9 种、酯类 2 种、酮类 2 种、烃类 3 种、苯环类 3 种、杂环类 3 种、硫化物 3种。比普通小麦粉中的风味物质少 7 种，且各种风味物质的含量也各不相同，这说明加入马铃薯全粉后，馒头中挥发性风味物质的组成和含量都发生了变化。

二、影响马铃薯馒头品质的因素

（一）马铃薯褐变

褐变是果蔬加工储藏过程中普遍存在的一种变色现象，是造成果蔬品质下降的一个重要原因。褐变不仅可引起果蔬色、味等感观性状的下降，还会造成营养损失，甚至影响产品的安全性。果蔬褐变一般可分为两大类：一类是在氧化酶催化下的多酚类物质的氧化变色，称为酶促褐变；另一类是如美拉德反应、焦糖化作用等产生的褐变，没有酶的参与，称为非酶褐变。而果蔬的褐变，常以酚酶引起的酶促褐变反应最为常见。目前，对马铃薯的褐变特性及抑制方法等已有较多研究，亚硫酸盐类是食品加工业中应用得最广泛的一种护色剂，且由于亚硫化物食品安全性所引发的问题，探讨无毒非硫的防褐保鲜剂或保鲜方法越来越受到人们的重视。故常采用 D-异抗坏血酸钠、柠檬酸、苹果酸、焦磷酸氢钠等化学护色剂作为亚硫酸盐类替代物进行护色。

（二）发酵时间与酵母添加量

在馒头制作过程中，酵母菌发挥着重大的作用。酵母在发酵时，利用原料中的果糖、葡萄糖等糖类，以及 α-淀粉酶对面粉中破损的淀粉转化后的糖产生发酵作用，产生二氧化氮，促使面团体积增大，结构疏松。研究发现，在醒发 40 min 时，馒头感官品质最佳；醒发时间不足，馒头体积小；时间过长，内部出现大蜂窝状孔洞。随醒发时间的延长，馒头的高径比逐渐降低，馒头比容和白度先增大后减小。一些学者采用一次发酵法，以馒头比容、硬度以及均匀度为指标，研究了醒发条件如醒发温度、湿度、醒发时间对北方馒头品质的影响。结果表明，醒发时间为 35 min 左右，醒发温度在 35 ℃ 左右，醒发湿度在 80% 左右时，馒头的品质最佳。

苏东民等通过感官分析和质构分析，研究了不同活性干酵母添加量和发酵时间对馒头品质的影响发现，发酵温度 38 ℃、酵母添加量 0.8% 时制作的馒头具有较好品质。在制作馒头的过程中，酵母菌发挥着重要作用：酵母在发酵时利用原料中的葡萄糖、果糖、麦芽糖等糖类及 α-淀粉酶对面粉中破损淀粉进行转化后的糖类进行发酵作用，产生二氧化氮，使面团体积膨大，结构疏松。在近些年的马铃薯馒头研究中，对马铃薯馒头酵母添加量与发酵时间也有不同的结论。冷劲松等认为，发酵时间在 45 min 时，马铃薯馒头品质达到最高。畅晓洁等研究发现，在酵母添加量为 0.9%，第一次发酵时间 90 min，第二次发酵时间 20 min 时，马铃薯馒头的品质最佳。

（三）品质改良剂

改良剂的种类繁多，在发酵面制品加工中占有举足轻重的地位，包括亲水胶体、乳化剂、酶、营养强化剂、面粉漂白剂、还原剂等。其中，亲水胶体可以促进无面筋发酵面团的形成，提高其持水性等，还能提供膳食纤维或蛋白质。乳化剂可以与蛋白质、油脂产生一系列的反应和作用，形成细密的网状面团结构，还可与淀粉形成不溶复合物，防止可溶性淀粉的溶出。而酶可以提升面团的发酵体积，延迟老化，促进面团孔洞的形成等。孙洪蕊等研究发现，在谷朊粉添加量 4%、玉米变性淀粉添加量 1%、α-淀粉酶添加量 20 mg/kg、乳清蛋白添加量 1% 时，马铃薯馒头的品质优于未经优化的对照组，硬度值、咀嚼度值、胶着度值显著降低，弹性值、黏聚性、回复性没有显著变化。张凤婕在研制 50% 马铃薯全粉馒头配比时发现，谷朊粉添加量 4.5%、蛋清粉添加量 7%、海藻酸钠添加量 0.6% 的条件下，马铃薯全粉馒头的感官评分最高。姜鹏飞等发现，添加硬脂酰乳酸钠和 α-淀粉酶的马铃薯面团的发酵体积增量超过 20 mL，其他马铃薯面团的发酵体积增量均低于 20 mL；除了 α-淀粉酶和单甘酯（添加比例为 0.30%）外，其他改良剂也可以提高马铃薯发酵面团的储能模量；改良剂可以改善马铃薯面团的剪切稳定性，但是添加 α-淀粉酶的 50% 和 60% 马铃薯面团起始黏度最低；果胶和羧甲基纤维素钠均能改善马铃薯面团网络结构，硬脂酰乳酸钠和单甘酯有利于面团形成面筋膜，而 α-淀粉酶不利于面团网络的形成。

三、其他马铃薯馒头

（一）生鲜马铃薯馒头

现有的马铃薯馒头多以马铃薯全粉制成，全粉生产加工能耗高、使用成本高，用于馒头加工添加量少。如果要增加马铃薯含量，通常需要使用添加剂。以生鲜马铃薯为原料，开发马铃薯馒头加工新技术，可以提高马铃薯馒头的品质。

李泽东采用鲜马铃薯浆制作的 15% 马铃薯干物质含量的馒头工艺如下：将 1.2 g 酵母用 5 mL 30 ℃ 温水活化，与 75 g 鲜马铃薯浆、85 g 小麦粉混合均匀，在 38 ℃ 环境中醒发 30 min，揉制成型，在 25 ℃ 醒发 20 min 后蒸制 20 min。

研究还发现，比容是影响马铃薯馒头品质最重要的因素。相同添加量，以马铃薯浆为原料加工的馒头比容显著高于以商品马铃薯全粉、商品全粉与马铃薯浆混合制成的馒头。使用荷兰 15 马铃薯为原料，添加薯浆、自制冻干全粉和热风干燥全粉制成的馒头，前者比容最大，冻干全粉的次之，热风干燥全粉馒头比容最小。1 cm×1 cm×1 cm 是适宜的切块大小，60 ℃ 6 min 热处理后马铃薯浆的加工适应性和褐变抑制效果较好。二次醒发有利于提高鲜马铃薯浆馒头的比容，当酵母添加量为 1.2%、第一次发酵时间为 30 min 时制成的马铃薯馒头品质最佳。以鲜薯为原料，马铃薯最大添加量（以干物质计）为 30%（质量分数），在干物质添加量为 15% 时，马铃薯馒头品质最好。与商品马铃薯全粉制作的馒头相比，以鲜马铃薯浆为原料，可以在不使用添加剂的前提下提高马铃薯的添加量，在相同添加量时，鲜马铃薯浆馒头品质更好。使用鲜马铃薯浆制作馒头降低了能源消耗，具有成本优势。

（二）马铃薯泥玉米馒头

张忠等以小麦粉、马铃薯泥、玉米面为主要原料，通过添加一定量活性干酵母研制薯泥玉米面馒头。配方最优方案为薯泥小麦粉配比为 11：27，玉米面添加量为 6.5%，活性干酵母添加量为 1.0%，发酵时间为 40 min。此时馒头的弹性、组织状态、色泽、香味和口感最好，做出的产品口感细腻，表皮有光泽，弹性较好，有嚼劲，不黏牙，内部气孔均匀细小。该产品操作要点如下：

1. 薯泥的制作

挑选无芽、无绿变、无机械损伤的马铃薯清洗、削皮、切块后，放入锅内煮熟，然后趁热将煮熟的马铃薯挤压成泥。

2. 和　面

把玉米粉、薯泥、泡打粉、高筋小麦粉、酵母加水和匀制成面团，和面时间大致为 10 min。小麦粉含水率为 13.5%，薯泥的含水率为 78.0%，玉米面的含水率为 14.0%，添加适量的水分，将面团的含水率固定为 40.0%。

3. 发　酵

把面团置于醒发箱中，温、湿度分别设成 30 ℃、30%，醒发时间大概为 60 min。

4. 成　型

把完成发酵的面团取出切块成型。

5. 醒　发

把成型的面团在室温下醒发 20 min。

6. 汽　蒸

醒面完成后，把面团置于蒸锅内蒸煮。水烧开后开始计时，时间为 20 ~ 25 min。确认蒸熟后，关火焖几分钟。

（三）马铃薯全粉、玉米粉和小麦粉复合馒头制作工艺

刘丽等为改善馒头营养结构及口感，解决马铃薯成本升高问题并提高玉米的附加值，将马铃薯全粉和玉米粉加入小麦粉中制成混合粉馒头，研究了不同比例和制作方法对馒头品质的影响。结果表明：面粉占比 70%、马铃薯粉占比 10%、玉米粉占比 20%，或面粉占比 70%、马铃薯粉占比 20%、玉米粉占比 10% 时，感官评价分数较高。当酵母添加量为 0.6%，首次发酵时间 4 h，二次发酵时间 30 ~ 40 min，3 种混合粉馒头的感官品质最佳。

该产品制作采用二次发酵法，操作要点如下：

称取 200 g 面粉，14 g 白砂糖，1.2 g 酵母，120 mL 水，多功能面食料理机揉面 30 min。揉好的面团表面覆盖保鲜膜置于 38 ℃ 恒温培养箱中醒发。揉面，将面团内的气泡赶出，下剂，成型，面团表面要揉至光滑。揉好馒头的形状后用保鲜膜覆盖置于 38 ℃ 恒温培养箱中进行第

二次醒发。待面团再次膨胀 1.0～1.5 倍大时，面团即发好。将面团放入蒸锅，蒸锅内放冷水，大火烧开，改小火蒸 15 min，熄火后静置 5 min 后再开盖。

（四）紫色马铃薯馒头

紫色马铃薯含有大量花青素。花青素具有多种保健功能，如辅助抑制癌症、抗氧化和抗衰老等。刘振宇等对紫色马铃薯馒头加工工艺进行研究，结果表明，紫色马铃薯全粉添加量对紫色马铃薯馒头的口感影响最大，也对馒头的比容起重要作用。适宜的加水量、酵母添加量和发酵时间能改善紫色马铃薯馒头的品质。综合考虑成本与工艺要求等问题，确定了紫色马铃薯馒头加工工艺：紫色马铃薯全粉添加量 35%、加水量 175 mL（面粉 250 g）、酵母添加量 0.75%、发酵时间 4 h、醒发时间 30 min 和气蒸时间 15 min。

该产品加工工艺流程如下：

小麦面粉+紫色马铃薯雪花粉→粉碎→和面（10 min）→揉面（5 min）→发酵（3 h，温度32 ℃）→二次揉面 5 min→成型→醒发 40 min→气蒸 15 min→紫色马铃薯馒头。

四、馒头品质评价体系

馒头品质评价内容一般包括安全卫生、营养品质、感官品质以及储藏性能等方面。目前国内外学者研究最多的是主观评价法和客观评价法。其中，加拿大、美国及澳大利亚等国家在原料品质控制、制作工艺改进、加工设备研发等方面研究比较集中，我国由于对馒头品质评价体系研究较晚，因此许多方法和工艺均较落后。目前国内馒头品质评价大多参考国内外面包的评价指标和方法，其中主要是感官品质评定。

（一）主观评价

主观评价即人们通常所说的感官评价方法，它是目前国内馒头品质评价的最普遍的方法。感官评价主要是人类应用其感觉器官如眼睛、耳朵、手、嘴巴及鼻子，通过嗅觉、视觉、触觉及味觉来分析产品的某些特性，并结合心理、生理、物理、化学及统计学而设计出的一套对食品品质进行定性及定量分析的科学检测方法。它在产品质量的提高、生产工艺的改进以及生产成本的降低过程中都起到了很大的指导作用。

馒头的感官评价是一个嗅觉、视觉、触觉、味觉与肌肉运动相结合的复杂动态过程，受唾液的分泌、温度及口腔的咀嚼程度等影响。可以通过视觉目测馒头的形状、色泽、光泽度及亮度做出视觉评价，通过触摸馒头感受其回复性、弹性以及柔软性对馒头做出触觉评价，通过咀嚼时馒头的易分解、吞咽、咀嚼用力程度及口感做出味觉评价。《馒头用小麦粉》附录A 中提出了馒头品质评价体系。随后 Huang 等人把感官评价与色彩色差计相结合测定馒头的色泽、结构特性、弹性及黏附性；王乐凯等也在《馒头感官评价及品尝评分项目指标》中针对馒头的各项指标制定标准。感官评价是消费者对食品品质最直观的描述和判断，是界定食品好坏的主要主观评价方法。但由于其受人体主观意识的影响较大，加之地域、人群、文化背景等条件的不同，其评价结果也存在很大差异。因此，感官评价作为馒头品质评价方法在馒头产业化生产上存在很大局限性和不全面性。

（二）客观评价

客观评价一般分为力学测定、经验测定及模拟测定 3 种。目前，应用于食品特性评价的主要是模拟测定，即借助科学仪器来测定人们所感受到的食品品质。早在 1861 年，德国人就制造出了用于测定胶状物稳固程度的第一台食品品质测定仪；1955 年，Procter 等人提出了能够准确表达食品特性的比准咀嚼条件；随后在 1963 年，Szczeniak 等在前人的基础上，确立了描述食品食用特性的质构曲线分析法，并在此理论基础上，通过模拟牙齿的咀嚼行为，发明了 TPA（Texture Profile Analysis）测试方法。质构仪的出现弥补了主观评价的缺陷，提高了评价结果的准确性和客观性。

目前，国内馒头评价的方法和指标条件还处于初步探索阶段。郭波莉等研究结果表明，馒头的外观形状、白度及咀嚼性是感官评价的主要评价指标，黏着性、回复性以及弹性是物性测试仪的主要测试指标，物性测试仪所测弹性及回复性值越高，馒头的感官评价值越好，馒头的食用品质越好。张国权等以陕西省境内 92 个小麦品种为原料加工成馒头，并对其感官品质及质构品质进行测定，通过分析其两者之间的相关性表明，馒头的比容与物性测试所得的回复性、黏着性、弹性、咀嚼度以及硬度都呈极高的正相关，压缩回复性与馒头气味有极高的正显著性，馒头内部结构与质构仪所测硬度、胶着性和咀嚼度均呈显著的正相关性。并由此确定馒头的亮度、比容、弹性、回复性、黏着性、咀嚼度以及气味，这些是决定馒头品质好坏的关键性评价指标。采用百分制对上述指标进行评判，并应用其对 22 个小麦品种进行验证，测试结果与《小麦粉馒头》（GB/T 21118—2007）中感官评分馒头品质评价体系对馒头的分类结果基本一致。

第八节 马铃薯面条

面条起源于我国，已有 4000 多年的食用历史。"北方面条，南方米饭"概括了我国的地方主食特色。面条是由面粉（由谷物、豆类、薯类等加工而成）加水搅拌成面团，然后压、擀或抻成片，再使用切、压、搓、拉或捏等工序，制成条状（窄、宽、扁、圆等），最后经煮、炒、烩、炸而成的一种食品。面条是一种制作简单、食用方便、营养丰富的健康保健食品，既可作主食也可作快餐，早已为世界人民所接受与喜爱。全国各地根据饮食习惯的不同，形成了种类繁多、风味各异、颇具地方特色的面食，如拉面、扯面、刀削面等。根据贮存方式不同，面条可分为常温保存面条、冷藏面条、冷冻面条。根据我国的行业标准划分，面条可分为生切面、挂面、花色挂面、手工面、方便面、面饼、通心面。根据面条的制作方法和商业习惯，面条分为生鲜面、挂面、熟煮面、蒸面、方便面、冷冻面条、冷面、意大利面条、面皮类。采用马铃薯全粉制作面条，不仅可以提高面条的营养价值，更是实现马铃薯主食化的重要途径。

一、马铃薯品种、淀粉、添加剂对面条品质的影响

（一）马铃薯品种影响

马铃薯品种繁多，不同原料品质会影响马铃薯面条的品质。张忆洁等采用最大-最小归一

化处理方法将马铃薯面团和马铃薯面条的各个品质指标转化为一维的综合评价指标，分别与40个马铃薯原料品种的品质指标（淀粉、维生素C、可溶性蛋白、还原糖、粗纤维、钾、灰分、干物质、游离氨基酸、硬度、弹性、内聚性、咀嚼性、胶黏性、回复性）进行拟合并建立回归模型。采用聚类方法，将40个马铃薯品种按照加工适宜性分为最适宜、基本适宜和不适宜3类，其中最适宜加工的品种为05-44-1、克9、79（2）、C11、D17、C3、T3、庄3、会2、T4、L7、黑，共12个品种，基本适宜品种为L0524-2、冀8、T2、F5、红、郑7、S3-28、中901、S4-32、中13、T5、冀12、甘农5、晋18、F6、T18、78，共17个品种。

（二）淀粉的影响

1. 淀粉与面条感官品质的关系

面条的感官品质包括色泽、表观状态、透明度、硬度、黏性、弹性、光滑性、韧性、食味值等。张豫辉等研究了马铃薯淀粉的加量对面条色泽的影响，结果表明随着马铃薯淀粉的添加，面片的整体色泽得到改善，添加5%的马铃薯淀粉面条感官评分最好。

2. 淀粉与面条质构特性的关系

面条的质构特性包括硬度、黏着性、弹性、黏聚性、胶着性、咀嚼性、回复性等。张翼飞的研究表明，添加马铃薯淀粉可增加熟面条的黏结性及回复性，面条品质好。

3. 淀粉与面条蒸煮品质的关系

面条的蒸煮品质包括最佳煮制时间、煮制吸水率、煮制损失率、总有机物测定值、蛋白质损失率等。Kawaljit等研究表明，马铃薯淀粉可降低面条蒸煮时间，但蒸煮损失率也较高。淀粉含量与煮制面条的吸水率、干物质损失率、蛋白质损失率呈正相关。张豫辉研究表明，添加马铃薯淀粉的面条，糊化温度低，制成的面条最佳蒸煮时间短；添加5%～10%的马铃薯淀粉，面条的蒸煮品质最好，当马铃薯淀粉添加量小于10%时，面条的拉伸品质较好。随着马铃薯淀粉的添加，面条的最佳蒸煮时间缩短，干物质吸水率减少，干物质损失率及断条率先减小后增加。赵登登研究发现，添加6%的马铃薯淀粉制作的面条品质最好，感官得分最高，质构的硬度、黏着性、弹性和咀嚼性最大。

（三）添加剂的影响

常用的面条改良剂主要有乳化剂、增稠剂、变性淀粉、酶制剂以及一些天然蛋白。全粉的添加破坏了小麦粉中的面筋网络结构，使加工后的面条韧性差，谷朊粉中主要成分为小麦粗蛋白，其添加能促进面筋网络结构的形成，因此在面条中应用较多。增稠剂能够对面团的稳定性和黏度起到提升作用，适量添加有利于面团形成稳定的网状空间结构，从而改善面团的流变学特性和面制品加工品质。

在马铃薯面条原料粉中添加一定比例的小麦蛋白、花生蛋白、大豆蛋白制作面条，均会降低马铃薯面条的亮度值，且随着蛋白添加量的增加，马铃薯面条亮度值降低，但大豆蛋白对马铃薯面条亮度值的影响小于小麦蛋白和花生蛋白。同时，3种蛋白均可显著改善马铃薯面条的食用品质，降低其蒸煮损失，增强其拉伸阻力、硬度、黏合性和咀嚼性，且小麦蛋白对面条品质的改善作用最为显著，大豆蛋白次之。扫描电镜结果发现，马铃薯面条中蛋白通过分子间的相互作用形成三维网状结构的骨架，而淀粉颗粒等穿插于三维网络结构的空隙中，起到充填面筋网络的作用。不同蛋白添加组的面条微观结构存在明显差异，小麦蛋白添加组马铃薯面条微观结构较为致密，淀粉颗粒与面筋网络结合得较为紧密。但花生蛋白组与大豆蛋白组的网络结构较为疏松，淀粉颗粒与面筋网络结合较为疏松，花生蛋白组还可明显看出面筋网络中存在的较大空隙，面筋网络更加疏松，对淀粉的包裹效果较差。这是由于小麦蛋白中半胱氨酸含量高于花生蛋白与大豆蛋白，半胱氨酸中的巯基发生反应生成二硫键促进了网络结构的形成。与鲜切面相比，从干面的微观结构可明显看出，面条表面发生了龟裂现象，且龟裂多发生在蛋白与淀粉的接触面。电子鼻检测结果表明，小麦蛋白和花生蛋白对马铃薯面条的气味无显著影响，而大豆蛋白会使马铃薯面条中的氮氧化合物等豆类腥味物质增加。小麦蛋白对马铃薯面条的食用品质改善效果最佳。将马铃薯变性淀粉添加到马铃薯面条中能有效降低面汤浊度。

二、马铃薯全粉-小麦粉面条的生产工艺

本节以施建斌研制的马铃薯全粉-小麦粉面条为代表。

（一）工艺流程

面粉、食盐、卡拉胶、马铃薯全粉→加水→和面、揉面→熟化→轧面→切面→干燥。

（二）操作要点

1. 和　面

按照比例称取 500 g 面粉和马铃薯全粉、卡拉胶、食盐，加水和面 3～5 min。

2. 熟　化

将面团在 25 ℃ 条件下静置一段时间，促进面筋网络的形成，提高面条口感，改善面条色泽。

3. 压面、切条

先后用压面机在压辊轧距间隙 3 mm 和 2 mm 处压片，压片—合片—压片，反复 5 次，最后在压辊轧距间隙 1.75 mm 处压片后切成直径为 1.75 mm 的圆面条。

4. 干　燥

自然晾干。

（三）工艺配方

1. 马铃薯全粉添加量

随着马铃薯全粉添加量的增加，蒸煮时间基本保持不变，说明马铃薯全粉添加量对面条的糊化特性无明显影响；随着马铃薯全粉添加量的增加，马铃薯面条断条率呈先上升后趋于稳定最终又上升的变化趋势。马铃薯全粉添加量小于 5% 时，蒸煮过程中无断条发生；马铃薯全粉添加量为 10%～30% 时，马铃薯面条断条率保持在 2.5%。马铃薯面条的吸水率随着马铃

薯全粉添加量的增加而降低，而失落率随着马铃薯全粉添加量的增加而升高。马铃薯全粉添加量为15%时，感官评价值最高。

2. 熟化时间

随着熟化时间延长，马铃薯全粉面条蒸煮时间与断条率变化幅度较小，熟化时间20~30 min时，断条率较高；面条吸水率呈先上升后下降的变化趋势，熟化时间20 min时吸水率最高；面条失落率呈明显下降的变化趋势；面条感官评价值呈先上升后下降的变化趋势。马铃薯全粉面条和面熟化最佳时间为30 min。在和面阶段，水分可能无法完全与淀粉及蛋白质分子水合形成氢键，通过静置熟化可实现水分、淀粉分子及蛋白质分子最大限度键合，形成网络结构，使面团的拉伸与延展性能得以提升。

3. 卡拉胶添加量

卡拉胶是一种常见的亲水性胶体，常用于面制品的加工中，以增加面团的黏弹性和口感。随着卡拉胶添加量的增加，马铃薯全粉面条蒸煮时间先维持不变后升高最终保持不变；面条断条率呈先下降后保持不变的变化趋势，卡拉胶添加量≥0.6%时，断条率为0；面条吸水率呈明显上升的变化趋势，而失落率呈明显下降的变化趋势。卡拉胶添加量为0.8%时，感官评价值最高。结合各项蒸煮特性指标以及感官评价值，拉胶最适添加量为0.8%。

4. 水添加量

马铃薯全粉中由于淀粉含量高，吸水率远高于小麦粉，全粉的增加导致加水量显著增加。加水量的多少对面条的成型会产生直接影响，过低面条吸水不足，难以形成稳定的面筋网络结构，在压延过程中面絮损失很大，甚至无法成型；过高面条会出现黏辊现象。随着水添加量的增加，马铃薯全粉面条蒸煮时间、断条率均呈明显降低的变化趋势，而吸水率及失落率则呈明显上升的变化趋势。结合蒸煮特性以及感官评价值，确定马铃薯全粉面条中水的添加量为34%时较适合。

5. 食盐添加量

食盐作为面条制作的常用辅料之一，在面条制作中添加适量食盐有利于面团形成更加紧密的面筋网络结构，增加面团的弹性、延伸性，降低面条断条率。此外，还可以抑制杂菌繁殖，延长保质期。食盐能够通过离子间作用改变蛋白质的疏水性，疏通面条水分扩散通道，使面筋充分吸水，达到强化面筋网络的目的，从而减少蒸煮过程中淀粉颗粒的溶出，降低面条蒸煮损失率。但氯化钠具有亲水性，过高食盐添加量会减少游离水的含量，不利于面筋的水合作用进而影响面筋的形成，导致面条内部组织松散，包裹淀粉颗粒的能力减弱；同样，过高的食盐添加量也会导致面条口感风味下降。食盐的添加量对马铃薯全粉面条的蒸煮时间和失落率没有明显影响，且在一定程度上降低了面条的断条率，食盐添加量高于1.5%时，无断条发生。面条吸水率呈先下降后上升最终下降的变化趋势，食盐添加量为3.0%时其吸水率最高。随着食盐添加量的增加，马铃薯全粉面条感官评价值呈先上升后下降的变化趋势。食盐添加量为2.0%时，感官评价值最高。

6. 优化配方

正交试验后的优化配方为水添加量 34%、卡拉胶添加量 1.0%、马铃薯全粉添加量 10%、熟化时间 40 min。

三、马铃薯泥-小麦粉面条

与马铃薯全粉相比,以马铃薯泥为原料加工面条细胞破碎率小、水分利用率高,同时也完整地保留了鲜薯的风味物质。本节以蒲华寅研制的马铃薯泥-小麦粉面条为代表。

(一)马铃薯泥的制备

选取无损伤、无发芽、无虫害、无腐烂的新鲜马铃薯,保鲜膜包裹后置于微波炉(800 W)加热 4.5 min,取出后翻转并继续置于微波炉(800 W)加热 4.5 min 后再次取出,冷却 10 min 后去皮并置于研钵中用研磨棒捣成马铃薯泥,加入一定量的蒸馏水使马铃薯泥的含水量达到 65%左右。

(二)马铃薯泥面条制作

称取马铃薯泥及中筋粉共计 100 g,充分混匀,使其形成均匀散颗粒状,手握可成团,轻轻搓又可回到颗粒状态。将和好的面团用保鲜膜包裹,在一定温度下醒发一定时间后,取出并用压面机反复压轧,直至形成厚度为 1 mm 的光滑均匀面片,最后将压好的面片用压面机压成厚 1 mm、长 20 cm、宽 3 mm 的面条。

(三)工艺配方

1. 马铃薯泥添加量

随着马铃薯添加量的增加,面条最佳蒸煮时间减少,而吸水率、断条率及蒸煮损失率整体上呈现增加的趋势。马铃薯泥中含有一定量的膳食纤维,且马铃薯在加热过程中内部部分淀粉糊化可能是导致吸水性增加的主要原因。当马铃薯泥添加量超过 50%时,面条的断条率明显增加。提高马铃薯泥占比,面条硬度逐渐减小,而黏着性逐渐增大,面条弹性变化不大。当马铃薯泥添加量为 60%时,弹性值明显低于其他样品,此时马铃薯泥面条蒸煮品质也较差。选择 50%马铃薯泥添加量进行后续工艺优化。

2. 醒发时间

醒发时间超过 10 min 后,蒸煮损失率显著降低,随后平稳。吸水率及断条率随醒发时间的增加整体上呈先减小后增大的趋势。醒发时间 10～20 min 黏着性增加,但醒发时间 20～50 min 样品无显著性差异。面条弹性先增加,达到 30 min 后又降低。后续选择醒发时间 30 min 进行研究。

3. 面团醒发温度

增加醒发温度,最佳蒸煮时间先缩短,超过 10 ℃后无明显差异,这主要与温度的增加导致淀粉糊化相关。蒸煮损失率先降低,但当醒发温度超过 20 ℃后又明显增加,此时吸水率及断条率亦逐渐增加。表明面条品质降低，这可能与面条在较高或较低温度醒发时对面筋质（存在于小麦胚乳中，主要成分是胶蛋白和谷蛋白）的溶胀作用有关。该作用使面筋蛋白分子结合过于舒展或过于紧密，不利于面筋蛋白分子的聚合，导致面团内部不能形成较好的网络结构，从而影响了面条的品质。质构特性表明，醒发温度由 10 ℃ 增加至 20 ℃，硬度及内聚性明显增加。但当醒发温度超过 20 ℃ 后，硬度和弹性差异并不大；而醒发温度由 30 ℃ 增加至 40 ℃，黏着性及内聚性降低。面团醒发温度为 20 ℃ 时马铃薯泥面条的品质最好。

4. 改良剂

添加大豆分离蛋白对面条的感官品质影响不大，添加沙蒿胶及大豆磷脂反而会降低面条品质，而适当添加谷朊粉、魔芋粉或单甘酯能提升马铃薯泥面条感官品质，其中谷朊粉和单甘酯对面条的品质提升较明显，而魔芋粉对面条的口感提升较明显。

5. 优化配方

最佳工艺配方为谷朊粉添加量 3%、魔芋粉添加量 1%、单甘酯添加量 1%，马铃薯泥占比 50%、小麦粉占比 50%，面团醒发时间 30 min、醒发温度 20 ℃。

四、其他马铃薯谷物复合面条

（一）马铃薯全粉-燕麦粉面条

1. 工艺流程

马铃薯粉、燕麦粉、纯净水、谷朊粉、魔芋粉、聚丙烯酸钠、食盐→和面→静置熟化→压片（重复）→切条→水蒸气蒸 5 min→干燥→缓慢降温→成品。

2. 产品配方

马铃薯粉与燕麦粉最佳配比为 5：5，添加谷朊粉为 8%、魔芋粉添加量为 0.2%、聚丙烯酸钠添加量为 0.15%。面条的色泽、表观性状、韧性、光滑性、适口性等均得以改善。

（二）马铃薯全粉-苦荞粉面条

1. 操作要点

先将一定比例的马铃薯全粉、小麦面粉、苦荞麦粉混合均匀，用一定温度的水加入适量食盐溶解，边缓缓加食盐水边用筷子搅拌干面粉，当搅拌到干湿均匀，粒度大小一致时，使面絮用手握时成团，松开后散开，将面絮手握成团后装在保鲜袋中在 30 ℃ 的恒温水浴锅中饧面 15 min 左右。然后将饧好的面团在小型压面机上进行辊压，辊压过程中反复折叠压制，形成光滑平整、厚薄均匀的宽面带后切割成长约 20 cm、宽约 0.3 cm 的面条。

2. 产品配方

马铃薯全粉与小麦粉的比例为 2：8 的条件下，加入苦荞麦粉为 20%、海藻酸钠为 0.4%、加水量为 45%、食盐含量为 0.6% 时，该面条感官评价较好。

（三）马铃薯全粉-玉米粉面条

1. 操作要点

（1）和面。将马铃薯全粉、玉米粉、小麦粉、黄原胶按不同比例进行混合，加入溶解有适量食盐的蒸馏水进行和面，在室温下揉制 10 min，揉成表面光滑、色泽一致的面团。

（2）熟化。将和好的面团用保鲜膜进行包裹，在室温下放置 30 min 进行熟化。

（3）压片。将熟化后的面团用压面机压面，直至形成厚约为 1.5 mm 的光滑面饼。

（4）切条。将压好的面饼用压面机切割成长 20 cm、宽 4 mm 的面条。

（5）干燥。将制好的面条挂在室内干燥 10 h，即为面条成品。

2. 产品配方

马铃薯全粉添加量 10%、玉米粉添加量 15%、食盐添加量 1.0%、水添加量 48%、黄原胶添加量 0.4%。

第九节　马铃薯粉条（丝）类

马铃薯粉条（丝）类均是以马铃薯淀粉为原料，经过生产加工后，直径大于 0.7 mm 的产品为粉条，直径小于 0.7 mm 的产品为粉丝。马铃薯粉条（丝）类的生产原理主要是使淀粉适度老化，使直链淀粉束状结构排列合理。粉条按形状又可分成圆粉条、粗粉条、细粉条、宽粉条及片状粉条等数种。

一、马铃薯瓢漏式粉条

瓢漏式粉条加工在我国已有数十年的历史。传统的手工粉条加工使用的漏粉工具是刻上漏眼的大葫芦瓢，以后逐步演变成铁制、铝制、铜制和不锈钢制的金属漏瓢。

（一）工艺流程

马铃薯→提粉→淀粉→冲芡→调粉→漏粉→冷却→干燥→成品。

（二）操作要点

1. 提　粉

选用淀粉含量高、新鲜的马铃薯作为原料，经清洗、破碎、磨浆、沉淀等工序处理，提取淀粉。

2. 冲　芡

将马铃薯淀粉和温水混合调成稀状，100 kg 的含水量、35% 以下的湿淀粉加水 50 kg，再将沸水从中间猛倒入容器内，按一个方向快速搅拌 10 min，使淀粉凝成团状产生较大黏性即为芡。

3. 调　粉

为增加淀粉的韧性，一般添加明矾改变淀粉的凝沉性和糊黏度。先在芡中加入 0.5% 的明矾，搅拌后再加入湿淀粉，混合后和面，使和好的含水量在 48%～50%，面温保持在 40～45 ℃。考虑长期过量食用明矾对人体有害，生产时也可利用氯化钠或 β-葡聚糖等进行替代，使粉条达到稳定性能。

4. 漏　粉

将面团放入漏粉机内，然后挂在锅上，锅内保持一定的水位，水温在 97～98 ℃。使水面和出粉口平行，即可开机漏粉。根据生产实际情况和需求调整漏粉机的孔径、漏粉机与水面的高度，粉条的直径一般为 0.6～0.8 mm。粉条在锅内熟化的标志是漏入锅中的粉条由锅底再浮上来。如果强行把粉条从锅底拉出或捞出，会因糊化不彻底而降低粉条的韧性，如果粉条煮时间过长则易折断。

粉条和粉丝的主要区别在于芡用量、漏粉机的筛孔。加工粉丝时，如芡的用量多于粉条，则面团稍稀；生产粉丝时，漏粉机用圆形筛孔，粉条用长方形筛孔。

5. 冷却和清洗

冷却和清洗是将糊化过的淀粉变成凝胶状，洗去表层的黏液，降低粉条之间的黏性。当粉条浮出水面后即可将捞出，放在低于 15 ℃ 的水中泡 5～10 min，进行冷却、清洗。

6. 冷　冻

冷冻是加速粉条老化最有效的措施，是国内外最常用的一种老化技术。通过冷冻，粉条中分子运动减弱，直链淀粉和支链淀粉的分子都趋向于平行排列，通过氢键重新结合成微晶束，形成有较强筋力的硬性结构。冷冻能防止粉条粘连，起到疏散作用。粉条沥水后通过静置，粉条外部的浓度较内部低。冷冻时外部先结冰，然后内部结冰。结冰时粉条脱水阻止了条间粘连，故通过冷冻的粉条疏散性很好。另外，冷冻也能促进条直。由于粉条结冰的过程也是粉条脱水的过程，冰融后粉条内部水分大大减少，晾晒时干燥速度加快，加之粉条是在垂直状态下老化而定型的，干燥后能保持顺直形态。

将清洗后的粉条在 3～10 ℃ 环境下晾 1～2 h，可以增加粉条的韧性。在 -9～-5 ℃ 条件下，缓慢冷冻 12～18 h，冻透为宜。

7. 干　燥

将冷冻后的粉条浸泡在水中一段时间，待冰溶化后轻轻揉搓散条，然后晾晒干燥，环境的温度以 15～20 ℃ 最佳。当含水量降到 20% 即可保存，降到 16% 即可打捆包装作为成品销售。

二、马铃薯挤压式普通粉条（丝）

挤压法下，用螺旋挤压机，将淀粉挤压成形，经煮沸后，冷水浸泡，最后晾晒干燥即为成品。我国马铃薯挤压式粉条的生产主要是从 20 世纪 90 年代初开始的。在此之前，挤压式粉条生产多用于玉米粉丝和米线的生产。在 20 世纪末的最后几年，马铃薯挤压式粉条的生产发展较快，机械性能也有了较大的改进，单机加工量由原来的 30～60 kg/h 发展到 150 kg/h 以上。挤压式粉条（丝）生产的最大优点是：占地面积小，一般 15～20 m² 即可生产；节省人力，2～3 人即可；操作简便；一机多用，不仅可生产粉丝（条），还可以生产粉带、片粉、凉面、米线，能提高机械利用率；粉条较瓢漏式加工的透明度高。

（一）工艺流程

配料→打芡→和面→粉条机清理→预热碎→开机投料→漏粉→鼓风散热→粉条剪切→冷却→揉搓散条→干燥→包装入库。

（二）操作要点

1. 原料要求

用于粉条加工的淀粉，要求色泽鲜而白，无泥沙、无细渣和其他杂质，无霉变、无异味；湿淀粉加工的粉条优于干淀粉。干淀粉中往往有许多硬块，在自然晾晒中除了落入灰尘外，还容易落入叶屑等植物残体。对于杂质含量多的淀粉要经过净化，即加水分离沉淀去杂、除沙、吊滤后再加工粉条。若加工细度高的粉条，要求芡粉必须洁净无杂质。对色度差的淀粉结合去杂进行脱色。吊滤的湿淀粉利用湿马铃薯淀粉加工粉条，淀粉的含水量应低于 40%，先要破碎成小碎块再用。

2. 添加剂配方

挤压式粉条入机加工前，粉团含水率较瓢漏式面团含水率高，而且经糊化后黏度较大，粉条间距小，容易粘连。为了减少粘连，改善粉条品质，需要在和面时加入一些添加剂。提倡使用无明矾配料，根据淀粉纯净度、黏度可适当加入以下食用配料：食用碱 0.05%～0.1%，可中和淀粉的酸性，中性条件有利于粉条老化；和面时按干淀粉重量加入 0.8%～1.0% 的食盐，使粉条在干燥后自然吸潮，保持一定的韧性；加入天然增筋剂，如 0.15%～0.20% 的瓜尔胶或 0.2%～0.5% 的魔芋精粉，为了便于开粉，再加 0.5%～0.8% 的食用油（花生油、豆油或棕榈油等）。

3. 打 芡

在制粉条和面时，需要提前用少量淀粉、添加剂和热水制成黏度很高的流体胶状淀粉糊。制取和淀粉面团所用淀粉稀糊的过程被称为打芡。打芡方法有手工打芡和机械打芡。打芡的基本程序是先取少量淀粉调成乳，并加入添加剂，加开水边冲边搅，直到熟化为止。

如果是干淀粉，将干淀粉加入温水调成淀粉乳，加水量为淀粉的 1 倍左右。如果是湿淀粉，加水量为淀粉的 50%，水温以 55～60 ℃ 为宜，在 52 ℃ 时，淀粉开始吸水膨胀，60 ℃ 时开始糊化。如果调粉乳用水温度超过 60 ℃，过早引起糊化，会使再加热水糊化成芡的过程受到影响。调粉乳所用容器应和芡的糊化是同一容器，一般用和面盆或和面缸。二制芡前应先将开水倒入和面容器内预热 5～10 min，先倒掉热水，再调淀粉乳，以免在下道工序时温度下降过快，影响糊化。调淀粉乳时，将明矾提前研细，用开水化开，晾至 60 ℃ 时再加入制芡所需的淀粉。调淀粉乳的目的是让制芡的淀粉大颗粒提前吸水散开，为均匀制芡打好基础。

4. 和 面

和面过程实际上是用制成的芡，将淀粉黏结在一起，并揉搓均匀成面团的过程。和面的方法分人工和面、机械和面。芡同淀粉和加水的比例：用干淀粉和面时，每 100 kg 干淀粉加芡量应为 20~25 kg，加水量为 60~65 kg；若用湿淀粉（含水量 35%~38%）和面，加芡量为 10~15 kg，加水量为 15~20 kg。不论是人工还是机械和面，用湿粉或干粉和面，和好的面团含水率应为 52%~55%。有些挤压式粉条加工，不打芡。把添加剂和温水溶在一起，直接和面，不过没有经用芡和面后加工的粉条质量好。不论采用哪种和面方法，各种添加剂都应在加水溶解后加入，但食用油是在和面时加入。

和面方法是先把淀粉置于盆内，再将芡倒入。用木棍搅动，边搅边加芡，待芡量达到要求后，再搅一阵，用手反复翻搅、搓揉，直至和匀为止。机械和面的容器为和面盆或矮缸，开动机器将淀粉缓慢倒入盆内或缸内，并且不断地往里面加芡和淀粉，直到淀粉量和芡量达到要求为止。机械搅拌时，应将面团做圆周运动和上下翻搅运动，使团柔软、均匀。

挤压式制粉条的要求是淀粉乳团表面柔软光滑，无结块，无淀粉硬粒，将含水量控制在 53%~55%。和好的面呈半固体半流体，有一定黏性，用手猛抓不粘手，手抓一把流线粗细不断，粗细均匀，流速较快，垂直流速为 2 m/s。

5. 挤压成型

电加热型挤压式粉条自熟机工作时，先将水浴夹层加满水，接通电源，预热约 20 min，拆下粉条机头上的筛板（又称粉镜），关闭节流阀，启动机器，从进料斗逐步加入浸湿了的废料或湿粉条。如无废料，则用 1~2 kg 干淀粉加水 30%，待机内发出微弱的鞭炮声，即预热完毕。待用来预热机器的粉料完全排出后，用少量食用油擦一下粉条机螺旋轴，装上筛板。再开动粉条机，从进料斗倒入和好的淀粉乳团，关闭出粉闸门 1 min 左右，让粉团充分熟化，再打开闸门，让熟粉团在螺旋轴的推力下，从钢制粉条筛板挤出成型。生产时要控制节流阀，始终保持粉丝既能熟化，又不夹生，使水保持沸腾状态。

用煤炉加热的，先将浴锅外壳置炉上，水浴夹层内加热水，再按上述方法生产。生产过程中，要始终保持水浴夹层的水呈微沸状态，随时补充蒸发的水。机械摩擦自然升温的粉条机、先开机，待机械工作室发热后再将淀粉乳倒入进料斗内。这类粉条机不需打芡，将吊滤后的粉团（含水量 40%~45%）捣碎掺入添加剂后直接投入机内可出粉条，还可将熟化后的粉头马上回炉做成粉条，减少浪费，提高成品率。

6. 散热与剪切

粉条从筛板中挤出来后，温度和黏度仍然很高，粉条会很快叠压黏结在一起，不利于散条。因此，在筛板下端应设置一个小型吹风机（也可用电风扇代替），使挤出的热粉条在风机的作用下迅速降温，散失热气，降低黏性。随着机械不停地工作，粉丝的长度不断增加。当达到一定长度时，要用剪刀迅速剪断放在竹箔上。由于此时粉条还没有完全冷却，粉条之间还容易粘连。因此，在剪切时不能用手紧握。应一手轻托粉条，另一手用刃薄而锋利的长刃剪刀剪断。亦可一人托粉，一人剪切。剪刀用前要蘸点水，切忌用手捏或提，避免粘连。注意切口要齐，每次剪取的长度要一致，以利晒干后包装。剪好的粉条放在干净的竹席上冷却，一同转入冷却室内。

7. 冷却老化

冷却老化有自然冷却和冷库冷却两种。

自然冷却老化是将粉条置于常温下放置，使其慢慢冷却逐渐老化；晾粉室的温度控制在 15 ℃ 以下，一般晾 8～12 h。在自然冷却老化过程中，要避免其他物品挤压粉条或大量粉条叠压，以免粉条相互黏结。同时，要避免风吹日晒，以免表层粉条因失水过快而干结、揉搓时断条过多。粉条老化时间长，淀粉凝沉彻底，粉条耐煮，故一般应不低于 8 h。温度低时，老化速度快，时间可短些；温度高时，老化速度慢，时间宜长些。

冷库冷却老化是把老化后的粉条连同竹箔移入冷库，分层置放于架上，控制冷库温度 -10～-5 ℃，冷冻 8～10 h。

8. 搓粉散条

老化好的粉条晒前应先进行解冻，环境温度大于 10 ℃ 时，可进行自然解冻；当环境温度低于 10 ℃ 时，用 15～20 ℃ 的水进行喷水（淋水）解冻。把老化的粉条搭在粉竿上，放入水中浸泡 10～20 min，用两手提粉竿在席上左右旋转，使粉条散开，对于个别地方仍粘连不开的，将粉条重新放入水中，用力搓开直至每根粉条都不相互粘连为止，也可以在浸泡水中加适量酸浆，以利于散条。散条后一些农户为使粉条增白防腐，将粉条挂入硫熏室内，用硫黄熏蒸，此法是不可取的。硫熏法的主要缺点：一是亚硫酸的脱色增白只作用于粉条表层，约 15 d 后随时间推移，脱色效果会逐渐减退，直至现出原色；二是粉条中残留的有害物质 SO_2 严重超标，食用过多会引起呼吸道疾病。在原料选择时，如果提前选用的就是精白淀粉或对原料淀粉进行净化，不需再用硫黄熏，以尽量减少对粉条不必要的污染。

9. 干　燥

粉条干燥有自然干燥、烘房干燥和隧道风干 3 种。当前，我国多数加工厂家和绝大多数农户采用的是自然干燥，其优点是节约电能，减少成本。

自然干燥要求选在空气流通、地面干净、四周无污染源的地方。晒场地要清扫干净，下面铺席或塑料薄膜，以免掉下的碎粉遭受泥土污染。切忌在公路附近、烟尘多的地方晒粉，以免污染物料。天气适宜时搭建粉架，挂晾粉竿的方向应与风的方向垂直。初挂上粉架以控水散湿为主，不要轻易乱动，因为此时粉条韧性最差，容易折断，避免碎粉过多。20 min 后，轻轻将粉条摊开，占满粉竿空余位置，便于粉条间通风。晾至四五成干时，将并条粉和下面的粉条结轻轻揉搓松动使其分离散开；晾至七成干时，将粉竿取下换方向，将迎风面换成背风面，使粉条干燥均匀，直至粉条中的水分降到 14% 以下，即可打捆包装。

三、马铃薯方便粉丝

方便粉丝要求直径在 1 mm 以下，并能抑制淀粉返生，使粉丝具有较好的复水性，满足方便食品的即食要求。

（一）工艺流程

马铃薯淀粉→打芡→和面→制粉→老化→松丝→干燥→包装→成品。

（二）操作要点

（1）为了改变传统粉丝的生产方法，即在和面时加入占原淀粉重量 0.1% 的聚丙烯酸酯，既可增稠，使粉料均匀，又可增强粉丝筋力。制成的粉丝久煮不断，效果好，可达到传统法生产的产品品质。

（2）在传统工艺中，原料淀粉加入芡糊后用手或低转速和面机搅拌和面。采用高转速（600 r/min）搅拌机，不用加芡糊或聚丙烯酸酯，可直接和面。具体方法：按原料淀粉重量加0.5%食用油、0.5%食盐和0.3%单甘酯乳化剂类物质，并用乳化剂乳化食用油。先将原料淀粉及食盐装入机后加盖、开机，再将经乳化后的食用油、水从机体外的进水漏斗中加入，粉料中的含水量约为400 g/kg。每次和面仅需10 min，而且和好的面为半干半湿的块状，手握成团，落地不散。但采用此工艺和面须配合使用双筒自熟式粉丝机，不宜采用单筒自熟式粉丝机。

（3）采用传统工艺方法制约了方便粉丝生产的连续化、机械化，也无法达到即食方便食品的卫生要求，而且耗能大，次品、废品多。为此专门设计、定制了一套粉丝熟化、切断、吊挂、老化、松丝系统的设备。粉丝从机头挤出后，由电风扇快速降温散热，下落至一定长度时，经回转式切刀切断，再由不锈钢棒自动对折挑起，悬挂于传送链条上，缓慢输送并进行适度老化，至装有电风扇处，由3台强力扇吹风，在20 min内将粉丝吹散、松丝。松丝后的粉丝只需在40 ℃的电热风干燥箱内吊挂烘干1 h，便可将粉丝中的含水量降到110 g/kg以下。出箱冷却包装，即为成品。

四、马铃薯粉皮

粉皮是淀粉制品的一种，其特点是薄而脆，烹调后有韧性，具有特殊风味，不但可配制酒宴凉菜，也可配菜做汤，物美价廉，食用方便。粉皮的加工方法较简单，适合于土法生产和机器加工。所采用的原料是淀粉和明矾及其他添加剂制成的产品。

（一）圆形粉皮

圆形粉皮是我国历史流传下来的作坊粉皮制品，优点是加工工艺简单，适合小型作坊加工；缺点是劳动强度较高，工作环境较差，不适合批量生产。

1. 工艺流程

淀粉→调糊→成型→冷却→漂白→干燥→包装→成品。

2. 操作要点

（1）调糊。取含水量为45%～50%的湿淀粉或小于13%的干淀粉，慢慢加入干淀粉量2.5～3.0倍的冷水，并不断搅拌成稀糊，加入明矾水（明矾300 g/100 kg淀粉），搅拌均匀，调至无粒块为止。

（2）成型。分取调成的粉糊60 g左右，放入旋盘内，旋盘为铜或白铁皮制成，直径约20 cm的浅圆盘，底部略微外凸。先在盘内表面刷上一层薄薄的植物油（以便粉皮成片撕下），加入粉糊后，即将盘浮于锅中的开水上面，并拨动使之旋转，使粉糊受到离心力的作用随底盘中心向四周均匀摊开，同时受热而按旋盘底部的形状和大小糊化成型。待粉糊中心没有白点时，粉皮呈半透明且充分熟透时拿出，即可连盘取出，置于清水中，冷却片刻后再将成型的粉皮脱出放在清水中冷却，将粉皮的直径控制在200～215 mm。成型操作时，调粉缸中的粉糊需要不断搅动，使稀稠均匀。成型是加工粉皮的关键，动作必须敏捷、熟练，浇糊量稳定，旋转用力均匀，才能保证粉皮厚薄一致。

（3）冷却。粉皮成熟后，可取出放入冷水缸内，浮旋冷却，冷却后捞起，沥去浮水。

（4）漂白。将制成的湿粉皮，放入醋浆中漂白，也可加入适量的亚硫酸漂白。漂白后捞出，再用清水漂洗干净。

（5）干燥。把漂白、洗净的粉皮摊到竹匾上，放到通风干燥处晾干或晒干。要求粉皮的水分含量不超过12%，干燥，无湿块，不生、不烂、完整不碎为宜。

（6）包装。待粉皮晾干后，再略经回软后叠放到一起，即可包装上市。

（二）机制粉皮

机制粉皮不仅提高了生产效率，改善了劳动环境，还改变了粉皮形态，提高了产品的质量，也是淀粉制品的一次技术革命。

1. 调　糊

取含水量为45%~50%的湿淀粉或小于13%的干淀粉（马铃薯淀粉、甘薯淀粉各50%），加入占总粉量4%的黏度较高的甘薯淀粉。用95 ℃的热水打成一定稠度的熟糊，40目滤网过滤后加入淀粉中，再慢慢加入干淀粉重量1.5~2倍的温水，并不断搅拌成糊，加入明矾水（明矾300 g/100 kg淀粉）、食盐水（食盐150 g/100 kg淀粉）搅拌均匀，调至无粒块为止。将制备好的淀粉糊置于均质桶中待用。

2. 定　型

机制粉皮的成型是利用一环形金属带，淀粉糊由均质桶流入漏斗槽（木质结构槽宽350~400 mm），进入运动中的金属带上（粉皮的厚薄可调整带速和漏斗槽处金属带的倾斜角度），淀粉糊附在金属带上进入蒸箱（用金属管组成的加热箱，可利用蒸汽或烟道加热使水升温至90~95 ℃）成型。水温不能低于90 ℃，以免影响粉皮的产量和质量，但温度也不能过高，否则易使金属带上的粉皮起泡，影响粉皮成型。

3. 冷　却

采用循环的冷水，利用多孔管（管径为10 mm，孔径为1 mm）将水喷在金属带粉皮的另一面上，起到对粉皮的冷却作用（从金属带上回流的水由水箱流出，冷却后循环使用）。冷却后的湿粉皮与金属带间形成相对的位移，利用刮刀将湿粉皮与金属带分离进入干燥的金属网带。为了防止粉皮粘在金属带上，需利用油盒向金属带上涂少量的食用油。

4. 烘　干

湿粉皮的烘干是利用一定长度的烘箱（20~25 m），多层不锈钢网带（3~4层，带速同金属带基本同步），利用干燥的热气（125~150 ℃，采用散热器提供热源），通过匀风板均匀地将粉皮烘干，将水分控制在14%以下。网带的叠置使粉皮在干燥中不易变形。

5. 切　条

粉皮在烘箱中烘至八成干时（在第三层），其表面黏度降低，韧性增加，具有柔性，易于切条，可利用组合切刀（两组合或四组合）。根据粉皮的宽窄要求，以不同速度切条，速度高为窄条，速度低为宽条，切条后的粉皮进入烘箱外的最后一层网带冷却。粉皮机的传动均采用磁力调速电机带动，可根据产量和蒸箱、烘箱的温度高低控制金属带和不锈钢网带以及切刀的速度。

6. 成品包装

将冷却后的粉皮，按照外形的整齐程度及色泽好坏，分等包装。

第十节　马铃薯果脯、果酱、罐头

一、马铃薯果铺

马铃薯果脯是一种蜜饯型糖制品，其块形整齐，色泽鲜艳透明发亮，呈淡黄色，酸甜适中，具有马铃薯特有风味。

（一）工艺流程

选料→清洗→去皮→切片→护色→硬化→漂洗→预煮→糖渍→糖煮→控糖（沥干）→烘烤→成品。

（二）操作要点

1. 选　料

要求选用新鲜饱满、外表面无失水起皱、无病虫害及机械损伤，无锈斑、霉烂、发青发芽，无严重畸形，直径 50 mm 以上的马铃薯。

2. 清洗和去皮

制坯用清水洗去泥土，人工去皮可用小刀将马铃薯外皮削除，并将其表面修整光洁、规则。也可采用化学去皮法，即在 90 ℃ 以上 10% 左右的 NaOH 溶液中浸泡 2 min 左右，取出后用一定压力的冷水冲洗去皮。制坯时，可根据消费者需要加工成各种形状，以增加成品的美观。

3. 切片、护色、漂洗

用刀将马铃薯切成厚度为 1～1.5 mm 的薄片。切片后的马铃薯应立即放入 0.2% $NaHSO_3$、1.0% 维生素 C、1.5% 柠檬酸和 0.1% $CaCl_2$ 的混合液中浸泡 30 min，然后用清水将护色硬化后的马铃薯片漂洗 0.5～1 h，洗去表面的淀粉及残余硬化液。

4. 预　煮

将漂洗后的马铃薯片在沸水中烫漂 5 min 左右，直至薯片不再沉底时捞出，再用冷水漂洗至表面无淀粉残留为止。

5. 糖　煮

按一定比例将白砂糖、饴糖、柠檬酸、CMC-Na 复配成糖液，加热煮沸 1～2 min 后，放入预煮过的马铃薯片,直接煮至产品透明、终点糖度为 45% 左右时取出,并迅速冷却到室温。需要注意的是,糖煮时应分次加糖,否则会造成吃糖不均匀,产品色泽发暗,产生"返砂"或"流糖"现象。

6. 糖 渍

糖煮后不需捞出马铃薯片,直接在糖液中浸泡 12～24 h。

7. 控糖（沥干）

将糖渍后的马铃薯片捞出,平铺在不锈钢网或竹筛上,使糖液沥干。

8. 烘 烤

将盛装马铃薯片的不锈钢网或竹筛放入鼓风干燥箱中,在 70 ℃ 温度下烘制 5～8 h,每隔 2 h 翻动 1 次,烘至产品表面不粘手、呈半透明状、含水量不超过 18% 时取出。

二、马铃薯果酱

马铃薯果酱具有含糖量低、优质营养成分丰富、有较佳的口感品质的特点,产品主要用作面制品的夹心填料或涂抹用的甜味料。

（一）工艺流程

马铃薯→清洗→蒸煮→去皮→打浆→化糖、浓缩→装瓶→杀菌→成品。

（二）操作要点

1. 原料处理

将马铃薯清洗干净后,放入蒸锅中蒸煮,然后去皮、冷却,送入打浆机中打成泥状。

2. 化糖、浓缩

将白砂糖倒入夹层锅内,加适量水煮沸溶化,倒入马铃薯泥搅拌,使马铃薯泥与糖水混合,继续加热并不停搅拌以防糊锅。当浆液温度达到 107～110 ℃ 时,用柠檬酸水溶液调节 pH 为 3.0～3.5,加入少量稀释的胭脂红色素,即可出锅冷却。温度降至 90 ℃ 左右时加入适量的山楂香精,继续搅拌。

3. 装瓶、杀菌

为延长保存期,可加入酱重 0.1% 的苯甲酸钠,趁热装入消过毒的瓶中,将盖旋紧。装瓶时温度超过 85 ℃ 时,可不灭菌;酱温低于 85 ℃ 时,封盖后,可放入沸水中杀菌 10～15 min,冷却后即为成品。

三、低糖奶式马铃薯果酱

低糖奶式马铃薯果酱的特点是,果酱含糖量低、优质营养成分丰富,有较佳的口感品质。产品主要用于作为面制品的夹心填料或涂抹用的甜味料。

（一）原料配方

马铃薯泥 150 kg、奶粉 17.5 kg、白砂糖 84 kg、菠萝浆 15 kg，适量的柠檬酸（将 pH 调至 4），适量的碘盐、增稠剂和增香剂，水为马铃薯泥、奶粉、白砂糖总重量的 10%。

（二）工艺流程

马铃薯→去皮→护色处理→蒸煮捣碎→打成匀浆→混匀（加菠萝→去皮→打浆→压滤）→煮制→调配→热装罐→封盖倒置→分段冷却→成品。

（三）操作要点

1. 切　片

马铃薯去皮后要马上切成 5～6 片，用 0.05% 的焦亚硫酸钠溶液浸泡 10 min，并清洗去除残留硫，汽蒸 10 min 后备用。

2. 过　筛

菠萝去皮打浆过 80 目绢布筛；增稠剂琼脂与卡拉胶按 1∶2 的比例混合后加 20 倍热水溶解制备。

3. 加配料

马铃薯浆与白砂糖、菠萝浆、奶粉和增稠剂，先在温度 100 ℃ 条件下煮制。起锅前按顺序加柠檬酸、碘盐（占物料总量的 0.3%）和增香剂。

4. 热装罐、封盖、冷却

采用 85 ℃ 以上热装罐，瓶子、盖子应预先进行热杀菌，装罐后进行封盖倒置，然后再分段冷却，经过检验合格者即为成品。

四、马铃薯果酱干

马铃薯果酱干为一种颗粒状产品，食用方便，用水一冲就成为可食用的果酱。马铃薯果酱干遇水具有很好的膨胀性，以适量水或牛奶兑好就成为果酱食品。根据口味可加盐或糖、油、调味品等，食用更加可口。

（一）工艺流程

选料→清洗→去皮→蒸煮→双辊干燥→冷却→制粒→对流干燥→成品。

（二）操作要点

选料、清洗、去皮、蒸煮工序与制作其他马铃薯食品相同。关键是把煮好的马铃薯用双辊干燥器干燥到含水 40% 左右。该干燥器为一种特殊干燥器，能使煮好的薯块挤压成片，水分迅速蒸发，干燥时间也短。经过双辊干燥器出来的片状中间品，待冷却后再制成颗粒状，然后把这些颗粒放入对流干燥器的隔板上干燥到含水 6%～7%，即为成品马铃薯果酱干。

五、马铃薯软罐头

（一）原料配方

马铃薯泥 25 kg、色拉油 0.63 kg、大葱 0.5 kg、食盐 0.18 kg、花椒面 50 g、味精 25%、水 6.25 kg。

（二）工艺流程

马铃薯→清洗、去皮→熟化→捣泥→调味→加热→装袋→封口→杀菌→ 成品。

（三）操作要点

1. 原料预处理

选择无腐烂、无损伤的优质马铃薯洗净、去皮，并立即放入 1.2% 的盐水中，防止变褐。

2. 熟化和制泥

在容器中将马铃薯蒸煮后捞出，可用捣制机制成马铃薯泥，或人工捣成细腻泥状。

3. 调味和加热

将锅加热后，先放入葱花炒香，加入马铃薯泥，再加入其他调味料和水，加热熬至干物质占 60%，约 30 min 即可出锅。

4. 装　袋

将熬至后的马铃薯泥装入袋中，并用真空封口机封口。

5. 杀　菌

用高温灭菌的方法杀菌，结束后，将产品放入水中冷却至 40 ℃，擦干后即可销售。

六、盐水马铃薯罐头

（一）工艺流程

选料→清洗→去皮→修整→预煮→分选→配汤→装罐→排气、密封→杀菌→冷却→成品。

（二）操作要点

1. 选　料

剔除伤烂、带绿色、虫蛀等不合格的马铃薯，按横径大小分为 2.5～3.4 cm、3.5～5.0 cm 两级。

2. 清　洗

将马铃薯浸泡在清水中 1～2 h，再刷洗表面的泥沙，清洗干净后备用。

3. 去　皮

在温度 95 ℃ 以上、20% 的碱液中，浸泡 1 ~ 2 min，搅拌至表皮呈褐色，然后捞出去皮，并及时用水冲洗。再用清水浸泡约 1 h，洗去残留碱液，并于 2% 的盐水中进行护色。

4. 修　整

利用刀修整马铃薯不合格部分如芽窝、残皮及斑点，按大小切成 2 ~ 4 片。

5. 预　煮

利用 0.1% 的柠檬酸溶液和马铃薯之比为 1∶1，以薯块煮透为准。煮后立即用清水冷却并及时装罐。

6. 分　选

白色马铃薯与黄色马铃薯分开装罐，修整面光滑，大小分开。

7. 配　汤

在 2% ~ 2.2% 的沸盐水加入 0.01% 的维生素 C，配制罐头汤水。

8. 装　罐

按罐大小分别装入一定比例的薯块和汤水。

9. 排气及密封

将上述装罐后的产品送入排气箱中进行排气，其真空度为 40 ~ 53 kPa。

10. 杀菌及冷却

高温杀菌后冷却，擦干附在罐身上的水分。抽样，在 30 ℃ 下存放 7 d，检验合格即可出厂。

第十一节　马铃薯腌制食品

一、咸马铃薯

咸马铃薯是马铃薯经过盐腌制而成的产品，其特点是色泽乳白、质脆、味咸、爽口，是一种风味独特的腌制菜。

（一）工艺流程

鲜马铃薯→洗净→刮皮→烫漂→腌制→倒缸→封缸保存→成品。

（二）操作要点

1. 洗净刮皮

选用表皮光滑、新鲜、无烂斑、无虫口及无发芽的小马铃薯。将马铃薯用清水洗涤干净，然后刮去表皮。

2. 烫 漂

将去皮后的马铃薯放入沸水锅内焯一下，捞出晾凉。

3. 腌 制

将晾凉后的马铃薯倒入缸内进行腌制。放 1 层马铃薯撒 1 层盐，然后再撒 1 层凉开水。撒盐时做到下面少，上面多，逐层增加，盐要撒均匀。腌制完毕后，再在表面加 1 层盐。加凉开水是为了促使盐粒溶化，调味均匀。

4. 倒 缸

上述操作完成后，第 2 天开始倒缸 1 次，将马铃薯倒入另一只空缸内，将缸上面的马铃薯倒入缸下面，将缸下面的马铃薯倒入缸上面。倒缸完毕后，将原缸内的卤水和未溶化的盐粒舀入翻好的马铃薯缸内。连续倒缸 7 d。

5. 封缸保存

腌制到第 15 天再倒缸 1 次，然后封缸保存，继续进行乳酸发酵。20 d 后即为成品。

二、糖醋马铃薯片

（一）工艺流程

马铃薯→洗净去皮→切制→腌渍→翻缸→拌料→糖醋渍→成品。

（二）操作要点

1. 洗净去皮

将马铃薯用清水洗涤干净，去表皮待用。

2. 切 制

将去皮后的马铃薯切成 3 mm 厚的轮片状，再放入清水中洗涤。

3. 腌 渍

将洗涤后的马铃薯片放入缸中加盐腌渍，铺 1 层马铃薯片撒 1 层盐。要求下面一层盐少，向上逐步增加，盐要撒匀。腌渍完毕后加封面盐。

4. 翻 缸

马铃薯片腌渍 24 h 后需进行翻缸。将缸上面的马铃薯片翻到下面，将缸下面的马铃薯片翻到上面。每天翻缸 1 次，连续翻 5 d。

5. 糖醋渍

先将食醋放入锅内，加入适量清水，蒸煮后加入白糖搅拌溶解，边煮边搅拌，煮沸后成糖醋汁备用。再将腌渍过的马铃薯片从缸内捞出，沥干卤水，放入干净坛内，倒入煮沸的糖醋汁，且腌没马铃薯片，封好坛口，15 d 后即可食用。

三、酱马铃薯

（一）工艺流程

马铃薯→洗净去皮→烫漂→腌渍→翻缸→沥卤→装袋→酱制→翻袋→成品。

（二）操作要点

1. 洗净去皮

选用表面光滑、无虫口、无烂斑及无发芽的小马铃薯。将马铃薯用清水洗净去皮，备用。

2. 烫　漂

将刮尽表皮的马铃薯放入开水锅内焯一下，然后晾凉。

3. 腌　渍

将晾凉后的马铃薯入缸腌渍。放 1 层马铃薯均匀地撒 1 层盐，做到底轻面重，撒盐逐步增加，最后加封面盐。

4. 翻　缸

第 2 天将腌渍的马铃薯翻缸 1 次。将缸上面的马铃薯翻到下面，将缸下面的马铃薯翻到上面。翻缸能促使盐粒溶化，要连续翻 7 d。

5. 沥卤装袋

将腌渍 10 d 后的马铃薯取出，沥干卤水，装入酱袋内。装袋的容量是酱袋容积的 67%，并扎好袋口。

6. 酱制与翻袋

先将甜面酱放入空坛内，然后倒入酱油搅拌均匀，再将马铃薯袋放入酱缸内，使菜袋淹没在酱液中。完成后第 2 天翻袋 1 次，将酱缸上面的菜袋翻到下面，酱缸下面的菜袋翻到上面。连续翻 7 d，以后 2～3 d 翻缸 1 次。20 d 后即可包装销售。

四、泡马铃薯

（一）工艺流程

马铃薯→洗净去皮→切制→浸泡→成品。

（二）操作要点

1. 洗净去皮

将马铃薯洗净去皮，再用清水清洗 1 次，沥干水分待用。

2.切 制

将沥干的马铃薯切成 4 mm 厚的轮状片。

3.浸 泡

先将红糖、干红辣椒、白酒、黄酒、食盐和五香粉放到盐水中，搅拌，待全部溶化后，倒入装有马铃薯片的泡菜坛中，盖上坛盖，加足坛沿水，浸泡 10 d 即成。

第十二节 马铃薯泥

一、鲜马铃薯泥

鲜马铃薯泥是指以鲜马铃薯为原料直接制成的泥状产品，根据加工方法不同，可将马铃薯分为片状脱水马铃薯泥和颗粒状马铃薯泥。

（一）片状脱水马铃薯泥

片状脱水马铃薯泥是将马铃薯去皮、蒸熟后，经干燥、粉碎而制成的鳞片状产品，可作脱水方便食品直接食用，也可做其他食品加工的原料。食用时，将其掺和 3 ~ 4 倍的热开水（或水和奶的混合物），经过 0.5 ~ 1 min，就可制成可口的马铃薯泥。

1. 工艺流程

马铃薯→清洗→去皮→切片→预煮→冷却→蒸煮→磨碎→干燥→粉碎→包装。

2. 操作要点

（1）原料选择

选择新鲜马铃薯，剔除发芽、发绿部分以及腐烂、病变薯块。

（2）清洗

清洗可人工清洗，也可机械清洗。若流水作业，一般先将原料倒入进料口，在输送带上拣出烂薯、石子、沙粒等，清理后，通过流送槽或提升斗送入洗涤机中清洗。清洗通常是在鼠笼式洗涤机中进行擦洗。洗净后的马铃薯转入带网眼的运输带上沥干，然后送去皮机去皮。

（3）去皮

去皮的方法有手工去皮、机械去皮、蒸汽去皮和化学去皮等。手工去皮用不锈钢刀削皮；机械去皮是将马铃薯送入磨皮机器中，去除表皮；蒸汽去皮是将马铃薯在蒸汽下加热 15 ~ 20 min，使马铃薯的表皮出现水泡，然后用流水冲去外皮；化学去皮是将马铃薯浸泡在一定浓度的强碱溶液中，经过软化和松弛马铃薯表皮，用高压冷水喷射冷却和去皮。

（4）切片

一般把马铃薯切成 1.5 mm 厚的薄片，以使其在预煮和冷却期间能得到更均匀的热处理。切片薄一些虽然可以除去糖分，但会使成品风味受到损害，固体损耗也会增加。

（5）预煮

预煮不仅可以用来破坏马铃薯中的酶，防止块茎变黑，还可以得到不发黏的马铃薯泥。

薯片在 71～74 ℃ 的水中加热 20 min，预煮后的淀粉必须糊化彻底，这样冷却期间淀粉才会老化回生，减少薯片复水后的黏性。

（6）冷却

用冷水清洗蒸煮过的马铃薯，将游离的淀粉取出后，可避免在脱水期间发生粘连或烤焦，使制得的马铃薯泥黏度降到适宜的程度。

（7）蒸煮

将预煮冷却处理过的马铃薯片在常压下用蒸汽蒸煮 30 min，使其充分 α 化。

（8）磨碎

马铃薯在蒸煮后立即磨碎，以便很快与添加剂混合，避免细胞破裂。使用螺旋形粉碎机或带圆孔的盘碎机等机械法磨碎。

（9）加食品添加剂

在干燥前把添加剂注入马铃薯泥中，以便改良其组织，并延长其货架期。一般使用的添加剂有：亚硫酸氢钠，可防止马铃薯的非酶褐变；甘油酸酯，可提高产品的分散性。另外，添加一定量的抗氧化剂，可延长马铃薯泥的保藏寿命；添加薯片重的 0.1% 酸式焦磷酸钠可阻止由铁离子引起的变色。

（10）干燥

马铃薯泥的干燥可在单滚筒干燥机或在配有 4～6 个滚筒的单鼓式干燥机中进行。干燥后，可以得到最大密度的干燥马铃薯片，其含水量在 8% 以下。

（11）粉碎

干燥后的薯片可用锤式粉碎机粉碎成鳞片状，它是一种具有合适的组织和堆积密度的产品。

（二）颗粒状马铃薯泥

颗粒状马铃薯泥是鲜马铃薯与回填的干马铃薯颗粒混合后，再经过干燥、粉碎等工艺制成的颗粒状产品。其产品比片状脱水马铃薯泥具有更好的颗粒性，适合加工成其他种类产品。

1. 工艺流程

马铃薯→清洗→去皮→切片→预煮→冷却→蒸煮→磨碎→混合→冷却老化→干燥→过筛→包装。

2. 操作要点

（1）原料预处理

与制备片状脱水马铃薯泥相同，马铃薯经过清洗、去皮、切片、蒸煮和磨碎工艺处理后备用。

（2）混合

将磨碎的马铃薯泥与回填的马铃薯细粒混合均匀。需要注意的是在混合过程中尽量避免马铃薯细胞破碎，最大限度地保护马铃薯细胞的完整，以保证产品具有良好的颗粒性。

（3）冷却老化

冷却老化的目的是湿物料在经过低温的静止后，使产品的成粒性得到改善，降低含水量，延长保存期。

（4）干燥

利用热风干燥将产品的含水量降低到 12% ~ 13%。

（5）过筛

经过干燥的产品，通过 60 ~ 80 目筛后，在流化床干燥，直至含水量降到 8%以下即为成品。一般大于 80 目的马铃薯颗粒可以作为回填物。

二、天然海鲜风味马铃薯泥

（一）工艺流程

原料选择→洗涤→去皮→切片→浸泡→煮烂→打糊

↓

洋葱切碎→炒香→加调味料→炒制→杀菌→冷却→马铃薯泥。

（二）操作要点

1. 原料选择

选择优质马铃薯 500 g，无青皮、无病虫害、个大均匀。禁止使用发芽或发绿的马铃薯，因为马铃薯含有茄科植物共有的龙葵素，主要集中在薯皮和萌芽中。因而当马铃薯发芽或发绿时，必须将发绿或发芽部分削除，或者整个剔除。

2. 洗　涤

洗去马铃薯表面泥沙，是减少杂质污染、降低微生物污染和农药残留的重要措施。

3. 切　片

将马铃薯切成 15 mm 厚的薄片。

4. 浸　泡

马铃薯切片后，立即投入水溶液中，因为去皮后的马铃薯易发生褐变，浸泡处理可避免马铃薯片在加工过程中褐变。

5. 煮　烂

常压下蒸煮，直至马铃薯切片中心软烂为止，可做出口感沙、品质佳、颜色正、得率高的马铃薯糊，目的是更好地操作后面的程序。

6. 洋葱碎炒香

将花生油 50 g 倒入炒锅中加热，待油温 90 ℃时放入洋葱碎 100 g 迅速炒出香味。

7. 炒　制

锅中加入制得的马铃薯糊、天然海鲜膏、食用盐 20 g、白砂糖 15 g、姜粉 2 g、花椒粉 2 g，在特定的温度下共同炒制一段时间，冷却即可。调味料如天然海鲜膏可以提供天然海鲜的风味，并掩盖马铃薯自身生涩的不良味道，从而生产出风味佳、口感好的马铃薯泥制品。

三、猪肉马铃薯泥

（一）原料配方

马铃薯泥 70%、猪肉 22%、猪油 1.7%、洋葱 4%、食盐 1.5%、白糖 0.3%、味精 0.4%、大蒜粉 0.05%、卡拉胶 0.05%。

（二）工艺流程

原料肉→检验→斩拌→漂烫→炒制

         ↓

 马铃薯→整理去皮→蒸煮→斩拌→拌料→装袋→消毒→冷冻→金属探测→成品

         ↑

 洋葱→整理去皮→蒸煮→斩拌

（三）操作要点

1. 原料肉检验

原料肉是经县级及县级以上卫生检验检疫部门检验合格的猪肉。

2. 整 理

马铃薯、洋葱去皮，去腐烂处，剔除发芽。

3. 蒸 煮

修整后的马铃薯对剖，放置蒸箱内蒸煮，要求温度在 95 ℃ 以上，产品中心温度 90 ℃ 后保温 5 min 出蒸箱，洋葱的温度为 90 ℃ 以上，30 min 后出锅。

4. 斩 拌

原料肉斩拌成 3 mm 的肉丁，蒸好的马铃薯、洋葱斩拌成 3 ~ 5 mm 的碎丁待用。

5. 漂 烫

将斩拌后的原料肉放置到 1000 ℃ 的沸水中漂烫约 2 min，捞出去水待用。

6. 炒 制

将猪油放到夹层锅内待融化后放入洋葱，炒出香味后放入漂烫后的猪肉炒 10 min，然后放入其他辅料，加入约 1% 的清水，待马铃薯泥炒拌均匀后出锅。

7. 装 袋

马铃薯泥出锅后用真空包装袋根据不同的质量要求灌装，然后抽真空。

8. 消 毒

将灌装好的马铃薯泥放到沸水中杀菌 30 min，然后冷却。

9. 冷　冻

将杀菌后的马铃薯泥进行速冻，速冻温度为-30 ℃，时间为 30 min，产品中心温度经速冻后为-18 ℃。

10. 金属探测

速冻后的产品要经金属探测以防异物混入。

（四）质量要求

1. 感官指标

产品色泽微黄，口感细腻，口味均匀。

2. 微生物指标

细菌总数≤$1×10^4$个/g，大肠菌群及其他致病菌不得检出。

3. 保质期

-18 ℃以下可保存 1 年。

四、马铃薯泥片

（一）工艺流程

马铃薯选择→清洗→去皮→水泡→切片→水泡→蒸煮→冷却→捣碎→配料→搅拌→挤压成型→烘烤→抽样检验→包装→成品。

（二）操作要点

1. 马铃薯选择

选无病、无虫、无伤口、无腐烂、未发芽、表皮无青绿色的马铃薯为原料。

2. 清　洗

将选择好的马铃薯放入清水中进行清洗，将其表面的泥土等杂质去除。

3. 去　皮

将经过清洗后的马铃薯利用削皮机将马铃薯的表皮去除，然后放入清水中进行浸泡（时间不宜超过 4 h）。这主要是使薯块与空气隔离，防止薯块酶促褐变的发生，同时浸泡也可除去薯块中的有毒物质（龙葵素）。

4. 切　片

将马铃薯从清水中捞出，利用切片机将其切成 5 mm 左右厚的薯片，然后放入清水中浸泡（时间不超过 4 h），待蒸煮。

5. 蒸　煮

从清水中捞出薯片，放入蒸煮锅中进行蒸煮，蒸煮温度为 120 ~ 150 ℃，时间为 15 ~ 20 min。

6. 冷却、捣碎

将蒸煮好的薯片取出，经过冷却后利用高速捣碎机将其捣碎。

7. 配　料

按比例加入麦芽糊精、精炼食用油、黄豆粉、葡萄糖等。将配料初步调整后作为基础配料，然后根据需要调成不同的风味，如麻油香味、奶油香味、葱油味等。

8. 搅拌和挤压成型

将各种原料利用搅拌机搅拌均匀并成膏状，然后送入成型机中压制成型。

9. 烘　烤

将压制成型的马铃薯泥片，送入远红外线自控鼓风式烘烤箱中进行烘烤。

10. 抽样检验及包装

将烘烤好的食品送到清洁的室内进行冷却，随机抽样检验其色、香、味等。合格的产品经过包装即可作为成品出售。

（三）成品质量指标

1. 感官指标

颜色：淡黄色或淡白色；

味：具有马铃薯特有的香味，兼有特色香味；

口感：脆而细，入口化渣快，香味持久。

2. 理化指标

酸度 6.5 ~ 7.2，铅（以 Pb 计）≤0.5 mg/kg，铜（以 Cu 计）≤5 mg/kg。

3. 微生物指标

细菌总数≤750 个/g，大肠菌群≤30 个/g，致病菌不得检出。

第十三节　马铃薯酒精饮品

一、鲜马铃薯白酒

（一）原料及试剂

鲜马铃薯，酿酒酵母，α-淀粉酶。

（二）工艺流程

马铃薯→打浆→蒸煮糊化→调 pH→α-淀粉酶酶解液化→调 pH→糖化酶糖化→调 pH→调

整糖度→酵母→发酵 7 d→蒸馏→陈酿。

（三）操作要点

1. 准备马铃薯

将马铃薯洗净、切片、蒸至无硬心，约 30 min，按料水比 1∶2 的比例打浆，根据马铃薯中淀粉含量（采用旋光仪测定），待水浴锅温度升至 50 ℃，加入 0.02% 无水氯化钙和 10 U/g 的 α-淀粉酶（按淀粉质量计），待温度升至 90 ℃，保温 70 min。

2. 调 pH

用柠檬酸调 pH 至 4.0～4.5，按 150 U/g 的量加入糖化酶，在 60 ℃下保温一定时间。

3. 添加酵母

酵母在添加前于 30 ℃下用水或马铃薯糖化液活化 30 min，添加量为 0.2 g/L。

4. 发 酵

在发酵过程中，为了监测发酵温度和过程，每天在一个规定的时间来测定酒体温度、质量和糖度。

发酵温度一般控制在 22～28 ℃，待糖度和质量近乎恒定时，即可判断为发酵结束。

5. 蒸馏、陈酿

最后将发酵液在 90 ℃（微沸状态）进行蒸馏，加入橡木片陈酿 15 d 后制得马铃薯蒸馏酒样品。

6. 发酵结束

如果马铃薯薯渣开始沉到下面、液面不再有气泡翻滚现象发生、能闻到酒的香味并且没有酸味，主发酵过程就结束了。

7. 蒸 馏

将发酵结束的马铃薯发酵醪过滤，过滤后，装入圆底烧瓶，开始加热，蒸馏。

二、马铃薯渣白酒

在马铃薯淀粉加工的过程中，通常会留下大量的薯渣，有的将其作为饲料喂猪或作为他用，造成很大的浪费。实际上，用鲜薯加工淀粉后，得到的薯渣中淀粉的含量仍然很高，淀粉的结构疏松，有利于蒸煮糊化。所以，用马铃薯薯渣酿酒，一般出酒率较高，从而使这一副产品得到充分利用。

（一）工艺流程

原料选择→制浆→蒸料→加酒曲→发酵一装甑→蒸馏→白酒。

（二）操作要点

1. 原料选择

马铃薯薯渣要求新鲜、洁净、干燥。有霉变、夹杂多的薯渣因带有大量杂菌，会导致酒醅污染，还会给成品酒带来杂味，所以，对薯渣要进行严格的筛选。另外，有黑斑病的鲜薯也应挑出来。酿酒前，将筛选好的马铃薯薯渣粉碎成末，储于清洁、干燥、通风的房屋内待用。

2. 制　浆

在粉碎的马铃薯薯渣内加 85~90 ℃ 的热水，搅拌均匀，至薯渣足水而产生流浆，薯渣与水的质量比为 10：70。

3. 蒸　料

在甑桶内蒸熟薯渣，大气蒸 80 min 后，出甑加冷水，渣水质量比为 100：（26~28）。

4. 加酒曲

按渣曲质量比 100：（5~6）的比例将蒸熟的薯渣与酒曲充分混合均匀。

5. 发　酵

入池前料温为 18~19 ℃，发酵周期为 4 d，发酵过程中温度控制在 30~32 ℃。

6. 装　甑

发酵结束后，取料出池，料温不得低于 25~26 ℃。利用簸箕将取出的料装入甑桶，操作时要注意：装甑要疏松，动作要轻快，上气要均匀，甑料不宜太厚且要平整，盖料要准确。

7. 蒸　馏

装甑完毕后，插好馏酒管，盖上甑盖，盖内倒入水。甑桶蒸馏要做到缓气蒸馏，大气追尾。在蒸馏酒过程中，冷却水的温度大致控制如下：酒头在 30 ℃ 左右，酒身不超过 30 ℃，酒尾温度较高，经摘酒后，蒸得的酒为大渣酒。

8. 二次发酵、蒸馏

把甑内料取出，摊晾在地上进行冷却。按上述数量加水、加曲，不配新料，入池发酵 4 d。入池料的温度及操作方法与前相同，这次蒸得的酒叫二渣酒。

9. 三次发酵、蒸馏

第二次蒸馏完毕，仍按前次操作，出料、摊晾、冷却、加水、加曲，入池发酵 4 d。这次蒸得的酒叫三渣酒。

在按上述步骤操作时，对装甑工序应注意：通常的装甑方法有"见湿盖料"，指酒气上升至甑桶表层，酒醅发湿时盖一层发酵的材料，避免跑气，但若掌握不好，容易压气；"见气盖料"则是酒气上升至甑桶表层，在酒醅表层稍见白色雾状酒气时，迅速准确地盖上一层发酵材料，此法不易压气，但易跑气。这两种操作方法各有利弊，可根据自己装甑技术的熟练程度选择使用。此法酿酒的整个生产周期为 12 d，原渣出酒率可达 47%左右。

三、固态马铃薯酒

（一）制作工序

整个工艺流程如图 2-1 所示。

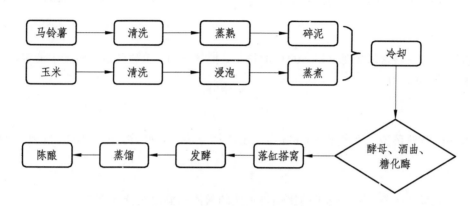

图 2-1　固态马铃薯酒的生产工艺流程

1. 原料和处理

选用无霉烂、无变质的马铃薯，用水洗净，除去杂质，用刀均匀地切成手指头大小的块。

2. 蒸　煮

向铁锅中注入清水，加热至 90 ℃左右，倒入马铃薯块，用木锨慢慢搅动，待马铃薯变色后，将锅内的水放尽，再焖 15～20 min 出锅。马铃薯不能蒸煮全熟，蒸至无硬心为宜。

3. 培　菌

马铃薯出锅后，要摊晾，除去水分，待温度降低至 38 ℃后，加曲药搅拌。每 100 kg 马铃薯用曲药 0.5～0.6 kg，分 3 次拌和。拌和完毕，装入箱中，用消过毒的粗糠壳浮面（每 100 kg 马铃薯约需 10 kg 粗糠壳），再按每 100 kg 马铃薯约用 50 kg 玉米酒糟盖面。培菌时间一般为 24 h。当用手捏料有清水渗出时，摊晾冷却。夏季冷却到 15 ℃，冬季冷却到 20 ℃，然后装入桶中。

4. 发　酵

装桶后盖上塑料薄膜，再用粗糠壳密封。发酵时间为 7～8 d。

5. 蒸　馏

通过蒸馏将发酵成熟的醅料中的酒精、水、高级醇、酸类等有效成分蒸发为蒸汽，再经冷却即可得到白酒。将上述得到的白酒经过勾兑和贮存即可作为成品出售。

按上述方法酿造的马铃薯白酒，度数为 56°左右，每 100 kg 马铃薯可出酒 10～15 kg，出酒率为 10%～15%。除此之外马铃薯酒糟还可以做饲料。

（二）蒸煮工序

将马铃薯洗净、切片、蒸至无硬心，约 30 min，按料水比 1∶2 的比例打浆，根据马铃薯中淀粉含量（采用旋光仪测定），待水浴锅温度升至 50 ℃，加入 0.02% 无水氯化钙和 10 U/g 的 α-淀粉酶（按淀粉质量计），待温度升至 90 ℃，保温 70 min。紧接着用柠檬酸调 pH 至 4.0 ~ 4.5，按 150 U/g 的量加入糖化酶，在 60 ℃ 下保温一定时间；酵母在添加前于 30 ℃ 下用水或马铃薯糖化液活化 30 min，添加量为 0.2 g/L。在发酵的过程中，为了监测发酵温度和过程，每天准备一个统一的时间来测定酒体温度、重量和糖度。发酵温度一般控制在 22 ~ 28 ℃，待糖度和重量近乎恒定时，即可判断为发酵结束；最后将发酵液在 90 ℃（微沸状态）进行蒸馏，加入橡木片陈酿 15 d 后制得马铃薯蒸馏酒样品。

如果马铃薯渣开始沉到下面、液面不再有气泡翻滚的现象、能闻到酒的香味并且没有酸味，主发酵过程结束了。此时就可以开始蒸馏的过程了，将发酵结束的马铃薯发酵醪过滤或者不过滤后装入圆底烧瓶，开始加热，待液面微沸的状态下，约 90 ℃ 有馏出液出来，待接近 100 mL 时，将其取下，添加蒸馏水至 100 mL，用酒精计测量酒的度数，并且记下温度，与表比对，从相应的温度读出真实的酒精度数值。

（三）培菌工序

培菌工序是使根霉菌、酵母菌中熟粮上发育生长，用来提供淀粉变糖、糖变酒的所必需的酶量。与白酒相关的微生物主要有霉菌、酵母、细菌，根霉等，培菌的条件包括：水分、温度、酸度、空气、养料等，控制适当条件可以使有益菌优先生长，条件不当杂菌可能会大量繁殖，主要条件是对水分和温度的控制。将蒸好摊凉的粮食摊入清洁干燥穿孔率 80% 以上的通风凉床上，均匀铺满凉场，待温度降低至 60 ~ 70 ℃，可使用鼓风机。将玉米与马铃薯混合均匀，按照原料的质量将 1% 比例的白酒曲用 5 倍的 30 ℃ 10% 的糖水糖化 30 min 后，均匀的撒到冷却的马铃薯与玉米的混合原料上，第一次翻粮以后撒第一次酒曲，第一次撒曲为撒曲总量的 20%，后进行第二次翻粮，温度在 45 ~ 50 ℃ 以后撒第二次酒曲，酒曲用量为总用量的 40%，后第三次翻粮，根据酒曲及气温控制第三次撒曲温度，撒第三次酒曲前要时刻检查粮食的温度。然后再加入 0.21% 的中温淀粉酶、β-淀粉酶、纤维素酶、糖化酶并混合均匀。把碎泥疏松地放在洗净并热烫后的玻璃坛中，压平。将坛里的曲料弄成倒着的喇叭状的凹圆窝，能够均匀流通空气，也能够使酵母菌和霉菌更易繁衍，容易查看坛里的发酵程度。还要在表面撒上适量活性干酵母。然后将坛子盖上并在坛沿加水密封。最后将其转移到培养箱中进行糖化，在糖化过程中，要注意环境卫生，以防杂菌污染。要注意精细操作，严格控制温度变化。

（四）发酵工序

发酵就是经酵母菌作用将葡萄糖转化为酒精的过程。提前 3 d 用酵母菌母液培养好酿酒酵母或使用商业酵母粉。糖化结束的马铃薯水解液降温，接近室温后，用柠檬酸调节 pH 为 3.5 ~ 4.0，添加活化好的酵母菌液，搅拌均匀之后开始装入瓶子，装液量约为 2/3，用棉花塞或者硅胶塞当瓶塞，记下初始糖度及还原糖含量。每天固定时间称重，并观察发酵的情况。发酵至瓶子重量几乎不产生变化，糖度也不再变化，并且瓶中充满汁液为止，就可以判定为发酵的结束。

酒精发酵是酿酒的主要阶段，糖质原料经酵母或细菌等微生物的作用可直接转变为酒精。酒精发酵过程是一个非常复杂的生化过程，需要一系列酶的参加。酒精是发酵过程的主要产物。除酒精之外，被酵母菌等微生物合成的其他物质及糖质原料中的固有成分，如芳香化合物、有机酸、单宁、维生素、矿物质、盐、酯类等，往往决定了酒的品质和风格。在发酵阶段，我们应当提前设置好发酵箱温度为 30 ℃，再将发酵坛放在发酵箱中发酵 11 d 左右。每天都要搅拌 1～2 次，有利于通气。在发酵过程中，发酵温度过低，则酵母活力低，发酵速度慢，发酵时间长，产酒率低；若发酵温度过高，则发酵过于猛烈，不易控制，而且酵母老化速度快。因此在发酵过程中，应控制发酵温度在最佳温度范围内。温度在 18 ℃ 左右时，酵母触发困难、起发迟、发酵周期长、发酵最终糖度高、生成的酒度相对较低、酒体香气平淡；发酵温度在达到 30 ℃ 时，酒体较粗糙、香气平淡、而且苦味较重；发酵温度在 23～27 ℃ 时，发酵周期适中、香气明显、酒体细腻、产酒率高。因此，选择 23～27 ℃ 为发酵的最佳温度。

在发酵的前 5 d 发酵醪重量变化明显，重量下降明显，说明二氧化碳释放量比较多，通过测定释放二氧化碳重量的方法可以确定发酵力的强弱。在第 5 天以后重量变化比较小。根据醪液的糖度、酒精度和酒品质，在发酵前 3 d，酵母增殖，产生大量的二氧化碳，比较剧烈，3 d 后，料液开始慢慢回落，有马铃薯酒特有的酒香，6 d 之后糖度不再随着发酵时间的延长而下降，酒精度随着时间的延长有所上升，但是在 7 d 之后酒精度上升不明显，而且随着发酵时间的继续延长，酒开始出现较重的苦味，这可能是由于酵母自溶，酵母蛋白分解的苦味肽和苦味氨基酸导致酒体后苦加重。综合考虑，将第 5～7 d 视为发酵的结束。

1. 马铃薯酒初始 pH 的优化

发酵酒质量的一部分取决于酸的含量。为了得到协调的风味，酸度应限制在某一范围内，酸度太低则使酒的风味平淡，酸度太高则令人难以下咽，且酸度对于发酵的顺利与酒的货架期有着重要的作用，因此选择适宜初始 pH 对酒质的提高极为重要。试验结果表明初始 pH 在 3.2～3.5，可对马铃薯酒起到良好的抑菌效果，但不影响酵母繁殖，且最终酒的酸涩平衡，典型性好。也证实了有害的细菌如醋酸菌、乳酸菌等在 pH =3.5 以下时生长活动受到显著抑制，而商业酵母受抑制极小的推论。

2. 二氧化硫添加量的优化

二氧化硫是发酵酒酿造中广为使用的抗氧化剂，可以阻碍杂菌和野生酵母的生长，还能起澄清的作用。但是使用量过低，会使其无法起到上述作用，而如果使用量过高，则会使酵母活力降低、发酵受阻、原酒风味变劣、酒色变浅。试验通过对 SO_2 不同梯度的筛选，结果表明 SO_2 添加量在 50～70 mg/L 时，能起到显著抑菌效果，对酵母发酵力和酒度的影响较小。同时 SO_2 的安全性也日益受到消费者的重视，本试验尽量使用少量的 SO_2 发挥最大的功效。

3. 发酵温度的优化

温度是发酵的决定因素。在一定范围内，随着温度的升高，酵母的发酵速度也随之加快，但酒精的产率随之降低，芳香成分会大大增加。在发酵过程中，发酵温度过低，则酵母活力低、发酵速度慢、发酵时间长、产酒率低；若发酵温度过高，则发酵过于猛烈、不易控制、而且酵母老化速度快。因此在发酵过程中，应控制发酵温度在最佳温度范围内。

4. 时间对主发酵的影响

发酵时间受发酵温度以及酵母接种量等的制约,当发酵温度低于 20 ℃时,发酵启动特别慢,发酵的周期也比较长;当发酵温度在 28 ℃左右时,发酵启动快,发酵 3 d 就能达到最大程度,发酵周期是 5 ~ 7 d。

5. 酵母接种量对主发酵的影响

酵母接种量比较大的时候发酵启动快,发酵现象剧烈,有大量的泡沫产生,发酵结束得也快。

6. 酵母的选择对主发酵的影响

一个良好的发酵过程不仅包括选择合适的酿酒酵母,而且还包括抑制不需要的微生物产生。酵母菌种的性能将直接影响发酵工艺的类型和条件,并对发酵产品的质量有决定作用。因为在大多情况下自然酵母菌群的不稳定导致结果是不可预测的,使得产品质量、风味等品质不稳定。而添加优良纯培养酵母可使它很快占据发酵的主导地位,减少其他不必要微生物的繁殖机会,从而获得产糖量低,产酒精率高,香气稳定,风味独特的产品。

7. 酵母营养物的选择

酵母的生长和繁殖以及其他生物都需要营养物,营养缺乏,会减缓发酵,甚至还会导致制品产生异常高的水平。无机盐是酵母生命活动不可缺少的物质,其主要功能是作为酶的一部分参与构成菌体成分,或维持酶调节渗透压等的活性。磷、硫、镁、钾离子是菌丝生长的重要元素,其中磷是一种重要的能量传递、参与代谢、调节的元素,有利于葡萄糖代谢,促进微生物的生长;硫则是菌体细胞蛋白质的组成部分;镁、钾离子则是许多重要酶的激活剂,钾离子也是生物膜的物质传送过程中主要的小分子运送体系。试验通过添加有机氮源:氯化铵,以发酵力为指标,最终结果表明添加 0.1 g/L 的氯化铵后,酵母发酵马铃薯酒的发酵力增强。本试验对酵母营养物的选择上,做的还不够充足,只是单纯研究了氯化铵对马铃薯酒发酵的影响。上述元素在鲜马铃薯中虽含量不低,但由于马铃薯的添加量有限,其营养物不足,所以应该加入上述离子,来研究其对酵母发酵力的影响。

(五)蒸馏工序

蒸馏取酒就是通过加热,利用沸点的差异使酒精从原有的酒液中浓缩分离,冷却后获得高酒精含量酒品的工艺。在正常的大气压下,水的沸点是 100 ℃,酒精的沸点是 78.3 ℃,将酒液加热至两种温度之间时,就会产生大量含酒精的蒸汽,将这种蒸汽收入管道并进行冷凝,就会与原来的酒液分开,从而形成酒精含量高的酒品。在蒸馏的过程中,原汁酒液中的酒精被蒸馏出来予以收集,并控制酒精的浓度。原汁酒中的味素也将一起被蒸馏,从而使蒸馏的酒品中带有独特的芳香和口味。

(六)陈　酿

新蒸馏出来的马铃薯白酒由于含有少量的低沸点刺激物质,都具有暴辣、冲鼻、刺激性大等缺点,饮后使人感到不畅,同时,发酵与蒸馏过程中带出来的某些低沸点的物质,如硫化氢（臭鸡蛋味）、硫醇（腐败的菜叶味）、醛类（苦涩味）等，也给新酒增添了不愉快的气味。经验证明，新酒必须经过陈酿后，才能变得醇和、香郁、协调、绵软。

陈酿的做法是将马铃薯白酒放在陶、瓷、或酒海等具有轻微透气、渗漏性的容器内。随自然界温度变化而不人工调整。在陈酿期间，使酒质发生变化的奥妙在于随着贮存日期的不断延长，酒中成分进行自发的反应。当然对陈酿也有一定的限度，并不是越陈越好，要根据酒型、气温等各方面的条件决定。陈酿过程中，有多种变化，其中对酒体影响比较大的是：①缔合作用：水与酒精等，体积 1+1 小于 2，感觉上刺激感减小，可以理解为"水分子将乙醇分子的尖包住了"。②挥发作用：低沸点、刺激性较大、"毒性"较大的如甲醇、甲醛容易挥发，减少了。当然，乙醇也会损失，酒度降低，刺激感减小。③吸附和渗透作用：陶瓷、酒海等容器吸附水分和香味物质，调整酒中成分比例。④化学反应：乙醇和酸反应生成酯，乙醇氧化生成酸。尽管这个作用很微弱，总量也变化不明显，但成分比例有变化。

从白酒的酿造过程来说，所有的酒类酿造都有个陈酿过程，一定要存放一段时间才可以上市。白酒需要存放一段时间的原因是：①因为刚刚酿造好的白酒处于不稳定状态，放置一段时间后，让不稳定的酒质慢慢沉淀，解决白酒的澄清度；②白酒的主要组成成分为酸、酯、醛、醇，这四种重要成分都为有机物，它们的沸点温度不同，各组分在不同温度下有不同的变化和反应，白酒的主要组分在存放期间发生缔合反应，使各组分通过缔合过程达到平衡、稳定。也就是说白酒陈酿是白酒酿造工艺的最后一个环节。

四、马铃薯黄酒

（一）原料配方

马铃薯、花椒、茴香各 100 g，碎麦料适量。

（二）工艺流程

原料→预处理→配曲料→拌曲发酵→冷却降温→装瓶→杀菌→成品。

（三）操作要点

1. 预处理

将无病虫烂斑的马铃薯洗净，去皮，入锅加水煮熟，出锅摊晾后倒入缸中，用棒捣成泥糊状。

2. 配曲料

每 100 kg 马铃薯生料用花椒、茴香各 100 g，兑水 20 L，入锅用旺火烧开，再转用文火熬 30 ~ 40 min，出锅冷却后，过滤去渣。再向 10 kg 碎麦曲中加入冷水，搅拌均匀待用。

3. 拌曲发酵

将曲料液倒入马铃薯过滤液浆中，并入缸搅拌成均匀稀浆状，密封缸口，置于 25 ℃左右的温度下发酵，每隔一天开缸搅拌一次。当浆内不断有气泡溢出后，则有清澈的酒液浮在浆上，飘出浓郁的酒香味，证明发酵结束，停止发酵。

4. 冷却降温

为防止酸败现象产生，应迅速将缸搬到冷藏室内或气温低的地方。开缸冷却降温，使其骤然冷却。一般在 5 ℃ 左右冷却效果较好；也可用流动水冷却。

5. 装瓶和杀菌

将酒浆冷却后，装入干净的布袋，压榨出酒液。然后用酒类过滤器过滤两遍。过滤的酒装入瓶中，放入水浴锅中加热到 60 ℃ 左右。灭菌 5 ~ 7 min，压盖密封，即为成品。

（四）产品特点

用马铃薯酿制的黄酒品质好，售价高，具有较好的市场竞争力。过滤获得的酒糟含有大量的蛋白质、氨基酸、活性菌，可直接用作畜禽饲料（喂猪效果最好），或晒干储存做饲料。

五、柿叶-马铃薯低酒精度饮品

柿叶-马铃薯低酒精度饮品是利用马铃薯发酵汁与柿叶汁按一定比例配制而成的饮料，是一种新型的复合保健低酒精度饮料，可与果酒相媲美。既有天然发酵的醇香味，又有柿叶的清香，营养丰富，酒精含量低微，除消暑解渴外，还能促进人体消化，是既可作饮料又能代酒助兴的良好保健饮料。

（一）工艺流程

1. 制备柿叶汁工艺流程

柿叶→选择→清洗去脉→杀青→浸泡→破碎→浸提→过滤澄清→柿叶汁；

2. 制备马铃薯酒醪工艺流程

马铃薯→选择→清洗→去皮→切分→蒸煮→打浆→液化→糖化→发酵→过滤→马铃薯酒醪；

3. 制备马铃薯低酒度饮料工艺流程

柿叶汁、马铃薯酒醪、糖浆、柠檬酸→调配→灌装→排气→密封→杀菌→冷却→成品。

（二）操作要点

1. 柿叶汁的制备

（1）原料清洗

选择质厚、新鲜、无病、无虫、无损伤的柿叶。用冷水冲洗叶子上的污物和杂质，如洗不净，可以用碱液清洗，再用清水冲洗干净，再去掉叶梗，抽掉粗硬的叶脉。

（2）杀青

杀青可固定原料的新鲜度，保持颜色鲜艳，同时破坏组织中的氧化酶，防止柿叶中维生素 C 和其他成分的氧化分解。通过杀青可破坏原料表面细胞，加快水分渗出，有利于干燥，并除去叶子的苦涩味。杀青时，水温保持在 70 ~ 80 ℃（烧至有响声为止），漂烫时间 15 min，每隔 5 min 翻动 1 次，要烫除青草味。漂烫水温不宜过高，时间不宜过长，否则营养会损失，但水温过低、时间太短，杀青效果不理想。

（3）冷水浸泡

将杀青后的叶子捞出后，立即投入冷水中浸泡，浸泡时间 5 min，浸泡的目的是保持叶子绿色不变，同时洗去苦涩味。

（4）破碎

待柿叶组织中角质转化后，用手揉搓使柿叶变碎，但不宜太碎。也可用手撕，也可用刀切，保持大小均匀。

（5）柿叶汁浸提

将柿叶加 20 倍的软化水煮沸 3~4 min 后，过滤取汁，柿叶渣再加适量软化水煮沸 4~5 min，再过滤取汁。将两次柿叶汁合并后，再精滤、澄清得柿叶清汁，备用。

2. 马铃薯酒醪的制备

（1）马铃薯预处理

选择优质马铃薯，无青皮、无病虫害、个大均匀。禁止使用发芽或发绿的马铃薯。把马铃薯清洗干净后去皮切分为 1~1.5 cm 厚度片状，常压下用蒸气蒸煮 30 min 左右，蒸煮至熟透软化为止。按物料 1:1 加水用打浆机打成粉浆后，加入已活化的耐高温 α-淀粉酶，充分混匀，调 pH 为 6.0~7.0，在 95~100 ℃ 温度下进行液化至碘色反应为棕红色为止。将液化后的马铃薯液降温至 50~60 ℃，用柠檬酸调 pH 为 4.0~5.0，加入已活化的糖化酶，充分搅拌，60 ℃ 糖化 80 min。将糖化后的马铃薯液用石灰乳调整 pH 8.0，加热为 55 ℃ 左右进行清净处理，以除去果胶，减少发酵过程中所产生的甲醇含量。

（2）发酵

经酵母菌作用将葡萄糖转化为酒精的过程。首先将外购活性干酵母进行活化。已清洗处理的马铃薯糖液冷却至 30 ℃ 左右，调节 pH 为 3.5~4.0，加入马铃薯原料量 2%~3% 的已活化的酒用活性干酵母液，充分搅拌装罐，温度控制在 28~30 ℃，发酵至马铃薯发酵中有大量的汁液，味甜而纯正，具有发酵香和轻微的酒香，其酒精度为 5%~6% 即可。

（3）过滤

发酵醪用 3 层纱布，内含 2 层脱脂棉，下垫 150 目分样筛过滤，反复 3~4 次后放置澄清，取上清液备用。

（4）糖浆制备

在不锈钢夹层锅内，先将一定量的软化水加热至沸后，加入砂糖并继续加热至砂糖完全溶化。再添加适量的柠檬酸、鸡蛋清搅拌均匀，并继续加热 15~20 min 后，加入预订量蜂蜜液，搅拌均匀，最后用 2 层纱布过滤即可。

3. 柿叶-马铃薯低酒精度饮品

（1）调配

按产品的质量指标，将马铃薯酒醪与柿叶汁按（4:1）~（5:1）比例混合，再用糖浆、柠檬酸对其糖度及 pH 进行调整。然后再精滤，即得马铃薯低酒精度饮料。

（2）装瓶、排气、密封、杀菌

将经过精滤澄清的马铃薯低酒精度饮料灌装于玻璃瓶中，在沸水条件下排气至中心温度

70 ℃以上时，趁热用软木塞封口，在85 ℃杀菌15 min，冷却至室温即为成品。

六、桑叶马铃薯发酵饮料

（一）工艺流程

（1）马铃薯汁：马铃薯→预处理→发酵→过滤→马铃薯汁；

（2）桑叶汁：桑叶→清洗→热烫护色→破碎→浸提→过滤澄清→桑叶汁；

（3）马铃薯汁、桑叶汁→调配→排气→杀菌→成品。

（二）操作要点

1. 马铃薯预处理

马铃薯洗净后于沸水条件下蒸煮30 min，冷水冷却，去皮切分为1 cm左右厚的片状，沸水条件下蒸煮至熟透软化为止，将物料和水按照1∶1比例混合后打浆，加入已活化 α-淀粉酶，充分混匀，调 pH 为6.0～7.0，80 ℃温度条件下进行液化至碘色反应为棕红色为止。将液化后的马铃薯液降温至50～60 ℃，用柠檬酸调 pH 为4.0～4.5，加入已活化的糖化酶，充分搅拌，60 ℃温度条件下糖化80 min。将糖化后的马铃薯液用石灰乳调整 pH 为8.0，加热到55 ℃左右进行清净处理，以除去果胶减少发酵过程中所产生的甲醛含量。

2. 发　酵

已洗净处理的马铃薯糖液冷却至30 ℃左右，按占马铃薯原料的0.1%的量加入活化后的酒用活性干酵母，充分搅拌装坛。把发酵坛放入恒温箱中，温度控制在20～28 ℃，pH 为3.5～4.0，发酵直到马铃薯醪中有大量的汁液，味甜而纯正，具有发酵香和轻微香的酒香，其酒精度为5.5%～6.5%（体积分数）即可。

3. 过　滤

发酵醪用3层纱布，内含2层脱脂棉，下垫150目分样筛过滤，反复3～4次，然后放置澄清取上清液，以备用。

4. 桑叶汁的制备

桑叶经清洗浸泡20～30 min并清洗干净后，在沸水中热烫30 s，按桑叶重加入1∶10的软化水进行捣碎，补足1∶30的软化水，调节 pH 至5.0，于40 ℃下浸提完成后，用150目的纱布过滤，将所得滤液加热至沸腾，维持3～5 min，再精滤澄清即可。

5. 调　配

将马铃薯醪汁与桑叶汁按（4∶1）～（6∶1）比例混合，再用蔗糖、柠檬酸对其糖度及 pH 进行调配。

6. 排气、密封、杀菌

灌装好的饮料在沸水条件下排气至中心温度70 ℃以上时，趁热密封在85 ℃条件下杀菌15 min。

（三）产品质量指标

1. 感官指标

成品饮料呈柠檬黄、半透明液体，无分层现象，具有马铃薯发酵香和桑叶汁清香，有酒味而不刺口。

2. 理化指标

糖度 8% ~ 12%，酒度 1% ~ 3%，pH 3.2 ~ 3.7，甲醇含量 0.04 g/100 mL，铜（以 Cu 计）≤100 mg/L。

七、马铃薯茎叶发酵酒

（一）工艺流程

马铃薯茎叶→制汁→酶处理→巴氏灭菌→冷却→酒精发酵→成分调整→过滤→杀菌→冷却→成品。

（二）操作要点

1. 马铃薯茎叶汁的制备

制备马铃薯茎叶汁应以新鲜的马铃薯茎叶为原料，采用人工漂洗或蔬菜清洗机漂洗以去除马铃薯茎叶的泥土、灰尘、微生物等。用含盐 2% 的食盐水溶液浸泡原料 10 ~ 20 min 可清除其上的病菌、虫卵和残留的农药，接着用清水漂洗一次可除去表面的盐水。进一步清洗干净后用 0.1% ~ 0.2% NaOH 溶液在 40 ~ 50 ℃ 处理 15 min，用菜刀把甘薯茎叶切断。然后采用微波加热（中火，额定输出功率为 480 W）原料 11 min，以清除 90% 的残留农药，杀死微生物，破坏氧化酶的活性，去除组织中的部分气体，使其保持原有的色泽和维生素。微波加热前加入 0.01% 的维生素 C，有利于风味物质的渗出。这样就克服了传统果蔬加工用沸水烫煮以杀微生物和钝化酶导致大量的水溶性营养成分（如维生素等）流失的问题。然后将它立即投入冷水冷却，避免残留的余热使其可溶性质变化、色泽变暗及微生物繁殖。将冷却过的原料倒入打浆机加水适量（淹没马铃薯茎叶为宜），打浆，然后可用变速胶体磨磨细。经研磨后，叶肉组织结构完全破坏，果胶、糖分、氨基酸等有机物质充分析出，形成质地均一、细腻的甘薯茎叶浆。这种研磨利于提高饮料酒的稳定性。

2. 酶处理

在马铃薯茎叶浆液中添加 0.012% 的精制果胶酶，在 40 ~ 45 ℃ 水浴中处理 40 min，pH 4.1，可得到组织细腻、均匀一致的马铃薯茎叶浆料。因为加入的果胶酶可有效分解马铃薯叶中的果胶物质，使马铃薯茎叶汁黏度降低，容易榨汁、过滤，提高汁率。

3. 巴氏灭菌、冷却

甘薯茎叶浆采用巴氏灭菌法（60 ~ 63 ℃，20 min），破坏果胶，去除马铃薯茎叶的生青味，有利于提升马铃薯茎叶口味质量，然后迅速冷却至室温，减少有效成分的破坏。

4. 酒精发酵

（1）糖分的调整

根据 1 kg 全糖可产生 0.667 kg 乙醇来计算所需的加糖量：

加糖量=马铃薯茎叶汁质量×（发酵后要求达到的酸度/0.667-马铃薯茎叶汁含糖量）。

将马铃薯茎叶汁糖的质量分数调整为 15%。

（2）酒精发酵管理

搅拌均匀后，密封使其进行酒精发酵，温度控制在 22 ℃。接种后 3.5 d 进入主发酵期，主发酵维持 4 d。在这期间酵母发酵旺盛，放热多，品温上升快，要注意采取措施降低品温，及时搅拌，使品温不超过 27 ℃。为了防止发酵罐表面产热过多而影响发酵及杂菌感染，每天需搅拌 2～3 次。后发酵在 18 ℃ 温度下发酵 16 d。酒精发酵结束，除去酒脚等沉淀物，得到马铃薯茎叶发酵酒，其酒精度可达 0.08 g/mL。接种酿酒酵母的添加量为 0.2 g/L。

5. 调整成分

根据口感调整糖酸比例。

6. 过滤和杀菌

采用硅藻土过滤，选用明胶-单宁澄清。要使马铃薯茎叶酒有清香味、酒澄清，必须进行过滤，在 100 kg 原酒中加入 6～10 g 单宁、24～26 g 明胶。先用热水溶解单宁，加入酒中搅拌均匀，再加入明胶，因正负电荷相结合，形成絮状沉淀，吸附酒样中的杂质、灰尘，静止10～15 d 后，进行过滤。杀菌，采用 85 ℃ 杀菌 25～30 min 即可，然后尽快冷却至室温。

（三）成品质量指标

1. 感官指标

外观色泽：浅橙青绿色，澄清透明；

香气与滋味：香气纯正，酒香协调，具有马铃薯茎叶酒的清香味，具有甘甜醇厚的口味，酸甜可口，口感醇和，酒体丰满、柔顺。

2. 理化指标

酒精体积分数（20 ℃）（11±1）%，总糖≥40g/L，总酸（以草果酸计）4.5～5.5 g/L，挥发酸（以醋酸计）≤6.0g/L。

3. 微生物指标

细菌总数≤50 个/mL，大肠杆菌≤30 个/L，致病菌不得检出。

八、马铃薯叶茶酒

本产品是以马铃薯叶、茶叶浸提液为培养液，以白砂糖、玉米糖浆为碳源，以活性干酵母为发酵菌种，采用液体发酵法酿造的一种茶酒。

（一）工艺流程

1. 玉米糖浆的制备工艺

玉米→除杂→去胚→粉碎→加水（质量比 14.5）→液化（加淀粉酶）→糖化（加糖化酶）→脱色→过滤浓缩。

2. 复合饮料生产工艺流程

茶叶浸提液（马铃薯叶浸提液）→调糖→调酸→接酵母菌→发酵→灭菌→检验→调配→成品。

（二）操作要点

1. 玉米糖浆的制备

（1）浸泡

料水质量比为 1∶4.5，浸泡 15 min。

（2）糊化、液化

控制温度为 90~100 ℃，保持 10 min，使淀粉颗粒充分吸水膨胀，有利于液化。糊化完全后，冷却到 85 ℃，加 0.2%的淀粉酶和 0.2%的氯化钙，钙离子对酶有保护作用，然后搅匀调 pH 为 6.0，液化 30 min，把玉米淀粉液煮沸 10 min，再冷却到 85 ℃，加入 0.3%的淀粉酶液化 30 min，直至碘液检验不变色。

（3）糖化

液化完全后，把醪液煮沸 10 min 灭淀粉酶，然后把其温度降至 60 ℃，调 pH 到 6.0，加 0.1%的糖化酶和 1%的麸皮，恒温糖化 10 h，再煮沸灭酶 12 min。

（4）脱色

将糖化液升温至 85 ℃，加入 1%左右的活性炭，保温 30 min，脱色后糖化液为透明的淡黄色。

（5）过滤浓缩

糖化液过 120 目筛，将糖化浆浓缩到 70%~80%。

2. 复合饮料生产

（1）浸提

取茶叶、马铃薯叶，在 90 ℃ 左右保温 20 min，浸提 2 次，浸提液体积为 1 000 mL 左右。

（2）调糖

用糖浆或白砂糖调糖度为 17%左右。

（3）调酸

酵母菌耐酸，调酸主要是为了抑制杂菌的生长，用柠檬酸调 pH 为 4.0。

（4）接种

酵母菌接种前必须在 30~40 ℃、含糖量为 2%、酵母用量 10 倍以上的水中复水、活化 40 min。酵母菌接种量为 0.1%。

（5）发酵

酒精发酵为厌氧发酵，发酵需隔绝氧气但要保证二氧化碳能顺利排出，控制温度为 25 ℃

左右，发酵 2 周。

（6）灭菌

发酵停止后，将发酵液离心，分离酵母，将分离的上清液加热到为 50 ~ 60 ℃，杀灭酵母菌。

（7）调配

根据茶酒的风味进行调配。加入复合甜 0.06%，黄酒香精 0.01%，增香剂 0.008%，香兰素 0.003%，乙基麦芽酚 0.003%，柠檬酸 0.06%，红茶香精 0.01%。

（三）成品质量指标

1. 感官指标

颜色：半透明的黄棕色，保留有原茶叶的天然色泽；口感醇香、微苦、酒味适宜。

2. 理化指标

糖度为 7.0%，pH 为 5.5，还原糖为 9.2%。

3. 微生物指标

细菌总数<20 个/mL，大肠杆菌<6 个/100 mL，致病菌不得检出。

九、马铃薯格瓦斯

格瓦斯是一种酒精度很低的饮料，曾流行于俄罗斯、乌克兰等东欧国家，现在在中国境内逐渐时髦。它主要是以干面包为原料发酵酿制而成的，营养丰富，酸甜爽口，清凉解渴，含有饱和的二氧化碳和少量酒精，所以得到快速发展。除了面包原料，还可以利用各种水果类和马铃薯制作格瓦斯发酵饮料。马铃薯格瓦斯是以新鲜马铃薯作为主要原料，既节约原料、成本较低，而且更能突出其风味的典型性。本节主要介绍两种生产工艺：

（一）方法一

1. 工艺流程

原料→切片→马铃薯汁→调配→罐内发酵→灌装及后酵管理→成品。

2. 操作要点

（1）原料选择

选择新鲜、无芽根的马铃薯，清洗干净备用。

（2）切片

将马铃薯用切片机切成 3 ~ 5 mm 的薄片，用烤箱将马铃薯片烤干，去除多余水分，使其切片内外干硬一致，色泽标准为棕黄。

（3）马铃薯汁的制作

把马铃薯片装到袋中并封好，放到 80 ℃ 的热水中，将 pH 调为 6，然后在自然条件下降温并浸泡 8 h，同时放入经沸水浸泡的酒花。用碘液检查，当溶液呈无色时，即将袋捞出，控干。将马铃薯汁用过滤机过滤，去除热凝固物，即得到比较清亮的马铃薯汁。

（4）调配

用沸水和蔗糖按照 1 : 1 比例溶化，并用糖浆过滤机过滤，倒入马铃薯汁中，另用酵母粉或啤酒酵母倒入马铃薯汁中，充分混合。用乳酸调整马铃薯汁的 pH 到 5.2 ~ 5.4，用无菌水调整水温在 20 ~ 25 ℃。

（5）罐内发酵

将氧气冲入马铃薯汁中，进入密闭发酵罐，发酵 8 ~ 12 h 后，液面即有 3 cm 左右高度的泡沫生成，说明前发酵结束，另外根据产品需求添加适量香精。

（6）灌装及后期发酵管理

将前期发酵液经过滤机过滤后，即可灌装密封。把封口的瓶子横放，将饮料放在 15 ~ 18 ℃温度下进行后期发酵，5 d 左右可结束后期发酵，用巴氏灭菌处理（水温 62 ℃，时间 30 min）。

（7）品质检测

灭菌后，感官检查马铃薯格瓦斯的质量：当起盖后泡沫由瓶中慢慢升起，略有外溢，但没有明显喷涌；将马铃薯格瓦斯放在 0 ~ 2 ℃ 的温度下冷却，顶底略有轻微的冷凝固物即淀粉沉淀。

（二）方法二：**酶法**

马铃薯主要成分为淀粉，在发酵之前，需用 α-淀粉酶和糖化酶处理。α-淀粉酶是一种内切酶，只水解 α-1,4-糖苷键，生成糊精和低聚糖等小分子，以提高糖化酶作用的效率；糖化酶又称葡萄糖淀粉酶，是一种外切酶，能切断 α-1,4-和 α-1,6-糖苷键，使液化后的主要产物完全水解成葡萄糖，从而利于发酵的正常进行，改善产品风味。

1. 工艺流程

原料→制泥→液化→糖化→加热→接种→发酵→过滤→灌装→杀菌→成品。

2. 操作要点

将马铃薯制成含水量为 75% 的泥浆，加入细胞溶解酶和果胶酶，破坏马铃薯的细胞壁，释放淀粉。添加 α-淀粉酶和 β-淀粉酶，使马铃薯淀粉通过液化和糖化水解为葡萄糖，再加入蛋白酶，使蛋白质分解，再用加热法破坏酶的活性。将马铃薯汁过滤后，再接种已经培养 24 h 的 2% 啤酒酵母和戴氏芽孢杆菌培养液，在 26 ℃ 温度下发酵 16 h，再降温到 6 ℃ 终止发酵，过滤除去酵母，然后灌装到瓶内，于 8 ~ 10 ℃ 储存 24 ~ 48 h，经过巴氏灭菌处理后即为成品。

十、马铃薯叶啤酒饮料

（一）玉米淀粉糖浆生产

1. 工艺流程

玉米淀粉→加水浸泡→糊化→液化→糖化→脱色→浓缩成品。

2. 操作要点

（1）浸泡

按玉米淀粉、水的质量比 1 : 3 加水，搅匀，浸 15 min，使玉米淀粉充分吸水，以利用糊化的进行。

（2）糊化

加热至 90～100 ℃，边加热边搅拌，使玉米淀粉充分糊化 10 min。

（3）液化

当糊化完全后冷却到 85 ℃，加总用量 2/5 的 α-淀粉酶、0.2%的氯化钙，然后搅匀，调 pH 为 6.0，先液化 30 min，再把玉米淀粉液化煮沸 10 min，冷却到 85 ℃ 后，再加入总用量 3/5 的 α-淀粉酶液化 30 min，碘液检验不变色，证明液化完全。

（4）糖化

当液化完全后，把液化后的醒液煮沸 10 min，灭酶。然后温度降到 60 ℃，调 pH 为 5.0 左右，加 100 U/g 的糖化酶和 1%的麸皮，恒温糖化 10 min，再煮沸灭酶 12 min。

（5）脱色

将糖化液升温到 85 ℃，加入 1%左右的活性炭，保温搅拌 30 min，即可达到脱色的目的。

（6）过滤浓缩

把糖化液过 120 目的筛子后加热浓缩到 70%左右，储存待用。

（二）马铃薯叶汁的制备

1. 生产工艺流程

马铃薯叶→精选→清洗→烘干→热烫→浸提→粗滤→精滤→马铃薯叶汁。

2. 操作要点

（1）精选清洗

选择无黄斑、无损伤的马铃薯叶。

（2）烘干

晾干的马铃薯叶放在烘干箱里烘干待用。

（3）热烫

干燥好的马铃薯叶放在水中煮 2 min，捞出沥水。

（4）浸提

按料液比 1∶3 的比例，加热至 80 ℃，浸提 30 min，滤汁，按 1∶1 的比例加水二次浸提，合并滤液。

（5）精滤

将滤液在高压真空泵中过滤。

（三）啤酒酵母的扩大培养

1. 培养基的制备

将 200 g 去皮土豆切成小块，加入 1000 mL 水、2%的琼脂，煮沸 20 min，过滤并定容到 1000 mL，加蔗糖 20 g，装入试管及 250 mL 三角品中，装量分别为 5 mL 及 50 mL，加棉塞，于 0.1 kPa 灭菌 30 min。

取大麦芽磨碎称量，加入 4 倍的水混合后，加热至 60 ℃，保温 3～4 h，用碘液检验无蓝色且过滤后浓度在 6°Brix 以上为宜，121 ℃ 高压蒸汽灭菌 30 min 即可。

2. 啤酒酵母的扩大培养

啤酒酵母的原种→斜面培养（28 ℃，2～3 d）→液体试管（25 ℃，2～3 d）→液体三角瓶（20 ℃，2～3 d）→酵母菌种。

（四）啤酒的生产

1. 工艺流程

麦芽→检验→去杂→粉碎→过滤→混合→沸煮→冷却→发酵→过滤→灌装→杀菌→检验→成品。

2. 操作要点

（1）检验、去杂、粉碎

除去杂草、枯芽、霉粒等杂质，粉碎时要求破而不碎。

（2）糖化

将 200 g 麦芽粉和 480 mL 马铃薯叶汁与 1000 mL、53 ℃ 的水混合，调浆，加 1398 蛋白酶 16 000 U，于 35～37 ℃ 水浴锅中保温 30 min，升温到 50 ℃ 保温 60 min，调 pH 为 6.0，加入 α-淀粉酶 1200 U，升温到 80～90 ℃ 保温 30 min，碘检反应不变色，灭酶，降温到 35 ℃，用磷酸调 pH 为 4.5，加入 1% 麸皮和糖化酶 16 000 U，50～60 ℃ 保温 2 h，进行过滤。

（3）过滤

将糖化液升温到 80 ℃，进行 40 目过滤，然后用 80 ℃ 的水进行冲洗，反复过滤，直到滤渣里的糖度为 3 °P，合并滤液使麦芽汁浓度在 9～10 °P。

（4）混合

把生产出的玉米糖浆稀释到 9～10 °P，然后与 9～10 °P 麦芽汁按 2∶1 的比例混合。

（5）煮沸

将混合液煮沸约 90 min，结束后麦芽汁浓度在 9 °P。煮制过程中加酒花（麦芽汁体积的 0.15%～0.2%）、卡拉胶、单宁少许。

（6）冷却

使麦芽汁冷却到 8～9 ℃。

（7）发酵

添加 6% 的酵母液进行发酵，外观糖度从 9% 降到 3.5%～5.5% 时，主发酵结束，主发酵的 pH 为 5.5、温度 11 ℃、时间 5 d。然后进入后发酵，将后发酵前期的品温控制在 10～12 ℃，使酵母的还原酶还原双乙酰，压力保持在 100～120 kPa，待双乙酰低于 0.15 mg/L 时，将酒温降到 0～2 ℃，压力保持在 50～60 kPa，发酵 7 d。

（8）过滤

采用微孔薄膜过滤。最大流速 150 L/(m·h)，最大压力差 1.5 Pa。

（9）杀菌

灌装后采用巴氏杀菌，70 ℃ 保温 30 min。

（10）成品检验

在常温下，杀菌后的啤酒保质期在 60 d 以上。

（五）成品质量标准

1. 感官指标

外观：清凉透明，不含有明显的悬浮物和沉淀物；

泡沫：当注入清洁的杯中时，有泡沫升起，泡沫洁白细腻，持久挂杯；

气味和滋味：有明显的马铃薯叶和酒花香味，口味纯正，清爽，无其他杂味。

2. 理化指标

酒精含量 3%～5%，麦芽汁浓度 9%，SO_2 残留<0.05 g/L。黄曲霉素 B_1 低于 0.05 mg/L，α-氨基酸态氮不低于 250 g/dL。

第十四节　马铃薯乳饮料

一、马铃薯酸奶

马铃薯酸奶是以马铃薯和牛乳为主要原料，经乳酸菌发酵制成的一种乳制品。其成分为：水分80.1%，蛋白质3.8%，脂肪2.0%，糖8.7%，灰分1.2%，总固形物2.1%。产品酸甜适中，有马铃薯香味，无异味。马铃薯酸奶既保留了普通酸牛奶的营养价值，又因补充了一定数量的膳食纤维及维生素，其营养价值高于普通酸奶。它的产品特点在于口感好，食用方便，价格低廉，是一种优质的发酵风味乳酸型饮品，为马铃薯资源的加工开发开辟了一条新途径。

（一）工艺流程

马铃薯→预处理→调配→杀菌→发酵→灌装→后熟→成品。

（二）操作要点

1. 原料预处理

选择无霉、无虫蛀、无出芽、新鲜饱满的马铃薯为原料，用清水清洗，除去表面泥土杂质。由于马铃薯皮中含有生物碱、茄碱等有毒物质，必须去皮并熟化。

2. 调　配

将熟化好的马铃薯糊与经检验合格的鲜牛乳按一定比例混合均质，条件为 50～60 ℃，14～19 MPa。均质可使牛乳中脂肪球颗粒均匀分散，增加混合液的黏度，提高乳化稳定性。混合时，需添加一定量的砂糖。此时混合液无分层现象，性质稳定。

3. 杀　菌

采用巴氏灭菌法，将混合液加热到 90～95 ℃，保温 10 min，然后冷却至 42～45 ℃。杀菌处理可以消灭原料中的杂菌，确保乳酸菌的正常生长与繁殖，钝化原料中对发酵菌有抑制作用的天然抑制剂。

4. 发　酵

将冷却好的混合液 2%～4%接种工业发酵剂，缓慢搅拌使菌种混合均匀，在发酵罐中温度需要控制在 42 ℃ 左右，有利于发酵速度和产品风味，时间为 4～5 h。

5. 灌装和后熟

将酸奶灌装、封口，在 0～5 ℃ 冷藏 22 h，通过低温控制乳酸菌新陈代谢，改善风味。

（三）质量评定

马铃薯酸奶应具有乳酸发酵剂制成的酸牛乳特有的滋味和气味，无不良发酵味、霉味和其他异味。凝块均匀细腻，无气泡，允许有少量乳清析出，色泽均匀一致，乳白色或稍带微黄色。产品酸度为 pH 4～4.5，符合食品卫生标准。

二、马铃薯蛋白乳饮料

马铃薯蛋白乳饮料是利用马铃薯蛋白质调配而成的一种饮料，其产品具有良好稳定性，风味独特，并且具有低脂高蛋白等特点，既为消费者提供一种健康饮品，同时又提高了马铃薯淀粉生产过程中副产物的利用率，具有一定的经济效益与社会效益。

（一）工艺流程

1. 马铃薯蛋白提取

新鲜马铃薯→清洗→去皮→切块→护色→磨浆·→沉降→除渣→脱淀粉→蛋白水→碱沉→离心→酸沉→离心→真空干燥→马铃薯蛋白。

2. 马铃薯蛋白乳饮料

水、绵白糖、柠檬酸、单甘酯、黄原胶→混合调配→杀菌→过滤→二次混合调配（乳粉，马铃薯蛋白）→均质→灌装封口→二次杀菌→冷却→成品。

（二）操作要点

1. 马铃薯蛋白的制备

将马铃薯清洗干净，去皮切块，按马铃薯与水 2∶1 的比例，用组织捣碎机将其磨碎成浆，在打浆过程中加入 0.1 g/kg 的亚硫酸氢钠，防止废水被氧化成褐色。浆液静置 15 min 后，用滤袋过滤，除去马铃薯渣，滤液在 4000 r/min 转速下离心 10 min，取上清液，将其 pH 9.2，温度 30 ℃ 的条件下，沉淀 30 min 后，以 4500 r/min 离心 15 min，再将离心后的上清液 pH 调至 3.5，温度调至 42 ℃，沉淀 30 min 后，以 4500 r/min 离心 15 min，将两次离心所得沉淀进行真空干燥，并将其粉碎至颗粒直径小于 0.125 mm（120 目），备用。

2. 原辅料预处理及混合调配

按配方要求准确称取各种原辅料，将稳定剂、乳化剂用温水使其全部溶化，煮沸并维持 5～8 min 进行杀菌处理，随后趁热过滤，滤袋孔径为 0.125 mm（120 目），收集滤液，备用。将

2%的乳粉与马铃薯蛋白混合，并用 60 ℃ 温水溶解，将此溶液与滤液混合均匀后作均质处理，均质条件为 45～50 ℃、25 MPa。

3. 灌装、杀菌及冷却

将均质后的饮料灌装于经杀菌处理后的玻璃瓶中并迅速封口。马铃薯蛋白乳饮料采用短时高温杀菌法，将灌瓶后的蛋白乳饮料在 115 ℃ 的条件下杀菌，杀菌结束后，采用逐级冷却法，先用 80 ℃ 热水对蛋白乳饮料喷淋 3～5 min，再用 60 ℃ 温水对其喷淋 5 min，最后用与室温温度相同的水喷淋，使其降至室温，这种冷却方法可最大限度地保留饮料中热敏性营养成分。

三、马铃薯发酵饮料

采用酵母、乳酸混合菌发酵马铃薯汁，利用两菌种能共生的特点，进行发酵产香，产生多种代谢产物，提高了马铃薯的营养价值。乳酸菌利用可发酵糖，产生乳酸等有机酸，在赋予食品以酸味的同时，形成多种新的呈味物质。酵母菌、乳酸菌能相互依存，共生发酵。因此，马铃薯经过混合菌发酵后倍增了酒和乳酸的香味，提高了营养价值和经济效益，具有良好的市场竞争力。

（一）工艺流程

马铃薯→清洗→去皮→预煮→打浆液化→糖化→糊化→灭菌→发酵→调配→均质→成品。

（二）操作要点

1. 原料及酶处理

选取无霉变、无破损的新鲜马铃薯，清洗去皮，切成小块，100 ℃ 预煮 15 min，按 2∶1 比例加水打成匀浆，过滤，静置，制成马铃薯汁；在恒温 65 ℃、pH 6.0 时添加中温 α-淀粉酶，液化 1 h；降温至 60 ℃，调 pH 为 4～4.5，加糖化酶，糖化 4 h；升温至 90 ℃，糊化 1 h 后灭菌，冷却至室温。

2. 菌种活化马铃薯

称取蔗糖 0.12 g，蒸馏水 10 mL 为活化培养基于试管中，在 0.1 MPa、121 ℃ 下灭菌 20 min，取出降温至 30 ℃，迅速称取 1% 的酿酒酵母于灭菌糖液中，放入 25 ℃ 生化恒温培养箱中活化 30 min。加入一定量的灭菌脱脂牛奶，再加入 0.5% 的乳酸菌，放入 40 ℃ 生化恒温培养箱中活化 3.5 h。

3. 接种发酵

将活化完全的酵母菌和乳酸菌按接种菌配比为 1∶1.5、接种量为 1.5% 同时倒入冷却后的马铃薯汁中，摇匀，密封放入 35 ℃ 生化恒温培养箱中培养 48 h，发酵制成马铃薯汁饮料。

4. 调 配

马铃薯汁饮料外观呈液体状，流动性好，根据人们的口感要求可以调配成甜型和各种水果味的复合马铃薯汁饮料，本实验调制成甜型纯马铃薯汁饮料，添加 8% 的蔗糖、0.2% 的混合稳定剂（0.1% 黄原胶、0.1% CMC-Na）。

5. 均　质

发酵型马铃薯汁饮料经调配后为保证其稳定性，在 50 ℃、23 MPa 下进行均质，使马铃薯汁饮料口感更细腻，同时延长其保存时间。

四、胡萝卜马铃薯酸奶

（一）工艺流程

1. 薯浆制备

马铃薯→清洗去皮→切块→熟化→打浆→马铃薯原浆。

2. 胡萝卜浆制备

胡萝卜→清洗→切块→熟化→打浆→胡萝卜→原浆。

3. 酸奶生产

马铃薯原浆、胡萝卜原浆、奶液混合调配→均质→杀菌一冷却→接种→分装→恒温培养→后熟→成品。

（二）操作要点

1. 原料选择

胡萝卜选择新鲜、红色、少根须、无虫蛀、无腐烂异味的胡萝卜；马铃薯选择无霉烂病变、无发芽现象、无机械损伤、优质新鲜的甘薯。

2. 菌种的制备或选择直投菌

选取市售纯酸奶 1 mL，放入 9 mL 蒸馏水的试管中振荡 20 ~ 30 s，使细胞分散，然后按常规方法稀释。分别取稀释度为 $1×10^6$ 和 $1×10^8$ 各 0.1 mL，涂布于改良 Chalmers 培养基的平板上，在温度 42 ℃ 下培养 2 ~ 3 d。经过多次平板划线，纯化出单个菌落。挑取保加利亚乳杆菌和嗜热链球菌，保存在试管斜面上，置于温度 4 ℃ 左右的冰箱中储存，备用。也可直接选用酸奶发酵直投菌种。

3. 生产发酵剂的制备

称取一定量的脱脂奶粉，加水配置成脱脂乳，分装于试管中，置于高压灭菌锅中，在温度 121 ℃ 下杀菌 15 min，制得脱脂乳培养基，在无菌实验室中接入 3% ~ 4% 的菌种，于温度 42 ℃ 下发酵，经 3 ~ 4 次传代培养，使菌种活力恢复，然后按 1∶1 比例混合接种，进行扩大培养，制成母发酵剂和生产发酵剂。

4. 胡萝卜原浆的制备

将胡萝卜洗净去皮，切成小块置于不锈钢锅中加热熟化，熟化温度为 95～100 ℃，蒸煮 30 min，组织软化并除去胡萝卜的异味；将胡萝卜块从锅中捞出，加入其质量 3 倍的水打磨成胡萝卜原浆。

5. 马铃薯原浆的制备

马铃薯洗净去皮，切成小块，在温度 100 ℃ 的蒸煮锅中蒸煮 1 h，以 1∶3 的质量比与水混合，在组织捣碎机中处理 5 min，然后置于恒温水浴锅中糊化，制得马铃薯原浆。

6. 牛奶液的制备

脱脂奶粉加水溶解。

7. 胡萝卜马铃薯酸奶的制作

具体配比为：牛奶液用量为 75%，蔗糖用量为 5%，马铃薯原浆与胡萝卜原浆的质量比为 2∶1。将胡萝卜原浆、马铃薯原浆和牛奶液按比例混合，并添加一定量的蔗糖进行调配，然后经均质、高压灭菌后，冷却至温度 40 ℃，接入 4% 的保加利亚乳杆菌与嗜热链球菌（比例为 1∶1），分装，在恒温培养箱中培养 7～8 h，待 pH 达到 4.0 左右时，在温度 4 ℃ 下冷藏 24 h，进行后发酵，即得成品。

（三）成品质量指标

1. 感官指标

色泽：产品呈均匀乳蛋黄色或淡橙色；

气味：产品酸甜适中，具有酸奶特有的滋味和香味，并具有胡萝卜的清香爽口气味，以及甘薯特有的香味，无异味；

组织状态：产品呈均匀细腻的凝乳状态，无异物，无沉淀，无分层现象。

2. 理化指标

蛋白质质量分数 2.2%，可溶性圆形物质量分数 11.5%，pH 为 3.8～4.3，乳酸质量分数为 0.3%～0.5%，脂肪质量分数为 3.2%。

3. 微生物指标

乳酸菌数为 $2.3×10^9$ 个/mL，大肠菌群<300 个/L，致病菌不得检出。

五、马铃薯山药酸奶

（一）工艺流程

山药→去皮→清洗→糊化→打浆；

马铃薯→择选→去皮→清洗→热汤→打浆；

马铃薯浆+山药浆→均质→杀菌→冷却→接种→灌装→发酵→后熟→成品。

（二）操作要点

1. 马铃薯浆的制备

首先将无外伤、无虫蛀、无出芽的新鲜马铃薯用清水洗净，除去表面泥土、杂质和部分微生物。由于马铃薯皮中含生物碱、龙葵素等有毒物质，必须去皮，去皮后马铃薯用刀切成小块，然后在 100 ℃的热水中热烫 5 min，以杀灭马铃薯中的酶，取苗后加 2 倍水，打浆。

2. 山药浆制备

将山药去皮，清洗，放入粉碎机粉碎，加热糊化，再加入 5 倍的水进行打浆。

3. 混　合

将马铃薯浆、山药浆、脱脂奶粉、蔗糖按马铃薯浆 30%、山药浆 10%、蔗糖 6%、脱脂奶粉 30%的比例混合。

4. 酸奶的制备

将上述原料充分混合后，在 95 ℃、18 MPa 的压力条件下进行均质处理，时间为 5 min，均质后冷却到 40 ℃，接入 5%的乳酸菌，在 41 ℃的条件下发酵 8 h，然后置于 8 ℃的低温条件下进行后熟 4 h，低温保存即可。

（三）成品质量标准

1. 感官指标

色泽为乳黄色，口感细腻爽口，组织状态为凝乳，均匀、结实，表面光滑，无乳清析出，具有马铃薯山药乳酸发酵的特有香味。

2. 理化指标

脂肪 2% ~ 3%，蛋白质≥2.5%，pH 4.6 ~ 4.7。

3. 微生物指标

乳酸菌数（1.5×10^8 ~ 2.5×10^8）个/mL，大肠菌群< 3 个/100 mL，致病菌不得检出。

第十五节　马铃薯果味饮料

一、马铃薯果肉饮料

（一）工艺流程

原料择选→浸泡→清洗→去皮→搅碎→熟化→调配→细磨、均质→灌装→封口→杀菌→成品。

（二）操作要点

1. 原料选择

选择形状规则、无绿皮、无芽、无腐烂的马铃薯。

2. 浸泡、清洗

将原料放入水中浸泡，清洗去掉杂质。

3. 去　皮

用去皮机进行去皮，然后立即放入水中护色，水中加入 1% 的盐、2% 的柠檬酸。

4. 搅　碎

将原料搅成颗粒。

5. 熟　化

将马铃薯放入水中进行煮制，每 100 g 加入 30% 的马铃薯颗粒，煮制 15 min。

6. 调　配

煮制的原汁中加入白砂糖 8%、柠檬酸 0.1%、复合稳定剂（黄原胺、CMC-Na、卡拉胶）0.2%、异抗坏血酸钠 50 mg/kg。

7. 灌装、杀菌

将调配好的溶液搅拌均匀，立即进行灌装，并杀菌。

（三）成品质量指标

1. 感官指标

成品外观呈浅黄色或金黄色，颗粒悬浮均匀饱满，色泽比较一致。具有马铃薯的滋味和熟甘薯的柔顺感，无其他异味。

2. 理化指标

可溶性固形物占（以折光计）8%～12%，颗粒≥25%，酸度≤0.19%。

3. 微生物指标（执行 GB 2759—2015 标准）

细菌总数≤100 个/mL，大肠杆菌群数≤6 个/100 mL，致病菌不得检出。

二、马铃薯原汁饮料

（一）工艺流程

马铃薯→清洗→去皮→切块→预煮→打浆→调配→均质→真空脱气→灌装→封口→杀菌→冷却→成品。

（二）操作要点

1. 原料选择

选择形状规则、无绿皮、无芽、无腐烂的马铃薯。

2. 清洗、切块

将选择好的马铃薯利用清水将表面洗净，然后用切块机将其切成 1 cm 见方的块。

3. 预 煮

放入锅内预煮。为防止褐变，煮制过程中可加入 0.15%维生素 C 和 0.15%柠檬酸，加热煮沸 2 min。

4. 打 浆

将蒸煮后的马铃薯甘薯打浆，料液比为 1∶3。

5. 调 配

加入 4%的蔗糖、0.1%的甜蜜素、0.25%的柠檬酸及 2%的黄原胶以及卡拉胶。

6. 均 质

将配制好的混合液先送入胶体磨中进行细磨，然后送入均质机中进行均质处理，均质后利用真空脱气机进行脱气处理。

7. 灌装、封口、杀菌

将脱气后的饮料立即进行灌装、封口，然后进行杀菌处理。

（三）成品质量指标

1. 感官指标

有特殊的马铃薯复合香味，酸甜爽口，无沉淀，无悬浮。

2. 理化指标

总糖 8%～12%，总酸 0.2%～0.3%，pH 3.5～3.8，可溶性固形物≥6%。

3. 微生物指标

细菌总数≤100 个／mL，大肠杆菌群数≤6 个/100 mL，致病菌不得检出。

三、马铃薯红枣山楂汁饮料

（一）原料配方

红枣 15%、马铃薯 5%、山楂 5%、稳定剂 0.3%、水 75%。

（二）工艺流程

红枣→挑选→清洗→预煮→打浆→均质→红枣泥；

马铃薯→挑选→漂洗→去皮→预煮打浆→均质→马铃薯泥；

山楂→挑选→清洗→破碎→打浆→均质→山楂泥；

白糖→煮制→糖浆；

上述原料混合→稳定剂→均质→脱气→灌装→封口→杀菌→成品。

（三）操作要点

1. 原料选择

选择新鲜、无杂质、无腐烂的原料。

2. 红枣泥的制备

将红枣放入开水中煮制 1 h，料液比为 2 : 1，之后进行打浆、均质。

3. 马铃薯泥的制备

将马铃薯切成 1 cm 见方的丁，放入水中煮制 20 min，料液比为 2 : 1，之后进行打浆、均质。

4. 山楂浆的制备

将预处理好的山楂，破碎，之后进行打浆、均质。

5. 饮料的制作

将处理好的原料按比例混合，加入 0.3% 的稳定剂和 75% 的水。

6. 均　质

将配制好的混合液送入均质机中进行均质处理，均质后利用真空脱气机进行脱气处理。

7. 灌装、封口、杀菌

将脱气后的饮料立即进行灌装、封口，然后进行杀菌处理。

（四）成品质量指标

1. 感官指标

有三种原料的复合香味，酸甜爽口，无沉淀，无悬浮。

2. 微生物指标

细菌总数≤100 个/mL，大肠杆菌群数≤6 个/100 mL，致病菌不得检出。

四、马铃薯叶马齿苋复合饮料

（一）生产工艺流程

马齿苋→择选→清洗→切碎→浸提→过滤→浸提液；

马铃薯叶→择选→清洗→切碎→浸提→过滤→浸提液；

将两个浸提液混合→调配→灌装→灭菌→成品。

（二）操作要点

1. 原料选择和清洗

选择新鲜、无腐烂的原料，洗掉叶片上不洁净的物质。

2. 切　碎

斩碎即可。

3. 浸　提

马齿苋、水按质量比 1∶5 的比例浸提，温度为 70 ℃，浸提时间为 3 h；马铃薯叶∶水按 1∶4 的比例浸提，温度为 50 ℃，浸提时间为 2 h。

4. 过　滤

冷却后过滤取澄清液。

5. 调　配

马铃薯叶汁和马齿苋汁按 4∶3 比例进行混合，蔗糖添加量为 6%，柠檬酸添加量为 0.1%，抗异坏血酸钠添加量为 0.1%

6. 灭　菌

灌装密封后用 100 ℃ 水常压灭菌 20 min 即可。

（三）成品质量指标

1. 感官指标

色泽：淡绿微褐色；

滋味：有马铃薯叶和马齿苋味，酸甜适中，香气协调。

2. 理化指标

糖度 5.0%，pH 3.6，还原糖 4.0%。

第十六节　马铃薯其他即食食品

一、马铃薯营养泡司

马铃薯营养泡司的特点是口感香脆，易于消化，可根据产品需要调节不同风味，另外添加营养强化剂作为老人和儿童补钙、铁的休闲食品。

（一）工艺流程

淀粉→打浆→调粉→成型→汽蒸→老化→切片→干燥→油炸→膨化→调味→成品。

（二）操作要点

1. 打　浆

将马铃薯淀粉和水按照 1∶1 比例加入搅拌机内，共 20 kg 物料，搅拌均匀，制成马铃薯浆状，备用。

2. 糊　化

往马铃薯浆加入沸水，一边加入一边搅拌，直到呈透明糊状。

3. 调　粉

在已糊化的淀粉中加入蔗糖 0.6 kg、精盐 0.85 kg、味精 0.2 kg、柠檬酸钙 0.86 kg，可根据不同的产品需求额外添加其他强化剂。

4. 成　型

将面团制成长 45 mm、直径 30 mm 的椭圆形面棍。

5. 汽　蒸

利用 98.067 kPa 压力的蒸汽蒸 1 h 左右，使面棍熟化充分，呈透明状，组织较软，富有弹性。

6. 老　化

待汽蒸的面棍完全冷却后，在 2～5 ℃ 温度下放置 24～48 h，使汽蒸后涨粗的面棍恢复原状，此时面团呈不透明状，组织变硬且富有弹性。

7. 切　片

用不锈钢刀具将面棍切成 1.5 mm 厚的薄片，或 1.5 mm 厚、5～8 mm 宽的条状。

8. 干　燥

将条状或片状的坯料放置在烘干机内，于 45～50 ℃ 的低温下烘干，时间为 6～7 h。烘干后的坯料呈半透明，质地脆硬，用手掰开后断面有光泽，水分含量为 5.5%～6%。

9. 油　炸

可采用间歇式或连续式油炸，投料量应均匀一致，油温应控制在 180 ℃ 左右。若油温过低，配料内的汽化速度较慢，短时间内形成的喷爆压力较低，使产品的膨化率下降；若油温过高，产品则易发生卷曲、发焦，影响感官效果。

10. 调　味

在制品拌撒不同类型的调味料，最后包装即为成品。

二、油炸膨化马铃薯丸

（一）原料配方

去皮马铃薯 79.5%、人造奶油 4.5%、食用油 9.0%、鸡蛋黄 3.5%、蛋白 3.5%。

（二）工艺流程

马铃薯→洗净→去皮整理→蒸煮→熟马铃薯捣烂→混合→成型→油炸膨化→冷却→油余→沥油→成品。

（三）操作要点

1. 去皮及整理

将马铃薯利用清水清洗干净后进行去皮，去皮可采用机械摩擦去皮或碱液去皮。去皮后的马铃薯应仔细检查，除去发芽、碰伤、霉变等部位，防止不符合要求的原料进入下道工序。

2. 煮熟、捣烂

采用蒸汽蒸煮，到马铃薯完全熟透为止。然后将蒸熟的马铃薯捣成泥状。

3. 混　合

按照配方的比例，将捣烂的熟马铃薯泥与其他配料加入搅拌混合机内，充分混合均匀。

4. 成　型

将上述混合均匀的物料送入成型机中进行成型，制成丸状。

5. 油炸膨化

将制成的马铃薯丸放入热油中进行炸制，油炸温度为 180 ℃ 左右。

6. 冷却、油余

油炸膨化的马铃薯丸，待冷却后再次进行油炸。

7. 沥油、成品

捞出沥油后的油炸膨化马铃薯丸，成品马铃薯丸的直径为 12～14 mm，香酥可口，风味独特。

三、洋葱口味马铃薯膨化食品

（一）产品配方

马铃薯淀粉 29.6%、马铃薯颗粒粉 25.6%、精盐 2.3%、浓缩酱油 5.5%、洋葱粉末 2%、水 34.6%。

（二）工艺流程

原料→混合→蒸煮→冷冻→成型→干燥→膨化→调味→成品。

（三）操作要点

1. 混　合

按配方比例称量物料，将各种物料混合均匀。

2. 蒸　煮

采用蒸汽蒸煮，使混合物料完全熟透（淀粉质充分糊化）。

3. 冷　冻

于 5~8 ℃ 的温度下放置 24~48 h。

4. 干　燥

将成型后的坯料干燥至水分含量为 25%~30%。

5. 膨　化

宜采用气流式膨化设备进行膨化。

四、马铃薯羊羹

（一）工艺流程

（1）马铃薯→清洗→蒸煮→磨碎制沙。
（2）胡萝卜→清洗→蒸煮→打浆。
（3）配料熬煮→注羹→冷却→包装→成品。

（二）操作要点

1. 预处理

将马铃薯用清水洗净，放入锅中蒸熟，然后在筛上将马铃薯擦碎，过筛即成马铃薯沙。胡萝卜清洗后可蒸熟或煮熟，打浆成泥，也可焙干成粉然后添加。将琼脂放入 20 倍的水中，浸泡 10 h，然后加热，待琼脂化开即可。

2. 熬　制

加少量水将糖化开，然后加入化开的琼脂。当琼脂和糖溶液的温度达到 120 ℃ 时，加入马铃薯沙及胡萝卜浆，再加入少量水溶解的苯甲酸钠，搅拌均匀。当熬到 105 ℃ 时，便可离火注模，温度切不可超过 106 ℃，否则没注完模，糖液便凝固。

3. 注　模

将熬好的浆用漏斗注进衬有锡箔纸的模具中，待冷却后自然成型，充分冷却凝固后即可脱模进行包装。模具可用镀锡薄钢板按一定规格制作。

五、马铃薯冰激凌

冰激凌是以饮用水、牛乳、乳粉、奶油（或植物油脂）、食糖等为主要原料，加入适量增稠剂、稳定剂等食品添加剂，经混合、灭菌、均质、老化、凝冻、硬化等工艺而制成的体积膨胀的冷冻饮品。不同于传统油腻冰激凌，马铃薯冰激凌的优点是低脂、高营养。它既是夏季消暑佳品，又可补充维生素和矿物质等营养成分。

（一）原料配方

马铃薯 20%、白砂糖 4%、全脂淡奶粉 1%、棕榈油 1%、添加剂 0.4%、牛奶香精 0.1%，剩下部分均为水。

（二）工艺流程

1. 马铃薯泥的制备

马铃薯预处理→漂烫→切片→浸泡→蒸煮→捣烂→马铃薯泥。

2. 马铃薯冰激凌

马铃薯泥→稀释→过滤→混合调配→灭菌→均质→冷却→老化→凝冻→成型（或灌浆）→冻结→包装→成品。

（三）操作要点

1. 马铃薯泥的制备

（1）预处理。

马铃薯含有茄科植物共有的茄碱苷，它的正常含量在 0.002%~0.01%，主要集中在薯皮和萌芽中。马铃薯受光发绿或萌芽后，产生大量的茄碱苷，超过正常含量的十几倍。茄碱苷在酶或酸的作用下可生成龙葵碱和鼠李糖，这两种物质是对人体有害的毒性物质。一般两者在马铃薯制品中的含量超过 0.02% 时，就不能食用。当马铃薯发芽或发绿时，必须将发绿或发芽部分削除，或者整个剔出。因此，一定要选择新鲜马铃薯，保证原料无病虫害、未出芽和未受冻伤，并将清水洗净后，去皮备用。

（2）漂烫。

将去皮后的马铃薯放在 85~90 ℃ 的水中烫漂 1 min。马铃薯淀粉与其他谷类淀粉除结构和理论性质不同外，本质差异就是所含的各种有机和无机混合物的多少。马铃薯淀粉的灰分含量比谷类高 1~2 倍，马铃薯淀粉的灰分约一半是磷。以马铃薯淀粉计，P_2O_5 的平均含量是 0.18%，比谷类淀粉高几倍。由于磷的含量高，马铃薯的黏度高，影响马铃薯泥的稀释和冰激凌的品质，所以经过漂烫，可以降低黏度。

（3）切片。

将马铃薯切成 1.5 cm 左右的薄片，薄厚均匀。切片不宜过薄，否则会增加损耗率，且导致风味损失。

（4）浸泡。

马铃薯切片后容易变褐发黑，影响产品品质和色泽。褐变的主要原因是薯块中含有丹宁，丹宁中的儿茶酚在氧化酶或过氧化酶的作用下因氧化而变色。所以，马铃薯片需要在亚硫酸溶液中浸泡，破坏氧化酶的活性。通常，切片后立即投入亚硫酸溶液中。经过浸泡处理后，可避免马铃薯片在加工过程中褐变，保证马铃薯冰激凌的良好色泽。

（5）蒸煮。

通过蒸煮，一方面将马铃薯熟化；另一方面利用热力使酶钝化，防止捣碎时发生褐变。常压下用蒸气蒸煮 30 min 左右，以按压切片不出现硬块可完全粉碎为宜。

（6）捣烂。

蒸煮后稍冷却一会，用搅拌机搅成马铃薯泥。搅拌时间不宜过长，成泥即可，成泥后应在尽可能短的时间内用于生产冰激凌。

2. 马铃薯冰激凌

（1）混合调配。

在马铃薯泥中加入适量水，搅拌成稀液，经 60～80 目筛网过滤，将其他经处理后的原辅料按次序加入马铃薯浆汁中，并搅拌均匀。

（2）灭菌。

在灭菌锅（烧料锅）中将料液加热至 85 ℃，保温 20 min。杀菌不仅可以杀灭混合料中的微生物，破坏由微生物产生的毒素，保证产品品质，还能促进混合料液的均匀混溶。

（3）均质。

灭菌后将料液冷却至 65 ℃ 左右，用奶泵打入均质机中均质。均质的目的是使脂肪球变小，获得均匀的料液混合物，使冰激凌组织细腻、形体滑润、松软，提高冰激凌的黏度、膨胀率、稳定性和乳化能力。

（4）冷却与老化。

将均质后的料液迅速冷却至 4 ℃，进入老化缸，在 2～4 ℃ 下搅拌 10～12 h，使料液充分老化，提高料液黏度，增加产品的稳定性和膨胀率。

（5）凝冻。

将老化成熟后的料液加入凝冻机中凝冻、膨化。使料液冻结成半固体状态，并使料液中的冰晶细微均匀，组织细腻，口感润滑；空气均匀混入，使混合料液体积膨胀，形成良好的组织和形态，即为软质冰激凌。

（6）成型与硬化。

将软质冰激凌切割成型，或注入消过毒的杯装容器中，送入速冻隧道冻结硬化，或将软质冰激凌注入冰模后，经盐水槽硬化，得到硬质冰激凌，于-18～-25 ℃ 储藏。

六、马铃薯香肠

马铃薯香肠是以马铃薯为原料制成的一种香肠。

（一）原料配方

马铃薯 70%、葱姜调味品 5%、大豆粉 5%、植物油和动物油各 2.5%、淀粉凝固剂 14.5%、防腐剂 5%。

（二）制作工艺

将马铃薯洗净切碎成颗粒状，经过 10 min 蒸煮后加入凝固剂，然后依次加入油、大豆粉和调味品拌入搅匀，装入预先制好的肠衣。灌制好后加热灭菌，晾至半干即成品。食用时进行蒸煮，风味独特。

七、马铃薯仿制山楂糕

（一）原料配方

马铃薯 50 kg、白糖 40 kg、柠檬酸 650 g、食用明胶 4 kg、苯甲酸钠 35 g、酒石酸 50 g、食用色素 25 g、水果香精 10 g。

（二）工艺流程

原料→预处理→蒸煮→调配→冷却成型→成品。

（三）操作要点

1. 原料选择

选用新鲜、块大、含糖量高、淀粉少、水分适中、无腐烂变质、无病虫害的马铃薯作为原料。

2. 预处理

将选好的马铃薯放入清水中进行清洗，以除去表面的泥沙等杂物，去机械伤、虫害斑疤、根须等，再用清水冲洗干净。将食用明胶与水按 4∶13 的比例加水浸泡 2~4 h。白糖与水按 3∶1 的比例加水，然后预煮至沸，使糖完全溶解。

3. 蒸　煮

将洗净的马铃薯放入夹层锅内利用蒸汽进行蒸煮，时间为 40~50 min，至完全熟化、无硬心及生心为止。蒸煮结束后，稍经冷却，采用手工法将马铃薯的表皮去除，然后捣碎，并加入适量的水混合均匀，再过 60 目的细筛成薯泥备用。

4. 调　配

将制好的薯泥和处理好的其他配料全部放入夹层锅内，充分搅拌均匀，再升温继续搅拌片刻即可出锅。

5. 冷却成型

将出锅的薯泥倒入准备好的洁净容器中进行成型。冷却时间为 12~15 h，成糕后再切分成小块包装。检验合格后即为成品。

八、马铃薯果丹皮

（一）原料配方

马铃薯 30 kg（或 20 kg）、胡萝卜 70 kg（或 80 kg）、白砂糖 60～70 kg、柠檬酸适量、水 40～50 kg。

（二）工艺流程

原料选择→清洗→软化→破碎→过筛→浓缩→刮片→烘烤→揭片→包装→成品。

（三）操作要点

1. 选　料

选新鲜胡萝卜，去除纤维部分。马铃薯应挖去发芽部分。

2. 清　洗

将原料用清水洗净后，切成薄片。

3. 蒸　煮

将原料放入锅中，加水蒸煮 30 min 左右，以胡萝卜柔软、可打成浆为宜。

4. 破　碎

锤式粉碎机或打浆机将蒸煮的胡萝卜和马铃薯打成泥浆，越细越好，要求能用筛孔直径为 0.6 mm 的筛过滤。

5. 浓　缩

往过滤后的浆液加入白砂糖，同时加入少量柠檬酸熬煮一段时间。当浆液呈稠糊状时，用铲子铲起，往下落成薄片即可。当 pH 约为 3 时便可停止浓缩。如酸度不够，可补加适量柠檬酸溶液。

6. 刮　片

将浓缩好的糊状物倒在玻璃板上，也可用较厚的塑料布代替玻璃板，用木板条刮成 0.5 cm 厚的薄片，不宜太薄也不宜太厚。太薄制品发硬，太厚则起片时易碎。

7. 烘　干

将刮片的果浆放入烘房，在 55～65 ℃温度下烘烤 12～16 h，至果浆变成有韧性的果皮时揭片。

九、法式油炸马铃薯丝

（一）原料配方

以马铃薯全粉为主料，添加谷粉 0.5%～20%、大豆蛋白粉 0.2%～10%、鸡蛋蛋白粉 0.2%～

10%、淀粉 0.5%～20%。

（二）制作工艺

配好料后，加适量的水搅拌，混合均匀，然后将此混合物做成各种形状，经过油炸，根据需要添加适量调味品，即可得到法式炸马铃薯丝食品。

另外，产品配料的比例会影响成品的口感，若配比不当，会使其表面结成一层较硬的皮膜，影响产品的质量。

十、马铃薯多味丸子

在饮食领域，丸子是人们喜欢的一种大众化食品，但多以肉丸子为主。以马铃薯为主体，根据营养与口感的互补原理制作的马铃薯丸子，或添加不同的蔬菜泥，制成五颜六色的系列薯丸，产品不但色泽美观，而且口感与味道俱佳，成本低廉，是一种很有开发潜力的大众化方便食品。

（一）工艺流程

选料→去皮→制泥→配料→制丸→蒸熟→包装→杀菌→成品。

（二）操作要点

1. 选　料

选用新鲜马铃薯和各种蔬菜，如番茄、胡萝卜、白菜、黄花菜等。

2. 制　泥

先将马铃薯去皮，再和所需原料切碎，各自打成泥浆状备用。

3. 配　料

以马铃薯为主料配以各种蔬菜泥和调味品，搅拌均匀。

4. 制　丸

在制丸机中将各种菜泥制成均匀的薯丸，其颗粒大小灵活掌握。

5. 蒸　熟

将制好的丸子上蒸笼蒸熟，火候掌握要适当。

6. 包　装

稍凉后，装入包装袋真空包装，但真空度不宜过高，否则容易相互粘连。

7. 成　品

包装后须二次灭菌，冷却后即为成品。保质期为 3 个月。

十一、油炸膨化马铃薯丸

（一）原料配方

去皮马铃薯 79.5%，人造奶油 4.5%，食用油 9.0%，鸡蛋黄 3.5%，蛋白 3.5%。

（二）工艺流程

马铃薯→洗净→去皮整理→蒸煮→熟马铃薯捣烂→混合→成型→油炸膨化→冷却→油汆→沥油→成品。

（三）操作要点

1. 去皮及整理

将马铃薯利用清水清洗干净后进行去皮，去皮可采用机械摩擦去皮或碱液去皮。去皮后的马铃薯应仔细检查，除去发芽、碰伤、霉变等部位，防止不符合要求的原料进入下道工序。

2. 煮熟、捣烂

采用蒸汽蒸煮，到马铃薯完全熟透为止。然后将蒸熟的马铃薯捣成泥状。

3. 混　合

按照配方的比例，将捣烂的熟马铃薯泥与其他配料加入搅拌混合机内，充分混合均匀。

4. 成　型

将上述混合均匀的物料送入成型机中进行成型，制成丸状。

5. 油炸膨化

将制成的马铃薯丸放入热油中进行炸制，油炸温度为 180 ℃ 左右。

6. 冷却、油汆

油炸膨化的马铃薯丸，待冷却后再次进行油炸。

7. 沥油、成品

捞出沥油后的油炸膨化马铃薯丸，成品马铃薯丸的直径为 12～14 mm，香酥可口，风味独特。

十二、马铃薯馅

目前，市场上馅料产品比较单一，多以水果馅为主。水果馅大多含糖量高、甜度大，已不太适应当今消费者低糖或无糖的要求。以马铃薯为主料，配以适量蔬菜，经特殊工艺精制而成的马铃薯馅，不但无糖，而且口感独特，营养丰富，完全可以作为水果馅的替代品，是不喜爱甜食及糖尿病患者的理想馅料。

（一）工艺流程

选料→蒸煮→混合打浆→调配→浓缩→炒馅→包装→成品。

（二）操作要点

1. 选 料

选用新鲜的马铃薯、胡萝卜和成熟度好的南瓜。

2. 蒸 煮

将 3 种原料洗净，切成小块，蒸到软熟为止。

3. 混合打浆

用打浆机将按比例配好的 3 种原料一起打浆，打成无颗粒的细腻浆泥。

4. 浓 缩

在浓缩锅中进行真空低温浓缩。

5. 炒 馅

将浓缩到含水量为 20% 的马铃薯泥浆，加入 2% 的植物油进行炒制，当含水量为 18% 左右时趁热密封包装，并进行二次灭菌，即为成品。

十三、马铃薯三明治

马铃薯三明治是利用天然的马铃薯、胡萝卜及猪肉和调味品进行科学调配的产品。其产品层次分明，色泽天然，切片细腻，入口鲜嫩。它不仅营养丰富，而且还是具有保健性能的复合食品。

（一）原料配方

马铃薯 30%，胡萝卜 20%，猪肉 25%，调味品 1.6%。

（二）工艺流程

选料→预处理→蒸煮→打浆→调配→成型→蒸煮→包装→成品。

（三）操作要点

1. 预处理

将市售的新鲜马铃薯清洗去皮后，切成厚度为 10 mm，长、宽各约为 3 cm 的方形薄片；将胡萝卜清洗后切成 3 mm 的胡萝卜片，然后蒸煮，打浆成泥。马铃薯经过熟制后，它自身的酶类经过高温后发生变性失活，打浆时酶类也不会与空气中的氧气接触而发生褐变现象，会很好地保持自身原有的白色或淡黄色。

2. 调 配

将马铃薯、胡萝卜、猪肉及各种调味料放到搅拌机中，搅拌均匀。

3. 成 型

将调制好的马铃薯泥、萝卜泥和猪肉按不同的配比分层放入成型模内，成型、包装。

4. 蒸 煮

在 100 ℃ 的蒸汽中蒸 30 ～ 40 min，蒸熟后，在室温情况下自然冷却。

十四、风味马铃薯饼

风味马铃薯饼是在熟化的马铃薯中加其他营养强化的成分、不同辅料和调味品，通过成型机挤压成型，并用涂糊撒粉机在其表面均匀地涂上一层面糊和面包屑，制成营养丰富、味道可口、外形美观的产品，经炸制或微波加热而成的马铃薯方便食品。

（一）原料配方

1. 山楂薯饼

薯泥 60.5%、山楂肉 29%、绵白糖 10%、香料 0.5%等。

2. 番茄薯饼

薯泥 60%、去水后番茄 25%、绵白糖 10%、马铃薯淀粉 4.5%、香料 0.5%等。

3. 果仁薯饼

薯泥 87.5%、果仁 5%、绵白糖 7%、香料 0.5%等。

4. 胡萝卜薯饼

薯泥%、胡萝卜泥 31.5%、绵白糖 8%、香料 0.5%等。

（二）工艺流程

原料→清洗→去皮→切片→冲洗→蒸煮→粉碎→预脱水→拌料→成型→涂糊撒粉→油炸→冷却→速冻→包装→冷冻。

（三）操作要点

1. 清 洗

选择外观无霉烂、无变质、表面光滑的马铃薯，去除发绿、发芽的马铃薯。用滚筒式清洗机进行清洗。

2. 去 皮

用机械去皮或化学去皮，去皮后的马铃薯用清水喷淋洗净。

3. 切 片

去皮后的马铃薯用输送带送入切片机切成厚度为 1.5 cm 的片或小块,以便蒸煮时受热均匀,缩短蒸煮时间,易于后期熟化。

4. 蒸 煮

将薯片用水冲洗后沥干水分放入立式蒸煮柜中,在常压下蒸煮 20～25 min,直至薯片没有硬块为合适。

5. 粉 碎

用螺旋式粉碎机将蒸熟的马铃薯片进一步粉碎。

6. 预脱水

熟化的马铃薯含水率高,可用离心脱水机进行脱水,离心机的转速为 3000 r/min,脱水时间为 3～5 min。通过脱水使薯泥中的固体含量由 15%～20%提高到 30%～40%,具有较好的成型性,便于后期的成型制作。

7. 拌 料

根据产品的不同种类和风味,将预脱水的马铃薯泥混合以不同的辅料或添加剂,在拌料机内充分混合均匀。

8. 成 型

选择生产需要的模具,将拌好料的混合物送入成型机中,加工成型。

9. 涂糊撒粉

成型的马铃薯饼输送到涂糊撒粉机中,在产品的外表面均匀地涂上一层面糊,再撒上一层面包屑。通过选择不同面包屑品种,可获得不同的外观效果。

10. 油 炸

为了固化表面涂层,增强外观颜色,可以送入油炸设备进行油炸,油温控制在 170～180 °C,油炸时间为 1～2 min。

11. 速 冻

油炸后的产品经预冷后入速冻机速冻,速冻温度控制在零下 36 °C 以下。冻好后装盒,在零下 18 °C 以下的冷冻库内保存。

(四)产品特点

1. 山楂薯饼

外焦里嫩,酸甜适口,健脾开胃,促进消化,是集营养与美味于一体的食品。

2. 番茄薯饼

外焦里嫩，略带甜酸，爽口不腻，增强食欲。

3. 果仁薯饼

香甜松软。

4. 胡萝卜薯饼

嫩脆可口，风味独特，营养丰富。

十五、马铃薯膨化饼

马铃薯膨化饼是以马铃薯、糯米和粳米为原料制作而成的膨化饼，类似于米饼，口感酥脆，质地均匀，风味好，具有广阔的市场前景。

（一）工艺流程

马铃薯→清洗→去皮→蒸煮→配料→蒸煮→冷却老化→成型→一次烘干→二次烘干→油炸→调味→冷却→包装。

（二）操作要点

1. 制作马铃薯泥

选用新鲜的马铃薯，用清水洗涤干净后去皮，切片处理，然后放入蒸煮锅中蒸煮。蒸汽蒸煮可使淀粉糊化即 α 化，此时淀粉分子之间的氢键断开，水分进入淀粉微晶间隙，由于高温蒸煮和搅拌，使淀粉快速、大量、不可逆地吸收水分。蒸煮结束后，将马铃薯捣碎制成泥状，备用。

2. 混合、冷却、老化

将马铃薯薯泥、薯粉、糯米粉、粳米粉混合，搅拌均匀，然后在 20 ℃ 以下、相对湿度 50%～60%下存放 2 h 使淀粉老化。淀粉老化即 β 化，淀粉颗粒高度晶格化，包裹住糊化时吸收的水分，高温油炸时，淀粉微晶粒中水分急剧汽化喷出，促使其形成空隙疏散结构，以达到膨化的目的。

3. 烘　干

第一次烘干温度 50～60 ℃，放置 1.5～2 h，水分含量降至 15%～20%，然后存放 24 h 以上，使半成品呈柔软状，不易折断。再进行第二次烘干，温度 70～80 ℃，时间为 6～8 h，此时水分含量降至 8%左右。

4. 油　炸

使用食用油分两次油炸：第一次温度为 120 ℃，时间为 15 s，第二次温度为 240 ℃，时间为 3～5 s。

5. 调　味

将味精、鸡精、盐、辣椒、姜等调味料喷洒于马铃薯膨化饼表面，调味料需要经过脱水、干燥、磨碎，才使其细度达到要求。冷却后即可包装为成品。

十六、猪肉马铃薯饼

（一）工艺流程

马铃薯→清洗→切块→沥干→蒸煮→配料→斩拌→成型→油炸→冷却→成品。

（二）操作要点

1. 清　洗

剔除发绿、发芽的马铃薯，选择外观无霉烂、无变质、表面光滑的马铃薯用清水洗涤干净，削皮后置于冷水中浸泡。

2. 切　块

切成 3～4 mm 薄片，过厚会导致蒸煮时间过久。切块后如果未立即蒸煮，也需浸在清水中。

3. 蒸　煮

将马铃薯用蒸汽蒸熟、蒸透。常压蒸煮，时间 20 min 左右，具体根据马铃薯量确定。

4. 配料、绞馅

先将购买的五花肉（肥瘦比 1∶1 左右）清洗干净后切条，放入绞肉机中绞碎，以达到市售猪肉馅标准为宜；斩拌前将白砂糖、淀粉、盐等溶于适量水中，备用。

5. 斩　拌

将蒸熟的马铃薯加猪肉馅混合，用斩拌机斩拌成泥，均匀加入调味溶液。

6. 裹粉的制备

将市购面包冷却后撕成碎块，利用恒温干燥箱烘干。温度在 80 ℃ 左右，时间约 2 h，最终水分含量在 15% 左右。再用小型粉碎机粉碎，细度在 60 目左右。

7. 成　型

先将马铃薯泥捏成团，分块，准确称取 9 g 的小块，揉成圆团，撒上裹粉后放入木制模具中，用手压平，磕出成型，形成带有一定花纹图案的圆饼。裹粉可以防止马铃薯饼相互粘连，还可增加美观，优化口感。成型需确保包心均匀分布于饼中，以免胀破影响美观和口感。

8. 油　炸

猪肉马铃薯饼加工最重要的一个步骤是油炸：将平底油煎锅置于电磁炉上，倒入植物油烧至六成熟时，将马铃薯饼入锅煎炸至两面均呈黄色并熟透时，即可捞出。煎炸温度 120～

160 ℃，时间 5 ~ 6 min。

十七、马铃薯菠萝豆

马铃薯菠萝豆是以马铃薯淀粉为主要原料，添加白砂糖、鸡蛋、面粉和蜂蜜制作而成的产品。由于产品香甜可口，且易与口水相溶解，入口即化，非常适合婴儿和老人食用，因此马铃薯菠萝豆在老幼食品、产业中具有重要地位和开发前景。

（一）原料配方

马铃薯淀粉 25 kg、白糖 12.5 kg、鲜鸡蛋 4 kg、面粉 2 kg、葡萄糖 1.25 kg、蜂蜜 1 kg、碳酸氢氨 25 g、水 0.5 kg。

（二）工艺流程

原料混合→压面→切割→成型→排列→烘烤→包装→成品。

（三）操作要点

1. 原料混合

在室温条件下，先将除淀粉之外的原料，在搅拌机内混合搅拌 10 min，然后用升降机把搅拌好的原料和淀粉倒入卧式搅拌机再搅拌 3 min，最后成面团。

2. 压 面

将做好的面团通过三段压延过程，压至 9 mm 左右，用纵切刀、横切刀切成正方形。

3. 成 型

将面团放入滚筒成型机中，制成球状。

4. 排列和烘烤

将球状的粒顺送到传送带上，在传送过程中有喷雾器将水和空气通过喷头喷出细密的雾，雾要喷在菠萝豆上，以使其外观光滑，同时将菠萝豆整齐排列，烘烤的温度为 200 ~ 330 ℃，时间约 4 min。

5. 包 装

出炉后自然冷却、分筛，除去残渣，冷却到常温，进行包装。

十八、马铃薯沙琪玛

沙琪玛传统产品是以鸡蛋为主料制作而成的。在人们追求健康食品、营养食品的今天，开发一种以天然蔬类为原料的"沙淇玛"，不但可以丰富产品种类，而且由于马铃薯粗纤维含量高、低脂肪、低蛋白、无蛋、无面粉，必将成为受欢迎的"沙淇玛"，尤其是受到不喜高糖、高脂肪人群的喜爱。

（一）工艺流程

选料→蒸熟→调配→压片→切丝→油炸→拌糖→成型→包装→成品。

（二）操作要点

1. 预处理

将新鲜的马铃薯和红薯清洗后去皮蒸熟，并打成泥状。

2. 调配、压片和切丝

将马铃薯泥、红薯泥和淀粉混合均匀后，按比例加入调味品等辅料，在压片机上压成 2 mm 的薄片，并切成丝状备用。

3. 油　炸

将薯丝在 130 ℃ 的油温下炸至酥脆，迅速捞出沥去表面浮油。

4. 拌糖和成型

白糖与糖稀按 3：1 的比例混合，熬成质量分数为 80% 的浓糖液，然后均匀地拌在薯丝上面，趁热压模成型，自然冷却后包装即为成品。

第三章 马铃薯加工相关专利

第一节 一种马铃薯挤压膨化粉的加工方法

一、基本信息（表 3-1）

表 3-1 一种马铃薯挤压膨化粉的加工方法基本信息

专利类型	发明
申请（授权）号	20161043177077
发明人	巩发永、李静
申请人	西昌学院 李静
申请日	2016.6.16
说明书摘要	本发明公开了一种成本较低且营养价值较高的马铃薯挤压膨化粉的加工方法。该加工方法通过将新鲜的马铃薯清洗、去皮处理后，加水捣碎成马铃薯浆液，然后添加果胶酶，接着马铃薯浆液进行固液分离得到马铃薯汁与马铃薯颗粒沉淀，接着在马铃薯颗粒沉淀中添加少量的玉米粉，再然后将混合物料通过挤压膨化的方式得到膨化粉；最后，在膨化粉加入一定量的芦丁粉混合均匀后得到玉米马铃薯挤压膨化粉。该方法利用新鲜的马铃薯和玉米粉为原料加工马铃薯挤压膨化粉，其加工过程简单，加工成本较低，同时，该玉米马铃薯挤压膨化粉中含有含量较高的芦丁，大大增加了玉米马铃薯挤压膨化粉的营养价值。适合在食品领域推广应用

二、说明书

1. 技术领域

本发明涉及食品领域，具体涉及一种马铃薯挤压膨化粉的加工方法。

2. 背景技术

马铃薯，属茄科多年生草本植物，块茎可供食用，是全球第三大重要的粮食作物，仅次于小麦和玉米。马铃薯又称地蛋、土豆、洋山芋等，茄科植物的块茎。与小麦、玉米、稻谷、高粱并列为世界五大作物。

一般新鲜马铃薯中所含成分：淀粉 9%～20%，蛋白质 1.5%～2.3%，脂肪 0.1%～1.1%，粗纤维 0.6%～0.8%。100 g 马铃薯中所含的营养成分：能量 318 kJ，钙 5～8 mg，磷 15～40 mg，铁 0.4～0.8 mg，钾 200～340 mg，碘 0.8～1.2 mg，胡萝卜素 12～30 mg，硫胺素 0.03～0.08 mg，

核黄素 0.01 ~ 0.04 mg，尼克酸 0.4 ~ 1.1 mg。

马铃薯块茎含有大量的淀粉。淀粉是食用马铃薯的主要能量来源。一般早熟种马铃薯含有 11% ~ 14% 的淀粉，中晚熟种含有 14% ~ 20% 的淀粉，高淀粉品种的块茎可达 25% 以上。块茎还含有葡萄糖、果糖和蔗糖等。马铃薯蛋白质营养价值高，马铃薯块茎含有 2% 左右的蛋白质，薯干中蛋白质含量为 8% ~ 9%。据研究，马铃薯的蛋白质营养价值很高，其品质相当于鸡蛋的蛋白质，容易消化、吸收，优于其他作物的蛋白质。而且马铃薯的蛋白质含有 18 种氨基酸，包括人体不能合成的各种必需氨基酸。高度评价马铃薯的营养价值，是与其块茎含有高品位的蛋白质和必需氨基酸的赖氨酸、色氨酸、组氨酸、精氨酸、苯丙氨酸、缬氨酸、亮氨酸、异亮氨酸和蛋氨酸的存在是分不开的。马铃薯块茎含有多种维生素和无机盐。食用马铃薯有益于健康与维生素的作用是分不开的。特别是维生素 C 可防止坏血病，刺激造血机能等，在日常吃的大米、白面中是没有的，而马铃薯可提供大量的维生素 C。块茎中还含有维生素 A（胡萝卜素）、维生素 B_1（硫胺素）、维生素 B_2（核黄素）、维生素 pp（烟酸）、维生素 E（生育酚）、维生素 B_3（泛酸）、维生素 B_6（吡哆醇）、维生素 M（叶酸）和生物素 H 等，对人体健康都是有益的。此外，块茎中的矿物质如钙、磷、铁、钾、钠、锌、锰等，也是对人的健康和幼儿发育成长不可缺少的元素。马铃薯块茎中含有丰富的膳食纤维，并含有丰富的钾盐，属于碱性食品。有资料表示，马铃薯中的膳食纤维含量与苹果一样多。因此胃肠对马铃薯的吸收较慢，食用马铃薯后，停留在肠道中的时间比米饭长的多，所以更具有饱腹感，同时还能帮助带走一些油脂和垃圾，具有一定的通便排毒作用。除此以外，马铃薯的块茎还含有禾谷类粮食中所没有的胡萝卜素和抗坏血酸。从营养角度来看，它比大米、面粉具有更多的优点，能供给人体大量的热能，可称为"十全十美的食物"。人只靠马铃薯和全脂牛奶就足以维持生命和健康。因为马铃薯的营养成分非常全面，营养结构也较合理，只是蛋白质、钙和维生素 A 的量稍低；而这正好用全脂牛奶来补充。马铃薯块茎水分多、脂肪少、单位体积的热量相当低，所含的维生素 C 是苹果的 4 倍左右，B 族维生素是苹果的 4 倍，各种矿物质是苹果的几倍至几十倍不等。马铃薯是降血压食物，膳食中某种营养多了或缺了可致病。同样道理，调整膳食，也就可以"吃"掉相应疾病。马铃薯具有抗衰老的功效，它含有丰富的维生素 B_1、B_2、B_6 和泛酸等 B 族维生素及大量的优质纤维素，还含有微量元素、氨基酸、蛋白质、脂肪和优质淀粉等营养元素。马铃薯是碳水化合物，但是其含量仅是同等重量大米的 1/4 左右，研究表明，马铃薯中的淀粉是一种抗性淀粉，具有缩小脂肪细胞的作用。马铃薯是非常好的高钾低钠食品，很适合水肿型肥胖者食用，加上其钾含量丰富，几乎是蔬菜中最高的，所以还具有瘦腿的功效。由此可知，马铃薯具有很高的营养价值和药用价值，因此，马铃薯被广泛制作成各种各样的产品。

目前，使用最多的马铃薯粉有两种，一种是马铃薯全粉，一种是马铃薯淀粉。马铃薯淀粉为生粉，马铃薯全粉为熟粉，马铃薯全粉的加工工艺复杂，成本高，而且其营养物质在加工过程中损耗较大，其营养价值大大降低。

3. 发明内容

本发明所解决的技术问题是提供一种成本较低且营养价值较高的马铃薯挤压膨化粉的加工方法。

本发明解决上述技术问题所采用的技术方案是：该马铃薯挤压膨化粉的加工方法，包括以下步骤：

A. 选取新鲜的马铃薯并将其进行清洗、去皮处理；

B. 将清洗去皮的马铃薯放入清水中并将其捣碎成马铃薯浆液，所述马铃薯与清水的重量比为 1∶（0.2～05）；

C. 在步骤 B 得到的马铃薯浆液中加入果胶酶和亚硫酸钠，在温度为 45～55 ℃、pH 为 3～4 的条件下反应 1～2 h，所述马铃薯浆液与果胶酶的重量比为 1∶（0.0001～0.0002），所述马铃薯浆液与果胶酶硫酸钠的重量比为 1∶（0.000 15～0.000 25）；

D. 将经过步骤 C 处理得到的马铃薯浆液进行固液分离得到马铃薯汁与马铃薯颗粒沉淀；

E. 在马铃薯颗粒沉淀中加入玉米粉得到混合物料，所述混合物料的水分含量为 15%～25%；

F. 将步骤 E 得到的含水量为 15%～25%的混合物料通过挤压膨化的方式得到膨化粉；

G. 将步骤 F 得到的膨化粉加入一定量的芦丁粉混合均匀后得到玉米马铃薯挤压膨化粉，所述芦丁粉的含量为 0～10%。

进一步的是，在步骤 C 中，所述果胶酶的反应温度为 50 ℃、pH 为 3.5，反应时间为 2 h。

进一步的是，在步骤 C 中，所述马铃薯浆液与果胶酶的重量比为 1∶0.000 15。

进一步的是，所述芦丁粉采用如下方法得到，具体方法如下所述：

S1. 选取完整的苦荞籽并清洗干净；

S2. 将清洗干净的苦荞籽放入清水中，在 10～50 ℃下浸泡 2～24 h，浸泡结束后将苦荞籽沥干水分，然后将沥干水分的苦荞籽在温度为 105～110 ℃ 的环境中进行烘干处理，烘干时间为 20～200 min；

S3. 将烘干后的苦荞籽放入盛装有碱性溶液的容器中，所述苦荞籽与碱性溶液的重量比为 1∶（5～20），所述碱性溶液的 pH 为 8～9，温度为 90 ℃，然后将密封的容器放入超声波环境中进行超声波恒温浸提，所述超声波恒温浸提的时间为 10～40 min，所述超声波恒温浸提的温度为 60～90 ℃，浸提结束后将密封的容器取出并冷却；

S4. 对容器中的液体进行抽滤处理，得到苦荞浸提液与浸提过后的苦荞籽，并将浸提过后的苦荞籽进行干燥处理；

S5. 在步骤 S4 得到的苦荞浸提液中加入酸性溶液调节混合液体的 pH 至 3.5～4，然后静置得到芦丁沉淀物，并对芦丁沉淀物进行干燥得到芦丁粉。

进一步的是，在步骤 S3 中，所述苦荞籽与碱性溶液的重量比优选为 1∶10。

进一步的是，在步骤 S3 中，所述超声波恒温浸提的时间优选为 20 min。

进一步的是，在步骤 S3 中，所述超声波恒温浸提的温度优选为 80 ℃。

进一步的是，所述超声波的频率优选为 100 Hz。

本发明的有益效果：本发明所述的马铃薯挤压膨化粉的加工方法通过将新鲜的马铃薯清洗、去皮处理后，加水捣碎成马铃薯浆液，然后添加果胶酶，接着马铃薯浆液进行固液分离得到马铃薯汁与马铃薯颗粒沉淀，由于事先利用果胶酶将马铃薯中含有的果胶降解，使得果胶中含有的水分被析出，这样经过固液分离后，马铃薯颗粒沉淀中的含水量就大大降低，接着只需添加少量的玉米粉便可以使混合物料的水分含量达到 15%～25%，再然后将混合物料通过挤压膨化的方式得到膨化粉；最后，在膨化粉加入一定量的芦丁粉混合均匀后得到玉米马铃薯挤压膨化粉，该方法利用新鲜的马铃薯和玉米粉为原料加工马铃薯挤压膨化粉，其加工过程简单，加工成本较低，加工效果较好，而且玉米粉不但含有较多的微量元素，而且价格便宜，不但可以大大提高马铃薯挤压膨化粉的营养价值，同时还可以降低马铃薯挤压膨化粉的成本，同时，该玉米马铃薯挤压膨化粉中含有含量较高的芦丁，大大增加了玉米马铃薯挤压膨化粉的营养价值。

4. 具体实施方式

该马铃薯挤压膨化粉的加工方法，包括以下步骤：

A. 选取新鲜的马铃薯并将其进行清洗、去皮处理；

B. 将清洗去皮的马铃薯放入清水中并将其捣碎成马铃薯浆液，所述马铃薯与清水的重量比为1：（0.2 ~ 05）；

C. 在步骤B得到的马铃薯浆液中加入果胶酶和亚硫酸钠，在温度为45 ~ 55 ℃、pH为3 ~ 4的条件下反应1 ~ 2 h，所述马铃薯浆液与果胶酶的重量比为1：（0.0001 ~ 0.0002），所述马铃薯浆液与果胶酶硫酸钠的重量比为1：（0.000 15 ~ 0.000 25）；

D. 将经过步骤C处理得到的马铃薯浆液进行固液分离得到马铃薯汁与马铃薯颗粒沉淀；

E. 在马铃薯颗粒沉淀中加入玉米粉得到混合物料，所述混合物料的水分含量为 15% ~ 25%；

F. 将步骤E得到的含水量为15% ~ 25%的混合物料通过挤压膨化的方式得到膨化粉；

G. 将步骤F得到的膨化粉加入一定量的芦丁粉混合均匀后得到玉米马铃薯挤压膨化粉，所述芦丁粉的含量为0 ~ 10%。

本发明所述的马铃薯挤压膨化粉的加工方法通过将新鲜的马铃薯清洗、去皮处理后，加水捣碎成马铃薯浆液，然后添加果胶酶，接着马铃薯浆液进行固液分离得到马铃薯汁与马铃薯颗粒沉淀，由于事先利用果胶酶将马铃薯中含有的果胶降解，使得果胶中含有的水分被析出，这样经过固液分离后，马铃薯颗粒沉淀中的含水量就大大降低，接着只需添加少量的玉米粉便可以使混合物料的水分含量达到15% ~ 25%，该方法利用新鲜的马铃薯和玉米粉为原料加工马铃薯挤压膨化粉，其加工过程简单，加工成本较低，加工效果较高，而且玉米粉不但含有较多的微量元素，而且价格便宜，不但可以大大提高马铃薯挤压膨化粉的营养价值，同时还可以降低马铃薯挤压膨化粉的成本，同时，该玉米马铃薯挤压膨化粉中含有含量较高的芦丁，大大增加了玉米马铃薯挤压膨化粉的营养价值。

在步骤B中，将清洗去皮的马铃薯放入清水中是为了在捣碎马铃薯时能够使其粉碎得更加充分，清水的量不能太多，过多会给马铃薯的捣碎工序造成不必要的麻烦，过少又不能使马铃薯粉碎彻底，通常情况下，所述马铃薯与清水或苦荞浸提液的重量比优选为1：0.3。

为了提高果胶酶的降解效果，在步骤C中，所述果胶酶的反应温度为50 ℃、pH为3.5，反应时间为2 h。

进一步的是，在步骤C中，所述马铃薯浆液与果胶酶的重量比为1：0.000 15。

添加芦丁粉主要是为了提高苦荞马铃薯挤压膨化粉的营养价值，芦丁属维生素类药，有降低毛细血管通透性和脆性的作用，保持及恢复毛细血管的正常弹性。用于防治高血压脑溢血；糖尿病视网膜出血和出血性紫癜等，也用作食品抗氧剂和色素。芦丁还是合成曲克芦丁的主要原料，曲克芦丁为心脑血管用药，能有效抑制血小板的聚集，有防止血栓形成的作用。芦丁粉的添加量可以是0.1%、0.2%、0.3%、0.4%、0.5%、0.6%、0.7%、0.8%、0.9%、1.0%、

1.1%、1.2%、1.3%、1.4%、1.5%、2.5%、3%、3.5%、4%、4.5%、5%、6%、7%、8%、9%、10%，芦丁粉的含量越高越好，但是为了控制成本，所述芦丁粉的添加量优选为5%即可，也可以不添加芦丁粉。

所述芦丁粉采用如下方法得到：

S1. 选取完整的苦荞籽并清洗干净；

S2. 将清洗干净的苦荞籽放入清水中，在10～50℃下浸泡2～24 h，浸泡结束后将苦荞籽沥干水分，然后将沥干水分的苦荞籽在温度为105～110℃的环境中进行烘干处理，烘干时间为20～200 min；

S3. 将烘干后的苦荞籽放入盛装有碱性溶液的容器中，所述苦荞籽与碱性溶液的重量比为1∶（5～20），所述碱性溶液的pH为8～9，温度为90℃，然后将密封的容器放入超声波环境中进行超声波恒温浸提，所述超声波恒温浸提的时间为10～40 min，所述超声波恒温浸提的温度为60～90℃，浸提结束后将密封的容器取出并冷却；

S4. 对容器中的液体进行抽滤处理，得到苦荞浸提液与浸提过后的苦荞籽，并将浸提过后的苦荞籽进行干燥处理；

S5. 在步骤S4得到的苦荞浸提液中加入酸性溶液调节混合液体的pH至3.5～4，然后静置得到芦丁沉淀物，并对芦丁沉淀物进行干燥得到芦丁粉。

该芦丁粉制备方法采用整粒的苦荞籽作为原料，将苦荞籽清洗干净后先放入清水中在10～50℃下浸泡2～24 h，浸泡结束后将苦荞籽沥干水分，然后将沥干水分的苦荞籽在温度为105～110℃的环境中进行烘干处理，接着将苦荞籽放入盛装有碱性溶液的容器中进行超声波恒温浸提使苦荞籽的种皮中含有的芦丁扩散，苦荞籽种皮中含有的芦丁同时向内、向外扩算，向外扩散至碱性溶液中，向内扩散至苦荞芯中，接着进行抽滤处理得到苦荞浸提液与浸提过后的苦荞籽，最后将苦荞浸提液静置得到芦丁沉淀物，并对芦丁沉淀物进行干燥得到芦丁粉，由于受种皮和苦荞壳的包裹，采用苦荞整粒碱液提取时可以避免苦荞芯中的淀粉进入浸提液中造成淀粉糊化，同时，将苦荞籽清洗干净后先放入清水中在10～50℃下浸泡2～24 h，浸泡结束后将苦荞籽沥干水分，然后将沥干水分的苦荞籽在温度为105～110℃的环境中进行烘干处理，这样可以使苦荞芯外层或整个糊化，从而进一步避免苦荞芯中的淀粉进入浸提液中造成淀粉糊化，这样只需将苦荞浸提液静置一段时间后便可以很容易地将苦荞芦丁分离出来，成本非常低。同时，该方法是从苦荞种皮中提取苦荞芦丁，而苦荞种皮中芦丁含量是最高的，这样可以提取出更多的苦荞芦丁，提高了效率与产量。

在上述实施方式中，为了使苦荞芯整个糊化形成一个整体，就必须使得整个苦荞芯被清水泡透，为了达到上述目的，在步骤S2中，将清洗干净的苦荞籽放入清水中，在37℃下浸泡24 h。进一步的，为了使苦荞芯整个被快速糊化，在步骤S2中，将沥干水分的苦荞籽在温度为105℃的环境中进行烘干处理。所述碱液可以是现有的各种碱性溶液，为了降低成本，在步骤S3中，所述碱性溶液优选为石灰水，由于石灰石获取容易，价格便宜，由此制成的石灰水成本非常低，可以进一步降低苦荞芦丁提取的成本。

选取完整的苦荞籽并清洗干净，然后将清洗干净的苦荞籽放入清水中，在10～50℃下浸泡2～24 h，浸泡结束后将苦荞籽沥干水分，然后将沥干水分的苦荞籽在温度为105℃的环境中进行烘干处理，烘干时间为20～200 min，接着将烘干的苦荞籽分为16组，每组苦荞籽的重量为100 g，向每组中分别加入不同重量的pH为8～9的石灰水，在80℃的条件下超声波恒温浸提不同时间后抽滤,测定芦丁浸提得率,所述芦丁浸提得率是指浸提液中的芦丁含量占苦荞籽总芦丁含量的百分比。各组的反应条件以及测定结果如表 3-2 所示:

表 3-2 80 ℃下芦丁浸提实验的其他反应条件及测定结果

实验组	石灰水添加量/g	超声波浸提时间/min	芦丁浸提得率/%
实验组 1	500	10	15.2
实验组 2	500	20	24.1
实验组 3	500	30	24.7
实验组 4	500	40	24.8
实验组 5	1000	10	27.6
实验组 6	1000	20	36.9
实验组 7	1000	30	37.9
实验组 8	1000	40	38.3
实验组 9	1500	10	33.8
实验组 10	1500	20	38.7
实验组 11	1500	30	39.3
实验组 12	1500	40	39.5
实验组 13	2000	10	34.7
实验组 14	2000	20	39.1
实验组 15	2000	30	39.3
实验组 16	2000	40	39.5

选取完整的苦荞籽并清洗干净,然后将清洗干净的苦荞籽放入清水中,在 10 ~ 50 ℃下浸泡 2 ~ 24 h,浸泡结束后将苦荞籽沥干水分,然后将沥干水分的苦荞籽在温度为 105 ℃的环境中进行烘干处理,烘干时间为 20 ~ 200 min,接着将烘干的苦荞籽分为 16 组,每组苦荞籽的重量为 100 g,向每组中分别加入不同重量的 pH 为 8 ~ 9 的石灰水,在不同的温度条件下超声波恒温浸提 20 min 后抽滤,测定芦丁浸提得率,所述芦丁浸提得率是指浸提液中的芦丁含量占苦荞籽总芦丁含量的百分比。各组的反应条件以及测定结果如表 3-3 所示:

表 3-3 超声波恒温浸提 20 min 下芦丁浸提实验的其他反应条件及测定结果

实验组	石灰水添加量/g	浸提温度/℃	芦丁浸提得率/%
实验组 1	500	60	4.3
实验组 2	500	70	13.7
实验组 3	500	80	24.2
实验组 4	500	90	24.7
实验组 5	1000	60	8.3
实验组 6	1000	70	21.9
实验组 7	1000	80	35.9
实验组 8	1000	90	36.3

实验组	石灰水添加量/g	浸提温度/℃	芦丁浸提得率/%
实验组 9	1500	60	9.8
实验组 10	1500	70	23.7
实验组 11	1500	80	37.3
实验组 12	1500	90	38.5
实验组 13	2000	60	11.7
实验组 14	2000	70	26.1
实验组 15	2000	80	39.7
实验组 16	2000	90	40.5

从表 3-2 可以看出，当浸提温度为 80 ℃ 时，随着浸提碱性溶液添加量的增加，芦丁浸提得率不断增加，当碱性溶液为 500～1000 g 时，芦丁浸提得率增加明显，超过 1000 g，芦丁浸提得率增加变缓；从表 3-3 可以看出，当超声波浸提时间为 20 min 时，随着浸提碱液添加量的增加，芦丁浸提得率不断增加，500～1000 g 时，芦丁浸提得率增加明显，超过 1000 g，芦丁浸提得率增加变缓。因此，为了提高效率，节约成本，同时最大限度地提高苦荞芦丁的浸提效率，在步骤 S3 中，所述苦荞籽与碱性溶液的重量比优选为 1∶10。

选取完整的苦荞籽并清洗干净，然后将清洗干净的苦荞籽放入清水中，在 10～50 ℃ 下浸泡 2～24 h，浸泡结束后将苦荞籽沥干水分，然后将沥干水分的苦荞籽在温度为 105 ℃ 的环境中进行烘干处理，烘干时间为 20～200 min，接着将烘干的苦荞籽分为 16 组，每组苦荞籽的重量为 100 g，向每组中分别加入 1000 g pH 为 8～9 的石灰水，在不同的浸提温度条件下进行不同时间的超声波恒温浸提后抽滤，测定芦丁浸提得率，所述芦丁浸提得率是指浸提液中的芦丁含量占苦荞籽总芦丁含量的百分比。各组的反应条件以及测定结果如表 3-4 所示：

表 3-4　不同温度、浸提时间下芦丁浸提实验的其他反应条件及测定结果

实验组	浸提温度/℃	超声波浸提时间/min	芦丁浸提得率/%
实验组 1	60	10	6.3
实验组 2	60	20	8.1
实验组 3	60	30	8.7
实验组 4	60	40	8.8
实验组 5	70	10	20.6
实验组 6	70	20	21.9
实验组 7	70	30	21.9
实验组 8	70	40	22.3
实验组 9	80	10	33.8
实验组 10	80	20	35.7
实验组 11	80	30	37.3
实验组 12	80	40	37.5

实验组	浸提温度/℃	超声波浸提时间/min	芦丁浸提得率/%
实验组 13	90	10	34.7
实验组 14	90	20	36.1
实验组 15	90	30	38.3
实验组 16	90	40	38.5

从表 3-4 可以看出，当苦荞籽与碱性溶液的重量比为 1：10 时，随着浸提温度的升高，芦丁浸提得率不断增加，60 ~ 80 ℃ 时，芦丁浸提得率增加明显，超过 80 ℃，无明显增加；随着超声波浸提时间的延长，芦丁浸提得率不断缓慢增加。因此，为了提高效率，节约成本，同时最大限度地提高苦荞芦丁的浸提效率，在步骤 S3 中，所述超声波恒温浸提的温度优选为 80 ℃。同时，从表 3-4 可以看出，当浸提时间超过 20 min 后，芦丁浸提得率几乎无增加。因此，为了提高效率，节约成本与时间，同时最大限度地提高苦荞芦丁的浸提效率，在步骤 S3 中，所述超声波恒温浸提的时间优选为 20 min。

另外，为了提高超声波恒温浸提的效率，所述超声波的频率为优选为 100 Hz。

三、权利要求书

（1）一种马铃薯挤压膨化粉的加工方法，其特征在于包括以下步骤：

A. 选取新鲜的马铃薯并将其进行清洗、去皮处理；

B. 将清洗去皮的马铃薯放入清水中并将其捣碎成马铃薯浆液，所述马铃薯与清水的重量比为 1：（0.2 ~ 05）；

C. 在步骤 B 得到的马铃薯浆液中加入果胶酶和亚硫酸钠，在温度为 45 ~ 55 ℃、pH 为 3 ~ 4 的条件下反应 1 ~ 2 h，所述马铃薯浆液与果胶酶的重量比为 1：（0.0001 ~ 0.0002），所述马铃薯浆液与果胶酶硫酸钠的重量比为 1：（0.000 15 ~ 0.000 25）；

D. 将经过步骤 C 处理得到的马铃薯浆液进行固液分离得到马铃薯汁与马铃薯颗粒沉淀；

E. 在马铃薯颗粒沉淀中加入玉米粉得到混合物料，所述混合物料的水分含量为 15% ~ 25%；

F. 将步骤 E 得到的含水量为 15% ~ 25% 的混合物料通过挤压膨化的方式得到膨化粉；

G. 将步骤 F 得到的膨化粉加入一定量的芦丁粉混合均匀后得到玉米马铃薯挤压膨化粉，所述芦丁粉的含量为 0 ~ 10%。

（2）根据权利要求（1）所述的马铃薯挤压膨化粉的加工方法，其特征在于：在步骤 C 中，所述果胶酶的反应温度为 50 ℃、pH 为 3.5，反应时间为 2 h。

（3）根据权利要求（2）所述的马铃薯挤压膨化粉的加工方法，其特征在于：在步骤 C 中，所述马铃薯浆液与果胶酶的重量比为 1：0.000 15。

（4）根据权利要求（1）所述的马铃薯挤压膨化粉的加工方法，其特征在于，所述芦丁粉采用如下方法得到：

S1. 选取完整的苦荞籽并清洗干净；

S2. 将清洗干净的苦荞籽放入清水中，在 10 ~ 50 ℃ 下浸泡 2 ~ 24 h，浸泡结束后将苦荞籽沥干水分，然后将沥干水分的苦荞籽在温度为 105 ~ 110 ℃ 的环境中进行烘干处理，烘干时间为 20 ~ 200 min；

S3. 将烘干后的苦荞籽放入盛装有碱性溶液的容器中，所述苦荞籽与碱性溶液的重量比为 1∶（5 ~ 20），所述碱性溶液的 pH 为 8 ~ 9，温度为 90 ℃，然后将密封的容器放入超声波环境中进行超声波恒温浸提，所述超声波恒温浸提的时间为 10 ~ 40 min，所述超声波恒温浸提的温度为 60 ~ 90 ℃，浸提结束后将密封的容器取出并冷却；

S4. 对容器中的液体进行抽滤处理，得到苦荞浸提液与浸提过后的苦荞籽，并将浸提过后的苦荞籽进行干燥处理；

S5. 在步骤 S4 得到的苦荞浸提液中加入酸性溶液调节混合液体的 pH 至 3.5 ~ 4，然后静置得到芦丁沉淀物，并对芦丁沉淀物进行干燥得到芦丁粉。

（5）根据权利要求（4）所述的马铃薯挤压膨化粉的加工方法，其特征在于：在步骤 S3 中，所述苦荞籽与碱性溶液的重量比优选为 1∶10。

（6）根据权利要求（4）所述的马铃薯挤压膨化粉的加工方法，其特征在于：在步骤 S3 中，所述超声波恒温浸提的时间优选为 20 min。

（7）根据权利要求（4）所述的马铃薯挤压膨化粉的加工方法，其特征在于：在步骤 S3 中，所述超声波恒温浸提的温度优选为 80 ℃。

（8）根据权利要求（4）所述的马铃薯挤压膨化粉的加工方法，其特征在于：所述超声波的频率为优选为 100 Hz。

第二节　一种土豆饼干的加工方法

一、基本信息（表 3-5）

表 3-5　一种土豆饼干的加工方法基本信息

专利类型	发明
申请（授权）号	2016104311901
发明人	巩发永、李静
申请人	李静
申请日	2016.6.16
说明书摘要	本发明公开了一种能够制得高含量土豆的饼干且生产效率和合格率较高的土豆饼干的加工方法。该加工方法将新鲜的土豆进行压榨处理，得到土豆挤压膨化粉、土豆生粉，然后混合谷朊粉、芦丁粉、面粉制得基料，可以克服单独在面粉中添加土豆全粉或单独添加土豆淀粉导致原有的面粉特性被改变的情况发生，而且利用该加工方法制得的饼干中土豆的总含量最低都可以达到 20%，最高可达 50%，再者利用该加工方法制得的饼干中含有含量较高的芦丁，大大增加了饼干的营养价值，同时在加工过程中，不会出现土豆含量越高越难加工的情况出现，可以大大提高饼干的生产效率和合格率。适合在食品领域推广应用

二、说明书

1. 技术领域

本发明涉及食品领域，具体涉及一种土豆饼干的加工方法。

2. 背景技术

饼干一般是指以小麦粉（可添加糯米粉、淀粉等）为主要原料，加入（或不加入）糖、油脂及其他原料，经和面、成形、烘烤等工艺制成的口感酥松或松脆的食品。

饼干分为以下几种：

（1）酥性饼干：以小麦粉、糖、油脂为主要原料，加入疏松剂和其他辅料，经冷粉工艺调粉、辊压、辊印或者冲、烘烤制成的造型多为凸花的，断面结构呈现多孔状组织，口感疏松的烘焙食品。如奶油饼干、葱香饼干、芝麻饼干、蛋酥饼干等。

（2）韧性饼干：以小麦粉、糖、油脂为主要原料，加入疏松剂、改良剂与其他辅料，经热粉工艺调粉、辊压、辊切或冲印、烘烤制成的图形多为凹花，外观光滑，表面平整，有针眼，断面有层次，口感松脆的焙烤食品。如牛奶饼、香草饼、蛋味饼、玛利饼、波士顿饼等。

（3）发酵（苏打）饼：以小麦粉、糖、油脂为主要原料，酵母为疏松剂，加入各种辅料，经发酵、调粉、辊压、叠层、烘烤制成的松脆、具有发酵制品特有香味的焙烤食品。发酵饼又称巧克力架，按其配方分为咸发酵饼和甜发酵饼。

（4）薄脆饼干：以小麦粉、糖、油脂为主要原料，加入调味品等辅料。

（5）曲奇饼干：以小麦粉、糖、乳制品为主要原料，加入疏松剂和其他辅料，和面，采用挤注、挤条、钢丝截割等方法中的一种形式成型，烘烤制成的具有立体花纹或表面有规则波纹、含油脂高的酥化焙烤食品。

（6）夹心饼干：在两块饼干之间添加糖、油脂或果酱为主要原料的各种夹心料的夹心焙烤食品。

（7）威化饼干：以小麦粉（糯米粉）、淀粉为主要原料，加入乳化剂、疏松剂等辅料，以调粉、浇注、烘烤而制成的松脆型焙烤食品。又称为华夫饼干。

（8）蛋圆饼干：以小麦粉、糖、鸡蛋为主要原料，加入疏松剂、香精等辅料，以搅打、调浆、浇注、烘烤而制成的松脆焙烤食品。俗称蛋基饼干。

（9）蛋卷：以小麦粉、糖、鸡蛋为主要原料，加入疏松剂、香精等辅料，以搅打、调浆（发酵或不发酵）、浇注或挂浆、烘烤卷制而成的松脆焙烤食品。

（10）黏花饼干：以小麦粉、糖、油脂为主要原料，加入乳制品、蛋制品、疏松剂、香料等辅料，经和面、成型、烘烤、冷却、表面裱花黏糖花、干燥制成的疏松焙烤食品。

（11）水泡饼干：以小麦粉、糖、鸡蛋为主要原料，加入膨松剂，经调粉、多次辊压、成型、沸水烫漂、冷水浸泡、烘烤制成的具有浓郁香味的疏松焙烤食品。

饼干的加工工艺为：面团调制→辊轧成型→烘烤→冷却→包装→成品。

（1）面团调制：将疏松剂碳酸氢钠和碳酸氢铵放入和面机中，加入冷水将其溶解，然后依次将糖、鸡蛋液和香精加入，充分搅拌均匀后，将预先混合均匀的马铃薯全粉、马铃薯淀粉和面粉放入和面机内，充分混匀。面团调制温度以 24~27 ℃为宜，面团温度过低黏性增加，温度过高则会增加面筋的弹性。

（2）成型：面团调制好后，送入辊轧成型机中经辊轧成型即可进行烘烤。

（3）烘烤：采用高温短时工艺，烘烤前期温度为 230～250 ℃，以使饼干迅速膨胀和定型；后期温度为 180～200 ℃，是脱水和着色阶段。因酥性饼干脱水不多，且原料上色好，故采用较低的温度，烘烤时间为 3～5 min。

（4）冷却、包装：烘烤结束后的饼干采用自然冷却的方法进行冷却，时间为 6～8 min。冷却过程是饼干内水分再分配及水分继续向空气扩散的过程，不经冷却的酥性饼干易变形，经冷却的饼干待定型后即可进行包装，经过包装的产品即为成品。

马铃薯，属茄科多年生草本植物，块茎可供食用，是全球第三大重要的粮食作物，仅次于小麦和玉米。马铃薯又称地蛋、土豆、洋山芋等，茄科植物的块茎。与小麦、玉米、稻谷、高粱并列为世界五大作物。

一般新鲜马铃薯中所含成分：淀粉 9%～20%，蛋白质 1.5%～2.3%，脂肪 0.1%～1.1%，粗纤维 0.6%～0.8%。100 g 马铃薯中所含的营养成分：能量 318 kJ，钙 5～8 mg，磷 15～40 mg，铁 0.4～0.8 mg，钾 200～340 mg，碘 0.8～1.2 mg，胡萝卜素 12～30 mg，硫胺素 0.03～0.08 mg，核黄素 0.01～0.04 mg，尼克酸 0.4～1.1 mg。

马铃薯块茎含有大量的淀粉。淀粉是食用马铃薯的主要能量来源。一般早熟种马铃薯含有 11%～14% 的淀粉，中晚熟种含有 14%～20% 的淀粉，高淀粉品种的块茎可达 25% 以上。块茎还含有葡萄糖、果糖和蔗糖等。马铃薯蛋白质营养价值高，马铃薯块茎含有 2% 左右的蛋白质，薯干中蛋白质含量为 8%～9%。据研究，马铃薯的蛋白质营养价值很高，其品质相当于鸡蛋的蛋白质，容易消化、吸收，优于其他作物的蛋白质。而且马铃薯的蛋白质含有 18 种氨基酸，包括人体不能合成的各种必需氨基酸。高度评价马铃薯的营养价值，是与其块茎含有高品位的蛋白质和必需氨基酸的赖氨酸、色氨酸、组氨酸、精氨酸、苯丙氨酸、缬氨酸、亮氨酸、异亮氨酸和蛋氨酸的存在是分不开的。马铃薯块茎含有多种维生素和无机盐。食用马铃薯有益于健康与维生素的作用是分不开的。特别是维生素 C 可防止坏血病，刺激造血机能等，在日常吃的大米、白面中是没有的，而马铃薯可提供大量的维生素 C。块茎中还含有维生素 A（胡萝卜素）、维生素 B_1（硫胺素）、维生素 B_2（核黄素）、维生素 pp（烟酸）、维生素 E（生育酚）、维生素 B_3（泛酸）、维生素 B_6（吡哆醇）、维生素 M（叶酸）和生物素 H 等，对人体健康都是有益的。此外，块茎中的矿物质如钙、磷、铁、钾、钠、锌、锰等，也是对人的健康和幼儿发育成长不可缺少的元素。马铃薯块茎中含有丰富的膳食纤维，并含有丰富的钾盐，属于碱性食品。有资料表示，马铃薯中的膳食纤维含量与苹果一样多。因此胃肠对马铃薯的吸收较慢，食用马铃薯后，停留在肠道中的时间比米饭长的多，所以更具有饱腹感，同时还能帮助带走一些油脂和垃圾，具有一定的通便排毒作用。除此以外，马铃薯的块茎还含有禾谷类粮食中所没有的胡萝卜素和抗坏血酸。从营养角度来看，它比大米、面粉具有更多的优点，能供给人体大量的热能，可称为"十全十美的食物"。人只靠马铃薯和全脂牛奶就足以维持生命和健康。因为马铃薯的营养成分非常全面，营养结构也较合理，只是蛋白质、钙和维生素 A 的量稍低；而这正好用全脂牛奶来补充。马铃薯块茎水分多、脂肪少、单位体积的热量相当低，所含的维生素 C 是苹果的 4 倍左右，B 族维生素是苹果的 4 倍，各种矿物质是苹果的几倍至几十倍不等。马铃薯是降血压食物，膳食中某种营养多了或缺了可致病。同样道理，调整膳食，也就可以"吃"掉相应疾病。马铃薯具有抗衰老的功效，它含有丰富的维生素 B_1、B_2、B_6 和泛酸等 B 族维生素及大量的优质纤维素，还含有微量元素、氨基酸、蛋白质、脂肪和优质淀粉等营养元素。马铃薯是碳水化合物，但是其含量仅是同等重量大米的 1/4 左右，研究表明，马铃薯中的淀粉是一种抗性淀粉，具有缩小脂肪细胞的作用。马铃薯是非常好的高钾低钠食品，很适合水肿型肥胖者食用，加上其钾含量丰富，几乎是蔬菜中最高的，所以还具有瘦腿的功效。由此可知，马铃薯具有很高的营养价值和药用价值，因此，马铃薯被广泛制作成各种各样的产品。

土豆全粉是脱水土豆制品中的一种，以新鲜土豆为原料，经清洗、去皮、挑选、切片、漂洗、预煮、冷却、蒸煮、捣泥等工艺过程，经脱水干燥而得的细颗粒状、片屑状或粉末状产品统称为土豆全粉。土豆全粉在加工过程中已熟化，因此，土豆全粉具有很强的黏性，但是，相应地其延展性较差。将土豆全粉与面粉混合以后形成一种面制品基料，如果该基料中土豆全粉的含量超过 25%，在制作熟化面制品时难以维持面粉原有的加工特性，例如，在利用该基料制作成的饼干膨松性较差，对饼干的口感有很大的影响。

土豆淀粉是以新鲜的土豆，经过原料清洗、破碎、过滤、脱水、干燥、分包等工序处理而成的，具有洁白晶莹、质地细腻、黏度高等特点。因此，土豆淀粉具有很好的延展性，但是，相应地土豆淀粉黏性较差，不易成团。将土豆淀粉与面粉混合以后形成一种面制品基料，如果该基料中土豆淀粉的含量超过 25%，在制作熟化面制品时难以维持面粉原有的加工特性，例如，在利用该基料制作饼干的过程中，饼干难以成型，很难加工。

土豆饼干是指以面粉为主要原料，在面粉中添加一定量的土豆全粉或土豆淀粉，经过面团调制→辊轧成型→烘烤→冷却→包装→成品制成食品。目前，关于土豆饼干的加工方法有很多，现有的土豆饼干的加工方法大都是直接将土豆全粉直接与面粉单独混合后进行加工，由于土豆全粉的特性，在面粉中添加的土豆全粉含量都不超过 25%；或者将土豆淀粉与面粉单独混合，由于土豆淀粉的特性，在面粉中添加的土豆淀粉含量都不超过 25%。因而，利用现有的土豆饼干的加工方法制成的土豆饼干中土豆含量都不高，而且，土豆饼干中土豆的含量越高，在加工时越难以维持面粉原有的加工特性，其加工特性较差，导致土豆饼干的生产效率较低，产品合格率也较低。

3. 发明内容

本发明所解决的技术问题是提供一种能够制得高含量土豆的饼干且生产效率和合格率较高的土豆饼干的加工方法。

本发明解决上述技术问题所采用的技术方案是：该土豆饼干的加工方法，包括以下步骤：

A. 选取新鲜的土豆并将其进行清洗、去皮处理；

B. 将清洗去皮的土豆进行压榨处理得到土豆汁和土豆榨干物，将土豆汁加热至沸腾后冷却得到土豆液体，将土豆榨干物分成两部分，并分别标记为 M 和 N；

C. 将步骤 B 得到的标记为 M 的部分土豆榨干物低温烘干或晒干后粉碎得到土豆生粉；

D. 将步骤 B 得到的标记为 N 的部分土豆榨干物破碎成颗粒状，然后加入步骤 C 得到的土豆生粉得到混合物料，所述混合物料的水分含量为 15%～25%，接着将含水量为 15%～25%的混合物料通过挤压膨化的方式得到土豆挤压膨化粉；

E. 制备基料，所述基料由谷朊粉、芦丁粉、面粉、由步骤 C 得到的土豆生粉、由步骤 D 得到的土豆挤压膨化粉混合而成，各组分的重量配比如下：土豆挤压膨化粉与土豆生粉的总含量为 20%～50%，所述土豆挤压膨化粉与土豆生粉的比例为 1∶（1.8～3.8），芦丁粉 0～5%，谷朊粉 0 ~ 2%，余量为面粉；

F. 制备面团，将步骤 E 制得的基料加入适量的添加剂，混匀后加水或加入由步骤 B 得到的土豆液体搅拌得到面团；

G. 将步骤 F 得到的面团按照常规方法制成饼干。

进一步的是，所述芦丁粉采用如下方法得到，具体方法如下所述：

S1. 选取完整的苦荞籽并清洗干净；

S2. 将清洗干净的苦荞籽放入清水中，在 10 ~ 50 ℃ 下浸泡 2 ~ 24 h，浸泡结束后将苦荞籽沥干水分，然后将沥干水分的苦荞籽在温度为 105 ~ 110 ℃ 的环境中进行烘干处理，烘干时间为 20 ~ 200 min；

S3. 将烘干后的苦荞籽放入盛装有碱性溶液的容器中，所述苦荞籽与碱性溶液的重量比为 1 ：（5 ~ 20），所述碱性溶液的 pH 为 8 ~ 9，温度为 90 ℃，然后将密封的容器放入超声波环境中进行超声波恒温浸提，所述超声波恒温浸提的时间为 10 ~ 40 min，所述超声波恒温浸提的温度为 60 ~ 90 ℃，浸提结束后将密封的容器取出并冷却；

S4. 对容器中的液体进行抽滤处理，得到苦荞浸提液与浸提过后的苦荞籽，并将浸提过后的苦荞籽进行干燥处理；

S5. 在步骤 S4 得到的苦荞浸提液中加入酸性溶液调节混合液体的 pH 至 3.5 ~ 4，然后静置得到芦丁沉淀物，并对芦丁沉淀物进行干燥得到芦丁粉。

进一步的是，在步骤 S2 中，将清洗干净的苦荞籽放入清水中，在 37 ℃ 下浸泡 24 h。

进一步的是，在步骤 S2 中，将沥干水分的苦荞籽在温度为 105 ℃ 的环境中进行烘干处理。

进一步的是，在步骤 S3 中，所述碱性溶液为石灰水。

进一步的是，在步骤 S3 中，所述苦荞籽与碱性溶液的重量比为 1 ：10。

进一步的是，在步骤 S3 中，所述超声波恒温浸提的温度为 80 ℃。

进一步的是，在步骤 S3 中，所述超声波恒温浸提的时间为 20 min，所述超声波的频率为 100 Hz。

本发明的有益效果：本发明所述的土豆饼干的加工方法将新鲜的土豆进行压榨处理，不但能够得到营养价值较高的土豆汁，还可以将土豆榨干物低温烘干或晒干后粉碎得到土豆生粉，同时将土豆榨干物破碎成颗粒状，然后加入土豆生粉得到混合物料，进而通过挤压膨化的方式得到土豆挤压膨化粉。然后用得到的土豆挤压膨化粉、土豆生粉混合谷朊粉、芦丁粉、面粉制得基料，利用土豆挤压膨化粉的强黏性弥补土豆生粉的软黏性，利用土豆生粉的强延展性弥补土豆挤压膨化粉的弱延展性，二者互相弥补、相互作用，可以克服单独在面粉中添加土豆全粉或单独添加土豆淀粉导致原有的面粉特性被改变的情况发生。而且利用该加工方法制得的饼干中土豆的总含量最低都可以达到 20%，最高可达 50%，远高于现有的土豆饼干中的土豆含量。再者利用该加工方法制得的饼干中含有含量较高的芦丁，大大增加了饼干的营养价值。同时该土豆饼干在加工过程中，由于基料的加工特性与面粉的加工特性相近，不会出现土豆含量越高越难加工的情况，整个加工过程非常容易，可以大大提高饼干的生产效率，同时饼干的合格率也较高。同时在制作面团的时候加入土豆液体，进一步提高了饼干中的土豆含量，进一步提高了饼干的营养价值。

4. 具体实施方式

该土豆饼干的加工方法，包括以下步骤：

A. 选取新鲜的土豆并将其进行清洗、去皮处理；

B. 将清洗去皮的土豆进行压榨处理得到土豆汁和土豆榨干物，将土豆汁加热至沸腾后冷却得到土豆液体，将土豆榨干物分成两部分，并分别标记为 M 和 N；

C. 将步骤 B 得到的标记为 M 的部分土豆榨干物低温烘干或晒干后粉碎得到土豆生粉；

D. 将步骤 B 得到的标记为 N 的部分土豆榨干物破碎成颗粒状，然后加入步骤 C 得到的土豆生粉得到混合物料，所述混合物料的水分含量为 15%～25%，接着将含水量为 15%～25% 的混合物料通过挤压膨化的方式得到土豆挤压膨化粉；

E. 制备基料，所述基料由谷朊粉、芦丁粉、面粉、由步骤 C 得到的土豆生粉、由步骤 D 得到的土豆挤压膨化粉混合而成，各组分的重量配比如下：土豆挤压膨化粉与土豆生粉的总含量为 20%～50%，所述土豆挤压膨化粉与土豆生粉的比例为 1：（1.8～3.8），芦丁粉 0～5%，谷朊粉 0～2%，余量为面粉；

F. 制备面团，将步骤 E 制得的基料加入适量的添加剂，混匀后加水或加入由步骤 B 得到的土豆液体搅拌得到面团；

G. 将步骤 F 得到的面团按照常规方法制成饼干。

本发明所述的土豆饼干的加工方法将新鲜的土豆进行压榨处理，不但能够得到营养价值较高的土豆汁，还可以将土豆榨干物低温烘干或晒干后粉碎得到土豆生粉，同时将土豆榨干物破碎成颗粒状，然后加入土豆生粉得到混合物料，进而通过挤压膨化的方式得到土豆挤压膨化粉。然后用得到的土豆挤压膨化粉、土豆生粉混合谷朊粉、芦丁粉、面粉制得基料，利用土豆挤压膨化粉的强黏性弥补土豆生粉的软黏性，利用土豆生粉的强延展性弥补土豆挤压膨化粉的弱延展性，二者互相弥补、相互作用，可以克服单独在面粉中添加土豆挤压膨化粉或单独添加土豆生粉导致原有的面粉特性被改变的情况发生。而且利用该加工方法制得的饼干中土豆的总含量最低都可以达到 20%，最高可达 50%，远高于现有的土豆饼干中的土豆含量。再者利用该加工方法制得的饼干中含有含量较高的芦丁，大大增加了饼干的营养价值。同时该土豆饼干在加工过程中，由于基料的加工特性与面粉的加工特性相近，不会出现土豆含量越高越难加工的情况，整个加工过程非常容易，可以大大提高饼干的生产效率，同时饼干的合格率也较高。同时在制作面团的时候加入土豆液体，进一步提高了饼干中的土豆含量，进一步提高了饼干的营养价值。

5. 实施例

将土豆挤压膨化粉、土豆生粉、谷朊粉、芦丁粉、面粉的含量按照表 3-6 所述的比例混合后在制作饼干时的加工特性情况，表 3-7 为单独在面粉中添加土豆全粉和单独在面粉中添加土豆淀粉的对照组实验结果。

表 3-6　制作土豆饼干的原料含量

实施例	土豆挤压膨化粉与土豆生粉的总含量/%	土豆挤压膨化粉与土豆生粉的比例	芦丁粉含量/%	谷朊粉含量/%	面粉含量/%	加工特性
例1	20	1:1.8	4.4	0.6	75	可以成片、不断片，与常规面粉和面压片无差别
例2	20	1:2.8	4.4	0.6	75	可以成片、不断片，与常规面粉和面压片无差别
例3	20	1:3.8	4.4	0.6	75	可以成片、不断片，与常规面粉和面压片无差别
例4	30	1:1.8	4.4	0.6	65	可以成片、不断片，与常规面粉和面压片无差别
例5	30	1:2.8	4.4	0.6	65	可以成片、不断片，与常规面粉和面压片无差别
例6	30	1:3.8	4.4	0.6	65	可以成片、不断片，与常规面粉和面压片无差别
例7	40	1:1.8	4.4	0.6	55	可以成片、不断片，与常规面粉和面压片无差别
例8	40	1:2.8	4.4	0.6	55	可以成片、不断片，与常规面粉和面压片无差别
例9	40	1:3.8	4.4	0.6	55	可以成片、不断片，与常规面粉和面压片无差别
例10	50	1:1.8	4.4	0.6	45	可以成片、不断片，但面片有卷曲，与常规面粉和面压片相比韧性变强，延展性变弱
例11	50	1:2.8	4.4	0.6	45	可以成片、不断片，与常规面粉和面压片无差别
例12	50	1:3.8	4.4	0.6	45	可以成片、不断片，与常规面粉和面压片无差别

表 3-7　对照组实验结果

对照组	土豆全粉含量/%	土豆淀粉含量/%	谷朊粉含量/%	面粉含量/%	加工特性
对照组1	25	0	0.6	74.4	可以成片、不断片，但面片有卷曲，与常规面粉和面压片相比韧性变强，延展性变弱
对照组2	20	0	0.6	79.4	可以成片、不断片，但面片有卷曲，与常规面粉和面压片相比韧性变强，延展性变弱

对照组	土豆全粉 含量/%	土豆淀粉 含量/%	谷朊粉 含量/%	面粉 含量/%	加工特性
对照组 3	15	0	0.6	84.4	可以成片、不断片，与常规面粉和面压条片相比韧性变强，延展性变弱
对照组 4	10	0	0.6	89.4	可以成片
对照组 5	0	25	0.6	74.4	可以成片、不断片，与常规面粉和面压片相比断片率增加明显
对照组 6	0	20	0.6	79.4	可以成片、不断条片，与常规面粉和面压片相比断片率略有增加
对照组 7	0	15	0.6	84.4	可以成片、不断片，与常规面粉和面压片相比韧性变弱，断条率略有增加
对照组 8	0	10	0.6	89.4	可以成片

从表 3-7 可以得知，单独在面粉中添加 25% 的土豆全粉或单独在面粉中添加 25% 的土豆淀粉都会导致原有的面粉特性被改变的情况发生，无法按照饼干常规加工设备生产出原先的产品，在制作饼干时加工特性也变差。当面粉中添加 15% 的土豆全粉和面时可以成片、不断片，与常规面粉和面压条片相比韧性变强，延展性变弱；单独在面粉中添加 15% 的土豆淀粉和面时可以成片、不断片，与常规面粉和面压片相比韧性变弱，断条率略有增加。只有当面粉中添加 10% 的土豆全粉或单独在面粉中添加 10% 的土豆淀粉时，在制作熟化面制品时，其加工特性才接近面粉原有的加工特性。

从表 3-6 可以看出，当土豆挤压膨化粉与土豆生粉的总含量为 20%~50%、谷朊粉的含量为 0.6%、芦丁粉的含量为 4.4%，余量为面粉时，在饼干的加工过程中，其加工特性与面粉的加工特性区别不大。

从实施例 1 至实施例 12 可以得知，在土豆挤压膨化粉与土豆生粉的总含量确定的情况下，其加工特性说明通过调节土豆挤压膨化粉与土豆生粉的比例可以获得与面粉加工特性相近的基料，从而可以按照常规饼干生产工艺去加工高含量土豆的饼干。

所述谷朊粉的含量根据实际情况而添加，可以添加 0.1%、0.2%、0.3%、0.4%、0.5%、0.6%、0.7%、0.8%、0.9%、1.0%、1.1%、1.2%、1.3%、1.4%、1.5%、2%，添加谷朊粉的目的是增强土豆饼干的韧性，从而使最终制作出的土豆饼干具有较好的筋道，提升食品的口感，谷朊粉的含量优选为 0.6% 即可。

添加芦丁粉主要是为了提高饼干的营养价值。芦丁属维生素类药，有降低毛细血管通透性和脆性的作用，保持及恢复毛细血管的正常弹性，用于防治高血压脑溢血；糖尿病视网膜出血和出血性紫癜等，也用作食品抗氧剂和色素。芦丁还是合成曲克芦丁的主要原料，曲克芦丁为心脑血管用药，能有效抑制血小板的聚集，有防止血栓形成的作用。芦丁粉的添加量可以是 0.1%、0.2%、0.3%、0.4%、0.5%、0.6%、0.7%、0.8%、0.9%、1.0%、1.1%、1.2%、1.3%、1.4%、1.5%、2.5%、3%、3.5%、4%、4.5%、5%，芦丁粉的含量越高越好，但是为了控制饼干成本，所述芦丁粉的添加量优选为 4.4% 即可，也可以不添加芦丁粉。

所述芦丁粉采用如下方法得到：

S1. 选取完整的苦荞籽并清洗干净；

S2. 将清洗干净的苦荞籽放入清水中，在 10～50 ℃下浸泡 2～24 h，浸泡结束后将苦荞籽沥干水分，然后将沥干水分的苦荞籽在温度为 105～110 ℃的环境中进行烘干处理，烘干时间为 20～200 min；

S3. 将烘干后的苦荞籽放入盛装有碱性溶液的容器中，所述苦荞籽与碱性溶液的重量比为 1∶（5～20），所述碱性溶液的 pH 为 8～9，温度为 90 ℃，然后将密封的容器放入超声波环境中进行超声波恒温浸提，所述超声波恒温浸提的时间为 10～40 min，所述超声波恒温浸提的温度为 60～90 ℃，浸提结束后将密封的容器取出并冷却；

S4. 对容器中的液体进行抽滤处理，得到苦荞浸提液与浸提过后的苦荞籽，并将浸提过后的苦荞籽进行干燥处理；

S5. 在步骤 S4 得到的苦荞浸提液中加入酸性溶液调节混合液体的 pH 至 3.5～4，然后静置得到芦丁沉淀物，并对芦丁沉淀物进行干燥得到芦丁粉。

该芦丁粉制备方法采用整粒的苦荞籽作为原料，将苦荞籽清洗干净后先放入清水中在 10～50 ℃下浸泡 2～24 h，浸泡结束后将苦荞籽沥干水分，然后将沥干水分的苦荞籽在温度为 105～110 ℃的环境中进行烘干处理；接着将苦荞籽放入盛装有碱性溶液的容器中进行超声波恒温浸提使苦荞籽的种皮中含有的芦丁扩散，苦荞籽种皮中含有的芦丁同时向内、向外扩算，向外扩散至碱性溶液中，向内扩散至苦荞芯中；接着进行抽滤处理得到苦荞浸提液与浸提过后的苦荞籽；最后将苦荞浸提液静置得到芦丁沉淀物，并对芦丁沉淀物进行干燥得到芦丁粉。由于受种皮和苦荞壳的包裹，采用苦荞整粒碱液提取时可以避免苦荞芯中的淀粉进入浸提液中造成淀粉糊化。同时，将苦荞籽清洗干净后先放入清水中在 10～50 ℃下浸泡 2～24 h，浸泡结束后将苦荞籽沥干水分，然后将沥干水分的苦荞籽在温度为 105～110 ℃的环境中进行烘干处理，这样可以使苦荞芯外层或整个糊化，从而进一步避免苦荞芯中的淀粉进入浸提液中造成淀粉糊化。这样只需将苦荞浸提液静置一段时间后便可以很容易地将苦荞芦丁分离出来，成本非常低。同时，该方法是从苦荞种皮中提取苦荞芦丁，而苦荞种皮中芦丁含量是最高的，这样可以提取出更多的苦荞芦丁，提高了效率与产量。

在上述实施方式中，为了使苦荞芯整个糊化形成一个整体，就必须使得整个苦荞芯被清水泡透，为了达到上述目的，在步骤 S2 中，将清洗干净的苦荞籽放入清水中，在 37 ℃下浸泡 24 h。进一步的，为了使苦荞芯整个被快速糊化，在步骤 S2 中，将沥干水分的苦荞籽在温度为 105 ℃的环境中进行烘干处理。所述碱液可以是现有的各种碱性溶液，为了降低成本，在步骤 S3 中，所述碱性溶液优选为石灰水，由于石灰石获取容易，价格便宜，由此制成的石灰水成本非常低，可以进一步降低苦荞芦丁提取的成本。

选取完整的苦荞籽并清洗干净，然后将清洗干净的苦荞籽放入清水中，在 10～50 ℃下浸泡 2～24 h，浸泡结束后将苦荞籽沥干水分，然后将沥干水分的苦荞籽在温度为 105 ℃的环境中进行烘干处理，烘干时间为 20～200 min，接着将烘干的苦荞籽分为 16 组，每组苦荞籽的重量为 100 g，向每组中分别加入不同重量的 pH 为 8～9 的石灰水，在 80 ℃的条件下超声波恒温浸提不同时间后抽滤，测定芦丁浸提得率，所述芦丁浸提得率是指浸提液中的芦丁含量占苦荞籽总芦丁含量的百分比。各组的反应条件以及测定结果如表 3-8 所示：

表 3-8　80 ℃下芦丁浸提实验的其他反应条件及测定结果

实验组	石灰水添加量/g	超声波浸提时间/min	芦丁浸提得率/%
实验组 1	500	10	15.2
实验组 2	500	20	24.1
实验组 3	500	30	24.7
实验组 4	500	40	24.8
实验组 5	1000	10	27.6
实验组 6	1000	20	36.9
实验组 7	1000	30	37.9
实验组 8	1000	40	38.3
实验组 9	1500	10	33.8
实验组 10	1500	20	38.7
实验组 11	1500	30	39.3
实验组 12	1500	40	39.5
实验组 13	2000	10	34.7
实验组 14	2000	20	39.1
实验组 15	2000	30	39.3
实验组 16	2000	40	39.5

选取完整的苦荞籽并清洗干净，然后将清洗干净的苦荞籽放入清水中，在 10～50 ℃下浸泡 2～24 h，浸泡结束后将苦荞籽沥干水分，然后将沥干水分的苦荞籽在温度为 105 ℃的环境中进行烘干处理，烘干时间为 20～200 min，接着将烘干的苦荞籽分为 16 组，每组苦荞籽的重量为 100 g，向每组中分别加入不同重量的 pH 为 8～9 的石灰水，在不同的温度条件下超声波恒温浸提 20 min 后抽滤，测定芦丁浸提得率，所述芦丁浸提得率是指浸提液中的芦丁含量占苦荞籽总芦丁含量的百分比。各组的反应条件以及测定结果如表 3-9 所示：

表 3-9　超声波恒温浸提 20 min 下芦丁浸提实验的其他反应条件及测定结果

实验组	石灰水添加量/g	浸提温度/ ℃	芦丁浸提得率/%
实验组 1	500	60	4.3
实验组 2	500	70	13.7
实验组 3	500	80	24.2
实验组 4	500	90	24.7
实验组 5	1000	60	8.3
实验组 6	1000	70	21.9
实验组 7	1000	80	35.9
实验组 8	1000	90	36.3
实验组 9	1500	60	9.8
实验组 10	1500	70	23.7

实验组	石灰水添加量/g	浸提温度/℃	芦丁浸提得率/%
实验组 11	1500	80	37.3
实验组 12	1500	90	38.5
实验组 13	2000	60	11.7
实验组 14	2000	70	26.1
实验组 15	2000	80	39.7
实验组 16	2000	90	40.5

从表 3-8 可以看出，当浸提温度为 80 ℃ 时，随着浸提碱性溶液添加量的增加，芦丁浸提得率不断增加，当碱性溶液为 500~1000 g 时，芦丁浸提得率增加明显，超过 1000 g，芦丁浸提得率增加变缓；从表 3-9 可以看出，当超声波浸提时间为 20 min 时，随着浸提碱液添加量的增加，芦丁浸提得率不断增加，500~1000 g 时，芦丁浸提得率增加明显，超过 1000 g，芦丁浸提得率增加变缓。因此，为了提高效率，节约成本，同时最大限度地提高苦荞芦丁的浸提效率，在步骤 S3 中，所述苦荞籽与碱性溶液的重量比优选为 1：10。

选取完整的苦荞籽并清洗干净，然后将清洗干净的苦荞籽放入清水中，在 10~50 ℃ 下浸泡 2~24 h，浸泡结束后将苦荞籽沥干水分，然后将沥干水分的苦荞籽在温度为 105 ℃ 的环境中进行烘干处理，烘干时间为 20~200 min，接着将烘干的苦荞籽分为 16 组，每组苦荞籽的重量为 100 g，向每组中分别加入 1000 g 的 pH 为 8~9 的石灰水，在不同的浸提温度条件下进行不同时间的超声波恒温浸提后抽滤，测定芦丁浸提得率，所述芦丁浸提得率是指浸提液中的芦丁含量占苦荞籽总芦丁含量的百分比。各组的反应条件以及测定结果如表 3-10 所示：

表 3-10　不同温度、浸提时间下芦丁浸提实验的其他反应条件及测定结果

实验组	浸提温度/℃	超声波浸提时间/min	芦丁浸提得率/%
实验组 1	60	10	6.3
实验组 2	60	20	8.1
实验组 3	60	30	8.7
实验组 4	60	40	8.8
实验组 5	70	10	20.6
实验组 6	70	20	21.9
实验组 7	70	30	21.9
实验组 8	70	40	22.3
实验组 9	80	10	33.8
实验组 10	80	20	35.7
实验组 11	80	30	37.3
实验组 12	80	40	37.5
实验组 13	90	10	34.7
实验组 14	90	20	36.1
实验组 15	90	30	38.3
实验组 16	90	40	38.5

从表 3-10 可以看出，当苦荞籽与碱性溶液的重量比为 1：10 时，随着浸提温度的升高，芦丁浸提得率不断增加，60～80 ℃ 时，芦丁浸提得率增加明显，超过 80 ℃，无明显增加；随着超声波浸提时间的延长，芦丁浸提得率不断缓慢增加。因此，为了提高效率，节约成本，同时最大限度地提高苦荞芦丁的浸提效率，在步骤 S3 中，所述超声波恒温浸提的温度优选为 80 ℃。同时，从表 3-10 可以看出，当浸提时间超过 20 min 后，芦丁浸提得率几乎无增加。因此，为了提高效率，节约成本与时间，同时最大限度地提高苦荞芦丁的浸提效率，在步骤 S3 中，所述超声波恒温浸提的时间优选为 20 min。

另外，为了提高超声波恒温浸提的效率，所述超声波的频率为优选为 100 Hz。

在饼干的加工过程中，所述添加剂可以是糖、油脂、鸡蛋、奶粉、食盐、香辛料、馅料、香精、碳酸氢钠和碳酸氢铵等。

三、权利要求书

（1）一种土豆饼干的加工方法，其特征在于包括以下步骤：

A. 选取新鲜的土豆并将其进行清洗、去皮处理；

B. 将清洗去皮的土豆进行压榨处理得到土豆汁和土豆榨干物，将土豆汁加热至沸腾后冷却得到土豆液体，将土豆榨干物分成两部分，并分别标记为 M 和 N；

C. 将步骤 B 得到的标记为 M 的部分土豆榨干物低温烘干或晒干后粉碎得到土豆生粉；

D. 将步骤 B 得到的标记为 N 的部分土豆榨干物破碎成颗粒状，然后加入步骤 C 得到的土豆生粉得到混合物料，所述混合物料的水分含量为 15%～25%，接着将含水量为 15%～25% 的混合物料通过挤压膨化的方式得到土豆挤压膨化粉；

E. 制备基料，所述基料由谷朊粉、芦丁粉、面粉、由步骤 C 得到的土豆生粉、由步骤 D 得到的土豆挤压膨化粉混合而成，各组分的重量配比如下：土豆挤压膨化粉与土豆生粉的总含量为 20%～50%，所述土豆挤压膨化粉与土豆生粉的比例为 1：（1.8～3.8），芦丁粉 0～5%，谷朊粉 0～2%，余量为面粉；

F. 制备面团，将步骤 E 制得的基料加入适量的添加剂，混匀后加水或加入由步骤 B 得到的土豆液体搅拌得到面团；

G. 将步骤 F 得到的面团按照常规方法制成饼干。

（2）根据权利要求（1）所述的土豆饼干的加工方法，其特征在于，所述芦丁粉采用如下方法得到：

S1. 选取完整的苦荞籽并清洗干净；

S2. 将清洗干净的苦荞籽放入清水中，在 10～50 ℃ 下浸泡 2～24 h，浸泡结束后将苦荞籽沥干水分，然后将沥干水分的苦荞籽在温度为 105～110 ℃ 的环境中进行烘干处理，烘干时间为 20～200 min；

S3. 将烘干后的苦荞籽放入盛装有碱性溶液的容器中，所述苦荞籽与碱性溶液的重量比为 1：（5～20），所述碱性溶液的 pH 为 8～9，温度为 90 ℃，然后将密封的容器放入超声波环境中进行超声波恒温浸提，所述超声波恒温浸提的时间为 10～40 min，所述超声波恒温浸提的温度为 60～90 ℃，浸提结束后将密封的容器取出并冷却；

S4. 对容器中的液体进行抽滤处理，得到苦荞浸提液与浸提过后的苦荞籽，并将浸提过后的苦荞籽进行干燥处理；

S5. 在步骤 S4 得到的苦荞浸提液中加入酸性溶液调节混合液体的 pH 至 3.5 ~ 4，然后静置得到芦丁沉淀物，并对芦丁沉淀物进行干燥得到芦丁粉。

（3）根据权利要求（2）所述的土豆饼干的加工方法，其特征在于：在步骤 S2 中，将清洗干净的苦荞籽放入清水中，在 37 ℃下浸泡 24 h。

（4）根据权利要求（2）所述的土豆饼干的加工方法，其特征在于：在步骤 S2 中，将沥干水分的苦荞籽在温度为 105 ℃的环境中进行烘干处理。

（5）根据权利要求（2）所述的土豆饼干的加工方法，其特征在于：在步骤 S3 中，所述碱性溶液为石灰水。

（6）根据权利要求（2）所述的土豆饼干的加工方法，其特征在于：在步骤 S3 中，所述苦荞籽与碱性溶液的重量比为 1∶10。

（7）根据权利要求（2）所述的土豆饼干的加工方法，其特征在于：在步骤 S3 中，所述超声波恒温浸提的温度为 80 ℃。

（8）根据权利要求（2）所述的土豆饼干的加工方法，其特征在于：在步骤 S3 中，所述超声波恒温浸提的时间为 20 min，所述超声波的频率为 100 Hz。

第三节　一种土豆糕点的加工方法

一、基本信息（表 3-11）

表 3-11　一种土豆糕点的加工方法基本信息

专利类型	发明
申请（授权）号	2016104359008
发明人	巩发永、李静
申请人	李静
申请日	2016.6.16
说明书摘要	本发明公开了一种能够制得高含量土豆的糕点且生产效率和合格率较高的土豆糕点的加工方法。该加工方法将新鲜的土豆进行压榨处理，得到土豆挤压膨化粉、土豆生粉，然后混合谷朊粉、芦丁粉、面粉制得基料，可以克服单独在面粉中添加土豆全粉或单独添加土豆淀粉导致原有的面粉特性被改变的情况发生，而且利用该加工方法制得的糕点中土豆的总含量最低都可以达到30%，最高可达60%，再者利用该加工方法制得的糕点中含有含量较高的芦丁，大大增加了糕点的营养价值，同时在加工过程中，不会出现土豆含量越高越难加工的情况出现，可以大大提高糕点的生产效率和合格率。适合在食品领域推广应用

二、说明书

1. 技术领域

本发明涉及食品领域，具体涉及一种土豆糕点的加工方法。

2. 背景技术

糕点是一种食品。它是以面粉或米粉、水、糖、油脂、蛋、乳品等为主要原料，配以各种辅料、馅料和调味料，初制成型，再经蒸、烤、炸、炒等方式加工制成。糕点品种多样，花式繁多，有 3000 多种。月饼、蛋糕、酥饼等均属糕点。糕点含有人们日常生活中所说的"点心"的意思，故它与餐饮行业中的面点小吃有些区别。糕点既可作为早点，又可作为茶点，还可以作为席间的小吃。糕点和餐饮行业中的面点可以说是同宗不同业，它是一种相对独立的食品加工技术，特别适合于机械化和批量化生产。

糕点按热加工和冷加工进行分类。热加工糕点包括烘烤糕点、油炸糕点、水蒸糕点、熟粉糕点等，烘烤糕点分为：酥类、松酥类、松脆类、酥层类、酥皮类、水油皮类、糖浆皮类、松酥皮类、硬酥皮类、发酵类、烘糕类、烤蛋糕类。油炸糕点分为：酥皮类、水油皮类、松酥类、酥层类、水调类、发酵类、糯糍类。水蒸糕点分为：蒸蛋糕类、印模糕类、韧糕类、发糕类、松糕类。熟粉糕点分为：热调软糕类、印模糕类、切片糕类。

冷加工糕点分为：冷调韧糕类、冷调松糕类、蛋糕类、油炸上糖浆类、萨其马类、其他。

糕点的加工工艺如下所述：面团调制→切剂→成型→烘烤→冷却→包装→成品。

（1）面团调制：将糖、碳酸氢铵放入和面机中，加水搅拌均匀，再加入油继续搅拌，最后加入预先混合均匀的马铃薯全粉和面粉，搅拌均匀即可。

（2）切剂：将调制好的面团切成若干长方形的条，再搓成长圆条，按定量切出面剂，每剂约 45 g，然后撒上干面粉。

（3）成型：将面剂放入模具内按实，再将其表面削平，磕出即为生坯，按照一定的间隔距离均匀地放入烤盘。

（4）烘烤：将烤盘放入烤箱或烤炉中，烘烤温度 180～190 ℃，烘烤时间为 10～12 min，烘烤结束后，经过自然冷却或吹风冷却，经包装后即为成品。

马铃薯，属茄科多年生草本植物，块茎可供食用，是全球第三大重要的粮食作物，仅次于小麦和玉米。马铃薯又称地蛋、土豆、洋山芋等，茄科植物的块茎。与小麦、玉米、稻谷、高粱并列为世界五大作物。

一般新鲜马铃薯中所含成分：淀粉 9%～20%，蛋白质 1.5%～2.3%，脂肪 0.1%～1.1%，粗纤维 0.6%～0.8%。100 g 马铃薯中所含的营养成分：能量 318 kJ，钙 5～8 mg，磷 15～40 mg，铁 0.4～0.8 mg，钾 200～340 mg，碘 0.8～1.2 mg，胡萝卜素 12～30 mg，硫胺素 0.03～0.08 mg，核黄素 0.01～0.04 mg，尼克酸 0.4～1.1 mg。

马铃薯块茎含有大量的淀粉。淀粉是食用马铃薯的主要能量来源。一般早熟种马铃薯含有 11%～14%的淀粉，中晚熟种含有 14%～20%的淀粉，高淀粉品种的块茎可达 25%以上。块茎还含有葡萄糖、果糖和蔗糖等。马铃薯蛋白质营养价值高，马铃薯块茎含有 2%左右的蛋白质，薯干中蛋白质含量为 8%～9%。据研究，马铃薯的蛋白质营养价值很高，其品质相当于鸡蛋的蛋白质，容易消化、吸收，优于其他作物的蛋白质。而且马铃薯的蛋白质含有 18 种氨基酸，包括人体不能合成的各种必需氨基酸。高度评价马铃薯的营养价值，是与其块茎含有高品位的蛋白质和必需氨基酸的赖氨酸、色氨酸、组氨酸、精氨酸、苯丙氨酸、缬氨酸、亮氨酸、异亮氨酸和蛋氨酸的存在是分不开的。马铃薯块茎含有多种维生素和无机盐。食用马铃薯有益于健康与维生素的作用是分不开的。特别是维生素 C 可防止坏血病，刺激造血机能等，在日常吃的大米、白面中是没有的，而马铃薯可提供大量的维生素 C。块茎中还含有维生素 A（胡萝卜素）、维生素 B_1（硫胺素）、维生素 B_2（核黄素）、维生素 pp（烟酸）、维生素 E（生育酚）、维生素 B_3（泛酸）、维生素 B_6（吡哆醇）、维生素 M（叶酸）和生物素 H 等，对人体健康都是有益的。此外，块茎中的矿物质如钙、磷、铁、钾、钠、锌、锰等，也是对人的健康和幼儿发育成长不可缺少的元素。马铃薯块茎中含有丰富的膳食纤维，并含有丰富的钾盐，属于碱性食品。有资料表示，马铃薯中的膳食纤维含量与苹果一样多。因此胃肠对马铃薯的吸收较慢，食用马铃薯后，停留在肠道中的时间比米饭长的多，所以更具有饱腹感，同时还能帮助带走一些油脂和垃圾，具有一定的通便排毒作用。除此以外，马铃薯的块茎还含有禾谷类粮食中所没有的胡萝卜素和抗坏血酸。从营养角度来看，它比大米、面粉具有更多的优点，能供给人体大量的热能，可称为"十全十美的食物"。人只靠马铃薯和全脂牛奶就足以维持生命和健康。因为马铃薯的营养成分非常全面，营养结构也较合理，只是蛋白质、钙和维生素 A 的量稍低；而这正好用全脂牛奶来补充。马铃薯块茎水分多、脂肪少、单位体积的热量相当低，所含的维生素 C 是苹果的 4 倍左右，B 族维生素是苹果的 4 倍，各种矿物质是苹果的几倍至几十倍不等。马铃薯是降血压食物，膳食中某种营养多了或缺了可致病。同样道理，调整膳食，也就可以"吃"掉相应疾病。马铃薯具有抗衰老的功效，它含有丰富的维生素 B_1、B_2、B_6 和泛酸等 B 族维生素及大量的优质纤维素，还含有微量元素、氨基酸、蛋白质、脂肪和优质淀粉等营养元素。马铃薯是碳水化合物，但是其含量仅是同等重量大米的 1/4 左右，研究表明，马铃薯中的淀粉是一种抗性淀粉，具有缩小脂肪细胞的作用。马铃薯是非常好的高钾低钠食品，很适合水肿型肥胖者食用，加上其钾含量丰富，几乎是蔬菜中最高的，所以还具有瘦腿的功效。由此可知，马铃薯具有很高的营养价值和药用价值，因此，马铃薯被广泛制作成各种各样的产品。

土豆全粉是脱水土豆制品中的一种，以新鲜土豆为原料，经清洗、去皮、挑选、切片、漂洗、预煮、冷却、蒸煮、捣泥等工艺过程，经脱水干燥而得的细颗粒状、片屑状或粉末状产品统称之为土豆全粉，土豆全粉在加工过程中已熟化，因此，土豆全粉具有很强的黏性，但是，相应地其延展性较差，将土豆全粉与面粉混合以后形成一种面制品基料，如果该基料中土豆全粉的含量超过 25%，在制作熟化面制品时难以维持面粉原有的加工特性，例如，在利用该基料制作成的糕点膨松性较差，对糕点的口感有很大的影响。

土豆淀粉是以新鲜的土豆，经过原料清洗、破碎、过滤、脱水、干燥、分包等工序处理而成的，具有洁白晶莹、质地细腻、黏度高等特点，因此，土豆淀粉具有很好的延展性，但是，相应地土豆淀粉黏性较差，不易成团，将土豆淀粉与面粉混合以后形成一种面制品基料，如果该基料中土豆淀粉的含量超过 25% 时，在制作熟化面制品时难以维持面粉原有的加工特性，例如，在利用该基料制作糕点的过程中，糕点难以成型，很难加工。

土豆糕点是指以面粉为主要原料，在面粉中添加一定量的土豆全粉或土豆淀粉，经过面团调制→切剂→成型→烘烤→冷却→包装→成品方便面制食品，目前，关于土豆糕点的加工方法有很多，现有的土豆糕点的加工方法大都是直接将土豆全粉直接与面粉单独混合后进行加工，由于土豆全粉的特性，在面粉中添加的土豆全粉含量都不超过 25%；或者将土豆淀粉与面粉单独混合，由于土豆淀粉的特性，在面粉中添加的土豆淀粉含量都不超过 25%；因而，利用现有的土豆糕点的加工方法制成的土豆糕点中土豆含量都不高，而且，土豆糕点中含有的土豆含量越高，在加工时越难以维持面粉原有的加工特性，其加工特性较差，导致土豆糕点的生产效率较低，产品合格率也较低。

3. 发明内容

本发明所解决的技术问题是提供一种能够制得高含量土豆的糕点且生产效率和合格率较高的土豆糕点的加工方法。

本发明解决上述技术问题所采用的技术方案是：该土豆糕点的加工方法，包括以下步骤：

A. 选取新鲜的土豆并将其进行清洗、去皮处理；

B. 将清洗去皮的土豆进行压榨处理得到土豆汁和土豆榨干物，将土豆汁加热至沸腾后冷却得到土豆液体，将土豆榨干物分成两部分，并分别标记为 M 和 N；

C. 将步骤 B 得到的标记为 M 的部分土豆榨干物低温烘干或晒干后粉碎得到土豆生粉；

D. 将步骤 B 得到的标记为 N 的部分土豆榨干物破碎成颗粒状，然后加入步骤 C 得到的土豆生粉得到混合物料，所述混合物料的水分含量为 15%~25%，接着将含水量为 15%~25% 的混合物料通过挤压膨化的方式得到土豆挤压膨化粉；

E. 制备基料，所述基料由谷朊粉、芦丁粉、面粉、由步骤 C 得到的土豆生粉、由步骤 D 得到的土豆挤压膨化粉混合而成，各组分的重量配比如下：土豆挤压膨化粉与土豆生粉的总含量为 30%~60%，所述土豆挤压膨化粉与土豆生粉的比例为 1:(2.8~3.8)，芦丁粉 0~5%，谷朊粉 0~2%，余量为面粉；

F. 制备面团，将步骤 E 制得的基料加入适量的添加剂，混匀后加水或加入由步骤 B 得到的土豆液体搅拌得到面团；

G. 将步骤 F 得到的面团按照常规方法制成糕点。

进一步的是，所述芦丁粉采用如下方法得到，具体方法如下所述：

S1. 选取完整的苦荞籽并清洗干净；

S2. 将清洗干净的苦荞籽放入清水中，在 10~50 ℃ 下浸泡 2~24 h，浸泡结束后将苦荞籽沥干水分，然后将沥干水分的苦荞籽在温度为 105~110 ℃ 的环境中进行烘干处理，烘干时间为 20~200 min；

S3. 将烘干后的苦荞籽放入盛装有碱性溶液的容器中，所述苦荞籽与碱性溶液的重量比为 1:(5~20)，所述碱性溶液的 pH 为 8~9，温度为 90 ℃，然后将密封的容器放入超声波环境中进行超声波恒温浸提，所述超声波恒温浸提的时间为 10~40 min，所述超声波恒温浸提的温度为 60~90 ℃，浸提结束后将密封的容器取出并冷却；

S4. 对容器中的液体进行抽滤处理，得到苦荞浸提液与浸提过后的苦荞籽，并将浸提过后的苦荞籽进行干燥处理；

S5. 在步骤 S4 得到的苦荞浸提液中加入酸性溶液调节混合液体的 pH 至 3.5~4，然后静置得到芦丁沉淀物，并对芦丁沉淀物进行干燥得到芦丁粉。

进一步的是，在步骤 S2 中，将清洗干净的苦荞籽放入清水中，在 37 ℃ 下浸泡 24 h。

进一步的是，在步骤 S2 中，将沥干水分的苦荞籽在温度为 105 ℃ 的环境中进行烘干处理。

进一步的是，在步骤 S3 中，所述碱性溶液为石灰水。

进一步的是，在步骤 S3 中，所述苦荞籽与碱性溶液的重量比为 1:10。

进一步的是，在步骤 S3 中，所述超声波恒温浸提的温度为 80 ℃。

进一步的是，在步骤 S3 中，所述超声波恒温浸提的时间为 20 min，所述超声波的频率为

100 Hz。

本发明的有益效果：本发明所述的土豆糕点的加工方法将新鲜的土豆进行压榨处理，不但能够得到营养价值较高的土豆汁还可以将土豆榨干物低温烘干或晒干后粉碎得到土豆生粉，同时将土豆榨干物破碎成颗粒状，然后加入土豆生粉得到混合物料，进而通过挤压膨化的方式得到土豆挤压膨化粉，然后用得到的土豆挤压膨化、土豆生粉混合谷朊粉、芦丁粉、面粉制得基料，利用土豆挤压膨化粉的强黏性弥补土豆生粉的软黏性，利用土豆生粉的强延展性弥补土豆挤压膨化粉的弱延展性，二者互相弥补相互作用，可以克服单独在面粉中添加土豆全粉或单独添加土豆淀粉导致原有的面粉特性被改变的情况发生，而且利用该加工方法制得的糕点中土豆的总含量最低都可以达到 30%，最高可达 60%，远高于现有的土豆糕点中的土豆含量，再者利用该加工方法制得的糕点中含有含量较高的芦丁，大大增加了糕点的营养价值，同时该土豆糕点的加工方法在加工过程中，由于基料的加工特性与面粉的加工特性相近，不会出现土豆含量越高越难加工的情况出现，整个加工过程非常容易，可以大大提高糕点的生产效率，同时糕点的合格率也较高，同时在制作面团的时候加入土豆液体，进一步提高了糕点中的土豆含量，进一步提高了糕点的营养价值。

4. 具体实施方式

该土豆糕点的加工方法，包括以下步骤：

A. 选取新鲜的土豆并将其进行清洗、去皮处理；

B. 将清洗去皮的土豆进行压榨处理得到土豆汁和土豆榨干物，将土豆汁加热至沸腾后冷却得到土豆液体，将土豆榨干物分成两部分，并分别标记为 M 和 N；

C. 将步骤 B 得到的标记为 M 的部分土豆榨干物低温烘干或晒干后粉碎得到土豆生粉；

D. 将步骤 B 得到的标记为 N 的部分土豆榨干物破碎成颗粒状，然后加入步骤 C 得到的土豆生粉得到混合物料，所述混合物料的水分含量为 15%～25%，接着将含水量为 15%～25% 的混合物料通过挤压膨化的方式得到土豆挤压膨化粉；

E. 制备基料，所述基料由谷朊粉、芦丁粉、面粉、由步骤 C 得到的土豆生粉、由步骤 D 得到的土豆挤压膨化粉混合而成，各组分的重量配比如下：土豆挤压膨化粉与土豆生粉的总含量为 30%～60%，所述土豆挤压膨化粉与土豆生粉的比例为 1:（2.8～3.8），芦丁粉 0～5%，谷朊粉 0～2%，余量为面粉；

F. 制备面团，将步骤 E 制得的基料加入适量的添加剂，混匀后加水或加入由步骤 B 得到的土豆液体搅拌得到面团；

G. 将步骤 F 得到的面团按照常规方法制成糕点。

本发明所述的土豆糕点的加工方法将新鲜的土豆进行压榨处理，不但能够得到营养价值较高的土豆汁还可以将土豆榨干物低温烘干或晒干后粉碎得到土豆生粉，同时将土豆榨干物破碎成颗粒状，然后加入土豆生粉得到混合物料，进而通过挤压膨化的方式得到土豆挤压膨化粉，然后用得到的土豆挤压膨化粉、土豆生粉混合谷朊粉、芦丁粉、面粉制得基料，利用土豆挤压膨化粉的强黏性弥补土豆生粉的软黏性，利用土豆生粉的强延展性弥补土豆挤压膨化粉的弱延展性，二者互相弥补相互作用，可以克服单独在面粉中添加土豆挤压膨化粉或单独添加土豆生粉导致原有的面粉特性被改变的情况发生。而且利用该加工方法制得的糕点中土豆的总含量最低都可以达到 30%，最高可达 60%，远高于现有的土豆糕点中的土豆含量。

再者利用该加工方法制得的糕点中含有含量较高的芦丁，大大增加了糕点的营养价值。同时该土豆糕点的加工方法在加工过程中，由于基料的加工特性与面粉的加工特性相近，不会出现土豆含量越高越难加工的情况出现，整个加工过程非常容易，可以大大提高糕点的生产效率，同时糕点的合格率也较高。在制作面团的时候加入土豆液体，进一步提高了糕点中的土豆含量，进一步提高了糕点的营养价值。

5. 实施例

将土豆挤压膨化粉、土豆生粉、谷朊粉、芦丁粉、面粉的含量按照表 3-12 所述的比例混合后在制作糕点时的加工特性情况，表 3-13 为单独在面粉中添加土豆全粉和单独在面粉中添加土豆淀粉的对照组实验结果。

表 3-12　原料配比

实施例	土豆挤压膨化粉与土豆生粉的总含量/%	土豆挤压膨化粉与土豆生粉的比例	芦丁粉含量/%	谷朊粉含量/%	面粉含量/%	加工特性
例 1	30	1:2.8	4.4	0.6	65	可以成型，与常规面粉和面成型无差别
例 2	30	1:3.3	4.4	0.6	65	可以成型，与常规面粉和面成型无差别
例 3	30	1:3.8	4.4	0.6	65	可以成型，与常规面粉和面成型无差别
例 4	40	1:2.8	4.4	0.6	55	可以成型，与常规面粉和面成型无差别
例 5	40	1:3.3	4.4	0.6	55	可以成型，与常规面粉和面成型无差别
例 6	40	1:3.8	4.4	0.6	55	可以成型，与常规面粉和面成型无差别
例 7	50	1:2.8	4.4	0.6	45	可以成型，与常规面粉和面成型无差别
例 8	50	1:3.3	4.4	0.6	45	可以成型，与常规面粉和面成型无差别
例 9	50	1:3.8	4.4	0.6	45	可以成型，与常规面粉和面成型无差别
例 10	60	1:2.8	4.4	0.6	35	可以成型，但形状有变形，与常规面粉和面成型相比韧性变强，延展性变弱
例 11	60	1:3.3	4.4	0.6	35	可以成型，与常规面粉和面成型无差别
例 12	60	1:3.8	4.4	0.6	35	可以成型，与常规面粉和面成型无差别

表 3-13　对照组实验结果

对照组	土豆全粉含量/%	土豆淀粉含量/%	谷朊粉含量/%	面粉含量/%	加工特性
对照组 1	25	0	0.6	74.4	可以成型，但形状有变形，与常规面粉和面成型相比韧性变强，延展性变弱
对照组 2	20	0	0.6	79.4	可以成型，但形状有变形，与常规面粉和面成型相比韧性变强，延展性变弱
对照组 3	15	0	0.6	84.4	可以成型，与常规面粉和面成型相比韧性变强，延展性变弱

对照组	土豆全粉含量/%	土豆淀粉含量/%	谷朊粉含量/%	面粉含量/%	加工特性
对照组4	10	0	0.6	89.4	可以成型
对照组5	0	25	0.6	74.4	可以成型，与常规面粉和面成型相比变形率增加明显
对照组6	0	20	0.6	79.4	可以成型，与常规面粉和面成型相比变形率略有增加
对照组7	0	15	0.6	84.4	可以成型，与常规面粉和面成型相比韧性变弱，变形率略有增加
对照组8	0	10	0.6	89.4	可以成型

从表 3-13 可以得知，单独在面粉中添加 25% 的土豆全粉或单独在面粉中添加 25% 的土豆淀粉都会导致原有的面粉特性被改变的情况发生，无法按照糕点常规加工设备生产出原先的产品，在制作糕点时加工特性也变差。当面粉中添加 15% 的土豆全粉时可以成型，与常规面粉和面成型相比韧性变强，延展性变弱；单独在面粉中添加 15% 的土豆淀粉时可以成型，与常规面粉和面成型相比韧性变弱，变形率略有增加。只有当面粉中添加 10% 的土豆全粉或单独在面粉中添加 10% 的土豆淀粉时，在制作熟化面制品时，其加工特性才接近面粉原有的加工特性。

从表 3-12 可以看出，当土豆挤压膨化粉与土豆生粉的总含量为 30%～60%，谷朊粉的含量为 0.6%、芦丁粉的含量为 4.4%、余量为面粉时，在糕点的加工过程中，其加工特性与面粉的加工特性区别不大。

从实施例 1～12 可以得知，在土豆挤压膨化粉与土豆生粉的总含量确定的情况下，其加工特性说明通过调节土豆挤压膨化粉与土豆生粉的比例可以获得与面粉加工特性相近的基料，从而可以按照常规糕点生产工艺去加工高含量土豆的糕点。

所述谷朊粉的含量根据实际情况而添加，可以添加 0.1%、0.2%、0.3%、0.4%、0.5%、0.6%、0.7%、0.8%、0.9%、1.0%、1.1%、1.2%、1.3%、1.4%、1.5%、2%，添加谷朊粉的目的是增强土豆糕点的韧性，从而使最终制作出的土豆糕点具有较好的筋道，提升食品的口感，谷朊粉的含量优选为 0.6% 即可。

添加芦丁粉主要是为了提高糕点的营养价值，芦丁属维生素类药，有降低毛细血管通透性和脆性的作用，保持及恢复毛细血管的正常弹性。用于防治高血压脑溢血；糖尿病视网膜出血和出血性紫癜等，也用作食品抗氧剂和色素。芦丁还是合成曲克芦丁的主要原料，曲克芦丁为心脑血管用药，能有效抑制血小板的聚集，有防止血栓形成的作用。芦丁粉的添加量可以是 0.1%、0.2%、0.3%、0.4%、0.5%、0.6%、0.7%、0.8%、0.9%、1.0%、1.1%、1.2%、1.3%、1.4%、1.5%、2.5%、3%、3.5%、4%、4.5%、5%，芦丁粉的含量越高越好，但是为了控制糕点成本，所述芦丁粉的添加量优选为 4.4% 即可，也可以不添加芦丁粉。

所述芦丁粉采用如下方法得到：

S1. 选取完整的苦荞籽并清洗干净；

S2. 将清洗干净的苦荞籽放入清水中，在 10 ~ 50 ℃ 下浸泡 2 ~ 24 h，浸泡结束后将苦荞籽沥干水分，然后将沥干水分的苦荞籽在温度为 105 ~ 110 ℃ 的环境中进行烘干处理，烘干时间为 20 ~ 200 min；

S3. 将烘干后的苦荞籽放入盛装有碱性溶液的容器中，所述苦荞籽与碱性溶液的重量比为 1：（5 ~ 20），所述碱性溶液的 pH 为 8 ~ 9，温度为 90 ℃，然后将密封的容器放入超声波环境中进行超声波恒温浸提，所述超声波恒温浸提的时间为 10 ~ 40 min，所述超声波恒温浸提的温度为 60 ~ 90 ℃，浸提结束后将密封的容器取出并冷却；

S4. 对容器中的液体进行抽滤处理，得到苦荞浸提液与浸提过后的苦荞籽，并将浸提过后的苦荞籽进行干燥处理；

S5. 在步骤 S4 得到的苦荞浸提液中加入酸性溶液调节混合液体的 pH 至 3.5 ~ 4，然后静置得到芦丁沉淀物，并对芦丁沉淀物进行干燥得到芦丁粉。

该芦丁粉制备方法采用整粒的苦荞籽作为原料，将苦荞籽清洗干净后先放入清水中在 10 ~ 50 ℃ 下浸泡 2 ~ 24 h，浸泡结束后将苦荞籽沥干水分，然后将沥干水分的苦荞籽在温度为 105 ~ 110 ℃ 的环境中进行烘干处理，接着将苦荞籽放入盛装有碱性溶液的容器中进行超声波恒温浸提使苦荞籽的种皮中含有的芦丁扩散，苦荞籽种皮中含有的芦丁同时向内、向外扩算，向外扩散至碱性溶液中，向内扩散至苦荞芯中，接着进行抽滤处理得到苦荞浸提液与浸提过后的苦荞籽，最后将苦荞浸提液静置得到芦丁沉淀物，并对芦丁沉淀物进行干燥得到芦丁粉，由于受种皮和苦荞壳的包裹，采用苦荞整粒碱液提取时可以避免苦荞芯中的淀粉进入浸提液中造成淀粉糊化，同时，将苦荞籽清洗干净后先放入清水中在 10 ~ 50 ℃ 下浸泡 2 ~ 24 h，浸泡结束后将苦荞籽沥干水分，然后将沥干水分的苦荞籽在温度为 105 ~ 110 ℃ 的环境中进行烘干处理，这样可以使苦荞芯外层或整个糊化，从而进一步避免苦荞芯中的淀粉进入浸提液中造成淀粉糊化，这样只需将苦荞浸提液静置一段时间后便可以很容易地将苦荞芦丁分离出来，成本非常低。同时，该方法是从苦荞种皮中提取苦荞芦丁，而苦荞种皮中芦丁含量是最高的，这样可以提取出更多的苦荞芦丁，提高了效率与产量。

在上述实施方式中，为了使苦荞芯整个糊化形成一个整体，就必须使得整个苦荞芯被清水泡透，为了达到上述目的，在步骤 S2 中，将清洗干净的苦荞籽放入清水中，在 37 ℃ 下浸泡 24 h。进一步的，为了使苦荞芯整个被快速糊化，在步骤 S2 中，将沥干水分的苦荞籽在温度为 105 ℃ 的环境中进行烘干处理。所述碱液可以是现有的各种碱性溶液，为了降低成本，在步骤 S3 中，所述碱性溶液优选为石灰水，由于石灰石获取容易，价格便宜，由此制成的石灰水成本非常低，可以进一步降低苦荞芦丁提取的成本。

选取完整的苦荞籽并清洗干净，然后将清洗干净的苦荞籽放入清水中，在 10 ~ 50 ℃ 下浸泡 2 ~ 24 h，浸泡结束后将苦荞籽沥干水分，然后将沥干水分的苦荞籽在温度为 105 ℃ 的环境中进行烘干处理，烘干时间为 20 ~ 200 min，接着将烘干的苦荞籽分为 16 组，每组苦荞籽的重量为 100 g，向每组中分别加入不同重量的 pH 为 8 ~ 9 的石灰水，在 80 ℃ 的条件下超声波恒温浸提不同时间后抽滤，测定芦丁浸提得率，所述芦丁浸提得率是指浸提液中的芦丁含量占苦荞籽总芦丁含量的百分比。各组的反应条件以及测定结果如表 3-14 所示：

表 3-14 80 ℃下芦丁浸提实验的其他反应条件及测定结果

实验组	石灰水添加量/g	超声波浸提时间/min	芦丁浸提得率/%
实验组 1	500	10	15.2
实验组 2	500	20	24.1
实验组 3	500	30	24.7
实验组 4	500	40	24.8
实验组 5	1000	10	27.6
实验组 6	1000	20	36.9
实验组 7	1000	30	37.9
实验组 8	1000	40	38.3
实验组 9	1500	10	33.8
实验组 10	1500	20	38.7
实验组 11	1500	30	39.3
实验组 12	1500	40	39.5
实验组 13	2000	10	34.7
实验组 14	2000	20	39.1
实验组 15	2000	30	39.3
实验组 16	2000	40	39.5

选取完整的苦荞籽并清洗干净，然后将清洗干净的苦荞籽放入清水中，在 10~50 ℃下浸泡 2~24 h，浸泡结束后将苦荞籽沥干水分，然后将沥干水分的苦荞籽在温度为 105 ℃的环境中进行烘干处理，烘干时间为 20~200 min，接着将烘干的苦荞籽分为 16 组，每组苦荞籽的重量为 100 g，向每组中分别加入不同重量的 pH 为 8~9 的石灰水，在不同的温度条件下超声波恒温浸提 20 min 后抽滤，测定芦丁浸提得率，所述芦丁浸提得率是指浸提液中的芦丁含量占苦荞籽总芦丁含量的百分比。各组的反应条件以及测定结果如表 3-15 所示：

表 3-15 超声波恒温浸提 20 min 下芦丁浸提实验的其他反应条件及测定结果

实验组	石灰水添加量/g	浸提温度/℃	芦丁浸提得率/%
实验组 1	500	60	4.3
实验组 2	500	70	13.7
实验组 3	500	80	24.2
实验组 4	500	90	24.7
实验组 5	1000	60	8.3
实验组 6	1000	70	21.9
实验组 7	1000	80	35.9
实验组 8	1000	90	36.3
实验组 9	1500	60	9.8
实验组 10	1500	70	23.7

实验组	石灰水添加量/g	浸提温度/ °C	芦丁浸提得率/%
实验组 11	1500	80	37.3
实验组 12	1500	90	38.5
实验组 13	2000	60	11.7
实验组 14	2000	70	26.1
实验组 15	2000	80	39.7
实验组 16	2000	90	40.5

从表 3-14 可以看出，当浸提温度为 80 ℃ 时，随着浸提碱性溶液添加量的增加，芦丁浸提得率不断增加，当碱性溶液为 500～1000 g 时，芦丁浸提得率增加明显，超过 1000 g，芦丁浸提得率增加变缓；从表 3-15 可以看出，当超声波浸提时间为 20 min 时，随着浸提碱液添加量的增加，芦丁浸提得率不断增加，500～1000 g 时，芦丁浸提得率增加明显，超过 1000 g，芦丁浸提得率增加变缓。因此，为了提高效率，节约成本，同时最大限度地提高苦荞芦丁的浸提效率，在步骤 S3 中，所述苦荞籽与碱性溶液的重量比优选为 1∶10。

选取完整的苦荞籽并清洗干净，然后将清洗干净的苦荞籽放入清水中，在 10～50 ℃ 下浸泡 2～24 h，浸泡结束后将苦荞籽沥干水分，然后将沥干水分的苦荞籽在温度为 105 ℃ 的环境中进行烘干处理，烘干时间为 20～200 min，接着将烘干的苦荞籽分为 16 组，每组苦荞籽的重量为 100 g，向每组中分别加入 1000 g 的 pH 为 8～9 的石灰水，在不同的浸提温度条件下进行不同时间的超声波恒温浸提后抽滤，测定芦丁浸提得率，所述芦丁浸提得率是指浸提液中的芦丁含量占苦荞籽总芦丁含量的百分比。各组的反应条件以及测定结果如表 3-16 所示：

表 3-16　不同温度、浸提时间下芦丁浸提实验的其他反应条件及测定结果

实验组	浸提温度/ °C	超声波浸提时间/min	芦丁浸提得率/%
实验组 1	60	10	6.3
实验组 2	60	20	8.1
实验组 3	60	30	8.7
实验组 4	60	40	8.8
实验组 5	70	10	20.6
实验组 6	70	20	21.9
实验组 7	70	30	21.9
实验组 8	70	40	22.3
实验组 9	80	10	33.8
实验组 10	80	20	35.7
实验组 11	80	30	37.3
实验组 12	80	40	37.5
实验组 13	90	10	34.7
实验组 14	90	20	36.1
实验组 15	90	30	38.3
实验组 16	90	40	38.5

从表 3-16 可以看出，当苦荞籽与碱性溶液的重量比为 1：10 时，随着浸提温度的升高，芦丁浸提得率不断增加，60～80℃ 时，芦丁浸提得率增加明显，超过 80℃，无明显增加；随着超声波浸提时间的延长，芦丁浸提得率不断缓慢增加。因此，为了提高效率，节约成本，同时最大限度地提高苦荞芦丁的浸提效率，在步骤 S3 中，所述超声波恒温浸提的温度优选为 80℃。同时，从表 3-16 可以看出，当浸提时间超过 20 min 后，芦丁浸提得率几乎无增加。因此，为了提高效率，节约成本与时间，同时最大限度地提高苦荞芦丁的浸提效率，在步骤 S3 中，所述超声波恒温浸提的时间优选为 20 min。

另外，为了提高超声波恒温浸提的效率，所述超声波的频率为优选为 100 Hz。

在糕点的加工过程中，所述添加剂可以是糖、油脂、鸡蛋、奶粉、食盐、香辛料、馅料、香精、碳酸氢钠和碳酸氢铵等。

三、权利要求书

（1）一种土豆糕点的加工方法，其特征在于包括以下步骤：

A. 选取新鲜的土豆并将其进行清洗、去皮处理；

B. 将清洗去皮的土豆进行压榨处理得到土豆汁和土豆榨干物，将土豆汁加热至沸腾后冷却得到土豆液体，将土豆榨干物分成两部分，并分别标记为 M 和 N；

C. 将步骤 B 得到的标记为 M 的部分土豆榨干物低温烘干或晒干后粉碎得到土豆生粉；

D. 将步骤 B 得到的标记为 N 的部分土豆榨干物破碎成颗粒状，然后加入步骤 C 得到的土豆生粉得到混合物料，所述混合物料的水分含量为 15%～25%，接着将含水量为 15%～25% 的混合物料通过挤压膨化的方式得到土豆挤压膨化粉；

E. 制备基料，所述基料由谷朊粉、芦丁粉、面粉、由步骤 C 得到的土豆生粉、由步骤 D 得到的土豆挤压膨化粉混合而成，各组分的重量配比如下：土豆挤压膨化粉与土豆生粉的总含量为 30%～60%，所述土豆挤压膨化粉与土豆生粉的比例为 1：（2.8～3.8），芦丁粉 0～5%，谷朊粉 0～2%，余量为面粉；

F. 制备面团，将步骤 E 制得的基料加入适量的添加剂，混匀后加水或加入由步骤 B 得到的土豆液体搅拌得到面团；

G. 将步骤 F 得到的面团按照常规方法制成糕点。

（2）根据权利要求（1）所述的土豆糕点的加工方法，其特征在于，所述芦丁粉采用如下方法得到：

S1. 选取完整的苦荞籽并清洗干净；

S2. 将清洗干净的苦荞籽放入清水中，在 10～50℃ 下浸泡 2～24 h，浸泡结束后将苦荞籽沥干水分，然后将沥干水分的苦荞籽在温度为 105～110℃ 的环境中进行烘干处理，烘干时间为 20～200 min；

S3. 将烘干后的苦荞籽放入盛装有碱性溶液的容器中，所述苦荞籽与碱性溶液的重量比为 1：（5～20），所述碱性溶液的 pH 为 8～9，温度为 90℃，然后将密封的容器放入超声波环境中进行超声波恒温浸提，所述超声波恒温浸提的时间为 10～40 min，所述超声波恒温浸提的温度为 60～90℃，浸提结束后将密封的容器取出并冷却；

S4. 对容器中的液体进行抽滤处理，得到苦荞浸提液与浸提过后的苦荞籽，并将浸提过后的苦荞籽进行干燥处理；

S5. 在步骤 S4 得到的苦荞浸提液中加入酸性溶液调节混合液体的 pH 至 3.5 ~ 4，然后静置得到芦丁沉淀物，并对芦丁沉淀物进行干燥得到芦丁粉。

（3）根据权利要求（2）所述的土豆糕点的加工方法，其特征在于：在步骤 S2 中，将清洗干净的苦荞籽放入清水中，在 37 ℃下浸泡 24 h。

（4）根据权利要求（2）所述的土豆糕点的加工方法，其特征在于：在步骤 S2 中，将沥干水分的苦荞籽在温度为 105 ℃的环境中进行烘干处理。

（5）根据权利要求（2）所述的土豆糕点的加工方法，其特征在于：在步骤 S3 中，所述碱性溶液为石灰水。

（6）根据权利要求（2）所述的土豆糕点的加工方法，其特征在于：在步骤 S3 中，所述苦荞籽与碱性溶液的重量比为 1∶10。

（7）根据权利要求（2）所述的土豆糕点的加工方法，其特征在于：在步骤 S3 中，超声波恒温浸提的温度为 80 ℃。

（8）根据权利要求（2）所述的土豆糕点的加工方法，其特征在于：在步骤 S3 中，超声波恒温浸提的时间为 20 min，所述超声波的频率为 100 Hz。

第四节　一种土豆沙琪玛的加工方法

一、基本信息（表 3-17）

表 3-17　一种土豆沙琪玛的加工方法基本信息

专利类型	发明
申请（授权）号	2016104400163
发明人	巩发永、李静
申请人	西昌学院　李静
申请日	2016.6.16
说明书摘要	本发明公开了一种能够制得高含量土豆的沙琪玛且生产效率和合格率较高的土豆沙琪玛的加工方法。该加工方法将新鲜的土豆进行压榨处理，得到土豆挤压膨化粉、土豆生粉，然后混合谷朊粉、芦丁粉、面粉制得基料，可以克服单独在面粉中添加土豆全粉或单独添加土豆淀粉导致原有的面粉特性被改变的情况发生，而且利用该加工方法制得的沙琪玛中土豆的总含量最低都可以达到 30%，最高可达 60%，再者利用该加工方法制得的沙琪玛中含有含量较高的芦丁，大大增加了沙琪玛的营养价值，同时在加工过程中，不会出现土豆含量越高越难加工的情况出现，可以大大提高沙琪玛的生产效率和合格率。适合在食品领域推广应用

二、说明书

1. 技术领域

本发明涉及食品领域，具体涉及一种土豆沙琪玛的加工方法。

2. 背景技术

沙琪玛原名萨其马，是满族的一种食物。清代关外三陵祭祀的祭品之一，原意是"狗奶子蘸糖"。将面条炸熟后，用糖混合成小块。萨其马是北京著名京式四季沙琪玛之一。过去在北京亦曾写作"沙其马""赛利马"等。沙琪玛具有色泽米黄、口感酥松绵软、香甜可口、桂花蜂蜜香味浓郁的特色。

沙琪玛经过选料→蒸熟→调配→压片切丝→油炸→拌糖→成型→包装→成品；

（1）选料：新鲜的马铃薯原料清洗去皮蒸熟，并打成泥状。

（2）调配：按比例将调味品与原辅料混合均匀，在压片机上压成 2 mm 的薄片，并切成丝。

（3）油炸：将薯丝在 1309 ℃的油温下炸至饼丝酥脆，迅速捞出沥去表面浮油。

（4）拌糖：白糖与糖稀按 3∶1 的比例混合熬成质量分数为 80%的浓糖液，然后均匀地拌在薯丝上面，趁热压模成型，自然冷却后包装。

马铃薯，属茄科多年生草本植物，块茎可供食用，是全球第三大重要的粮食作物，仅次于小麦和玉米。马铃薯又称地蛋、土豆、洋山芋等，茄科植物的块茎。与小麦、玉米、稻谷、高粱并列为世界五大作物。

一般新鲜马铃薯中所含成分：淀粉 9%～20%，蛋白质 1.5%～2.3%，脂肪 0.1%～1.1%，粗纤维 0.6%～0.8%。100 g 马铃薯中所含的营养成分：能量 318 kJ，钙 5～8 mg，磷 15～40 mg，铁 0.4～0.8 mg，钾 200～340 mg，碘 0.8～1.2 mg，胡萝卜素 12～30 mg，硫胺素 0.03～0.08 mg，核黄素 0.01～0.04 mg，尼克酸 0.4～1.1 mg。

马铃薯块茎含有大量的淀粉。淀粉是食用马铃薯的主要能量来源。一般早熟种马铃薯含有 11%～14%的淀粉，中晚熟种含有 14%～20%的淀粉，高淀粉品种的块茎可达 25%以上。块茎还含有葡萄糖、果糖和蔗糖等。马铃薯蛋白质营养价值高，马铃薯块茎含有 2%左右的蛋白质，薯干中蛋白质含量为 8%～9%。据研究，马铃薯的蛋白质营养价值很高，其品质相当于鸡蛋的蛋白质，容易消化、吸收，优于其他作物的蛋白质。而且马铃薯的蛋白质含有 18 种氨基酸，包括人体不能合成的各种必需氨基酸。高度评价马铃薯的营养价值，是与其块茎含有高品位的蛋白质和必需氨基酸的赖氨酸、色氨酸、组氨酸、精氨酸、苯丙氨酸、缬氨酸、亮氨酸、异亮氨酸和蛋氨酸的存在是分不开的。马铃薯块茎含有多种维生素和无机盐。食用马铃薯有益于健康与维生素的作用是分不开的。特别是维生素 C 可防止坏血病，刺激造血机能等，在日常吃的大米、白面中是没有的，而马铃薯可提供大量的维生素 C。块茎中还含有维生素 A（胡萝卜素）、维生素 B_1（硫胺素）、维生素 B_2（核黄素）、维生素 pp（烟酸）、维生素 E（生育酚）、维生素 B_3（泛酸）、维生素 B_6（吡哆醇）、维生素 M（叶酸）和生物素 H 等，对人体健康都是有益的。此外，块茎中的矿物质如钙、磷、铁、钾、钠、锌、锰等，也是对人的健康和幼儿发育成长不可缺少的元素。马铃薯块茎中含有丰富的膳食纤维，并含有丰富的钾盐，属于碱性食品。有资料表示，马铃薯中的膳食纤维含量与苹果一样多。因此胃肠对马铃薯的吸收较慢，食用马铃薯后，停留在肠道中的时间比米饭长的多，所以更具有饱腹感，同时还能帮助带走一些油脂和垃圾，具有一定的通便排毒作用。除此以外，马铃薯的块茎还含有禾谷类粮食中所没有的胡萝卜素和抗坏血酸。从营养角度来看，它比大米、面粉具有更多的优点，能供给人体大量的热能，可称为"十全十美的食物"。人只靠马铃薯和全脂牛奶就足以维持生命和健康。因为马铃薯的营养成分非常全面，营养结构也较合理，只是蛋白质、钙和维生素 A 的量稍低；而这正好用全脂牛奶来补充。马铃薯块茎水分多、脂肪少、单位体积的热量相当低，所含的维生素 C 是苹果的 4 倍左右，B 族维生素是苹果的 4 倍，各种矿物质是苹果的几倍至几十倍不等。马铃薯是降血压食物，膳食中某种营养多了或缺了可致病。同样道理，调整膳食，也就可以"吃"掉相应疾病。马铃薯具有抗衰老的功效，它含有丰富的维生素 B_1、B_2、B_6 和泛酸等 B 族维生素及大量的优质纤维素，还含有微量元素、氨基酸、蛋白质、脂肪和优质淀粉等营养元素。马铃薯是碳水化合物，但是其含量仅是同等重量大米的 1/4 左右，研究表明，马铃薯中的淀粉是一种抗性淀粉，具有缩小脂肪细胞的作用。马铃薯是非常好的高钾低钠食品，很适合水肿型肥胖者食用，加上其钾含量丰富，几乎是蔬菜中最高的，所以还具有瘦腿的功效。由此可知，马铃薯具有很高的营养价值和药用价值，因此，马铃薯被广泛制作成各种各样的产品。

土豆全粉是脱水土豆制品中的一种，以新鲜土豆为原料，经清洗、去皮、挑选、切片、漂洗、预煮、冷却、蒸煮、捣泥等工艺过程，经脱水干燥而得的细颗粒状、片屑状或粉末状产品统称之为土豆全粉，土豆全粉在加工过程中已熟化，因此，土豆全粉具有很强的黏性，但是，相应地其延展性较差，将土豆全粉与面粉混合以后形成一种面制品基料，如果该基料中土豆全粉的含量超过 25%，在制作熟化面制品时难以维持面粉原有的加工特性，例如，在利用该基料制作成的沙琪玛膨松性较差，对沙琪玛的口感有很大的影响。

土豆淀粉是以新鲜的土豆，经过原料清洗、破碎、过滤、脱水、干燥、分包等工序处理而成的，具有洁白晶莹、质地细腻、黏度高等特点。因此，土豆淀粉具有很好的延展性，但是，相应地土豆淀粉黏性较差，不易成团，将土豆淀粉与面粉混合以后形成一种面制品基料，如果该基料中土豆淀粉的含量超过 25%，在制作熟化面制品时难以维持面粉原有的加工特性，例如，在利用该基料制作沙琪玛的过程中，沙琪玛难以成型，很难加工。

土豆沙琪玛是指以面粉为主要原料，在面粉中添加一定量的土豆全粉或土豆淀粉，经过选料→蒸熟→调配→压片切丝→油炸→拌糖→成型→包装→成品，土豆沙琪玛由于土豆粗纤维含量高、低脂肪、低蛋白、无面粉，必将成为喜欢"萨琪玛"又恐其高糖、高脂肪人群青睐的沙琪玛。目前，关于土豆沙琪玛的加工方法有很多，现有的土豆沙琪玛的加工方法大都是直接将土豆全粉直接与面粉单独混合后进行加工，由于土豆全粉的特性，在面粉中添加的土豆全粉含量都不超过 25%；或者将土豆淀粉与面粉单独混合，由于土豆淀粉的特性，在面粉中添加的土豆淀粉含量都不超过 25%；因而，利用现有的土豆沙琪玛的加工方法制成的土豆沙琪玛中土豆含量都不高，而且，土豆沙琪玛中含有的土豆的含量越高，在加工时越难以维持面粉原有的加工特性，其加工特性较差，导致土豆沙琪玛的生产效率较低，产品合格率也较低。

3. 发明内容

本发明所解决的技术问题是提供一种能够制得高含量土豆的沙琪玛且生产效率和合格率较高的土豆沙琪玛的加工方法。

本发明解决上述技术问题所采用的技术方案是：该土豆沙琪玛的加工方法，包括以下步骤：

A. 选取新鲜的土豆并将其进行清洗、去皮处理；

B. 将清洗去皮的土豆进行压榨处理得到土豆汁和土豆榨干物，将土豆汁加热至沸腾后冷却得到土豆液体，将土豆榨干物分成两部分，并分别标记为 M 和 N；

C. 将步骤 B 得到的标记为 M 的部分土豆榨干物低温烘干或晒干后粉碎得到土豆生粉；

D. 将步骤 B 得到的标记为 N 的部分土豆榨干物破碎成颗粒状，然后加入步骤 C 得到的土豆生粉得到混合物料，所述混合物料的水分含量为 15% ~ 25%，接着将含水量为 15% ~ 25% 的混合物料通过挤压膨化的方式得到土豆挤压膨化粉；

E. 制备基料，所述基料由谷朊粉、芦丁粉、面粉、由步骤 C 得到的土豆生粉、由步骤 D 得到的土豆挤压膨化粉混合而成，各组分的重量配比如下：土豆挤压膨化粉与土豆生粉的总含量为 30% ~ 60%，所述土豆挤压膨化粉与土豆生粉的比例为 1∶（0.8 ~ 2.8），芦丁粉 0 ~ 5%，谷朊粉 0 ~ 10%，余量为面粉；

F. 制备面团，将步骤 E 制得的基料加入适量的添加剂，混匀后加水或加入由步骤 B 得到的土豆液体搅拌得到面团；

G. 将步骤 F 得到的面团按照常规方法制成沙琪玛。

进一步的是，所述芦丁粉采用如下方法得到，具体方法如下所述：

S1. 选取完整的苦荞籽并清洗干净；

S2. 将清洗干净的苦荞籽放入清水中，在 10 ~ 50 ℃ 下浸泡 2 ~ 24 h，浸泡结束后将苦荞籽沥干水分，然后将沥干水分的苦荞籽在温度为 105 ~ 110 ℃ 的环境中进行烘干处理，烘干时间为 20 ~ 200 min；

S3. 将烘干后的苦荞籽放入盛装有碱性溶液的容器中，所述苦荞籽与碱性溶液的重量比为 1∶（5 ~ 20），所述碱性溶液的 pH 为 8 ~ 9，温度为 90 ℃，然后将密封的容器放入超声波环境中进行超声波恒温浸提，所述超声波恒温浸提的时间为 10 ~ 40 min，所述超声波恒温浸提的温度为 60 ~ 90 ℃，浸提结束后将密封的容器取出并冷却；

S4. 对容器中的液体进行抽滤处理，得到苦荞浸提液与浸提过后的苦荞籽，并将浸提过后的苦荞籽进行干燥处理；

S5. 在步骤 S4 得到的苦荞浸提液中加入酸性溶液调节混合液体的 pH 至 3.5 ~ 4，然后静置得到芦丁沉淀物，并对芦丁沉淀物进行干燥得到芦丁粉。

进一步的是，在步骤 S2 中，将清洗干净的苦荞籽放入清水中，在 37 ℃ 下浸泡 24 h。

进一步的是，在步骤 S2 中，将沥干水分的苦荞籽在温度为 105 ℃ 的环境中进行烘干处理。

进一步的是，在步骤 S3 中，所述碱性溶液为石灰水。

进一步的是，在步骤 S3 中，所述苦荞籽与碱性溶液的重量比为 1∶10。

进一步的是，在步骤 S3 中，所述超声波恒温浸提的温度为 80 ℃。

进一步的是，在步骤 S3 中，所述超声波恒温浸提的时间为 20 min，所述超声波的频率为 100 Hz。

本发明的有益效果：本发明所述的土豆沙琪玛的加工方法将新鲜的土豆进行压榨处理，不但能够得到营养价值较高的土豆汁还可以将土豆榨干物低温烘干或晒干后粉碎得到土豆生粉，同时将土豆榨干物破碎成颗粒状，然后加入土豆生粉得到混合物料，进而通过挤压膨化的方式得到土豆挤压膨化粉，然后用得到的土豆挤压膨化粉、土豆生粉混合谷朊粉、芦丁粉、面粉制得基料，利用土豆挤压膨化粉的强黏性弥补土豆生粉的软黏性，利用土豆生粉的强延展性弥补土豆挤压膨化粉的弱延展性，二者互相弥补相互作用，可以克服单独在面粉中添加土豆全粉或单独添加土豆淀粉导致原有的面粉特性被改变的情况发生。而且利用该加工方法制得的沙琪玛中土豆的总含量最低都可以达到 30%，最高可达 60%，远高于现有的土豆沙琪玛中的土豆含量。再者利用该加工方法制得的沙琪玛中含有含量较高的芦丁，大大增加了沙琪玛的营养价值，同时该土豆沙琪玛的加工方法在加工过程中，由于基料的加工特性与面粉的加工特性相近，不会出现土豆含量越高越难加工的情况出现，整个加工过程非常容易，可以大大提高沙琪玛的生产效率，同时沙琪玛的合格率也较高。在制作面团的时候加入土豆液体，进一步提高了沙琪玛中的土豆含量，进一步提高了沙琪玛的营养价值。

4. 具体实施方式

该土豆沙琪玛的加工方法，包括以下步骤：

A. 选取新鲜的土豆并将其进行清洗、去皮处理；

B. 将清洗去皮的土豆进行压榨处理得到土豆汁和土豆榨干物，将土豆汁加热至沸腾后冷却得到土豆液体，将土豆榨干物分成两部分，并分别标记为 M 和 N；

C. 将步骤 B 得到的标记为 M 的部分土豆榨干物低温烘干或晒干后粉碎得到土豆生粉；

D. 将步骤 B 得到的标记为 N 的部分土豆榨干物破碎成颗粒状，然后加入步骤 C 得到的土豆生粉得到混合物料，所述混合物料的水分含量为 15%～25%，接着将含水量为 15%～25% 的混合物料通过挤压膨化的方式得到土豆挤压膨化粉；

E. 制备基料，所述基料由谷朊粉、芦丁粉、面粉、由步骤 C 得到的土豆生粉、由步骤 D 得到的土豆挤压膨化粉混合而成，各组分的重量配比如下：土豆挤压膨化粉与土豆生粉的总含量为 30%～60%，所述土豆挤压膨化粉与土豆生粉的比例为 1：（0.8～2.8），芦丁粉 0～5%，谷朊粉 0～10%，余量为面粉；

F. 制备面团，将步骤 E 制得的基料加入适量的添加剂，混匀后加水或加入由步骤 B 得到的土豆液体搅拌得到面团；

G. 将步骤 F 得到的面团按照常规方法制成沙琪玛。

本发明所述的土豆沙琪玛的加工方法将新鲜的土豆进行压榨处理，不但能够得到营养价值较高的土豆汁还可以将土豆榨干物低温烘干或晒干后粉碎得到土豆生粉，同时将土豆榨干物破碎成颗粒状，然后加入土豆生粉得到混合物料，进而通过挤压膨化的方式得到土豆挤压膨化粉，然后用得到的土豆挤压膨化粉、土豆生粉混合谷朊粉、芦丁粉、面粉制得基料，利用土豆挤压膨化粉的强黏性弥补土豆生粉的软黏性，利用土豆生粉的强延展性弥补土豆挤压膨化粉的弱延展性，二者互相弥补相互作用，可以克服单独在面粉中添加土豆挤压膨化粉或单独添加土豆生粉导致原有的面粉特性被改变的情况发生，而且利用该加工方法制得的沙琪玛中土豆的总含量最低都可以达到 30%，最高可达 60%，远高于现有的土豆沙琪玛中的土豆含量，再者利用该加工方法制得的沙琪玛中含有含量较高的芦丁，大大增加了沙琪玛的营养价值，同时该土豆沙琪玛的加工方法在加工过程中，由于基料的加工特性与面粉的加工特性相近，不会出现土豆含量越高越难加工的情况出现，整个加工过程非常容易，可以大大提高沙琪玛的生产效率，同时沙琪玛的合格率也较高，同时在制作面团的时候加入土豆液体，进一步提高了沙琪玛中的土豆含量，进一步提高了沙琪玛的营养价值。

5. 实施例

将土豆挤压膨化粉、土豆生粉、谷朊粉、芦丁粉、面粉的含量按照表 3-18 所述的比例混合后在制作沙琪玛时的加工特性情况，表 3-19 为单独在面粉中添加土豆全粉和单独在面粉中添加土豆淀粉的对照组实验结果。

表 3-18　原料配比

实施例	土豆挤压膨化粉与土豆生粉的总含量/%	土豆挤压膨化粉与土豆生粉的比例	芦丁粉含量/%	谷朊粉含量/%	面粉含量/%	加工特性
例 1	30	1∶0.8	4.4	0.6	65	可以成型，与常规面粉和面成型无差别
例 2	30	1∶1.8	4.4	0.6	65	可以成型，与常规面粉和面成型无差别
例 3	30	1∶2.8	4.4	0.6	65	可以成型，与常规面粉和面成型无差别
例 4	40	1∶0.8	4.4	0.6	55	可以成型，与常规面粉和面成型无差别
例 5	40	1∶1.8	4.4	0.6	55	可以成型，与常规面粉和面成型无差别
例 6	40	1∶2.8	4.4	0.6	55	可以成型，与常规面粉和面成型无差别
例 7	50	1∶0.8	4.4	0.6	45	可以成型，与常规面粉和面成型无差别
例 8	50	1∶1.8	4.4	0.6	45	可以成型，与常规面粉和面成型无差别
例 9	50	1∶2.8	4.4	0.6	45	可以成型，与常规面粉和面成型无差别
例 10	60	1∶0.8	4.4	0.6	35	可以成型，但形状有变形，与常规面粉和面成型相比韧性变强，延展性变弱
例 11	60	1∶1.8	4.4	0.6	35	可以成型，与常规面粉和面成型无差别
例 12	60	1∶2.8	4.4	0.6	35	可以成型，与常规面粉和面成型无差别

表 3-19　对照组实验结果

对照组	土豆全粉含量/%	土豆淀粉含量/%	谷朊粉含量/%	面粉含量/%	加工特性
对照组 1	25	0	0.6	74.4	可以成型，但形状有变形，与常规面粉和面成型相比韧性变强，延展性变弱
对照组 2	20	0	0.6	79.4	可以成型，但形状有变形，与常规面粉和面成型相比韧性变强，延展性变弱
对照组 3	15	0	0.6	84.4	可以成型，与常规面粉和面成型相比韧性变强，延展性变弱
对照组 4	10	0	0.6	89.4	可以成型
对照组 5	0	25	0.6	74.4	可以成型，与常规面粉和面成型相比变形率增加明显
对照组 6	0	20	0.6	79.4	可以成型，与常规面粉和面成型相比变形率略有增加
对照组 7	0	15	0.6	84.4	可以成型，与常规面粉和面成型相比韧性变弱，变形率略有增加
对照组 8	0	10	0.6	89.4	可以成型

从表 3-19 可以得知，单独在面粉中添加 25% 的土豆全粉或单独在面粉中添加 25% 的土豆淀粉都会导致原有的面粉特性被改变的情况发生，无法按照沙琪玛常规加工设备生产出原先的产品，在制作沙琪玛时加工特性也变差。当面粉中添加 15% 的土豆全粉时可以成型，与常

规面粉和面成型相比韧性变强，延展性变弱；单独在面粉中添加15%的土豆淀粉时可以成型，与常规面粉和面成型相比韧性变弱，变形率略有增加。只有当面粉中添加10%的土豆全粉或单独在面粉中添加10%的土豆淀粉时，在制作熟化面制品时，其加工特性才接近面粉原有的加工特性。

从表3-18可以看出，当土豆挤压膨化粉与土豆生粉的总含量为30%~60%，谷朊粉的含量为0.6%、芦丁粉的含量为4.4%、余量为面粉时，在沙琪玛的加工过程中，其加工特性与面粉的加工特性区别不大。

从实施例1~12可以得知，在土豆挤压膨化粉与土豆生粉的总含量确定的情况下，其加工特性说明通过调节土豆挤压膨化粉与土豆生粉的比例可以获得与面粉加工特性相近的基料，从而可以按照常规沙琪玛生产工艺去加工高含量土豆的沙琪玛。

所述谷朊粉的含量根据实际情况而添加，可以添加0.1%、0.2%、0.3%、0.4%、0.5%、0.6%、0.7%、0.8%、0.9%、1.0%、1.1%、1.2%、1.3%、1.4%、1.5%、2%、3%、4%、5%、6%、7%、8%、9%、10%，添加谷朊粉的目的是增强土豆沙琪玛的韧性，从而使最终制作出的土豆沙琪玛具有较好的筋道，提升食品的口感，谷朊粉的含量优选为5%即可。

添加芦丁粉主要是为了提高沙琪玛的营养价值，芦丁属维生素类药，有降低毛细血管通透性和脆性的作用，保持及恢复毛细血管的正常弹性。用于防治高血压脑溢血；糖尿病视网膜出血和出血性紫癜等，也用作食品抗氧剂和色素。芦丁还是合成曲克芦丁的主要原料，曲克芦丁为心脑血管用药，能有效抑制血小板的聚集，有防止血栓形成的作用。芦丁粉的添加量可以是0.1%、0.2%、0.3%、0.4%、0.5%、0.6%、0.7%、0.8%、0.9%、1.0%、1.1%、1.2%、1.3%、1.4%、1.5%、2.5%、3%、3.5%、4%、4.5%、5%，芦丁粉的含量越高越好，但是为了控制沙琪玛成本，所述芦丁粉的添加量优选为4.4%即可，也可以不添加芦丁粉。

所述芦丁粉采用如下方法得到：

S1. 选取完整的苦荞籽并清洗干净；

S2. 将清洗干净的苦荞籽放入清水中，在10~50℃下浸泡2~24 h，浸泡结束后将苦荞籽沥干水分，然后将沥干水分的苦荞籽在温度为105~110℃的环境中进行烘干处理，烘干时间为20~200 min；

S3. 将烘干后的苦荞籽放入盛装有碱性溶液的容器中，所述苦荞籽与碱性溶液的重量比为1∶（5~20），所述碱性溶液的pH为8~9，温度为90℃，然后将密封的容器放入超声波环境中进行超声波恒温浸提，所述超声波恒温浸提的时间为10~40 min，所述超声波恒温浸提的温度为60~90℃，浸提结束后将密封的容器取出并冷却；

S4. 对容器中的液体进行抽滤处理，得到苦荞浸提液与浸提过后的苦荞籽，并将浸提过后的苦荞籽进行干燥处理；

S5. 在步骤S4得到的苦荞浸提液中加入酸性溶液调节混合液体的pH至3.5~4，然后静置得到芦丁沉淀物，并对芦丁沉淀物进行干燥得到芦丁粉。

该芦丁粉制备方法采用整粒的苦荞籽作为原料，将苦荞籽清洗干净后先放入清水中在10~50℃下浸泡2~24 h，浸泡结束后将苦荞籽沥干水分，然后将沥干水分的苦荞籽在温度为105~110℃的环境中进行烘干处理，接着将苦荞籽放入盛装有碱性溶液的容器中进行超声波恒温浸提使苦荞籽的种皮中含有的芦丁扩散，苦荞籽种皮中含有的芦丁同时向内、向外扩算，向外扩散至碱性溶液中，向内扩散至苦荞芯中，接着进行抽滤处理得到苦荞浸提液与浸提过后的苦荞籽，最后将苦荞浸提液静置得到芦丁沉淀物，并对芦丁沉淀物进行干燥得到芦丁粉，由于受种皮和苦荞壳的包裹，采用苦荞整粒碱液提取时可以避免苦荞芯中的淀粉进入浸提液中造成淀粉糊化，同时，将苦荞籽清洗干净后先放入清水中在 10～50 ℃ 下浸泡 2～24 h，浸泡结束后将苦荞籽沥干水分，然后将沥干水分的苦荞籽在温度为 105～110 ℃ 的环境中进行烘干处理，这样可以使苦荞芯外层或整个糊化，从而进一步避免苦荞芯中的淀粉进入浸提液中造成淀粉糊化，这样只需将苦荞浸提液静置一段时间后便可以很容易地将苦荞芦丁分离出来，成本非常低。同时，该方法是从苦荞种皮中提取苦荞芦丁，而苦荞种皮中芦丁含量是最高的，这样可以提取出更多的苦荞芦丁，提高了效率与产量。

在上述实施方式中，为了使苦荞芯整个糊化形成一个整体，就必须使得整个苦荞芯被清水泡透，为了达到上述目的，在步骤 S2 中，将清洗干净的苦荞籽放入清水中，在 37 ℃ 下浸泡 24 h。进一步的，为了使苦荞芯整个被快速糊化，在步骤 S2 中，将沥干水分的苦荞籽在温度为 105 ℃ 的环境中进行烘干处理。所述碱液可以是现有的各种碱性溶液，为了降低成本，在步骤 S3 中，所述碱性溶液优选为石灰水，由于石灰石获取容易，价格便宜，由此制成的石灰水成本非常低，可以进一步降低苦荞芦丁提取的成本。

选取完整的苦荞籽并清洗干净，然后将清洗干净的苦荞籽放入清水中，在 10～50 ℃ 下浸泡 2～24 h，浸泡结束后将苦荞籽沥干水分，然后将沥干水分的苦荞籽在温度为 105 ℃ 的环境中进行烘干处理，烘干时间为 20～200 min，接着将烘干的苦荞籽分为 16 组，每组苦荞籽的重量为 100 g，向每组中分别加入不同重量的 pH 为 8～9 的石灰水，在 80 ℃ 的条件下超声波恒温浸提不同时间后抽滤，测定芦丁浸提得率，所述芦丁浸提得率是指浸提液中的芦丁含量占苦荞籽总芦丁含量的百分比。各组的反应条件以及测定结果如表 3-20 所示：

表 3-20　80 ℃ 下芦丁浸提实验的其他反应条件及测定结果

实验组	石灰水添加量/g	超声波浸提时间/min	芦丁浸提得率/%
实验组 1	500	10	15.2
实验组 2	500	20	24.1
实验组 3	500	30	24.7
实验组 4	500	40	24.8
实验组 5	1000	10	27.6
实验组 6	1000	20	36.9
实验组 7	1000	30	37.9
实验组 8	1000	40	38.3
实验组 9	1500	10	33.8
实验组 10	1500	20	38.7
实验组 11	1500	30	39.3
实验组 12	1500	40	39.5
实验组 13	2000	10	34.7
实验组 14	2000	20	39.1
实验组 15	2000	30	39.3
实验组 16	2000	40	39.5

选取完整的苦荞籽并清洗干净，然后将清洗干净的苦荞籽放入清水中，在 10～50 ℃ 下浸泡 2～24 h，浸泡结束后将苦荞籽沥干水分，然后将沥干水分的苦荞籽在温度为 105 ℃ 的环境中进行烘干处理，烘干时间为 20～200 min，接着将烘干的苦荞籽分为 16 组，每组苦荞籽的重量为 100 g，向每组中分别加入不同重量的 pH 为 8～9 的石灰水，在不同的温度条件下超声波恒温浸提 20 min 后抽滤，测定芦丁浸提得率，所述芦丁浸提得率是指浸提液中的芦丁含量占苦荞籽总芦丁含量的百分比。各组的反应条件以及测定结果如表 3-21 所示：

表 3-21　超声波恒温浸提 20 min 下芦丁浸提实验的其他反应条件及测定结果

实验组	石灰水添加量/g	浸提温度/ ℃	芦丁浸提得率/%
实验组 1	500	60	4.3
实验组 2	500	70	13.7
实验组 3	500	80	24.2
实验组 4	500	90	24.7
实验组 5	1000	60	8.3
实验组 6	1000	70	21.9
实验组 7	1000	80	35.9
实验组 8	1000	90	36.3
实验组 9	1500	60	9.8
实验组 10	1500	70	23.7
实验组 11	1500	80	37.3
实验组 12	1500	90	38.5
实验组 13	2000	60	11.7
实验组 14	2000	70	26.1
实验组 15	2000	80	39.7
实验组 16	2000	90	40.5

从表 3-20 可以看出，当浸提温度为 80 ℃ 时，随着浸提碱性溶液添加量的增加，芦丁浸提得率不断增加，当碱性溶液为 500～1000 g 时，芦丁浸提得率增加明显，超过 1000 g，芦丁浸提得率增加变缓；从表 3-21 可以看出，当超声波浸提时间为 20 min 时，随着浸提碱液添加量的增加，芦丁浸提得率不断增加，500～1000 g 时，芦丁浸提得率增加明显，超过 1000 g，芦丁浸提得率增加变缓。因此，为了提高效率，节约成本，同时最大限度地提高苦荞芦丁的浸提效率，在步骤 S3 中，所述苦荞籽与碱性溶液的重量比优选为 1：10。

选取完整的苦荞籽并清洗干净，然后将清洗干净的苦荞籽放入清水中，在 10～50 ℃ 下浸泡 2～24 h，浸泡结束后将苦荞籽沥干水分，然后将沥干水分的苦荞籽在温度为 105 ℃ 的环境中进行烘干处理，烘干时间为 20～200 min，接着将烘干的苦荞籽分为 16 组，每组苦荞籽的重量为 100 g，向每组中分别加入 1000 g 的 pH 为 8～9 的石灰水，在不同的浸提温度条件下进行不同时间的超声波恒温浸提后抽滤，测定芦丁浸提得率，所述芦丁浸提得率是指浸提液中的芦丁含量占苦荞籽总芦丁含量的百分比。各组的反应条件以及测定结果如表 3-22 所示：

表3-22　不同温度、浸提时间下芦丁浸提实验的其他反应条件及测定结果

实验组	浸提温度/ °C	超声波浸提时间/min	芦丁浸提得率/%
实验组 1	60	10	6.3
实验组 2	60	20	8.1
实验组 3	60	30	8.7
实验组 4	60	40	8.8
实验组 5	70	10	20.6
实验组 6	70	20	21.9
实验组 7	70	30	21.9
实验组 8	70	40	22.3
实验组 9	80	10	33.8
实验组 10	80	20	35.7
实验组 11	80	30	37.3
实验组 12	80	40	37.5
实验组 13	90	10	34.7
实验组 14	90	20	36.1
实验组 15	90	30	38.3
实验组 16	90	40	38.5

　　从表3-22可以看出，当苦荞籽与碱性溶液的重量比为1∶10时，随着浸提温度的升高，芦丁浸提得率不断增加，60~80 °C时，芦丁浸提得率增加明显，超过80 °C，无明显增加；随着超声波浸提时间的延长，芦丁浸提得率不断缓慢增加。因此，为了提高效率，节约成本，同时最大限度地提高苦荞芦丁的浸提效率，在步骤S3中，所述超声波恒温浸提的温度优选为80 °C。同时，从表3-22可以看出，当浸提时间超过20 min后，芦丁浸提得率几乎无增加。因此，为了提高效率，节约成本与时间，同时最大限度地提高苦荞芦丁的浸提效率，在步骤S3中，所述超声波恒温浸提的时间优选为20 min。

　　另外，为了提高超声波恒温浸提的效率，所述超声波的频率为优选为100 Hz。

　　在沙琪玛的加工过程中，所述添加剂可以是糖、油脂、鸡蛋、奶粉、食盐、香辛料、馅料、香精、碳酸氢钠和碳酸氢铵等。

三、权利要求书

（1）一种土豆沙琪玛的加工方法，其特征在于包括以下步骤：

A. 选取新鲜的土豆并将其进行清洗、去皮处理；

B. 将清洗去皮的土豆进行压榨处理得到土豆汁和土豆榨干物，将土豆汁加热至沸腾后冷却得到土豆液体，将土豆榨干物分成两部分，并分别标记为M和N；

C. 将步骤B得到的标记为M的部分土豆榨干物低温烘干或晒干后粉碎得到土豆生粉；

D. 将步骤 B 得到的标记为 N 的部分土豆榨干物破碎成颗粒状，然后加入步骤 C 得到的土豆生粉得到混合物料，所述混合物料的水分含量为 15%～25%，接着将含水量为 15%～25% 的混合物料通过挤压膨化的方式得到土豆挤压膨化粉；

E. 制备基料，所述基料由谷朊粉、芦丁粉、面粉、由步骤 C 得到的土豆生粉、由步骤 D 得到的土豆挤压膨化粉混合而成，各组分的重量配比如下：土豆挤压膨化粉与土豆生粉的总含量为 30%～60%，所述土豆挤压膨化粉与土豆生粉的比例为 1∶（0.8～2.8），芦丁粉 0～5%，谷朊粉 0～10%，余量为面粉；

F. 制备面团，将步骤 E 制得的基料加入适量的添加剂，混匀后加水或加入由步骤 B 得到的土豆液体搅拌得到面团；

G. 将步骤 F 得到的面团按照常规方法制成沙琪玛。

（2）根据权利要求（1）所述的土豆沙琪玛的加工方法，其特征在于，所述芦丁粉采用如下方法得到：

S1. 选取完整的苦荞籽并清洗干净；

S2. 将清洗干净的苦荞籽放入清水中，在 10～50 ℃ 下浸泡 2～24 h，浸泡结束后将苦荞籽沥干水分，然后将沥干水分的苦荞籽在温度为 105～110 ℃ 的环境中进行烘干处理，烘干时间为 20～200 min；

S3. 将烘干后的苦荞籽放入盛装有碱性溶液的容器中，所述苦荞籽与碱性溶液的重量比为 1∶（5～20），所述碱性溶液的 pH 为 8～9，温度为 90 ℃，然后将密封的容器放入超声波环境中进行超声波恒温浸提，所述超声波恒温浸提的时间为 10～40 min，所述超声波恒温浸提的温度为 60～90 ℃，浸提结束后将密封的容器取出并冷却；

S4. 对容器中的液体进行抽滤处理，得到苦荞浸提液与浸提过后的苦荞籽，并将浸提过后的苦荞籽进行干燥处理；

S5. 在步骤 S4 得到的苦荞浸提液中加入酸性溶液调节混合液体的 pH 至 3.5～4，然后静置得到芦丁沉淀物，并对芦丁沉淀物进行干燥得到芦丁粉。

（3）根据权利要求（2）所述的土豆沙琪玛的加工方法，其特征在于：在步骤 S2 中，将清洗干净的苦荞籽放入清水中，在 37 ℃ 下浸泡 24 h。

（4）根据权利要求（2）所述的土豆沙琪玛的加工方法，其特征在于：在步骤 S2 中，将沥干水分的苦荞籽在温度为 105 ℃ 的环境中进行烘干处理。

（5）根据权利要求（2）所述的土豆沙琪玛的加工方法，其特征在于：在步骤 S3 中，所述碱性溶液为石灰水。

（6）根据权利要求（2）所述的土豆沙琪玛的加工方法，其特征在于：在步骤 S3 中，所述苦荞籽与碱性溶液的重量比为 1∶10。

（7）根据权利要求（2）所述的土豆沙琪玛的加工方法，其特征在于：在步骤 S3 中，所述超声波恒温浸提的温度为 80 ℃。

（8）根据权利要求（2）所述的土豆沙琪玛的加工方法，其特征在于：在步骤 S3 中，所述超声波恒温浸提的时间为 20 min，所述超声波的频率为 100 Hz。

第五节 一种土豆油炸方便食品的加工方法

一、基本信息（表 3-23）

表 3-23 一种土豆油炸方便食品的加工方法基本信息

专利类型	发明
申请（授权）号	2016104358965
发明人	巩发永、李静
申请人	西昌学院 巩发永
申请日	2016.6.16
说明书摘要	本发明公开了一种能够制得高含量土豆的油炸方便食品且生产效率和合格率较高的土豆油炸方便食品的加工方法。该加工方法将新鲜的土豆进行压榨处理，得到土豆挤压膨化粉、土豆生粉，然后混合谷朊粉、芦丁粉、面粉制得基料，可以克服单独在面粉中添加土豆全粉或单独添加土豆淀粉导致原有的面粉特性被改变的情况发生，而且利用该加工方法制得的油炸方便食品中土豆的总含量最低都可以达到 30%，最高可达 60%，再者利用该加工方法制得的油炸方便食品中含有含量较高的芦丁，大大增加了油炸方便食品的营养价值，同时在加工过程中，不会出现土豆含量越高越难加工的情况出现，可以大大提高油炸方便食品的生产效率和合格率。适合在食品领域推广应用

二、说明书

1. 技术领域

本发明涉及食品领域，具体涉及一种土豆油炸方便食品的加工方法。

2. 背景技术

油炸食品是我国传统的食品之一，无论是逢年过节的炸麻花、炸春卷、炸丸子，还是每天早餐所食用的油条、油饼、面窝；快餐中的炸薯条、炸面包以及零食里的油炸薯片、油炸饼干等，无一不是油炸食品。油炸食品因其酥脆可口、香气扑鼻，能增进食欲，所以深受许多成人和儿童的喜爱。

马铃薯，属茄科多年生草本植物，块茎可供食用，是全球第三大重要的粮食作物，仅次于小麦和玉米。马铃薯又称地蛋、土豆、洋山芋等，茄科植物的块茎。与小麦、玉米、稻谷、高粱并列为世界五大作物。

一般新鲜马铃薯中所含成分：淀粉 9% ~ 20%，蛋白质 1.5% ~ 2.3%，脂肪 0.1% ~ 1.1%，粗纤维 0.6% ~ 0.8%。100 g 马铃薯中所含的营养成分：能量 318 kJ，钙 5 ~ 8 mg，磷 15 ~ 40 mg，铁 0.4 ~ 0.8 mg，钾 200 ~ 340 mg，碘 0.8 ~ 1.2 mg，胡萝卜素 12 ~ 30 mg，硫胺素 0.03 ~ 0.08 mg，核黄素 0.01 ~ 0.04 mg，尼克酸 0.4 ~ 1.1 mg。

马铃薯块茎含有大量的淀粉。淀粉是食用马铃薯的主要能量来源。一般早熟种马铃薯含有 11%～14%的淀粉，中晚熟种含有 14%～20%的淀粉，高淀粉品种的块茎可达 25%以上。块茎还含有葡萄糖、果糖和蔗糖等。马铃薯蛋白质营养价值高，马铃薯块茎含有 2%左右的蛋白质，薯干中蛋白质含量为 8%～9%。据研究，马铃薯的蛋白质营养价值很高，其品质相当于鸡蛋的蛋白质，容易消化、吸收，优于其他作物的蛋白质。而且马铃薯的蛋白质含有 18 种氨基酸，包括人体不能合成的各种必需氨基酸。高度评价马铃薯的营养价值，是与其块茎含有高品位的蛋白质和必需氨基酸的赖氨酸、色氨酸、组氨酸、精氨酸、苯丙氨酸、缬氨酸、亮氨酸、异亮氨酸和蛋氨酸的存在是分不开的。马铃薯块茎含有多种维生素和无机盐。食用马铃薯有益于健康与维生素的作用是分不开的。特别是维生素 C 可防止坏血病，刺激造血机能等，在日常吃的大米、白面中是没有的，而马铃薯可提供大量的维生素 C。块茎中还含有维生素 A（胡萝卜素）、维生素 B_1（硫胺素）、维生素 B_2（核黄素）、维生素 pp（烟酸）、维生素 E（生育酚）、维生素 B_3（泛酸）、维生素 B_6（吡哆醇）、维生素 M（叶酸）和生物素 H 等，对人体健康都是有益的。此外，块茎中的矿物质如钙、磷、铁、钾、钠、锌、锰等，也是对人的健康和幼儿发育成长不可缺少的元素。马铃薯块茎含有丰富的膳食纤维，并含有丰富的钾盐，属于碱性食品。有资料表示，马铃薯中的膳食纤维含量与苹果一样多。因此胃肠对马铃薯的吸收较慢，食用马铃薯后，停留在肠道中的时间比米饭长的多，所以更具有饱腹感，同时还能帮助带走一些油脂和垃圾，具有一定的通便排毒作用。除此以外，马铃薯的块茎还含有禾谷类粮食中所没有的胡萝卜素和抗坏血酸。从营养角度来看，它比大米、面粉具有更多的优点，能供给人体大量的热能，可称为"十全十美的食物"。人只靠马铃薯和全脂牛奶就足以维持生命和健康。因为马铃薯的营养成分非常全面，营养结构也较合理，只是蛋白质、钙和维生素 A 的量稍低；而这正好用全脂牛奶来补充。马铃薯块茎水分多、脂肪少、单位体积的热量相当低，所含的维生素 C 是苹果的 4 倍左右，B 族维生素是苹果的 4 倍，各种矿物质是苹果的几倍至几十倍不等。马铃薯是降血压食物，膳食中某种营养多了或缺了可致病。同样道理，调整膳食，也就可以"吃"掉相应疾病。马铃薯具有抗衰老的功效，它含有丰富的维生素 B_1、B_2、B_6 和泛酸等 B 族维生素及大量的优质纤维素，还含有微量元素、氨基酸、蛋白质、脂肪和优质淀粉等营养元素。马铃薯是碳水化合物，但是其含量仅是同等重量大米的 1/4 左右，研究表明，马铃薯中的淀粉是一种抗性淀粉，具有缩小脂肪细胞的作用。马铃薯是非常好的高钾低钠食品，很适合水肿型肥胖者食用，加上其钾含量丰富，几乎是蔬菜中最高的，所以还具有瘦腿的功效。由此可知，马铃薯具有很高的营养价值和药用价值，因此，马铃薯被广泛制作成各种各样的产品。

土豆全粉是脱水土豆制品中的一种，以新鲜土豆为原料，经清洗、去皮、挑选、切片、漂洗、预煮、冷却、蒸煮、捣泥等工艺过程，经脱水干燥而得的细颗粒状、片屑状或粉末状产品统称之为土豆全粉，土豆全粉在加工过程中已熟化，因此，土豆全粉具有很强的黏性，但是，相应地其延展性较差，将土豆全粉与面粉混合以后形成一种面制品基料，如果该基料中土豆全粉的含量超过 25%，在制作熟化面制品时难以维持面粉原有的加工特性，例如，利用该基料制作成的油炸方便食品膨松性较差，对油炸方便食品的口感有很大的影响。

土豆淀粉是以新鲜的土豆，经过原料清洗、破碎、过滤、脱水、干燥、分包等工序处理而成的，具有洁白晶莹、质地细腻、黏度高等特点，因此，土豆淀粉具有很好的延展性，但是，相应地土豆淀粉黏性较差，不易成团，将土豆淀粉与面粉混合以后形成一种面制品基料，如果该基料中土豆淀粉的含量超过 25%时，在制作熟化面制品时难以维持面粉原有的加工特性，例如，在利用该基料制作油炸方便食品的过程中，油炸方便食品难以成型，很难加工。

土豆油炸方便食品是指以面粉为主要原料，在面粉中添加一定量的土豆全粉或土豆淀粉，经过选料→配料→混合→搅拌→成型→蒸煮→油炸→冷却→包装→成品。目前，关于土豆油炸方便食品的加工方法有很多，现有的土豆油炸方便食品的加工方法大都是直接将土豆全粉直接与面粉单独混合后进行加工，由于土豆全粉的特性，在面粉中添加的土豆全粉含量都不超过 25%；或者将土豆淀粉与面粉单独混合，由于土豆淀粉的特性，在面粉中添加的土豆淀粉含量都不超过 25%。因而，利用现有的土豆油炸方便食品的加工方法制成的土豆油炸方便食品中土豆含量都不高，而且，土豆油炸方便食品中含有的土豆的含量越高，在加工时越难以维持面粉原有的加工特性，其加工特性较差，导致土豆油炸方便食品的生产效率较低，产品合格率也较低。

3. 发明内容

本发明所解决的技术问题是提供一种能够制得高含量土豆的油炸方便食品且生产效率和合格率较高的土豆油炸方便食品的加工方法。

本发明解决上述技术问题所采用的技术方案是：该土豆油炸方便食品的加工方法，包括以下步骤：

A. 选取新鲜的土豆并将其进行清洗、去皮处理；

B. 将清洗去皮的土豆进行压榨处理得到土豆汁和土豆榨干物，将土豆汁加热至沸腾后冷却得到土豆液体，将土豆榨干物分成两部分，并分别标记为 M 和 N；

C. 将步骤 B 得到的标记为 M 的部分土豆榨干物低温烘干或晒干后粉碎得到土豆生粉；

D. 将步骤 B 得到的标记为 N 的部分土豆榨干物破碎成颗粒状，然后加入步骤 C 得到的土豆生粉得到混合物料，所述混合物料的水分含量为 15%~25%，接着将含水量为 15%~25%的混合物料通过挤压膨化的方式得到土豆挤压膨化粉；

E. 制备基料，所述基料由谷朊粉、芦丁粉、面粉、由步骤 C 得到的土豆生粉、由步骤 D 得到的土豆挤压膨化粉混合而成，各组分的重量配比如下：土豆挤压膨化粉与土豆生粉的总含量为 30%~60%，所述土豆挤压膨化粉与土豆生粉的比例为 1∶（1.8~4.8），芦丁粉 0~5%，谷朊粉 0~2%，余量为面粉；

F. 制备面团，将步骤 E 制得的基料加入适量的添加剂，混匀后加水或加入由步骤 B 得到的土豆液体搅拌得到面团；

G. 将步骤 F 得到的面团按照常规方法制成油炸方便食品。

进一步的是，所述芦丁粉采用如下方法得到，具体方法如下所述：

S1. 选取完整的苦荞籽并清洗干净；

S2. 将清洗干净的苦荞籽放入清水中，在 10~50 ℃下浸泡 2~24 h，浸泡结束后将苦荞籽沥干水分，然后将沥干水分的苦荞籽在温度为 105~110 ℃的环境中进行烘干处理，烘干时间为 20~200 min；

S3. 将烘干后的苦荞籽放入盛装有碱性溶液的容器中，所述苦荞籽与碱性溶液的重量比为 1∶（5~20），所述碱性溶液的 pH 为 8~9，温度为 90 ℃，然后将密封的容器放入超声波环境中进行超声波恒温浸提，所述超声波恒温浸提的时间为 10~40 min，所述超声波恒温浸提的温度为 60 ~ 90 ℃，浸提结束后将密封的容器取出并冷却；

S4. 对容器中的液体进行抽滤处理，得到苦荞浸提液与浸提过后的苦荞籽，并将浸提过后的苦荞籽进行干燥处理；

S5. 在步骤 S4 得到的苦荞浸提液中加入酸性溶液调节混合液体的 pH 至 3.5 ~ 4，然后静置得到芦丁沉淀物，并对芦丁沉淀物进行干燥得到芦丁粉。

进一步的是，在步骤 S2 中，将清洗干净的苦荞籽放入清水中，在 37 ℃ 下浸泡 24 h。

进一步的是，在步骤 S2 中，将沥干水分的苦荞籽在温度为 105 ℃ 的环境中进行烘干处理。

进一步的是，在步骤 S3 中，所述碱性溶液为石灰水。

进一步的是，在步骤 S3 中，所述苦荞籽与碱性溶液的重量比为 1∶10。

进一步的是，在步骤 S3 中，所述超声波恒温浸提的温度为 80 ℃。

进一步的是，在步骤 S3 中，所述超声波恒温浸提的时间为 20 min，所述超声波的频率为 100 Hz。

本发明的有益效果：本发明所述的土豆油炸方便食品的加工方法将新鲜的土豆进行压榨处理，不但能够得到营养价值较高的土豆汁还可以将土豆榨干物低温烘干或晒干后粉碎得到土豆生粉，同时将土豆榨干物破碎成颗粒状，然后加入土豆生粉得到混合物料，进而通过挤压膨化的方式得到土豆挤压膨化粉，然后用得到的土豆挤压膨化粉、土豆生粉混合谷朊粉、芦丁粉、面粉制得基料，利用土豆挤压膨化粉的强黏性弥补土豆生粉的软黏性，利用土豆生粉的强延展性弥补土豆挤压膨化粉的弱延展性，二者互相弥补相互作用，可以克服单独在面粉中添加土豆全粉或单独添加土豆淀粉导致原有的面粉特性被改变的情况发生，而且利用该加工方法制得的油炸方便食品中土豆的总含量最低都可以达到 30%，最高可达 60%，远高于现有的土豆油炸方便食品中的土豆含量，再者利用该加工方法制得的油炸方便食品中含有含量较高的芦丁，大大增加了油炸方便食品的营养价值，同时该土豆油炸方便食品的加工方法在加工过程中，由于基料的加工特性与面粉的加工特性相近，不会出现土豆含量越高越难加工的情况出现，整个加工过程非常容易，可以大大提高油炸方便食品的生产效率，同时油炸方便食品的合格率也较高，同时在制作面团的时候加入土豆液体，进一步提高了油炸方便食品中的土豆含量，进一步提高了油炸方便食品的营养价值。

4. 具体实施方式

该土豆油炸方便食品的加工方法，包括以下步骤：

A. 选取新鲜的土豆并将其进行清洗、去皮处理；

B. 将清洗去皮的土豆进行压榨处理得到土豆汁和土豆榨干物，将土豆汁加热至沸腾后冷却得到土豆液体，将土豆榨干物分成两部分，并分别标记为 M 和 N；

C. 将步骤 B 得到的标记为 M 的部分土豆榨干物低温烘干或晒干后粉碎得到土豆生粉；

D. 将步骤 B 得到的标记为 N 的部分土豆榨干物破碎成颗粒状，然后加入步骤 C 得到的土豆生粉得到混合物料，所述混合物料的水分含量为 15% ~ 25%，接着将含水量为 15% ~ 25% 的混合物料通过挤压膨化的方式得到土豆挤压膨化粉；

E. 制备基料，所述基料由谷朊粉、芦丁粉、面粉、由步骤 C 得到的土豆生粉、由步骤 D 得到的土豆挤压膨化粉混合而成，各组分的重量配比如下：土豆挤压膨化粉与土豆生粉的总含量为 30% ~ 60%，所述土豆挤压膨化粉与土豆生粉的比例为 1∶（1.8 ~ 4.8），芦丁粉 0 ~ 5%，谷朊粉 0～2%，余量为面粉；

　　F. 制备面团，将步骤 E 制得的基料加入适量的添加剂，混匀后加水或加入由步骤 B 得到的土豆液体搅拌得到面团；

　　G. 将步骤 F 得到的面团按照常规方法制成油炸方便食品。

　　本发明所述的土豆油炸方便食品的加工方法将新鲜的土豆进行压榨处理，不但能够得到营养价值较高的土豆汁还可以将土豆榨干物低温烘干或晒干后粉碎得到土豆生粉，同时将土豆榨干物破碎成颗粒状，然后加入土豆生粉得到混合物料，进而通过挤压膨化的方式得到土豆挤压膨化粉，然后用得到的土豆挤压膨化粉、土豆生粉混合谷朊粉、芦丁粉、面粉制得基料，利用土豆挤压膨化粉的强黏性弥补土豆生粉的软黏性，利用土豆生粉的强延展性弥补土豆挤压膨化粉的弱延展性，二者互相弥补相互作用，可以克服单独在面粉中添加土豆挤压膨化粉或单独添加土豆生粉导致原有的面粉特性被改变的情况发生。而且利用该加工方法制得的油炸方便食品中土豆的总含量最低都可以达到 30%，最高可达 60%，远高于现有的土豆油炸方便食品中的土豆含量。再者利用该加工方法制得的油炸方便食品中含有含量较高的芦丁，大大增加了油炸方便食品的营养价值。同时该土豆油炸方便食品的加工方法在加工过程中，由于基料的加工特性与面粉的加工特性相近，不会出现土豆含量越高越难加工的情况，整个加工过程非常容易，可以大大提高油炸方便食品的生产效率，同时油炸方便食品的合格率也较高。在制作面团的时候加入土豆液体，进一步提高了油炸方便食品中的土豆含量，进一步提高了油炸方便食品的营养价值。

　　5. 实施例

　　将土豆挤压膨化粉、土豆生粉、谷朊粉、芦丁粉、面粉的含量按照表 3-24 所述的比例混合后在制作油炸方便食品时的加工特性情况，表 3-25 为单独在面粉中添加土豆全粉和单独在面粉中添加土豆淀粉的对照组实验结果：

表 3-24　原料配方

实施例	土豆挤压膨化粉与土豆生粉的总含量/%	土豆挤压膨化粉与土豆生粉的比例	芦丁粉含量/%	谷朊粉含量/%	面粉含量/%	加工特性
例 1	30	1∶1.8	4.4	0.6	65	可以成型，与常规面粉和面成型无差别
例 2	30	1∶2.8	4.4	0.6	65	可以成型，与常规面粉和面成型无差别
例 3	30	1∶3.8	4.4	0.6	65	可以成型，与常规面粉和面成型无差别
例 4	30	1∶4.8	4.4	0.6	65	可以成型，与常规面粉和面成型无差别
例 5	40	1∶1.8	4.4	0.6	55	可以成型，与常规面粉和面成型无差别
例 6	40	1∶2.8	4.4	0.6	55	可以成型，与常规面粉和面成型无差别
例 7	40	1∶3.8	4.4	0.6	55	可以成型，与常规面粉和面成型无差别
例 8	40	1∶4.8	4.4	0.6	55	可以成型，与常规面粉和面成型无差别
例 9	50	1∶1.8	4.4	0.6	45	可以成型，与常规面粉和面成型无差别
例 10	50	1∶2.8	4.4	0.6	45	可以成型，与常规面粉和面成型无差别
例 11	50	1∶3.8	4.4	0.6	45	可以成型，与常规面粉和面成型无差别

实施例	土豆挤压膨化粉与土豆生粉的总含量/%	土豆挤压膨化粉与土豆生粉的比例	芦丁粉含量/%	谷朊粉含量/%	面粉含量/%	加工特性
例 12	50	1:4.8	4.4	0.6	45	可以成型，与常规面粉和面成型无差别
例 13	60	1:1.8	4.4	0.6	35	可以成型，但形状有变形，与常规面粉和面成型相比韧性变强，延展性变弱
例 14	60	1:2.8	4.4	0.6	35	可以成型，与常规面粉和面成型无差别
例 15	60	1:3.8	4.4	0.6	35	可以成型，与常规面粉和面成型无差别
例 16	60	1:4.8	4.4	0.6	35	可以成型，与常规面粉和面成型无差别

表 3-25　对照组实验结果

对照组	土豆全粉含量/%	土豆淀粉含量/%	谷朊粉含量/%	面粉含量/%	加工特性
对照组 1	25	0	0.6	74.4	可以成型，但形状有变形，与常规面粉和面成型相比韧性变强，延展性变弱
对照组 2	20	0	0.6	79.4	可以成型，但形状有变形，与常规面粉和面成型相比韧性变强，延展性变弱
对照组 3	15	0	0.6	84.4	可以成型，与常规面粉和面成型相比韧性变强，延展性变弱
对照组 4	10	0	0.6	89.4	可以成型
对照组 5	0	25	0.6	74.4	可以成型，与常规面粉和面成型相比变形率增加明显
对照组 6	0	20	0.6	79.4	可以成型，与常规面粉和面成型相比变形率略有增加
对照组 7	0	15	0.6	84.4	可以成型，与常规面粉和面成型相比韧性变弱，变形率略有增加
对照组 8	0	10	0.6	89.4	可以成型

从表 3-25 可以得知，单独在面粉中添加 25%的土豆全粉或单独在面粉中添加 25%的土豆淀粉都会导致原有的面粉特性被改变的情况发生，无法按照油炸方便食品常规加工设备生产出原先的产品，在制作油炸方便食品时加工特性也变差。当面粉中添加 15%的土豆全粉时可以成型，与常规面粉和面成型相比韧性变强，延展性变弱。单独在面粉中添加 15%的土豆淀粉时和面时可以成型，与常规面粉和面成型相比韧性变弱，变形率略有增加。只有当面粉中添加 10%的土豆全粉或单独在面粉中添加 10%的土豆淀粉时，在制作熟化面制品时，其加工特性才接近面粉原有的加工特性。

从表 3-24 可以看出，当土豆挤压膨化粉与土豆生粉的总含量为 30%～60%，谷朊粉的含量为 0.6%、芦丁粉的含量为 4.4%、余量为面粉时，在油炸方便食品的加工过程中，其加工特性与面粉的加工特性区别不大。

从实施例 1~16 可以得知，在土豆挤压膨化粉与土豆生粉的总含量确定的情况下，其加工特性说明通过调节土豆挤压膨化粉与土豆生粉的比例可以获得与面粉加工特性相近的基料，从而可以按照常规油炸方便食品生产工艺去加工高含量土豆的油炸方便食品。

所述谷朊粉的含量根据实际情况而添加，可以添加 0.1%、0.2%、0.3%、0.4%、0.5%、0.6%、0.7%、0.8%、0.9%、1.0%、1.1%、1.2%、1.3%、1.4%、1.5%、2%，添加谷朊粉的目的是增强土豆油炸方便食品的韧性，从而使最终制作出的土豆油炸方便食品具有较好的筋道，提升食品的口感，谷朊粉的含量优选为 0.6%即可。

添加芦丁粉主要是为了提高油炸方便食品的营养价值，芦丁属维生素类药，有降低毛细血管通透性和脆性的作用，保持及恢复毛细血管的正常弹性。用于防治高血压脑溢血；糖尿病视网膜出血和出血性紫癜等，也用作食品抗氧剂和色素。芦丁还是合成曲克芦丁的主要原料，曲克芦丁为心脑血管用药，能有效抑制血小板的聚集，有防止血栓形成的作用。芦丁粉的添加量可以是 0.1%、0.2%、0.3%、0.4%、0.5%、0.6%、0.7%、0.8%、0.9%、1.0%、1.1%、1.2%、1.3%、1.4%、1.5%、2.5%、3%、3.5%、4%、4.5%、5%，芦丁粉的含量越高越好，但是为了控制油炸方便食品成本，所述芦丁粉的添加量优选为 4.4%即可，也可以不添加芦丁粉。

所述芦丁粉采用如下方法得到：

S1. 选取完整的苦荞籽并清洗干净；

S2. 将清洗干净的苦荞籽放入清水中，在 10~50 ℃下浸泡 2~24 h，浸泡结束后将苦荞籽沥干水分，然后将沥干水分的苦荞籽在温度为 105~110 ℃的环境中进行烘干处理，烘干时间为 20~200 min；

S3. 将烘干后的苦荞籽放入盛装有碱性溶液的容器中，所述苦荞籽与碱性溶液的重量比为 1∶（5~20），所述碱性溶液的 pH 为 8~9，温度为 90 ℃，然后将密封的容器放入超声波环境中进行超声波恒温浸提，所述超声波恒温浸提的时间为 10~40 min，所述超声波恒温浸提的温度为 60~90 ℃，浸提结束后将密封的容器取出并冷却；

S4. 对容器中的液体进行抽滤处理，得到苦荞浸提液与浸提过后的苦荞籽，并将浸提过后的苦荞籽进行干燥处理；

S5. 在步骤 S4 得到的苦荞浸提液中加入酸性溶液调节混合液体的 pH 至 3.5~4，然后静置得到芦丁沉淀物，并对芦丁沉淀物进行干燥得到芦丁粉。

该芦丁粉制备方法采用整粒的苦荞籽作为原料，将苦荞籽清洗干净后先放入清水中在 10~50 ℃下浸泡 2~24 h，浸泡结束后将苦荞籽沥干水分，然后将沥干水分的苦荞籽在温度为 105~110 ℃的环境中进行烘干处理，接着将苦荞籽放入盛装有碱性溶液的容器中进行超声波恒温浸提使苦荞籽的种皮中含有的芦丁扩散，苦荞籽种皮中含有的芦丁同时向内、向外扩算，向外扩散至碱性溶液中，向内扩散至苦荞芯中，接着进行抽滤处理得到苦荞浸提液与浸提过后的苦荞籽，最后将苦荞浸提液静置得到芦丁沉淀物，并对芦丁沉淀物进行干燥得到芦丁粉，由于受种皮和苦荞壳的包裹，采用苦荞整粒碱液提取时可以避免苦荞芯中的淀粉进入浸提液中造成淀粉糊化，同时，将苦荞籽清洗干净后先放入清水中在 10~50 ℃下浸泡 2~24 h，浸泡结束后将苦荞籽沥干水分，然后将沥干水分的苦荞籽在温度为 105~110 ℃的环境中进行烘干处理，这样可以使苦荞芯外层或整个糊化，从而进一步避免苦荞芯中的淀粉进入浸提液中造成淀粉糊化，这样只需将苦荞浸提液静置一段时间后便可以很容易地将苦荞芦丁分离出来，成本非常低。同时，该方法是从苦荞种皮中提取苦荞芦丁，而苦荞种皮中芦丁含量是最高的，这样可以提取出更多的苦荞芦丁，提高了效率与产量。

在上述实施方式中，为了使苦荞芯整个糊化形成一个整体，就必须使得整个苦荞芯被清水泡透，为了达到上述目的，在步骤 S2 中，将清洗干净的苦荞籽放入清水中，在 37 ℃下浸泡 24 h。进一步的，为了使苦荞芯整个被快速糊化，在步骤 S2 中，将沥干水分的苦荞籽在温度为 105 ℃ 的环境中进行烘干处理。所述碱液可以是现有的各种碱性溶液，为了降低成本，在步骤 S3 中，所述碱性溶液优选为石灰水，由于石灰石获取容易，价格便宜，由此制成的石灰水成本非常低，可以进一步降低苦荞芦丁提取的成本。

选取完整的苦荞籽并清洗干净，然后将清洗干净的苦荞籽放入清水中，在 10 ~ 50 ℃下浸泡 2 ~ 24 h，浸泡结束后将苦荞籽沥干水分，然后将沥干水分的苦荞籽在温度为 105 ℃ 的环境中进行烘干处理，烘干时间为 20 ~ 200 min，接着将烘干的苦荞籽分为 16 组，每组苦荞籽的重量为 100 g，向每组中分别加入不同重量的 pH 为 8 ~ 9 的石灰水，在 80 ℃ 的条件下超声波恒温浸提不同时间后抽滤，测定芦丁浸提得率，所述芦丁浸提得率是指浸提液中的芦丁含量占苦荞籽总芦丁含量的百分比。各组的反应条件以及测定结果如表 3-26 所示：

表 3-26 　 80 ℃ 下芦丁浸提实验的其他反应条件及测定结果

实验组	石灰水添加量/g	超声波浸提时间/min	芦丁浸提得率/%
实验组 1	500	10	15.2
实验组 2	500	20	24.1
实验组 3	500	30	24.7
实验组 4	500	40	24.8
实验组 5	1000	10	27.6
实验组 6	1000	20	36.9
实验组 7	1000	30	37.9
实验组 8	1000	40	38.3
实验组 9	1500	10	33.8
实验组 10	1500	20	38.7
实验组 11	1500	30	39.3
实验组 12	1500	40	39.5
实验组 13	2000	10	34.7
实验组 14	2000	20	39.1
实验组 15	2000	30	39.3
实验组 16	2000	40	39.5

选取完整的苦荞籽并清洗干净，然后将清洗干净的苦荞籽放入清水中，在 10 ~ 50 ℃下浸泡 2 ~ 24 h，浸泡结束后将苦荞籽沥干水分，然后将沥干水分的苦荞籽在温度为 105 ℃ 的环境

中进行烘干处理，烘干时间为 20 ~ 200 min，接着将烘干的苦荞籽分为 16 组，每组苦荞籽的重量为 100 g，向每组中分别加入不同重量的 pH 为 8 ~ 9 的石灰水，在不同的温度条件下超声波恒温浸提 20 min 后抽滤，测定芦丁浸提得率，所述芦丁浸提得率是指浸提液中的芦丁含量占苦荞籽总芦丁含量的百分比。各组的反应条件以及测定结果如表 3-27 所示：

表 3-27　超声波恒温浸提 20 min 下芦丁浸提实验的其他反应条件及测定结果

实验组	石灰水添加量/g	浸提温度/ ℃	芦丁浸提得率/%
实验组 1	500	60	4.3
实验组 2	500	70	13.7
实验组 3	500	80	24.2
实验组 4	500	90	24.7
实验组 5	1000	60	8.3
实验组 6	1000	70	21.9
实验组 7	1000	80	35.9
实验组 8	1000	90	36.3
实验组 9	1500	60	9.8
实验组 10	1500	70	23.7
实验组 11	1500	80	37.3
实验组 12	1500	90	38.5
实验组 13	2000	60	11.7
实验组 14	2000	70	26.1
实验组 15	2000	80	39.7
实验组 16	2000	90	40.5

从表 3-26 可以看出，当浸提温度为 80 ℃ 时，随着浸提碱性溶液添加量的增加，芦丁浸提得率不断增加，当碱性溶液为 500 ~ 1000 g 时，芦丁浸提得率增加明显，超过 1000 g，芦丁浸提得率增加变缓；从表 3-27 可以看出，当超声波浸提时间为 20 min 时，随着浸提碱液添加量的增加，芦丁浸提得率不断增加，500 ~ 1000 g 时，芦丁浸提得率增加明显，超过 1000 g，芦丁浸提得率增加变缓。因此，为了提高效率，节约成本，同时最大限度地提高苦荞芦丁的浸提效率，在步骤 S3 中，所述苦荞籽与碱性溶液的重量比优选为 1∶10。

选取完整的苦荞籽并清洗干净，然后将清洗干净的苦荞籽放入清水中，在 10 ~ 50 ℃ 下浸泡 2 ~ 24 h，浸泡结束后将苦荞籽沥干水分，然后将沥干水分的苦荞籽在温度为 105 ℃ 的环境中进行烘干处理，烘干时间为 20 ~ 200 min，接着将烘干的苦荞籽分为 16 组，每组苦荞籽的重量为 100 g，向每组中分别加入 1000 g 的 pH 为 8 ~ 9 的石灰水，在不同的浸提温度条件下进行不同时间的超声波恒温浸提后抽滤，测定芦丁浸提得率，所述芦丁浸提得率是指浸提液中的芦丁含量占苦荞籽总芦丁含量的百分比。各组的反应条件以及测定结果如表 3-28 所示：

表 3-28　不同温度、浸提时间下芦丁浸提实验的其他反应条件及测定结果

实验组	浸提温度/ ℃	超声波浸提时间/min	芦丁浸提得率/%
实验组 1	60	10	6.3
实验组 2	60	20	8.1
实验组 3	60	30	8.7
实验组 4	60	40	8.8
实验组 5	70	10	20.6
实验组 6	70	20	21.9
实验组 7	70	30	21.9
实验组 8	70	40	22.3
实验组 9	80	10	33.8
实验组 10	80	20	35.7
实验组 11	80	30	37.3
实验组 12	80	40	37.5
实验组 13	90	10	34.7
实验组 14	90	20	36.1
实验组 15	90	30	38.3
实验组 16	90	40	38.5

从表 3-28 可以看出，当苦荞籽与碱性溶液的重量比为 1∶10 时，随着浸提温度的升高，芦丁浸提得率不断增加，60～80 ℃ 时，芦丁浸提得率增加明显，超过 80 ℃，无明显增加；随着超声波浸提时间的延长，芦丁浸提得率不断缓慢增加。因此，为了提高效率，节约成本，同时最大限度地提高苦荞芦丁的浸提效率，在步骤 S3 中，所述超声波恒温浸提的温度优选为 80 ℃。同时，从表 3-28 可以看出，当浸提时间超过 20 min 后，芦丁浸提得率几乎无增加。因此，为了提高效率，节约成本与时间，同时最大限度地提高苦荞芦丁的浸提效率，在步骤 S3 中，所述超声波恒温浸提的时间优选为 20 min。

另外，为了提高超声波恒温浸提的效率，所述超声波的频率为优选为 100 Hz。

在油炸方便食品的加工过程中，所述添加剂可以是糖、油脂、鸡蛋、奶粉、食盐、香辛料、馅料、香精、碳酸氢钠和碳酸氢铵等。

三、权利要求书

（1）一种土豆油炸方便食品的加工方法，其特征在于包括以下步骤：

A. 选取新鲜的土豆并将其进行清洗、去皮处理；

B. 将清洗去皮的土豆进行压榨处理得到土豆汁和土豆榨干物，将土豆汁加热至沸腾后冷却得到土豆液体，将土豆榨干物分成两部分，并分别标记为 M 和 N；

C. 将步骤 B 得到的标记为 M 的部分土豆榨干物低温烘干或晒干后粉碎得到土豆生粉；

D. 将步骤 B 得到的标记为 N 的部分土豆榨干物破碎成颗粒状，然后加入步骤 C 得到的土豆生粉得到混合物料，所述混合物料的水分含量为 15%～25%，接着将含水量为 15%～25% 的混合物料通过挤压膨化的方式得到土豆挤压膨化粉；

E. 制备基料，所述基料由谷朊粉、芦丁粉、面粉、由步骤 C 得到的土豆生粉、由步骤 D 得到的土豆挤压膨化粉混合而成，各组分的重量配比如下：土豆挤压膨化粉与土豆生粉的总含量为 30%～60%，所述土豆挤压膨化粉与土豆生粉的比例为 1：（1.8～4.8），芦丁粉 0～5%，谷朊粉 0～2%，余量为面粉；

F. 制备面团，将步骤 E 制得的基料加入适量的添加剂，混匀后加水或加入由步骤 B 得到的土豆液体搅拌得到面团；

G. 将步骤 F 得到的面团按照常规方法制成油炸方便食品。

（2）根据权利要求（1）所述的土豆油炸方便食品的加工方法，其特征在于，所述芦丁粉采用如下方法得到：

S1. 选取完整的苦荞籽并清洗干净；

S2. 将清洗干净的苦荞籽放入清水中，在 10～50 ℃ 下浸泡 2～24 h，浸泡结束后将苦荞籽沥干水分，然后将沥干水分的苦荞籽在温度为 105～110 ℃ 的环境中进行烘干处理，烘干时间为 20～200 min；

S3. 将烘干后的苦荞籽放入盛装有碱性溶液的容器中，所述苦荞籽与碱性溶液的重量比为 1：（5～20），所述碱性溶液的 pH 为 8～9，温度为 90 ℃，然后将密封的容器放入超声波环境中进行超声波恒温浸提，所述超声波恒温浸提的时间为 10～40 min，所述超声波恒温浸提的温度为 60～90 ℃，浸提结束后将密封的容器取出并冷却；

S4. 对容器中的液体进行抽滤处理，得到苦荞浸提液与浸提过后的苦荞籽，并将浸提过后的苦荞籽进行干燥处理；

S5. 在步骤 S4 得到的苦荞浸提液中加入酸性溶液调节混合液体的 pH 至 3.5～4，然后静置得到芦丁沉淀物，并对芦丁沉淀物进行干燥得到芦丁粉。

（3）根据权利要求（2）所述的土豆油炸方便食品的加工方法，其特征在于：在步骤 S2 中，将清洗干净的苦荞籽放入清水中，在 37 ℃ 下浸泡 24 h。

（4）根据权利要求（2）所述的土豆油炸方便食品的加工方法，其特征在于：在步骤 S2 中，将沥干水分的苦荞籽在温度为 105 ℃ 的环境中进行烘干处理。

（5）根据权利要求（2）所述的土豆油炸方便食品的加工方法，其特征在于：在步骤 S3 中，所述碱性溶液为石灰水。

（6）根据权利要求（2）所述的土豆油炸方便食品的加工方法，其特征在于：在步骤 S3 中，所述苦荞籽与碱性溶液的重量比为 1：10。

（7）根据权利要求（2）所述的土豆油炸方便食品的加工方法，其特征在于：在步骤 S3 中，所述超声波恒温浸提的温度为 80 ℃。

（8）根据权利要求（2）所述的土豆油炸方便食品的加工方法，其特征在于：在步骤 S3 中，所述超声波恒温浸提的时间为 20 min，所述超声波的频率为 100 Hz。

第六节 一种马铃薯薯片的加工方法及其装置

一、基本信息（表 3-29）

表 3-29 一种马铃薯薯片的加工方法及其装置基本信息

专利类型	发明
申请（授权）号	2016100054941
发明人	臧海波、巩发永、李静、江文世、刘晓燕、刘洋
申请人	西昌学院、凉山顺富农业科技有限公司
申请日	2016.1.1
说明书摘要	本发明公开了一种避免马铃薯在加工过程中发生褐变的马铃薯薯片的加工方法及其装置。该马铃薯薯片的加工方法是将马铃薯清洗干净后，分别在密闭的环境中对马铃薯进行去皮处理、切片处理、熟化处理、冷却处理、微波加热干燥处理，之后再进行油炸处理和调味处理，这样整个马铃薯薯片的加工过程马铃薯与氧气接触的几率大大降低，可以有效防止马铃薯中的多酚氧化酶（PPO）与空气中的氧接触，避免发生氧化聚合，可以有效防止马铃薯褐变，从而保证最后生产出的马铃薯薯片品质较高。适合在马铃薯加工技术领域推广应用

二、说明书

1. 技术领域

本发明涉及马铃薯加工技术领域，尤其是一种马铃薯薯片的加工方法及其装置。

2. 背景技术

马铃薯，属茄科多年生草本植物，块茎可供食用，是全球第三大重要的粮食作物，仅次于小麦和玉米。马铃薯又称地蛋、土豆、洋山芋等，茄科植物的块茎，与小麦、玉米、稻谷、高粱并列为世界五大作物。

马铃薯薯片的加工过程通常分为以下几个步骤:清洗→去皮→切片→熟化→冷却→干燥→油炸→调味。现有的马铃薯薯片加工过程中，由于各个工序大都是直接在空气中进行，这就导致马铃薯中的多酚氧化酶（PPO）很容易与空气中的氧接触，会发生氧化聚合，导致褐变，马铃薯发生褐变后不但会使马铃薯变黑，同时会破坏马铃薯的氨基酸、蛋白质和抗坏血酸，导致马铃薯的营养价值降低；再者，马铃薯发生褐变后，其风味较差，褐变产生的产物有抗氧化作用，会产生有害成分，如丙烯酰胺，危害人体健康。

3. 发明内容

本发明所要解决的技术问题是提供一种避免马铃薯在加工过程中发生褐变的马铃薯薯片的加工方法。

本发明解决其技术问题所采用的技术方案为：该马铃薯薯片的加工方法，包括以下步骤：

A. 将马铃薯清洗干净；

B. 将清洗干净的马铃薯在密闭的环境中进行去皮处理并用清水冲洗干净；

C. 将去皮的马铃薯转移至密闭的环境中进行切片处理；

D. 将切好的马铃薯片在密闭的环境中进行加热至马铃薯片熟化；

E. 将熟化的马铃薯片转移至真空环境中冷却；

F. 将冷却后的马铃薯片在密闭环境中进行微波加热干燥处理；

G. 将干燥后的马铃薯片进行油炸处理；

H. 将油炸过后的马铃薯片进行调味处理。

进一步的是，所述步骤 B 中，在去皮处理的过程中向密闭的环境中充入惰性保护气体；所述步骤 C 中，在切片过程中向密闭的环境中充入惰性保护气体；所述步骤 D 中，在加热的过程中向密闭的环境中充入惰性保护气体；所述步骤 F 中，在微波加热干燥过程中向密闭的环境中冲入惰性保护气体。

进一步的是，所述惰性保护气体为氮气。

本发明还提供了一种能够实现上述加工方法的马铃薯薯片的加工装置，该马铃薯薯片的加工装置包括依次设置的清洗装置、去皮装置、切片装置、熟化装置、冷却装置、微波干燥装置、油炸装置、调味装置。

所述清洗装置包括输送带 A、被动滚筒 A、驱动滚筒 A、驱动电机 A、一次清洗槽 A、二次清洗槽 A，所述被动滚筒 A、驱动滚筒 A 将输送带 A 绷紧，驱动电机 A 用于使驱动滚筒 A 转动，所述一次清洗槽 A、二次清洗槽 A 依次沿输送带 A 的运行方向设置，所述输送带 A 为网状结构，所述一次清洗槽 A 包括第一水槽 A，所述第一水槽 A 位于上层的输送带 A 与下层的输送带 A 之间，第一水槽 A 内设置有多根互相平行设置的第一下喷管 A，所述第一下喷管 A 上间隔设置有多个第一下喷嘴 A，所述第一下喷嘴 A 朝向上层的输送带 A，所述第一水槽 A 的上方设置有多个第一上喷管 A，所述第一上喷管 A 上间隔设置有多个第一上喷嘴 A，所述第一上喷嘴 A 朝向上层的输送带 A，第一水槽 A 的底部连接有与其连通的第一排污管 A；所述二次清洗槽 A 包括第二水槽 A，所述第二水槽 A 位于上层的输送带 A 与下层的输送带 A 之间，第二水槽 A 内设置有多根互相平行设置的第二下喷管 A，所述第二下喷管 A 上间隔设置有多个第二下喷嘴 A，所述第二下喷嘴 A 朝向上层的输送带 A，所述第二水槽 A 的上方设置有多个第二上喷管 A，所述第二上喷管 A 上间隔设置有多个第二上喷嘴 A，所述第二上喷嘴 A 朝向上层的输送带 A，第二上喷管 A、第二下喷管 A 均与高压水管连通，第二水槽 A 的底部连接有与其连通的第二排污管 A，所述第二排污管 A 末端连接有水池 A，所述水池 A 上设置有入水口 A 与出水口 A，所述入水口 A 与第二排污管 A 末端连通，所述出水口 A 上连接有引水管 A，所述引水管 A 上设置有水泵 A，引水管 A 的末端分别与第一上喷管 A、第一下喷管 A 连通。

所述去皮装置包括密闭的外筒体 B、驱动电机 B，所述外筒体 B 内设置有转盘 B，所述转盘 B 的外径与外筒体 B 的内径相匹配，所述转盘 B 的下表面中心位置固定有转轴 B，转轴 B 下端延伸至外筒体 B 外，驱动电机 B 的输出轴与转轴 B 的下端相连，所述转盘 B 的上表面为波浪形，转盘 B 将外筒体 B 的内部分为去皮空腔 B 与储水空腔 B，所述去皮空腔 B 内设置有喷水头 B，所述喷水头 B 位于转盘 B 上方且朝向转盘 B，所述喷水头 B 上连接有引流管 B，引流管 B 上设置有截止阀 B，所述引流管 B 与高压水管相连，所述外筒体 B 的筒壁上设置有出料口 B，所述出料口 B 位于转盘 B 所在水平面之上，所述去皮空腔 B 内设置有环形套筒 B，所述环形套筒 B 的外径与外筒体 B 的内径相匹配，环形套筒 B 的内壁表面为研磨面，环形套筒 B 的上端设置有升降装置 B，当环形套筒 B 的下端靠近转盘 B 时，环形套筒 B 将出料口 B 挡住，当环形套筒 B 向上移动至最高点时，出料口 B 与去皮空腔 B 连通，所述转盘 B 上设置有多个过水孔 B，所述过水孔 B 将去皮空腔 B 与储水空腔 B 连通，所述外筒体 B 的底部设置有排水口 B，排水口 B 上连接有第一排污管 B，第一排污管 B 上设置有第一导通阀 B，第一排污管 B 的末端连接有密闭的过渡水箱 B，所述过渡水箱 B 的底部连接有与之连通的第二排污管 B，所述第二排污管 B 上设置有第二导通阀 B，所述外筒体 B 上方设置有过渡筒体 B，所述过渡筒体 B 的下端与外筒体 B 的上端密封连接且在过渡筒体 B 的下端设置有第一控制阀 B，过渡筒体 B 的上端设置有第二控制阀 B。

所述切片装置包括密闭的壳体 C，所述壳体 C 内设置有转轴 C，转轴 C 上连接有驱动电机 C，转轴 C 将壳体 C 分为左侧空间 C 与右侧空间 C，所述壳体 C 的顶部开有进料口 C，壳体 C 的底部开有出料口 C，所述进料口 C 与出料口 B 通过导料管 C 密封连接，所述进料口 C 与左侧空间 C 连通，出料口 C 位于进料口 C 的正下方，所述转轴 C 的轴向方向与马铃薯下落的方向互相垂直，所述转轴上套设有多个刀片 C。

所述熟化装置包括蒸汽发生器 D、内筒体 D 与外筒体 D，所述内筒体 D 设置在外筒体 D 内，所述外筒体 D 与内筒体 D 之间形成一个密闭的夹层空间 D，所述内筒体的筒壁上设置有蒸汽通孔 D，蒸汽发生器 D 与夹层空间 D 通过蒸汽管 D 连通，所述内筒体 D 的上端设置有第一截止阀 D，内筒体 D 的下端设置有第二截止阀 D，所述内筒体 D 的上端连接有过渡筒体 D，所述过渡筒体 D 的上端连接有料斗 D，所述料斗 D 的出料口设置有第三截止阀 D，所述料斗 D 的进料口与出料口 C 密封连接。

所述冷却装置包括密闭的真空箱体 E，所述真空箱体 E 上连接有真空泵 E，所述真空箱体 E 的底部设置有出料口 E，所述出料口 E 上密封连接有第一过渡筒体 E，所述第一过渡筒体 E 的上端设置有第一截止阀 E，所述第一过渡筒体 E 的下端设置有第二截止阀 E，所述真空箱体 E 上方设置有第二过渡筒体 E，所述第二过渡筒体 E 的下端与真空箱体 E 密封连接且与真空箱体 E 内部连通，所述第二过渡筒体 E 的下端设置有第三截止阀 E，所述第二过渡筒体 E 的上端与内筒体 D 的下端密封连接。

所述微波干燥装置包括密闭的箱体 G，所述箱体 G 内设置有微波发射器 G、微波接收器 G、加热筒体 G，所述加热筒体 G 的上端密封连接有过渡筒体 G，所述过渡筒体 G 的上端延伸至箱体 G 外且与第一过渡筒体 E 的末端密封连接，所述加热筒体 G 的下端延伸至箱体 G 外且在加热筒体 G 的下端设置有第二截止阀 G，所述微波发射器 G、微波接收器 G 分别设置在加热筒体 G 的两侧。

所述油炸装置包括箱体 E，所述箱体 E 内盛装有高温食用油，所述箱体 E 内设置有第一输送带 E、第一被动滚筒 E、第一驱动滚筒 E，第一输送带 E 的表面设置有多块第一刮料板，多块第一刮料板互相平行设置且与第一输送带 E 的输送方向互相垂直，所述第一输送带 E 水平设置且上层的第一输送带 E 被高温食用油淹没，加热筒体 G 的下端朝向第一输送带 E，所述第一被动滚筒 E、第一驱动滚筒 E 将第一输送带 E 绷紧，第一驱动滚筒 E 上连接有用于使其转动第一驱动电机 E，所述箱体 E 内还设置有第二驱动滚筒 E、第二输送带 E，第二驱动滚筒 E 上连接有用于使其转动的第二驱动电机 E，所述箱体 E 的上方设置有第二被动滚筒 E，所述第二驱动滚筒 E 设置在第一被动滚筒 E 的右下方，第二被动滚筒 E 设置在第二驱动滚筒 E 的右侧，所述第二被动滚筒 E、第二驱动滚筒 E 将第二输送带 E 绷紧，所述第二输送带 E 的表面设置有多块第二刮料板，多块第二刮料板互相平行设置且与第二输送带 E 的输送方向互相垂直，所述第一刮料板的高度与第二刮料板的高度之和等于第一被动滚筒 E 与第二驱动滚筒 E 之间的最小间距，所述第二被动滚筒 E 的右下方设置有第三驱动滚筒 E，所述箱体 E 的右上方设置有第三被动滚筒 E、第三输送带 E，第三输送带 E 水平设置，所述第三被动滚筒 E、第三驱动滚筒 E 将第三输送带 E 绷紧。

所述调味装置包括调味滚筒，所述第三被动滚筒 E 位于调味滚筒内，所述调味滚筒从左至右倾斜设置，所述调味滚筒的左侧设置有装有调料的漏斗，所述漏斗的出料口朝向第三输送带 E。

进一步的是，所述水池 A 内设置有多个滤网 A，多个滤网 A 依次设置在入水口 A 与出水口 A 之间；所述输送带 A 上方设置有料斗 A，料斗 A 的出料口朝向输送带 A，料斗 A 位于一次清洗槽 A 的外侧；所述二次清洗槽 A 的外侧设置有接料槽 A，过渡筒体 B 的上端与接料槽 A 的下端密封连接，所述接料槽 A 上连接有导料槽 A，所述导料槽 A 的一端与接料槽 A 相连，另一端延伸至被动滚筒 A 的外侧且与输送带 A 相接触。

进一步的是，所述刀片 C 的长度与左侧空间 C 的宽度相同。

进一步的是，所述调味滚筒的右端下方设置有收集槽。

进一步的是，所述外筒体 B 上连接有用于向外筒体 B 内充入氮气的氮气管 B；所述壳体 C 上连接有用于向壳体 C 内充入氮气的氮气管 C；所述外筒体 D 上连接有用于向外筒体 D 内充入氮气的氮气管 D；所述壳体 F 上连接有用于向壳体 F 内充入氮气的氮气管 F；所述箱体 G 上连接有用于向箱体 G 内充入氮气的氮气管 G。

本发明的有益效果是：该马铃薯薯片的加工方法是将马铃薯清洗干净后，分别在密闭的环境中对马铃薯进行去皮处理、切片处理、熟化处理、冷却处理、微波加热干燥处理，之后再进行油炸处理和调味处理，这样整个马铃薯薯片的加工过程马铃薯与氧气接触的几率大大降低，可以有效防止马铃薯中的多酚氧化酶（PPO）与空气中的氧接触，避免发生氧化聚合，可以有效防止马铃薯褐变，从而保证最后生产出的马铃薯薯片品质较高。

附图说明：

为了更清楚地说明本发明实施例或现有技术中的技术方案，下面将对实施例或现有技术描述中所需要使用的附图做简单的介绍（图 3-1）。显而易见的，下面描述中的附图仅仅是本发明的实施例，对于本领域普通技术人员来讲，在不付出创造性劳动的前提下，还可以根据提供的附图获得其他的附图。

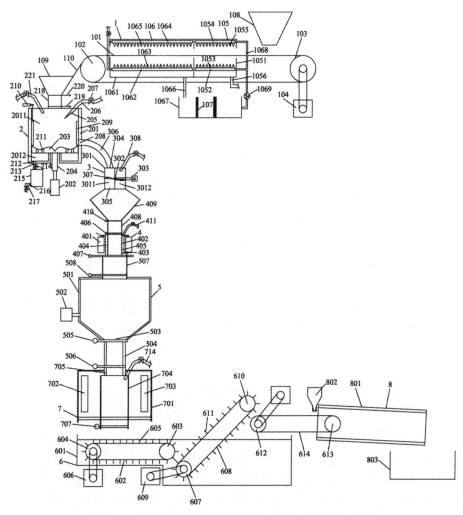

图 3-1　本发明所述马铃薯薯片加工装置的结构示意图

　　图中标记说明：清洗装置（1），包括输送带 A（101）、被动滚筒 A（102）、驱动滚筒 A（103）、驱动电机 A（104）、一次清洗槽 A（105）、第一水槽 A（1051）、第一下喷管 A（1052）、第一下喷嘴 A（1053）、第一上喷管 A（1054）、第一上喷嘴 A（1055）、第一排污管 A（1056）、二次清洗槽 A（106）、第二水槽 A（1061）、第二下喷管 A（1062）、第二下喷嘴 A（1063）、第二上喷管 A（1064）、第二上喷嘴 A（1065）、第二排污管 A（1066）、水池 A（1067）、引水管 A（1068）、水泵 A（1069）、滤网 A（107）、料斗 A（108）、接料槽 A（109）、导料槽 A（110）；去皮装置（2），包括外筒体 B（201）、去皮空腔 B（2011）、储水空腔 B（2012）、驱动电机 B（202）、转盘 B（203）、转轴 B（204）、喷水头 B（205）、引流管 B（206）、截止阀 B（207）、出料口 B（208）、环形套筒 B（209）、升降装置 B（210）、过水孔 B（211）、排水口 B（212）、第一排污管 B（213）、第一导通阀 B（214）、过渡水箱 B（215）、第二排污管 B（216）、第二导通阀 B（217）、过渡筒体 B（218）、第一控制阀 B（219）、第二控制阀 B（220）、氮气管 B（221）；切片装置（3），包括壳体 C（301）、左侧空间 C（3011）、右侧空间 C（3012）、转轴 C（302）、驱动电机 C（303）、进料口 C（304）、出料口 C（305）、导料管 C（306）、刀片 C（307）、氮气管 C（308）；熟化装置（4），包括蒸汽发生器 D（401）、内筒体 D（402）、

外筒体 D（403）、夹层空间 D（404）、蒸汽通孔 D（405）、第一截止阀 D（406）、第二截止阀 D（407）、过渡筒体 D（408）、料斗 D（409）、第三截止阀 D（410）、氮气管 D（411）；冷却装置（5），包括真空箱体 E（501）、真空泵 E（502）、出料口 E（503）、第一过渡筒体 E（504）、第一截止阀 E（505）、第二截止阀 E（506）、第二过渡筒体 E（507）、第三截止阀 E（508）；油炸装置（6），包括箱体 E（601）、第一输送带 E（602）、第一被动滚筒 E（603）、第一驱动滚筒 E（604）、第一刮料板 E（605）、第一驱动电机 E（606）、第二驱动滚筒 E（607）、第二输送带 E（608）、第二驱动电机 E（609）、第二被动滚筒 E（610）、第二刮料板 E（611）、第三驱动滚筒 E（612）、第三被动滚筒 E（613）、第三输送带 E（614）；微波干燥装置（7），包括箱体 G（701）、微波发射器 G（702）、微波接收器 G（703）、加热筒体 G（704）、过渡筒体 G（705）、第二截止阀 G（707）、氮气管 G（714）；调味装置（8），包括调味滚筒（801）、漏斗（802）、收集槽（803）。

4. 具体实施方式

现有的马铃薯薯片加工方法由于无法避免马铃薯与空气接触，所以非常容易导致马铃薯在加工过程中发生褐变，为了避免马铃薯在加工过程中发生褐变，本发明提出了一种新的马铃薯薯片的加工方法，该马铃薯薯片的加工方法是将马铃薯清洗干净后，分别在密闭的环境中对马铃薯进行去皮处理、切片处理、熟化处理、冷却处理、微波加热干燥处理，之后再进行油炸处理和调味处理。这样整个马铃薯薯片的加工过程马铃薯与氧气接触的几率大大降低，可以有效防止马铃薯中的多酚氧化酶（PPO）与空气中的氧接触，避免发生氧化聚合，可以有效防止马铃薯褐变，从而保证最后生产出的马铃薯薯片品质较高。

具体的，该马铃薯薯片加工方法，包括以下步骤：

A. 将马铃薯清洗干净；

B. 将清洗干净的马铃薯在密闭的环境中进行去皮处理并用清水冲洗干净；

C. 将去皮的马铃薯转移至密闭的环境中进行切片处理；

D. 将切好的马铃薯片在密闭的环境中进行加热至马铃薯片熟化；

E. 将熟化的马铃薯片转移至真空环境中冷却；

F. 将冷却后的马铃薯片在密闭环境中进行微波加热干燥处理；

G. 将干燥后的马铃薯片进行油炸处理；

H. 将油炸过后的马铃薯片进行调味处理。

在上述实施方式中，为了彻底避免马铃薯与空气中的氧气接触，所述步骤 B 中，在去皮处理的过程中向密闭的环境中充入惰性保护气体；所述步骤 C 中，在切片过程中向密闭的环境中充入惰性保护气体；所述步骤 D 中，在加热的过程中向密闭的环境中充入惰性保护气体；所述步骤 F 中，在微波加热干燥过程中向密闭的环境中冲入惰性保护气体。通过在去皮、切片、熟化、干燥过程中通入惰性保护气体，由于惰性保护气体不会与马铃薯发生任何化学反应，因此，可以有效避免马铃薯发生褐变。进一步的是，所述惰性气体可以采用氩气、氮气等惰性气体，作为优选的方式是：所述惰性保护气体为氮气，由于氮气在空气中的含量最高，获取容易，成本较低。

本发明还提供了一种能够实现上述加工方法的马铃薯薯片的加工装置，为使本发明实施例的目的、技术方案和优点更加清楚，下面将结合本发明实施例中的附图（图 3-1），对本发明实施例中的技术方案进行清楚、完整的描述。显然，所描述的实施例是本发明一部分实施例，而不是全部的实施例。基于本发明中的实施例，本领域普通技术人员在没有作出创造性劳动前提下所获得的所有其他实施例，都属于本发明保护的范围。

如图 3-1 所示，该马铃薯薯片的加工装置，包括依次设置的清洗装置（1）、去皮装置（2）、切片装置（3）、熟化装置（4）、冷却装置（5）、微波干燥装置（7）、油炸装置（6）、调味装置（8）。

所述清洗装置（1）包括输送带 A（101）、被动滚筒 A（102）、驱动滚筒 A（103）、驱动电机 A（104）、一次清洗槽 A（105）、二次清洗槽 A（106），所述被动滚筒 A（102）、驱动滚筒 A（103）将输送带 A（101）绷紧，驱动电机 A（104）用于使驱动滚筒 A（103）转动，所述一次清洗槽 A（105）、二次清洗槽 A（106）依次沿输送带 A（101）的运行方向设置，所述输送带 A（101）为网状结构，所述一次清洗槽 A（105）包括第一水槽 A（1051），所述第一水槽 A（1051）位于上层的输送带 A（101）与下层的输送带 A（101）之间，第一水槽 A（1051）内设置有多根互相平行设置的第一下喷管 A（1052），所述第一下喷管 A（1052）上间隔设置有多个第一下喷嘴 A（1053），所述第一下喷嘴 A（1053）朝向上层的输送带 A（101），所述第一水槽 A（1051）的上方设置有多个第一上喷管 A（1054），所述第一上喷管 A（1054）上间隔设置有多个第一上喷嘴 A（1055），所述第一上喷嘴 A（1055）朝向上层的输送带 A（101），第一水槽 A（1051）的底部连接有与其连通的第一排污管 A（1056）；所述二次清洗槽 A（106）包括第二水槽 A（1061），所述第二水槽 A（1061）位于上层的输送带 A（101）与下层的输送带 A（101）之间，第二水槽 A（1061）内设置有多根互相平行设置的第二下喷管 A（1062），所述第二下喷管 A（1062）上间隔设置有多个第二下喷嘴 A（1063），所述第二下喷嘴 A（1063）朝向上层的输送带 A（101），所述第二水槽 A（1061）的上方设置有多个第二上喷管 A（1064），所述第二上喷管 A（1064）上间隔设置有多个第二上喷嘴 A（1065），所述第二上喷嘴 A（1065）朝向上层的输送带 A（101），第二上喷管 A（1064）、第二下喷管 A（1062）均与高压水管连通，第二水槽 A（1061）的底部连接有与其连通的第二排污管 A（1066），所述第二排污管 A（1066）末端连接有水池 A（1067），所述水池 A（1067）上设置有入水口 A 与出水口 A，所述入水口 A 与第二排污管 A（1066）末端连通，所述出水口 A 上连接有引水管 A（1068），所述引水管 A（1068）上设置有水泵 A（1069），引水管 A（1068）的末端分别与第一上喷管 A（1054）、第一下喷管 A（1052）连通。

所述去皮装置（2）包括密闭的外筒体 B（201）、驱动电机 B（202），所述外筒体 B（201）内设置有转盘 B（203），所述转盘 B（203）的外径与外筒体 B（201）的内径相匹配，所述转盘 B（203）的下表面中心位置固定有转轴 B（204），转轴 B（204）下端延伸至外筒体 B（201）外，驱动电机 B（202）的输出轴与转轴 B（204）的下端相连，所述转盘 B（203）的上表面为波浪形，转盘 B（203）将外筒体 B（201）的内部分为去皮空腔 B（2011）与储水空腔 B（2012），所述去皮空腔 B（2011）内设置有喷水头 B（205），所述喷水头 B（205）位于转盘 B（203）上方且朝向转盘 B（203），所述喷水头 B（205）上连接有引流管 B（206），引流管 B（206）上设置有截止阀 B（207），所述引流管 B（206）与高压水管相连，所述外筒体 B（201）的筒壁上设置有出料口 B（208），所述出料口 B（208）位于转盘 B（203）所在水平面之上，所述去皮空腔 B（2011）内设置有环形套筒 B（209），所述环形套筒 B（209）的外径与外筒体 B（201）的内径相匹配，环形套筒 B（209）的内壁表面为研磨面，环形套筒 B（209）的上端设置有升降装置 B（210），当环形套筒 B（209）的下端靠进转盘 B（203）时，环形套筒 B（209）将出料口 B（208）挡住，当环形套筒 B（209）向上移动至最高点时，出料口 B（208）与去皮空腔 B（2011）连通，所述转盘 B（203）上设置有多个过水孔 B（211），所述过水孔 B（211）将去皮空腔 B（2011）与储水空腔 B（2012）连通，所述外筒体 B（201）的底部设置有排水口 B（212），排水口 B（212）上连接有第一排污管 B（213），第一排污管 B（213）上设置有第一导通阀 B（214），第一排污管 B（213）的末端连接有密闭的过渡水箱 B（215），所述过渡水箱 B（215）的底部连接有与之连通的第二排污管 B（216），所述第二排污管 B（216）上设置有第二导通阀 B（217），所述外筒体 B（201）上方设置有过渡筒体 B（218），所述过渡筒体 B（218）的下端与外筒体 B（201）的上端密封连接且在过渡筒体 B（218）的下端设置有第一控制阀 B（219），过渡筒体 B（218）的上端设置有第二控制阀 B（220）。

　　所述切片装置（3）包括密闭的壳体 C（301），所述壳体 C（301）内设置有转轴 C（302），转轴 C（302）上连接有驱动电机 C（303），转轴 C（302）将壳体 C（301）分为左侧空间 C（3011）与右侧空间 C（3012），所述壳体 C（301）的顶部开有进料口 C（304），壳体 C（301）的底部开有出料口 C（305），所述进料口 C（304）与出料口 C（305）通过导料管 C（306）密封连接，所述进料口 C（304）与左侧空间 C（3011）连通，出料口 C（305）位于进料口 C（304）的正下方，所述转轴 C（302）的轴向方向与马铃薯下落的方向互相垂直，所述转轴 C（302）上套设有多个刀片 C（307）。

　　所述熟化装置（4）包括蒸汽发生器 D（401）、内筒体 D（402）与外筒体 D（403），所述内筒体 D（402）设置在外筒体 D（403）内，所述外筒体 D（403）与内筒体 D（402）之间形成一个密闭的夹层空间 D（404），所述内筒体的筒壁上设置有蒸汽通孔 D（405），蒸汽发生器 D（401）与夹层空间 D（404）通过蒸汽管 D（连通），所述内筒体 D（402）的上端设置有第一截止阀 D（406），内筒体 D（402）的下端设置有第二截止阀 D（407），所述内筒体 D（402）的上端连接有过渡筒体 D（408），所述过渡筒体 D（408）的上端连接有料斗 D（409），所述料斗 D（409）的出料口设置有第三截止阀 D（410），所述料斗 D（409）的进料口与出料口 C（305）密封连接。

　　所述冷却装置（5）包括密闭的真空箱体 E（501），所述真空箱体 E（501）上连接有真空泵 E（502），所述真空箱体 E（501）的底部设置有出料口 E（503），所述出料口 E（503）上密封连接有第一过渡筒体 E（504），所述第一过渡筒体 E（504）的上端设置有第一截止阀 E（505），所述第一过渡筒体 E（504）的下端设置有第二截止阀 E（506），所述真空箱体 E（501）上方设置有第二过渡筒体 E（507），所述第二过渡筒体 E（507）的下端与真空箱体 E（501）密封连接且与真空箱体 E（501）内部连通，所述第二过渡筒体 E（507）的下端设置有第三截止阀 E（508），所述第二过渡筒体 E（507）的上端与内筒体 D（402）的下端密封连接。

　　所述微波干燥装置（7）包括密闭的箱体 G（701），所述箱体 G（701）内设置有微波发射器 G（702）、微波接收器 G（703）、加热筒体 G（704），所述加热筒体 G（704）的上端密封连接有过渡筒体 G（705），所述过渡筒体 G（705）的上端延伸至箱体 G（701）外且与且与第一过渡筒体 E（504）的末端密封连接，所述加热筒体 G（704）的下端延伸至箱体 G（701）外且在加热筒体 G（704）的下端设置有第二截止阀 G（707），所述微波发射器 G（702）、微波接收器 G（703）分别设置在加热筒体 G（704）的两侧。

　　所述油炸装置（6）包括箱体 E（601），所述箱体 E（601）内盛装有高温食用油，所述箱体 E（601）内设置有第一输送带 E（602）、第一被动滚筒 E（603）、第一驱动滚筒 E（604），第一输送带 E（602）的表面设置有多块第一刮料板（605），多块第一刮料板（605）互相平行设置且与第一输送带 E（602）的输送方向互相垂直，所述第一输送带 E（602）水平设置且上层的第一输送带 E（602）被高温食用油淹没，加热筒体 G（704）的下端朝向第一输送带 E（602），所述第一被动滚筒 E（603）、第一驱动滚筒 E（604）将第一输送带 E（602）绷紧，第一驱动滚筒 E（604）上连接有用于使其转动第一驱动电机 E（606），所述箱体 E（601）内还设置有第二驱动滚筒 E（607）、第二输送带 E（608），第二驱动滚筒 E（607）上连接有用于使其转动的第二驱动电机 E（609），所述箱体 E（601）的上方设置有第二被动滚筒 E（610），所述第二驱动滚筒 E（607）设置在第一被动滚筒 E（603）的右下方，第二被动滚筒 E（610）设置在第二驱动滚筒 E（607）的右侧，所述第二被动滚筒 E（610）、第二驱动滚筒 E（607）将第二输送带 E（608）绷紧，所述第二输送带 E（608）的表面设置有多块第二刮料板（611），多块第二刮料板（611）互相平行设置且与第二输送带 E（608）的输送方向互相垂直，所述第一刮料板（605）的高度与第二刮料板（611）的高度之和等于第一被动滚筒 E（603）与第二驱动滚筒 E（607）之间的最小间距，所述第二被动滚筒 E（610）的右下方设置有第三驱动滚筒 E（612），所述箱体 E（601）的右上方设置有第三被动滚筒 E（613）、第三输送带 E（614），第三输送带 E（614）水平设置，所述第三被动滚筒 E（613）、第三驱动滚筒 E（612）将第三输送带 E（614）绷紧。

所述调味装置（8）包括调味滚筒（801），所述第三被动滚筒 E（613）位于调味滚筒（801）内，所述调味滚筒（801）从左至右倾斜设置，所述调味滚筒（801）的左侧设置有装有调料的漏斗（802），所述漏斗（802）的出料口朝向第三输送带 E（614）。

该马铃薯薯片的加工装置由依次设置的清洗装置（1）、去皮装置（2）、切片装置（3）、熟化装置（4）、冷却装置（5）、微波干燥装置（7）、油炸装置（6）、调味装置（8）组成，除油炸装置（6）和调味装置（8）外，其他装置均在密闭的环境中工作，且各个装置之间均密封连接，使得马铃薯除了清洗工序、油炸工序、调味工序外，其他工序均在密封的环境中进行，从保证马铃薯薯片在整个加工过程中与氧气接触的几率大大降低，可以有效防止在加工过程马铃薯中的多酚氧化酶（PPO）与空气中的氧接触，避免发生氧化聚合，可以有效防止马铃薯褐变，从而保证最后生产出的马铃薯薯片品质较高。

在对马铃薯进行清洗时，只需将需要加工的马铃薯放置在输送带 A（101）上，输送带 A（101）在移动过程中带动马铃薯沿输送带 A（101）移动，马铃薯在移动的过程中依次经过一次清洗槽 A（105）、二次清洗槽 A（106），马铃薯在经过一次清洗槽 A（105）时，位于马铃薯下方的第一下喷管 A（1052）内的高压水从第一下喷嘴 A（1053）向上喷出喷在马铃薯上，位于马铃薯上方的第一上喷管 A（1054）内的高压水从第一上喷嘴 A（1055）内向下喷出喷到马铃薯上，这样便可以对整个马铃薯进行喷淋清洗，经过一次清洗后的马铃薯接着进入二次清洗槽 A（106）内，此时，位于马铃薯下方的第二下喷管 A（1062）内的高压水从第二下喷嘴 A（1063）向上喷出喷在马铃薯上，位于马铃薯上方的第二上喷管 A（1064）内的高压水从第二上喷嘴 A（1065）内向下喷出喷到马铃薯上，这样便可以对整个马铃薯进行喷淋清洗，经过二次清洗后的马铃薯变得非常干净，同时，一次清洗后的水落入第一水槽 A（1051）中，由于一次清洗时，马铃薯表皮上绝大数的泥土残渣都被冲洗掉落入第一水槽 A（1051）中，所以第一水槽 A（1051）中的水较为浑浊，直接从第一排污管 A（1056）排放掉，二次清洗后的水落入第二水槽 A（1061），由于二次清洗时，马铃薯表皮经过一次清洗后只残留很少的泥土残渣，所以第二水槽 A（1061）中的水还较为清澈，可以用于对马铃薯进行一次清洗，因此，第二水槽 A（1061）内的水通过底部连接的第二排污管 A（1066）排放到水池 A（1067）中，然后利用水泵 A（1069）将水池 A（1067）中水通过引水管 A（1068）送入第一上喷管 A（1054）、第一下喷管 A（1052）内，从而对马铃薯进行一次清洗，这样便可以减小用水量，节约成本。

为了避免水池 A（1067）内的残渣泥土将水泵 A（1069）或引水管 A（1068）堵塞，所述水池 A（1067）内设置有多个滤网 A（107），多个滤网 A（107）依次设置在入水口 A 与出水口 A 之间，这样，水池 A（1067）内的水先经过多个滤网 A（107）过滤后再利用水泵 A（1069）将水池 A（1067）中水通过引水管 A（1068）送入第一上喷管 A（1054）、第一下喷管 A（1052）内，这样便可以有效避免水池 A（1067）内的残渣泥土将水泵 A（1069）或引水管 A（1068）堵塞，保证清洗工序的顺利进行。

另外，为了保证过滤效果，多个滤网 A（107）的网孔大小依次变小，所述网孔最大的滤网 A（107）位于入水口 A 处，所述网孔最小的滤网 A（107）位于出水口 A 处。

为了便于上料，所述输送带 A（101）上方设置有料斗 A（108），料斗 A（108）的出料口朝向输送带 A（101），料斗 A（108）位于一次清洗槽 A（105）的外侧，这样，只需将需要清洗的马铃薯投入料斗 A（108）中即可，操作非常方便；同时，为了便于接料，所述二次清洗槽 A（106）的外侧设置有接料槽 A（109），过渡筒体 B（218）的上端与接料槽 A（109）的下端密封连接，所述接料槽 A（109）上连接有导料槽 A（110），所述导料槽 A（110）的一端与接料槽 A（109）相连，另一端延伸至被动滚筒 A（102）的外侧且与输送带 A（101）相接触，清洗完毕的马铃薯沿输送带 A（101）移动至导料槽 A（110）端头时，沿导料槽 A（110）落入接料槽 A（109）中，整个过程自动进行，无需人工进行搬运，省时又省力。

在进行去皮处理时，先打开过渡筒体 B（218）上端设置的第二控制阀 B（220），此时接料槽 A（109）中清洗干净的马铃薯落入过渡筒体 B（218）内，然后关闭第二控制阀 B（220），再打开设置在过渡筒体 B（218）下端的第一控制阀 B（219），使过渡筒体 B（218）内的马铃薯落入去皮空腔 B（2011）内，此时，环形套筒 B（209）的下端靠进转盘 B（203），出料口 B（208）被环形套筒 B（209）挡住，驱动电机 B（202）驱动转轴 B（204）转动进而带动转盘 B（203）转动，由于转盘 B（203）的上表面为波浪形，转盘 B（203）在转动过程中会将马铃薯抛起与环形套筒 B（209）的内表面接触并摩擦，由于环形套筒 B（209）的内壁表面为研磨面，马铃薯与环形套筒 B（209）接触摩擦的过程中，马铃薯的表皮会被摩擦掉，同时，去皮空腔 B（2011）内设置的喷水头 B（205）喷出高压的水流，对马铃薯进行冲洗，将擦下来的马铃薯表皮从马铃薯表面冲洗掉进而通过转盘 B（203）上设置的多个过滤孔 B（21）流到储水空腔 B（2012）中，当储水空腔 B（2012）中的水量过多时，打开第一排污管 B（213）上设置的第一导通阀 B（214），储水空腔 B（2012）内的水沿第一排污管流到过渡水箱 B（215）中，然后关闭第一导通阀 B（214），打开第二排污管 B（216）上设置的第二导通阀 B（217），过渡水箱 B（215）中的水沿第二排污管 B（216）排出，当马铃薯表皮去除干净后，利用升降装置 B（210）将环形套筒 B（209）升起，使出料口 B（208）与去皮空腔 B（2011）连通，此时，转盘 B（203）继续转动就会将去皮后的马铃薯从出料口 B（208）甩出沿导料管 C（306）落入壳体 C（301）中，该去皮装置（2）去皮效果好，同时，可以将马铃薯与表皮分离，再者，通过设置过渡筒体 B（218）与过渡水箱 B（215），同时进料口 C（304）与出料口 B（208）通过导料管 C（306）密封连接，可以使得外筒体 B（201）内部几乎不与外界空气接触，可以有效防止在去皮过程马铃薯中的多酚氧化酶（PPO）与空气中的氧接触，避免发生氧化聚合，可以有效防止马铃薯褐变，从而保证最后生产出的马铃薯薯片品质较高。

为了进一步保防止在去皮过程马铃薯中的多酚氧化酶（PPO）与空气中的氧接触，避免发生氧化聚合，所述外筒体 B（201）上连接有用于向外筒体 B（201）内充入氮气的氮气管 B（221）；在去皮过程中，利用氮气作为保护气体，可以有效防止马铃薯褐变，从而保证最后生产出的马铃薯片品质较高。同时由于氮气在空气中的含量最高，获取容易，成本较低。

在进行切片处理时，从出料口 B（208）甩出的马铃薯沿导料管 C（306）从进料口 C（304）进入壳体 C（301）中，进而在壳体 C（301）内自由下落，由于在壳体 C（301）内设置有转轴 C（302），转轴上套设有多个刀片 C（307），转轴 C（302）在驱动电机 C（303）的驱动下高速转动，进而使刀片 C（307）高速转动，刀片 C（307）在高速转动过程中，便可以将自由下落的马铃薯切成片状，切成片的马铃薯片从出料 C（中落入料斗 D（409）中，另外，由于进料口 C（304）与出料口 B（208）通过导料管 C（306）密封连接，）出料口 C（305）与料斗 D（409）的进料口与密封连接，因此，可以使得壳体 C（301）内部几乎不与外界空气接触，可以有效防止在切片过程马铃薯中的多酚氧化酶（PPO）与空气中的氧接触，避免发生氧化聚合，可以有效防止马铃薯褐变，从而保证最后生产出的马铃薯片品质较高。

进一步的是，为了保证刀片 C（307）能够切到 2 所有从进料口 C（304）落下的马铃薯，所述刀片 C（307）的长度与左侧空间 C（3011）的宽度相同，这样刀片 C（307）始终处于马铃薯下落的路径上，可以使得从进料口 C（304）落下的马铃薯都被切成片。

另外，为了进一步保防止在切片过程马铃薯中的多酚氧化酶（PPO）与空气中的氧接触，避免发生氧化聚合，所述壳体 C（301）上连接有用于向壳体 C（301）内充入氮气的氮气管 C（308）；在切片过程中，利用氮气作为保护气体，可以有效防止马铃薯褐变，从而保证最后生产出的马铃薯片品质较高。同时由于氮气在空气中含有的比例最多，获取容易，成本较低。

在对马铃薯进行熟化时，先打开料斗 D（409）的出料口设置的第三截止阀 D（410），使料斗 D（409）中的马铃薯片落入过渡筒体 D（408）内，然后关闭第三截止阀 D（410），接着打开第一截止阀 D（406），使过渡筒体 D（408）内的马铃薯片落入内筒体 D（402）内，关闭第一截止阀 D（406），此时，蒸汽发生器 D（401）工作产生高温的水蒸气，高温的水蒸气沿蒸汽管 D 流入夹层空间 D（404）内，接着高温蒸汽通过蒸汽通孔 D（405）进入内筒体 D（402）与马铃薯片接触并对马铃薯片进行加热熟化，当马铃薯片被加热至熟化后，打开内筒体 D（402）的下端设置的第二截止阀 D（407），熟化的马铃薯片落入第二过渡筒体 E（507）中，该熟化装置 4 利用蒸汽对马铃薯进行熟化，可以使马铃薯快速熟化，熟化效果高，同时整个熟化过程自动进行，无需人工搬运马铃薯，另外，通过设置过渡筒体 D（408），可以使得外筒体 D（403）内部几乎不与外界空气接触，可以有效防止在熟化过程马铃薯中的多酚氧化酶（PPO）与空气中的氧接触，避免发生氧化聚合，可以有效防止马铃薯褐变，从而保证最后生产出的马铃薯片品质较高。

另外，为了进一步保防止在熟化过程马铃薯中的多酚氧化酶（PPO）与空气中的氧接触，避免发生氧化聚合，所述外筒体 D（403）上连接有用于向外筒体 D（403）内充入氮气的氮气管 D（411）；在熟化过程中，利用氮气作为保护气体，可以有效防止马铃薯褐变，从而保证最后生产出的马铃薯片品质较高。同时由于氮气在空气中含有的比例最多，获取容易，成本较低。

在对马铃薯进行冷却时，先打开设置在第二过渡筒体 E（507）下端的第三截止阀 E（508），使熟化的高温马铃薯片落入真空箱体 E（501）内，然后关闭第三截止阀，打开真空泵 E（502），将真空箱体 E（501）内抽成真空，高温的马铃薯片在真空环境下快速冷却，当马铃薯片冷却至室温时，打开第一截止阀 E，使真空箱体 E（501）内的马铃薯片落入第一过渡筒体 E（504）内，然后关闭第一截止阀 E，再打开第二截止阀，马铃薯片落入导料槽 F（612），该冷却装置 5 在真空环境下对马铃薯进行冷却，由于真空环境下，温度非常低，可以使马铃薯快速冷却，冷却效果好，同时，在真空环境中，可以有效防止在冷却过程马铃薯中的多酚氧化酶（PPO）与空气中的氧接触，避免发生氧化聚合，可以有效防止马铃薯褐变，从而保证最后生产出的马铃薯片品质较高。

在对马铃薯片进行微波加热干燥时，先打开第二截止阀 E（506），使第一过渡筒体 E（504）内的马铃薯片落入过渡筒体 G（705）内进而落入加热筒体 G（704）内，然后关闭第二截止阀 E（506），此时打开微波发射器 G（702）、微波接收器 G（703），微波穿过加热筒体 G（704），对加热筒体 G（704）内的马铃薯片进行加热干燥，当干燥结束后得到干的马铃薯片，该微波干燥装置（7）利用微波对马铃薯片进行干燥加热，可以快速去除马铃薯片中含有的水分，干燥效果好，同时，通过设置过渡筒体 G（705），可以使得整个干燥加热过程都在密闭的环境中进行，可以有效防止在干燥加热过程马铃薯中的多酚氧化酶（PPO）与空气中的氧接触，避免发生氧化聚合，可以有效防止马铃薯褐变，从而保证最后生产出的马铃薯片品质较高。

另外，为了进一步保防止在干燥过程马铃薯中的多酚氧化酶（PPO）与空气中的氧接触，避免发生氧化聚合，所述箱体 G（701）上连接有用于向箱体 G（701）内充入氮气的氮气管 G（714），在微波加热干燥过程中，利用氮气作为保护气体，可以有效防止马铃薯褐变，从而保证最后生产出的马铃薯片品质较高。同时由于氮气在空气中含有的比例最多，获取容易，成本较低。

当干燥结束后，对干的马铃薯片进行油炸处理，在对马铃薯片进行油炸处理时，先打开第二截止阀 G（707），使加热筒体 G（704）内的干马铃薯片落到第一输送带 E（602）上设置的第一刮料板（605）之间的间隙内，由于上层的第一输送带 E（602）被高温食用油淹没，因此，干马铃薯片落在第一输送带 E（602）上即开始被油炸，同时，第一驱动电机 E（606）驱动第一驱动滚筒 E（604）转动，第一驱动滚筒 E（604）带动第一输送带 E（602）转动同时将马铃薯片输送至第二输送带 E（608），马铃薯片在输送的过程中逐渐被炸至金黄色，当马铃薯片移动至第一输送带 E（602）右端时，从第一输送带 E（602）掉落至第二输送带 E（608）上设置的第二刮料板（611）的间隙内，接着马铃薯片在倾斜的第二输送带 E（608）的输送下逐渐脱离高温食用油，并将马铃薯片表面多余的食用油沥干，当马铃薯片移动至第二输送带 E（608）右端时，从第二输送带 E（608）掉落至第三输送带 E（614）上，马铃薯在第三输送带 E（614）的输送下移动至调味滚筒（801）内，同时马铃薯在第三输送带 E（614）上移动时，装有调料的漏斗 802 不断向经过的马铃薯片洒落调料，马铃薯片经过调味滚筒（801）后完成调味处理即可包装成袋。

另外，为了方便收集加工完成的马铃薯薯片，所述调味滚筒（801）的右端下方设置有收集槽（803）。

三、权利要求书

（1）一种马铃薯薯片的加工方法，其特征在于包括以下步骤：

A. 将马铃薯清洗干净；

B. 将清洗干净的马铃薯在密闭的环境中进行去皮处理并用清水冲洗干净；

C. 将去皮的马铃薯转移至密闭的环境中进行切片处理；

D. 将切好的马铃薯片在密闭的环境中进行加热至马铃薯片熟化；

E. 将熟化的马铃薯片转移至真空环境中冷却；

F. 将冷却后的马铃薯片在密闭环境中进行微波加热干燥处理；

G. 将干燥后的马铃薯片进行油炸处理；

H. 将油炸过后的马铃薯片进行调味处理。

（2）如权利要求（1）所述的马铃薯薯片的加工方法，其特征在于：所述步骤 B 中，在去皮处理的过程中向密闭的环境中充入惰性保护气体；所述步骤 C 中，在切片过程中向密闭的环境中充入惰性保护气体；所述步骤 D 中，在加热的过程中向密闭的环境中充入惰性保护气体；所述步骤 F 中，在微波加热干燥过程中向密闭的环境中冲入惰性保护气体。

（3）如权利要求（2）所述的马铃薯薯片的加工方法，其特征在于：所述惰性保护气体为氮气。

（4）一种马铃薯薯片的加工装置，其特征在于：包括依次设置的清洗装置（1）、去皮装置（2）、切片装置（3）、熟化装置（4）、冷却装置（5）、微波干燥装置（7）、油炸装置（6）、调味装置（8）。

所述清洗装置（1）包括输送带 A（101）、被动滚筒 A（102）、驱动滚筒 A（103）、驱动电机 A（104）、一次清洗槽 A（105）、二次清洗槽 A（106），所述被动滚筒 A（102）、驱动滚筒 A（103）将输送带 A（101）绷紧，驱动电机 A（104）用于使驱动滚筒 A（103）转动，所述一次清洗槽 A（105）、二次清洗槽 A（106）依次沿输送带 A（101）的运行方向设置，所述输送带 A（101）为网状结构，所述一次清洗槽 A（105）包括第一水槽 A（1051），所述第一水槽 A（1051）位于上层的输送带 A（101）与下层的输送带 A（101）之间，第一水槽 A（1051）内设置有多根互相平行设置的第一下喷管 A（1052），所述第一下喷管 A（1052）上间隔设置有多个第一下喷嘴 A（1053），所述第一下喷嘴 A（1053）朝向上层的输送带 A（101），所述第一水槽 A（1051）的上方设置有多个第一上喷管 A（1054），所述第一上喷管 A（1054）上间隔设置有多个第一上喷嘴 A（1055），所述第一上喷嘴 A（1055）朝向上层的输送带 A（101），第一水槽 A（1051）的底部连接有与其连通的第一排污管 A（1056）；所述二次清洗槽 A（106）包括第二水槽 A（1061），所述第二水槽 A（1061）位于上层的输送带 A（101）与下层的输送带 A（101）之间，第二水槽 A（1061）内设置有多根互相平行设置的第二下喷管 A（1062），所述第二下喷管 A（1062）上间隔设置有多个第二下喷嘴 A（1063），所述第二下喷嘴 A（1063）朝向上层的输送带 A（101），所述第二水槽 A（1061）的上方设置有多个第二上喷管 A（1064），所述第二上喷管 A（1064）上间隔设置有多个第二上喷嘴 A（1065），所述第二上喷嘴 A（1065）朝向上层的输送带 A（101），第二上喷管 A（1064）、第二下喷管 A（1062）均与高压水管连通，第二水槽 A（1061）的底部连接有与其连通的第二排污管 A（1066），所述第二排污管 A（1066）末端连接有水池 A（1067），所述水池 A（1067）上设置有入水口 A 与出水口 A，所述入水口 A 与第二排污管 A（1066）末端连通，所述出水口 A 上连接有引水管 A（1068），所述引水管 A（1068）上设置有水泵 A（1069），引水管 A（1068）的末端分别与第一上喷管 A（1054）、第一下喷管 A（1052）连通。

所述去皮装置（2）包括密闭的外筒体 B（201）、驱动电机 B（202），所述外筒体 B（201）内设置有转盘 B（203），所述转盘 B（203）的外径与外筒体 B（201）的内径相匹配，所述转盘 B（203）的下表面中心位置固定有转轴 B（204），转轴 B（204）下端延伸至外筒体 B（201）外，驱动电机 B（202）的输出轴与转轴 B（204）的下端相连，所述转盘 B（203）的上表面为波浪形，转盘 B（203）将外筒体 B（201）的内部分为去皮空腔 B（2011）与储水空腔 B（2012），所述去皮空腔 B（2011）内设置有喷水头 B（205），所述喷水头 B（205）位于转盘 B（203）上方且朝向转盘 B（203），所述喷水头 B（205）上连接有引流管 B（206），引流管 B（206）上设置有截止阀 B（207），所述引流管 B（206）与高压水管相连，所述外筒体 B（201）的筒壁上设置有出料口 B（208），所述出料口 B（208）位于转盘 B（203）所在水平面之上，所述去皮空腔 B（2011）内设置有环形套筒 B（209），所述环形套筒 B（209）的外径与外筒体 B（201）的内径相匹配，环形套筒 B（209）的内壁表面为研磨面，环形套筒 B（209）的上端设置有升降装置 B（210），当环形套筒 B（209）的下端靠进转盘 B（203）时，环形套筒 B（209）将出料口 B（208）挡住，当环形套筒 B（209）向上移动至最高点时，出料口 B（208）与去皮空腔 B（2011）连通，所述转盘 B（203）上设置有多个过水孔 B（211），所述过水孔 B（211）将去皮空腔 B（2011）与储水空腔 B（2012）连通，所述外筒体 B（201）的底部设置有排水口 B（212），排水口 B（212）上连接有第一排污管 B（213），第一排污管 B（213）上设置有第一导通阀 B（214），第一排污管 B（213）的末端连接有密闭的过渡水箱 B（215），所述过渡水箱 B（215）的底部连接有与之连通的第二排污管 B（216），所述第二排污管 B（216）上设置有第二导通阀 B（217），所述外筒体 B（201）上方设置有过渡筒体 B（218），所述过渡筒体 B（218）的下端与外筒体 B（201）的上端密封连接且在过渡筒体 B（218）的下端设置有第一控制阀 B（219），过渡筒体 B（218）的上端设置有第二控制阀 B（220）。

所述切片装置（3）包括密闭的壳体 C（301），所述壳体 C（301）内设置有转轴 C（302），转轴 C（302）上连接有驱动电机 C（303），转轴 C（302）将壳体 C（301）分为左侧空间 C（3011）与右侧空间 C（3012），所述壳体 C（301）的顶部开有进料口 C（304），壳体 C（301）的底部开有出料口 C（305），所述进料口 C（304）与出料口 B（208）通过导料管 C（306）密封连接，所述进料口 C（304）与左侧空间 C（3011）连通，出料口 C（305）位于进料口 C（304）的正下方，所述转轴 C（302）的轴向方向与马铃薯下落的方向互相垂直，所述转轴 C（302）上套设有多个刀片 C（307）。

所述熟化装置（4）包括蒸汽发生器 D（401）、内筒体 D（402）与外筒体 D（403），所述内筒体 D（402）设置在外筒体 D（403）内，所述外筒体 D（403）与内筒体 D（402）之间形成一个密闭的夹层空间 D（404），所述内筒体的筒壁上设置有蒸汽通孔 D（405），蒸汽发生器 D（401）与夹层空间 D（404）通过蒸汽管 D 连通，所述内筒体 D（402）的上端设置有第一截止阀 D（406），内筒体 D（402）的下端设置有第二截止阀 D（407），所述内筒体 D（402）的上端连接有过渡筒体 D（408），所述过渡筒体 D（408）的上端连接有料斗 D（409），所述料斗 D（409）的出料口设置有第三截止阀 D（410），所述料斗 D（409）的进料口与出料口 C（305）密封连接。

所述冷却装置（5）包括密闭的真空箱体 E（501），所述真空箱体 E（501）上连接有真空泵 E（502），所述真空箱体 E（501）的底部设置有出料口 E（503），所述出料口 E（503）上密封连接有第一过渡筒体 E（504），所述第一过渡筒体 E（504）的上端设置有第一截止阀 E（505），所述第一过渡筒体 E（504）的下端设置有第二截止阀 E（506），所述真空箱体 E（501）上方设置有第二过渡筒体 E（507），所述第二过渡筒体 E（507）的下端与真空箱体 E（501）密封连接且与真空箱体 E（501）内部连通，所述第二过渡筒体 E（507）的下端设置有第三截止阀 E（508），所述第二过渡筒体 E（507）的上端与内筒体 D（402）的下端密封连接。

所述微波干燥装置（7）包括密闭的箱体 G（701），所述箱体 G（701）内设置有微波发射器 G（702）、微波接收器 G（703）、加热筒体 G（704），所述加热筒体 G（704）的上端密封连接有过渡筒体 G（705），所述过渡筒体 G（705）的上端延伸至箱体 G（701）外且与第一过渡筒体 E（504）的末端密封连接，所述加热筒体 G（704）的下端延伸至箱体 G 外且在加热筒体 G（704）的下端设置有第二截止阀 G（707），所述微波发射器 G（702）、微波接收器 G（703）分别设置在加热筒体 G（704）的两侧。

所述油炸装置（6）包括箱体 E（601），所述箱体 E（601）内盛装有高温食用油，所述箱体 E（601）内设置有第一输送带 E（602）、第一被动滚筒 E（603）、第一驱动滚筒 E（604），第一输送带 E（602）的表面设置有多块第一刮料板（605），多块第一刮料板（605）互相平行设置且与第一输送带 E（602）的输送方向互相垂直，所述第一输送带 E（602）水平设置且上层的第一输送带 E（602）被高温食用油淹没，加热筒体 G（704）的下端朝向第一输送带 E（602），所述第一被动滚筒 E（603）、第一驱动滚筒 E（604）将第一输送带 E（602）绷紧，第一驱动滚筒 E（604）上连接有用于使其转动第一驱动电机 E（606），所述箱体 E（601）内还设置有第二驱动滚筒 E（607）、第二输送带 E（608），第二驱动滚筒 E（607）上连接有用于使其转动的第二驱动电机 E（609），所述箱体 E（601）的上方设置有第二被动滚筒 E（610），所述第二驱动滚筒 E（607）设置在第一被动滚筒 E（603）的右下方，第二被动滚筒 E（610）设置在第二驱动滚筒 E（607）的右侧，所述第二被动滚筒 E（610）、第二驱动滚筒 E（607）将第二输送带 E（608）绷紧，所述第二输送带 E（608）的表面设置有多块第二刮料板（611），多块第二刮料板（611）互相平行设置且与第二输送带 E（608）的输送方向互相垂直，所述第一刮料板（605）的高度与第二刮料板（611）的高度之和等于第一被动滚筒 E（603）与第二驱动滚筒 E（607）之间的最小间距，所述第二被动滚筒 E（610）的右下方设置有第三驱动滚筒 E（612），所述箱体 E（601）的右上方设置有第三被动滚筒 E（613）、第三输送带 E（614），第三输送带 E（614）水平设置，所述第三被动滚筒 E（613）、第三驱动滚筒 E（612）将第三输送带 E（614）绷紧。

所述调味装置（8）包括调味滚筒（801），所述第三被动滚筒 E（613）位于调味滚筒（801）内，所述调味滚筒（801）从左至右倾斜设置，所述调味滚筒（801）的左侧设置有装有调料的漏斗（802），所述漏斗（802）的出料口朝向第三输送带 E（614）。

（5）如权利要求（4）所述的马铃薯薯片的加工装置，其特征在于：所述水池 A（1067）内设置有多个滤网 A（107），多个滤网 A（107）依次设置在入水口 A 与出水口 A 之间；所述输送带 A（101）上方设置有料斗 A（108），料斗 A（108）的出料口朝向输送带 A（101），料斗 A（108）位于一次清洗槽 A（105）的外侧；所述二次清洗槽 A（106）的外侧设置有接料槽 A（109），过渡筒体 B（218）的上端与接料槽 A（109）的下端密封连接，所述接料槽 A

（109）上连接有导料槽 A（110），所述导料槽 A（110）的一端与接料槽 A（109）相连，另一端延伸至被动滚筒 A（102）的外侧且与输送带 A（101）相接触。

（6）如权利要求（4）所述的马铃薯薯片的加工装置，其特征在于：所述刀片 C（307）的长度与左侧空间 C（3011）的宽度相同。

（7）如权利要求（4）所述的马铃薯薯片的加工装置，其特征在于：所述调味滚筒（801）的右端下方设置有收集槽（803）。

（8）如权利要求（4）所述的马铃薯薯片的加工装置，其特征在于：所述外筒体 B（201）上连接有用于向外筒体 B（201）内充入氮气的氮气管 B（221）；所述壳体 C（301）上连接有用于向壳体 C（301）内充入氮气的氮气管 C（308）；所述外筒体 D（403）上连接有用于向外筒体 D（403）内充入氮气的氮气管 D（411）；所述箱体 G（701）上连接有用于向箱体 G（701）内充入氮气的氮气管 G（714）。

第七节　一种油炸土豆片加工装置

一、基本信息（表 3-30）

表 3-30　一种油炸土豆片加工装置基本信息

专利类型	发明
申请（授权）号	2016100056716
发明人	李静、巩发永、臧海波、刘晓燕、刘洋、江文世
申请人	西昌学院
申请日	2016.1.1
说明书摘要	本发明公开了一种避免土豆在加工过程中发生褐变的油炸土豆片加工装置。该加工装置由依次设置的清洗装置、去皮装置、切片装置、熟化装置、冷却装置、微波干燥装置、油炸装置、调味装置组成，除清洗装置、油炸装置和调味装置外，其他装置均在密闭的环境中工作，且各个装置之间均密封连接，使得土豆除了清洗工序、油炸工序、调味工序外，其他工序均在密封的环境中进行，从保证土豆片在整个加工过程中与氧气接触的几率大大降低，可以有效防止在加工过程土豆中的多酚氧化酶（PPO）与空气中的氧接触，避免发生氧化聚合，可以有效防止土豆褐变，从而保证最后生产出的油炸土豆片品质较高。适合在土豆加工技术领域推广应用

二、说明书

1. 技术领域

本发明涉及土豆加工技术领域，尤其是一种油炸土豆片加工装置。

2. 背景技术

土豆，属茄科多年生草本植物，块茎可供食用，是全球第三大重要的粮食作物，仅次于小麦和玉米。土豆又称地蛋、马铃薯、洋山芋等，茄科植物的块茎，与小麦、玉米、稻谷、高粱并列为世界五大作物。

油炸土豆片的加工过程通常分为以下几个步骤：清洗→去皮→切片→熟化→冷却→干燥→油炸→调味。现有的油炸土豆片加工过程中，由于各个工序大都是直接在空气中进行，这就导致土豆中的多酚氧化酶（PPO）很容易与空气中的氧接触，会发生氧化聚合，导致褐变，土豆发生褐变后不但会使土豆变黑，同时会破坏土豆的氨基酸、蛋白质和抗坏血酸，导致土豆的营养价值降低；再者，土豆发生褐变后，其风味较差，褐变产生的产物有抗氧化作用，会产生有害成分，如丙烯酰胺，危害人体健康。

3. 发明内容

本发明所要解决的技术问题是提供一种避免土豆在加工过程中发生褐变的油炸土豆片加工装置。

本发明解决其技术问题所采用的技术方案为：该油炸土豆片加工装置，包括依次设置的清洗装置、去皮装置、切片装置、熟化装置、冷却装置、微波干燥装置、油炸装置、调味装置。

所述清洗装置包括输送带 A、被动滚筒 A、驱动滚筒 A、驱动电机 A、一次清洗槽 A、二次清洗槽 A，所述被动滚筒 A、驱动滚筒 A 将输送带 A 绷紧，驱动电机 A 用于使驱动滚筒 A 转动，所述一次清洗槽 A、二次清洗槽 A 依次沿输送带 A 的运行方向设置，所述输送带 A 为网状结构，所述一次清洗槽 A 包括第一水槽 A，所述第一水槽 A 位于上层的输送带 A 与下层的输送带 A 之间，第一水槽 A 内设置有多根互相平行设置的第一下喷管 A，所述第一下喷管 A 上间隔设置有多个第一下喷嘴 A，所述第一下喷嘴 A 朝向上层的输送带 A，所述第一水槽 A 的上方设置有多个第一上喷管 A，所述第一上喷管 A 上间隔设置有多个第一上喷嘴 A，所述第一上喷嘴 A 朝向上层的输送带 A，第一水槽 A 的底部连接有与其连通的第一排污管 A；所述二次清洗槽 A 包括第二水槽 A，所述第二水槽 A 位于上层的输送带 A 与下层的输送带 A 之间，第二水槽 A 内设置有多根互相平行设置的第二下喷管 A，所述第二下喷管 A 上间隔设置有多个第二下喷嘴 A，所述第二下喷嘴 A 朝向上层的输送带 A，所述第二水槽 A 的上方设置有多个第二上喷管 A，所述第二上喷管 A 上间隔设置有多个第二上喷嘴 A，所述第二上喷嘴 A 朝向上层的输送带 A，第二上喷管 A、第二下喷管 A 均与高压水管连通，第二水槽 A 的底部连接有与其连通的第二排污管 A，所述第二排污管 A 末端连接有水池 A，所述水池 A 上设置有入水口 A 与出水口 A，所述入水口 A 与第二排污管 A 末端连通，所述出水口 A 上连接有引水管 A，所述引水管 A 上设置有水泵 A，引水管 A 的末端分别与第一上喷管 A、第一下喷管 A 连通。

所述去皮装置包括密闭的外筒体 B、驱动电机 B，所述外筒体 B 内设置有转盘 B，所述转盘 B 的外径与外筒体 B 的内径相匹配，所述转盘 B 的下表面中心位置固定有转轴 B，转轴 B 下端延伸至外筒体 B 外，驱动电机 B 的输出轴与转轴 B 的下端相连，所述转盘 B 的上表面为波浪形，转盘 B 将外筒体 B 的内部分为去皮空腔 B 与储水空腔 B，所述去皮空腔 B 内设置有喷水头 B，所述喷水头 B 位于转盘 B 上方且朝向转盘 B，所述喷水头 B 上连接有引流管 B，引流管 B 上设置有截止阀 B，所述引流管 B 与高压水管相连，所述外筒体 B 的筒壁上设置有出料口 B，所述出料口 B 位于转盘 B 所在水平面之上，所述去皮空腔 B 内设置有环形套筒 B，所述环形套筒 B 的外径与外筒体 B 的内径相匹配，环形套筒 B 的内壁表面为研磨面，环形套筒 B 的上端设置有升降装置 B，当环形套筒 B 的下端靠进转盘 B 时，环形套筒 B 将出料口 B 挡住，当环形套筒 B 向上移动至最高点时，出料口 B 与去皮空腔 B 连通，所述转盘 B 上设置有多个过水孔 B，所述过水孔 B 将去皮空腔 B 与储水空腔 B 连通，所述外筒体 B 的底部设置有排水口 B，排水口 B 上连接有第一排污管 B，第一排污管 B 上设置有第一导通阀 B，第一排污管 B 的末端连接有密闭的过渡水箱 B，所述过渡水箱 B 的底部连接有与之连通的第二排污管 B，所述第二排污管 B 上设置有第二导通阀 B，所述外筒体 B 上方设置有过渡筒体 B，所述过渡筒体 B 的下端与外筒体 B 的上端密封连接且在过渡筒体 B 的下端设置有第一控制阀 B，过渡筒体 B 的上端设置有第二控制阀 B。

所述切片装置包括密闭的壳体 C，所述壳体 C 内设置有水平压板 C、伸缩气缸 C、多个条形刀片 C 组成的刀阵 C、多块挡料板 C，所述伸缩气缸 C 固定在壳体 C 的顶部，伸缩气缸 C 的推拉杆 C 朝下，所述水平压板 C 固定在推拉杆 C 的末端，多个条形刀片 C 互相平行设置且位于水平压板 C 正下方，多个条形刀片 C 的刀刃均处于同一水平面且朝向水平压板 C，多块挡料板 C 设置在刀阵 C 的四周，所述刀阵 C 的横截面大小与水平压板 C 的横截面大小相同，所述壳体 C 上连接有导料管 C，所述导料管 C 的一端与出料口 B 密封连接，另一端穿过壳体 C 延伸至挡料板 C 的上边缘，所述水平压板 C 上固定有挡板 C，当水平压板 C 向下移动至水平压板 C 的下表面与条形刀片 C 的刀刃相接触时，所述挡板 C 位于导料管 C 的出料口处且将其堵住，当水平压板 C 向上移动至最高点时，所述挡板 C 位于导料管 C 的出料口上方，所述导料管 C 上设置有截止阀 C，所述壳体 C 底部设置有出料口 C，所述出料口 C 位于刀阵 C 正下方。

所述熟化装置包括蒸汽发生器 D、内筒体 D 与外筒体 D，所述内筒体 D 设置在外筒体 D 内，所述外筒体 D 与内筒体 D 之间形成一个密闭的夹层空间 D，所述内筒体的筒壁上设置有蒸汽通孔 D，蒸汽发生器 D 与夹层空间 D 通过蒸汽管 D 连通，所述内筒体 D 的上端设置有第一截止阀 D，内筒体 D 的下端设置有第二截止阀 D，所述内筒体 D 的上端连接有过渡筒体 D，所述过渡筒体 D 的上端连接有料斗 D，所述料斗 D 的出料口设置有第三截止阀 D，所述料斗 D 的进料口与出料口 C 密封连接。

所述冷却装置包括密闭的真空箱体 E，所述真空箱体 E 上连接有真空泵 E，所述真空箱体 E 的底部设置有出料口 E，所述出料口 E 上密封连接有第一过渡筒体 E，所述第一过渡筒体 E 的上端设置有第一截止阀 E，所述第一过渡筒体 E 的下端设置有第二截止阀 E，所述真空箱体 E 上方设置有第二过渡筒体 E，所述第二过渡筒体 E 的下端与真空箱体 E 密封连接且与真空箱体 E 内部连通，所述第二过渡筒体 E 的下端设置有第三截止阀 E，所述第二过渡筒体 E 的上端与内筒体 D 的下端密封连接。

所述微波干燥装置包括密闭的箱体 G，所述箱体 G 内设置有微波发射器 G、微波接收器 G、加热筒体 G，所述加热筒体 G 的上端密封连接有过渡筒体 G，所述过渡筒体 G 的上端延伸至箱体 G 外且与第一过渡筒体 E 的末端密封连接，所述加热筒体 G 的下端延伸至箱体 G 外且在加热筒体 G 的下端设置有第二截止阀 G，所述微波发射器 G、微波接收器 G 分别设置在加热筒体 G 的两侧。

所述油炸装置包括箱体 E，所述箱体 E 内盛装有高温食用油，所述箱体 E 内设置有第一输送带 E、第一被动滚筒 E、第一驱动滚筒 E，第一输送带 E 的表面设置有多块第一刮料板，多块第一刮料板互相平行设置且与第一输送带 E 的输送方向互相垂直，所述第一输送带 E 水平设置且上层的第一输送带 E 被高温食用油淹没，加热筒体 G 的下端朝向第一输送带 E，所述第一被动滚筒 E、第一驱动滚筒 E 将第一输送带 E 绷紧，第一驱动滚筒 E 上连接有用于使其转动第一驱动电机 E，所述箱体 E 内还设置有第二驱动滚筒 E、第二输送带 E，第二驱动滚筒 E 上连接有用于使其转动的第二驱动电机 E，所述箱体 E 的上方设置有第二被动滚筒 E，所述第二驱动滚筒 E 设置在第一被动滚筒 E 的右下方，第二被动滚筒 E 设置在第二驱动滚筒 E 的右侧，所述第二被动滚筒 E、第二驱动滚筒 E 将第二输送带 E 绷紧，所述第二输送带 E 的表面设置有多块第二刮料板，多块第二刮料板互相平行设置且与第二输送带 E 的输送方向互相垂直，所述第一刮料板的高度与第二刮料板的高度之和等于第一被动滚筒 E 与第二驱动滚筒 E 之间的最小间距，所述第二被动滚筒 E 的右下方设置有第三驱动滚筒 E，所述箱体 E 的右上方设置有第三被动滚筒 E、第三输送带 E，第三输送带 E 水平设置，所述第三被动滚筒 E、第三驱动滚筒 E 将第三输送带 E 绷紧。

所述调味装置包括调味滚筒，所述第三被动滚筒 E 位于调味滚筒内，所述调味滚筒从左至右倾斜设置，所述调味滚筒的左侧设置有装有调料的漏斗，所述漏斗的出料口朝向第三输送带 E。

进一步的是，所述水池 A 内设置有多个滤网 A，多个滤网 A 依次设置在入水口 A 与出水口 A 之间；所述输送带 A 上方设置有料斗 A，料斗 A 的出料口朝向输送带 A，料斗 A 位于一次清洗槽 A 的外侧；所述二次清洗槽 A 的外侧设置有接料槽 A，过渡筒体 B 的上端与接料槽 A 的下端密封连接，所述接料槽 A 上连接有导料槽 A，所述导料槽 A 的一端与接料槽 A 相连，另一端延伸至被动滚筒 A 的外侧且与输送带 A 相接触。

进一步的是，所述刀片 C 的长度与左侧空间 C 的宽度相同。

进一步的是，所述调味滚筒的右端下方设置有收集槽。

进一步的是，所述外筒体 B 上连接有用于向外筒体 B 内充入氮气的氮气管 B；所述壳体 C 上连接有用于向壳体 C 内充入氮气的氮气管 C；所述外筒体 D 上连接有用于向外筒体 D 内充入氮气的氮气管 D；所述壳体 F 上连接有用于向壳体 F 内充入氮气的氮气管 F；所述箱体 G 上连接有用于向箱体 G 内充入氮气的氮气管 G。

本发明的有益效果是：该油炸土豆片加工装置由依次设置的清洗装置、去皮装置、切片装置、熟化装置、冷却装置、微波干燥装置、油炸装置、调味装置组成，除清洗装置、油炸装置和调味装置外，其他装置均在密闭的环境中工作，且各个装置之间均密封连接，使得土豆除了清洗工序、油炸工序、调味工序外，其他工序均在密封的环境中进行，从保证油炸土豆片在整个加工过程中与氧气接触的几率大大降低，可以有效防止在加工过程土豆中的多酚氧化酶（PPO）与空气中的氧接触，避免发生氧化聚合，可以有效防止土豆褐变，从而保证最后生产出的油炸土豆片品质较高。

附图说明：

为了更清楚地说明本发明实施例或现有技术中的技术方案，下面将对实施例或现有技术描述中所需要使用的附图做简单的介绍（图 3-2）。显而易见的，下面描述中的附图仅仅是本发明的实施例，对于本领域普通技术人员来讲，在不付出创造性劳动的前提下，还可以根据提供的附图获得其他的附图。

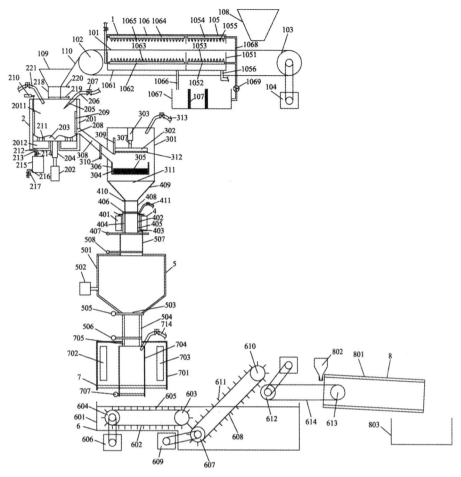

图 3-2　本发明所述油炸土豆片加工装置的结构示意图

　　图中标记说明：清洗装置（1），包括输送带 A（101）、被动滚筒 A（102）、驱动滚筒 A（103）、驱动电机 A（104）、一次清洗槽 A（105）、第一水槽 A（1051）、第一下喷管 A（1052）、第一下喷嘴 A（1053）、第一上喷管 A（1054）、第一上喷嘴 A（1055）、第一排污管 A（1056）、二次清洗槽 A（106）、第二水槽 A（1061）、第二下喷管 A（1062）、第二下喷嘴 A（1063）、第二上喷管 A（1064）、第二上喷嘴 A（1065）、第二排污管 A（1066）、水池 A（1067）、引水管 A（1068）、水泵 A（1069）、滤网 A（107）、料斗 A（108）、接料槽 A（109）、导料槽 A（110）；去皮装置（2），包括外筒体 B（201）、去皮空腔 B（2011）、储水空腔 B（2012）、驱动电机 B（202）、转盘 B（203）、转轴 B（204）、喷水头 B（205）、引流管 B（206）、截止阀 B（207）、出料口 B（208）、环形套筒 B（209）、升降装置 B（210）、过水孔 B（211）、排水口 B（212）、第一排污管 B（213）、第一导通阀 B（214）、过渡水箱 B（215）、第二排污管 B（216）、第二导通阀 B（217）、过渡筒体 B（218）、第一控制阀 B（219）、第二控制阀 B（220）、氮气管 B（221）；切片装置（3），包括壳体 C（301）、水平压板 C（302）、伸缩气缸 C（303）、条形刀片 C（304）、刀阵 C（305）、挡料板 C（306）、推拉杆 C（307）、导料管 C（308）、挡板 C（309）、截止阀 C（310）、出料口 C（311）、缓冲胶垫 C（312）、氮气管 C（313）；熟化装置（4），包括蒸汽发生器 D（401）、内筒体 D（402）、外筒体 D（403）、夹层空间 D（404）、

217

蒸汽通孔 D（405）、第一截止阀 D（406）、第二截止阀 D（407）、过渡筒体 D（408）、料斗 D（409）、第三截止阀 D（410）、氮气管 D（411）；冷却装置（5），包括真空箱体 E（501）、真空泵 E（502）、出料口 E（503）、第一过渡筒体 E（504）、第一截止阀 E（505）、第二截止阀 E（506）、第二过渡筒体 E（507）、第三截止阀 E（508）；油炸装置（6），包括箱体 E（601）、第一输送带 E（602）、第一被动滚筒 E（603）、第一驱动滚筒 E（604）、第一刮料板（605）、第一驱动电机 E（606）、第二驱动滚筒 E（607）、第二输送带 E（608）、第二驱动电机 E（609）、第二被动滚筒 E（610）、第二刮料板（611）、第三驱动滚筒 E（612）、第三被动滚筒 E（613）、第三输送带 E（614）；微波干燥装置（7），包括箱体 G（701）、微波发射器 G（702）、微波接收器 G（703）、加热筒体 G（704）、过渡筒体 G（705）、第二截止阀 G（707）、氮气管 G（714）；调味装置（8），包括调味滚筒（801）、漏斗（802）、收集槽（803）。

4. 具体实施方式

为使本发明实施例的目的、技术方案和优点更加清楚，下面将结合本发明实施例中的附图，对本发明实施例中的技术方案进行清楚、完整的描述，显然，所描述的实施例是本发明一部分实施例，而不是全部的实施例。基于本发明中的实施例，本领域普通技术人员在没有付出创造性劳动前提下所获得的所有其他实施例，都属于本发明保护的范围。

如图 3-2 所示，该油炸土豆片加工装置，包括依次设置的清洗装置（1）、去皮装置（2）、切片装置（3）、熟化装置（4）、冷却装置（5）、微波干燥装置（7）、油炸装置（6）、调味装置（8）。

所述清洗装置（1）包括输送带 A（101）、被动滚筒 A（102）、驱动滚筒 A（103）、驱动电机 A（104）、一次清洗槽 A（105）、二次清洗槽 A（106），所述被动滚筒 A（102）、驱动滚筒 A（103）将输送带 A（101）绷紧，驱动电机 A（104）用于使驱动滚筒 A（103）转动，所述一次清洗槽 A（105）、二次清洗槽 A（106）依次沿输送带 A（101）的运行方向设置，所述输送带 A（101）为网状结构，所述一次清洗槽 A（105）包括第一水槽 A（1051），所述第一水槽 A（1051）位于上层的输送带 A（101）与下层的输送带 A（101）之间，第一水槽 A（1051）内设置有多根互相平行设置的第一下喷管 A（1052），所述第一下喷管 A（1052）上间隔设置有多个第一下喷嘴 A（1053），所述第一下喷嘴 A（1053）朝向上层的输送带 A（101），所述第一水槽 A（1051）的上方设置有多个第一上喷管 A（1054），所述第一上喷管 A（1054）上间隔设置有多个第一上喷嘴 A（1055），所述第一上喷嘴 A（1055）朝向上层的输送带 A（101），第一水槽 A（1051）的底部连接有与其连通的第一排污管 A（1056）；所述二次清洗槽 A（106）包括第二水槽 A（1061），所述第二水槽 A（1061）位于上层的输送带 A（101）与下层的输送带 A（101）之间，第二水槽 A（1061）内设置有多根互相平行设置的第二下喷管 A（1062），所述第二下喷管 A（1062）上间隔设置有多个第二下喷嘴 A（1063），所述第二下喷嘴 A（1063）朝向上层的输送带 A（101），所述第二水槽 A（1061）的上方设置有多个第二上喷管 A（1064），所述第二上喷管 A（1064）上间隔设置有多个第二上喷嘴 A（1065），所述第二上喷嘴 A（1065）朝向上层的输送带 A（101），第二上喷管 A（1064）、第二下喷管 A（1062）均与高压水管连通，第二水槽 A（1061）的底部连接有与其连通的第二排污管 A（1066），所述第二排污管 A（1066）末端连接有水池 A（1067），所述水池 A（1067）上设置有入水口 A 与出水口 A，所述入水口 A 与第二排污管 A（1066）末端连通，所述出水口 A 上连接有引水管 A（1068），所述引水管 A（1068）上设置有水泵 A（1069），引水管 A（1068）的末端分别与第一上喷管 A（1054）、第一下喷管 A（1052）连通。

所述去皮装置（2）包括密闭的外筒体 B（201）、驱动电机 B（202），所述外筒体 B（201）内设置有转盘 B（203），所述转盘 B（203）的外径与外筒体 B（201）的内径相匹配，所述转盘 B（203）的下表面中心位置固定有转轴 B（204），转轴 B（204）下端延伸至外筒体 B（201）外，驱动电机 B（202）的输出轴与转轴 B（204）的下端相连，所述转盘 B（203）的上表面为波浪形，转盘 B（203）将外筒体 B（201）的内部分为去皮空腔 B（2011）与储水空腔 B（2012），所述去皮空腔 B（2011）内设置有喷水头 B（205），所述喷水头 B（205）位于转盘 B（203）上方且朝向转盘 B（203），所述喷水头 B（205）上连接有引流管 B（206），引流管 B（206）上设置有截止阀 B（207），所述引流管 B（206）与高压水管相连，所述外筒体 B（201）的筒壁上设置有出料口 B（208），所述出料口 B（208）位于转盘 B（203）所在水平面之上，所述去皮空腔 B（2011）内设置有环形套筒 B（209），所述环形套筒 B（209）的外径与外筒体 B（201）的内径相匹配，环形套筒 B（209）的内壁表面为研磨面，环形套筒 B（209）的上端设置有升降装置 B（210），当环形套筒 B（209）的下端靠进转盘 B（203）时，环形套筒 B（209）将出料口 B（208）挡住，当环形套筒 B（209）向上移动至最高点时，出料口 B（208）与去皮空腔 B（2011）连通，所述转盘 B（203）上设置有多个过水孔 B（211），所述过水孔 B（211）将去皮空腔 B（2011）与储水空腔 B（2012）连通，所述外筒体 B（201）的底部设置有排水口 B（212），排水口 B（212）上连接有第一排污管 B（213），第一排污管 B（213）上设置有第一导通阀 B（214），第一排污管 B（213）的末端连接有密闭的过渡水箱 B（215），所述过渡水箱 B（215）的底部连接有与之连通的第二排污管 B（216），所述第二排污管 B（216）上设置有第二导通阀 B（217），所述外筒体 B（201）上方设置有过渡筒体 B（218），所述过渡筒体 B（218）的下端与外筒体 B（201）的上端密封连接且在过渡筒体 B（218）的下端设置有第一控制阀 B（219），过渡筒体 B（218）的上端设置有第二控制阀 B（220）。

所述切片装置（3）包括密闭的壳体 C（301），所述壳体 C（301）内设置有水平压板 C（302）、伸缩气缸 C（303）、多个条形刀片 C（304）组成的刀阵 C（305）、多块挡料板 C（306），所述伸缩气缸 C（303）固定在壳体 C（301）的顶部，伸缩气缸 C（303）的推拉杆 C（307）朝下，所述水平压板 C（302）固定在推拉杆 C（307）的末端，多个条形刀片 C（304）互相平行设置且位于水平压板 C（302）正下方，多个条形刀片 C（304）的刀刃均处于同一水平面且朝向水平压板 C（302），多块挡料板 C（306）设置在刀阵 C（305）的四周，所述刀阵 C（305）的横截面大小与水平压板 C（302）的横截面大小相同，所述壳体 C（301）上连接有导料管 C（308），所述导料管 C（308）的一端与出料口 B（208）密封连接，另一端穿过壳体 C（301）延伸至挡料板 C（306）的上边缘，所述水平压板 C（302）上固定有挡板 C（309），当水平压板 C（302）向下移动至水平压板 C（302）的下表面与条形刀片 C（304）的刀刃相接触时，所述挡板 C（309）位于导料管 C（308）的出料口处且将其堵住，当水平压板 C（302）向上移动至最高点时，所述挡板 C（309）位于导料管 C（308）的出料口上方，所述导料管 C（308）上设置有截止阀 C（310），所述壳体 C（301）底部设置有出料口 C（311），所述出料口 C（311）位于刀阵 C（305）正下方。

所述熟化装置（4）包括蒸汽发生器 D（401）、内筒体 D（402）与外筒体 D（403），所述内筒体 D（402）设置在外筒体 D（403）内，所述外筒体 D（403）与内筒体 D（402）之间形成一个密闭的夹层空间 D（404），所述内筒体的筒壁上设置有蒸汽通孔 D（405），蒸汽发生器 D（401）与夹层空间 D（404）通过蒸汽管 D 连通，所述内筒体 D（402）的上端设置有第一截止阀 D（406），内筒体 D（402）的下端设置有第二截止阀 D（407），所述内筒体 D（402）的上端连接有过渡筒体 D（408），所述过渡筒体 D（408）的上端连接有料斗 D（409），所述料斗 D（409）的出料口设置有第三截止阀 D（410），所述料斗 D（409）的进料口与出料口 C（311）密封连接。

所述冷却装置（5）包括密闭的真空箱体 E（501），所述真空箱体 E（501）上连接有真空泵 E（502），所述真空箱体 E（501）的底部设置有出料口 E（503），所述出料口 E（503）上密封连接有第一过渡筒体 E（504），所述第一过渡筒体 E（504）的上端设置有第一截止阀 E（505），所述第一过渡筒体 E（504）的下端设置有第二截止阀 E（506），所述真空箱体 E（501）上方设置有第二过渡筒体 E（507），所述第二过渡筒体 E（507）的下端与真空箱体 E（501）密封连接且与真空箱体 E（501）内部连通，所述第二过渡筒体 E（507）的下端设置有第三截止阀 E（508），所述第二过渡筒体 E（507）的上端与内筒体 D（402）的下端密封连接。

所述微波干燥装置（7）包括密闭的箱体 G（701），所述箱体 G（701）内设置有微波发射器 G（702）、微波接收器 G（703）、加热筒体 G（704），所述加热筒体 G（704）的上端密封连接有过渡筒体 G（705），所述过渡筒体 G（705）的上端延伸至箱体 G（701）外且与且与第一过渡筒体 E（504）的末端密封连接，所述加热筒体 G（704）的下端延伸至箱体 G（701）外且在加热筒体 G（704）的下端设置有第二截止阀 G（707），所述微波发射器 G（702）、微波接收器 G（703）分别设置在加热筒体 G（704）的两侧。

所述油炸装置（6）包括箱体 E（601），所述箱体 E（601）内盛装有高温食用油，所述箱体 E（601）内设置有第一输送带 E（602）、第一被动滚筒 E（603）、第一驱动滚筒 E（604），第一输送带 E（602）的表面设置有多块第一刮料板（605），多块第一刮料板（605）互相平行设置且与第一输送带 E（602）的输送方向互相垂直，所述第一输送带 E（602）水平设置且上层的第一输送带 E（602）被高温食用油淹没，加热筒体 G（704）的下端朝向第一输送带 E（602），所述第一被动滚筒 E（603）、第一驱动滚筒 E（604）将第一输送带 E（602）绷紧，第一驱动滚筒 E（604）上连接有用于使其转动第一驱动电机 E（606），所述箱体 E（601）内还设置有第二驱动滚筒 E（607）、第二输送带 E（608），第二驱动滚筒 E（607）上连接有用于使其转动的第二驱动电机 E（609），所述箱体 E（601）的上方设置有第二被动滚筒 E（610），所述第二驱动滚筒 E（607）设置在第一被动滚筒 E（603）的右下方，第二被动滚筒 E（610）设置在第二驱动滚筒 E（607）的右侧，所述第二被动滚筒 E（610）、第二驱动滚筒 E（607）将第二输送带 E（608）绷紧，所述第二输送带 E（608）的表面设置有多块第二刮料板（611），多块第二刮料板（611）互相平行设置且与第二输送带 E（608）的输送方向互相垂直，所述第一刮料板（605）的高度与第二刮料板（611）的高度之和等于第一被动滚筒 E（603）与第二驱动滚筒 E（607）之间的最小间距，所述第二被动滚筒 E（610）的右下方设置有第三驱动滚筒 E（612），所述箱体 E（601）的右上方设置有第三被动滚筒 E（613）、第三输送带 E（614），第三输送带 E（614）水平设置，所述第三被动滚筒 E（613）、第三驱动滚筒 E（612）将第三输送带 E（614）绷紧。

所述调味装置（8）包括调味滚筒（801），所述第三被动滚筒 E（613）位于调味滚筒（801）内，所述调味滚筒（801）从左至右倾斜设置，所述调味滚筒（801）的左侧设置有装有调料的漏斗（802），所述漏斗（802）的出料口朝向第三输送带 E（614）。

该油炸土豆片加工装置由依次设置的清洗装置（1）、去皮装置（2）、切片装置（3）、熟化装置（4）、冷却装置（5）、微波干燥装置（7）、油炸装置（6）、调味装置（8）组成，除油炸装置（6）和调味装置（8）外，其他装置均在密闭的环境中工作，且各个装置之间均密封连接，使得土豆除了清洗工序、油炸工序、调味工序外，其他工序均在密封的环境中进行，从保证土豆片在整个加工过程中与氧气接触的几率大大降低，可以有效防止在加工过程土豆中的多酚氧化酶（PPO）与空气中的氧接触，避免发生氧化聚合，可以有效防止土豆褐变，从而保证最后生产出的土豆片品质较高。

在对土豆进行清洗时，只需将需要加工的土豆放置在输送带 A（101）上，输送带 A（101）在移动过程中带动土豆沿输送带 A（101）移动，土豆在移动的过程中依次经过一次清洗槽 A（105）、二次清洗槽 A（106），土豆在经过一次清洗槽 A（105）时，位于土豆下方的第一下喷管 A（1052）内的高压水从第一下喷嘴 A（1053）向上喷出喷在土豆上，位于土豆上方的第一上喷管 A（1054）内的高压水从第一上喷嘴 A（1055）内向下喷出喷到土豆上，这样便可以对整个土豆进行喷淋清洗，经过一次清洗后的土豆接着进入二次清洗槽 A（106）内，此时，位于土豆下方的第二下喷管 A（1062）内的高压水从第二下喷嘴 A（1063）向上喷出喷在土豆上，位于土豆上方的第二上喷管 A（1064）内的高压水从第二上喷嘴 A（1065）内向下喷出喷到土豆上，这样便可以对整个土豆进行喷淋清洗，经过二次清洗后的土豆变得非常干净，同时，一次清洗后的水落入第一水槽 A（1051）中，由于一次清洗时，土豆表皮上绝大数的泥土残渣都被冲洗掉落入第一水槽 A（1051）中，所以第一水槽 A（1051）中的水较为浑浊，直接从第一排污管 A（1056）排放掉，二次清洗后的水落入第二水槽 A（1061），由于二次清洗时，土豆表皮经过一次清洗后只残留很少的泥土残渣，所以第二水槽 A（1061）中的水还较为清澈还可以用于对土豆进行一次清洗，因此，第二水槽 A（1061）内的水通过底部连接的第二排污管 A（1066）排放到水池 A（1067）中，然后利用水泵 A（1069）将水池 A（1067）中水通过引水管 A（1068）送入第一上喷管 A（1054）、第一下喷管 A（1052）内，从而对土豆进行一次清洗，这样便可以减小用水量，节约成本。

为了避免水池 A（1067）内的残渣泥土将水泵 A（1069）或引水管 A（1068）堵塞，所述水池 A（1067）内设置有多个滤网 A（107），多个滤网 A（107）依次设置在入水口 A 与出水口 A 之间，这样，水池 A（1067）内的水先经过多个滤网 A（107）过滤后再利用水泵 A（1069）将水池 A（1067）中水通过引水管 A（1068）送入第一上喷管 A（1054）、第一下喷管 A（1052）内，这样便可以有效避免水池 A（1067）内的残渣泥土将水泵 A（1069）或引水管 A（1068）堵塞，保证清洗工序的顺利进行。

另外，为了保证过滤效果，多个滤网 A（107）的网孔大小依次变小，所述网孔最大的滤网 A（107）位于入水口 A 处，所述网孔最小的滤网 A（107）位于出水口 A 处。

为了便于上料，所述输送带 A（101）上方设置有料斗 A（108），料斗 A（108）的出料口朝向输送带 A（101），料斗 A（108）位于一次清洗槽 A（105）的外侧，这样，只需将需要清洗的土豆投入料斗 A（108）中即可，操作非常方便；同时，为了便于接料，所述二次清洗槽 A（106）的外侧设置有接料槽 A（109），过渡筒体 B（218）的上端与接料槽 A（109）的下端密封连接，所述接料槽 A（109）上连接有导料槽 A（110），所述导料槽 A（110）的一端与接料槽 A（109）相连，另一端延伸至被动滚筒 A（102）的外侧且与输送带 A（101）相接触，清洗完毕的土豆沿输送带 A（101）移动至导料槽 A（110）端头时，沿导料槽 A（110）落入接料槽 A（109）中，整个过程自动进行，无需人工进行搬运，省时又省力。

在进行去皮处理时，先打开过渡筒体 B（218）上端设置的第二控制阀 B（220），此时接料槽 A（109）中清洗干净的土豆落入过渡筒体 B（218）内，然后关闭第二控制阀 B（220），再打开设置在过渡筒体 B（218）下端的第一控制阀 B（219），使过渡筒体 B（218）内的土豆落入去皮空腔 B（2011）内，此时，环形套筒 B（209）的下端靠进转盘 B（203），出料口 B（208）被环形套筒 B（209）挡住，驱动电机 B（202）驱动转轴 B（204）转动进而带动转盘 B（203）转动，由于转盘 B（203）的上表面为波浪形，转盘 B（203）在转动过程中会将土豆抛起与环形套筒 B（209）的内表面接触并摩擦，由于环形套筒 B（209）的内壁表面为研磨面，土豆与环形套筒 B（209）接触摩擦的过程中，土豆的表皮会被摩擦掉，同时，去皮空腔 B（2011）内设置的喷水头 B（205）喷出高压的水流，对土豆进行冲洗，将擦下来的土豆表皮从土豆表面冲洗掉进而通过转盘 B（203）上设置的多个过水孔 B（211）流到储水空腔 B（2012）中，当储水空腔 B（2012）中的水量过多时，打开第一排污管 B（213）上设置的第一导通阀 B（214），储水空腔 B（2012）内的水沿第一排污管流到过渡水箱 B（215）中，然后关闭第一导通阀 B（214），打开第二排污管 B（216）上设置的第二导通阀 B（217），过渡水箱 B（215）中的水沿第二排污管 B（216）排出，当土豆表皮去除干净后，利用升降装置 B（210）将环形套筒 B（209）升起，使出料口 B（208）与去皮空腔 B（2011）连通，此时，转盘 B（203）继续转动就会将去皮后的土豆从出料口 B（208）甩出沿导料管 C（306）落入壳体 C（301）中，该去皮装置 2 去皮效果好，同时，可以将土豆与表皮分离，再者，通过设置过渡筒体 B（218）与过渡水箱 B（215），同时进料口 C（304）与出料口 B（208）通过导料管 C（306）密封连接，可以使得外筒体 B（201）内部几乎不与外界空气接触，可以有效防止在去皮过程土豆中的多酚氧化酶（PPO）与空气中的氧接触，避免发生氧化聚合，可以有效防止土豆褐变，从而保证最后生产出的土豆片品质较高。

为了进一步防止在去皮过程土豆中的多酚氧化酶（PPO）与空气中的氧接触，避免发生氧化聚合，所述外筒体 B（201）上连接有用于向外筒体 B（201）内充入氮气的氮气管 B（221）；在去皮过程中，利用氮气作为保护气体，可以有效防止土豆褐变，从而保证最后生产出的土豆片品质较高。同时由于氮气在空气中含有的比例最多，获取容易，成本较低。

在进行切片处理时，从出料口 B（208）甩出的土豆进入导料管 C（308）中，先打开导料管 C（308）上设置有截止阀 C（310），导料管 C（308）中的土豆滑落至刀阵 C（305）上表面，此时，伸缩气缸 C（303）动作，使推拉杆 C（307）向下运动，推动水平压板 C（302）向下运动，水平压板 C（302）在向下运动的过程中带动挡板 C（309）向下运动，当水平压板 C（302）与土豆接触并继续向下运动时，土豆被条形刀片 C（304）切割成片状，从条形刀片 C（304）的间隙落下进而从出料口 C（311）落入料斗 D（409）中，当水平压板 C（302）向下移动至水平压板 C（302）的下表面与条形刀片 C（304）的刀刃相接触时，所述挡板 C（309）位于导料管 C（308）的出料口处且将其堵住，不会有土豆再滑落至刀阵 C（305）表面，接着，伸缩气缸 C（303）动作，使推拉杆 C（307）向上运动，拉动水平压板 C（302）向上运动，水平压板 C（302）在向上运动的过程中带动挡板 C（309）向上运动，当水平压板 C（302）向上移动至最高点时，所述挡板 C（309）位于导料管 C（308）的出料口上方，此时，导料管 C（308）中的土豆会继续滑落至刀阵 C（305）上表面，进行下一次切片动作，整个切片过程可连续自动进行，同时切片效果较好，另外，导料管 C（308）与出料口 B（208）密封连接，导料管 C（308）上设置有截止阀 C（310），料斗 D（409）的进料口与出料口 C（311）密封连接，可以使得壳体 C（301）内部几乎不与外界空气接触，可以有效防止在切片过程土豆中的多酚氧化酶（PPO）与空气中的氧接触，避免发生氧化聚合，可以有效防止土豆褐变，从而保证最后生产出的土豆片品质较高。

进一步的是，为了避免水平压板 C（302）将土豆片压坏，所述水平压板 C（302）的下表面设置有一层缓冲胶垫 C（312）。

另外，为了进一步保防止在切片过程土豆中的多酚氧化酶（PPO）与空气中的氧接触，避免发生氧化聚合，所述壳体 C（301）上连接有用于向壳体 C（301）内充入氮气的氮气管 C（313）；在切片过程中，利用氮气作为保护气体，可以有效防止土豆褐变，从而保证最后生产出的土豆片品质较高。同时由于氮气在空气中含有的比例最多，获取容易，成本较低。

在对土豆进行熟化时，先打开料斗 D（409）的出料口设置的第三截止阀 D（410），使料斗 D（409）中的土豆片落入过渡筒体 D（408）内，然后关闭第三截止阀 D（410），接着打开第一截止阀 D（406），使过渡筒体 D（408）内的土豆片落入内筒体 D（402）内，关闭第一截止阀 D（406），此时，蒸汽发生器 D（401）工作产生高温的水蒸气，高温的水蒸气沿蒸汽管 D 流入夹层空间 D（404）内，接着高温蒸汽通过蒸汽通孔 D（405）进入内筒体 D（402）与土豆片接触并对土豆片进行加热熟化，当土豆片被加热至熟化后，打开内筒体 D（402）的下端设置的第二截止阀 D（407），熟化的土豆片落入第二过渡筒体 E（507）中，该熟化装置（4）利用蒸汽对土豆进行熟化，可以使土豆快速熟化，熟化效果高，同时整个熟化过程自动进行，无需人工搬运土豆，另外，通过设置过渡筒体 D（408），可以使得外筒体 D（403）内部几乎不与外界空气接触，可以有效防止在熟化过程土豆中的多酚氧化酶（PPO）与空气中的氧接触，避免发生氧化聚合，可以有效防止土豆褐变，从而保证最后生产出的土豆片品质较高。

另外，为了进一步防止在熟化过程土豆中的多酚氧化酶（PPO）与空气中的氧接触，避免发生氧化聚合，所述外筒体 D（403）上连接有用于向外筒体 D（403）内充入氮气的氮气管 D（411）；在熟化过程中，利用氮气作为保护气体，可以有效防止土豆褐变，从而保证最后生产出的土豆片品质较高。同时由于氮气在空气中含有的比例最多，获取容易，成本较低。

在对土豆进行冷却时，先打开设置在第二过渡筒体 E（507）下端的第三截止阀 E（508），使熟化的高温土豆片落入真空箱体 E（501）内，然后关闭第三截止阀，打开真空泵 E（502），将真空箱体 E（501）内抽成真空，高温的土豆片在真空环境下快速冷却，当土豆片冷却至室温时，打开第一截止阀 E，使真空箱体 E（501）内的土豆片落入第一过渡筒体 E（504）内，然后关闭第一截止阀 E，再打开第二截止阀，土豆片落入导料槽 F（612），该冷却装置（5）在真空环境下对土豆进行冷却，由于真空环境下，温度非常低，可以使土豆快速冷却，冷却效果好，同时，在真空环境中，可以有效防止在冷却过程土豆中的多酚氧化酶（PPO）与空气中的氧接触，避免发生氧化聚合，可以有效防止土豆褐变，从而保证最后生产出的土豆片品质较高。

在对土豆片进行微波加热干燥时，先打开第二截止阀 E（506），使第一过渡筒体 E（504）内的土豆片落入过渡筒体 G（705）内进而落入加热筒体 G（704）内，然后关闭第二截止阀 E（506），此时打开微波发射器 G（702）、微波接收器 G（703），微波穿过加热筒体 G（704），对加热筒体 G（704）内的土豆片进行加热干燥，当干燥结束后得到干的土豆片，该微波干燥装置（7）利用微波对土豆片进行干燥加热，可以快速去除土豆片中含有的水分，干燥效果好，同时，通过设置过渡筒体 G（705），可以使得整个干燥加热过程都在密闭的环境中进行，可以有效防止在干燥加热过程土豆中的多酚氧化酶（PPO）与空气中的氧接触，避免发生氧化聚合，可以有效防止土豆褐变，从而保证最后生产出的土豆片品质较高。

另外，为了进一步防止在干燥过程土豆中的多酚氧化酶（PPO）与空气中的氧接触，避免发生氧化聚合，所述箱体 G（701）上连接有用于向箱体 G（701）内充入氮气的氮气管 G（714），在微波加热干燥过程中，利用氮气作为保护气体，可以有效防止土豆褐变，从而保证最后生产出的土豆片品质较高。同时由于氮气在空气中含有的比例最多，获取容易，成本较低。

当干燥结束后，对干的土豆片进行油炸处理，在对土豆片进行油炸处理时，先打开第二截止阀 G（707），使加热筒体 G（704）内的干土豆片落到第一输送带 E（602）上设置的第一刮料板（605）之间的间隙内，由于上层的第一输送带 E（602）被高温食用油淹没，因此，干土豆片落在第一输送带 E（602）上即开始被油炸，同时，第一驱动电机 E（606）驱动第一驱动滚筒 E（604）转动，第一驱动滚筒 E（604）带动第一输送带 E（602）转动同时将土豆片输送至第二输送带 E（608），土豆片在输送的过程中逐渐被炸至金黄色，当土豆片移动至第一输送带 E（602）右端时，从第一输送带 E（602）掉落至第二输送带 E（608）上设置的第二刮料板（611）的间隙内，接着土豆片在倾斜的第二输送带 E（608）的输送下逐渐脱离高温食用油，并将土豆片表面多余的食用油沥干，当土豆片移动至第二输送带 E（608）右端时，从第二输送带 E（608）掉落至第三输送带 E（614）上，土豆在第三输送带 E（614）的输送下移动至调味滚筒（801）内，同时土豆在第三输送带 E（614）上移动时，装有调料的漏斗（802）不断向经过的土豆片洒落调料，土豆片经过调味滚筒（801）后完成调味处理即可包装成袋。

另外，为了方便收集加工完成的油炸土豆片，所述调味滚筒（801）的右端下方设置有收集槽（803）。

三、权利要求书

（1）一种油炸土豆片加工装置，其特征在于：包括依次设置的清洗装置（1）、去皮装置（2）、切片装置（3）、熟化装置（4）、冷却装置（5）、微波干燥装置（7）、油炸装置（6）、调味装置（8）。

所述清洗装置（1）包括输送带 A（101）、被动滚筒 A（102）、驱动滚筒 A（103）、驱动电机 A（104）、一次清洗槽 A（105）、二次清洗槽 A（106），所述被动滚筒 A（102）、驱动滚筒 A（103）将输送带 A（101）绷紧，驱动电机 A（104）用于使驱动滚筒 A（103）转动，所述一次清洗槽 A（105）、二次清洗槽 A（106）依次沿输送带 A（101）的运行方向设置，所述输送带 A（101）为网状结构，所述一次清洗槽 A（105）包括第一水槽 A（1051），所述第一水槽 A（1051）位于上层的输送带 A（101）与下层的输送带 A（101）之间，第一水槽 A（1051）内设置有多根互相平行设置的第一下喷管 A（1052），所述第一下喷管 A（1052）上间隔设置有多个第一下喷嘴 A（1053），所述第一下喷嘴 A（1053）朝向上层的输送带 A（101），所述第一水槽 A（1051）的上方设置有多个第一上喷管 A（1054），所述第一上喷管 A（1054）上间隔设置有多个第一上喷嘴 A（1055），所述第一上喷嘴 A（1055）朝向上层的输送带 A（101），第一水槽 A（1051）的底部连接有与其连通的第一排污管 A（1056）；所述二次清洗槽 A（106）

包括第二水槽 A（1061），所述第二水槽 A（1061）位于上层的输送带 A（101）与下层的输送带 A（101）之间，第二水槽 A（1061）内设置有多根互相平行设置的第二下喷管 A（1062），所述第二下喷管 A（1062）上间隔设置有多个第二下喷嘴 A（1063），所述第二下喷嘴 A（1063）朝向上层的输送带 A（101），所述第二水槽 A（1061）的上方设置有多个第二上喷管 A（1064），所述第二上喷管 A（1064）上间隔设置有多个第二上喷嘴 A（1065），所述第二上喷嘴 A（1065）朝向上层的输送带 A（101），第二上喷管 A（1064）、第二下喷管 A（1062）均与高压水管连通，第二水槽 A（1061）的底部连接有与其连通的第二排污管 A（1066），所述第二排污管 A（1066）末端连接有水池 A（1067），所述水池 A（1067）上设置有入水口 A 与出水口 A，所述入水口 A 与第二排污管 A（1066）末端连通，所述出水口 A 上连接有引水管 A（1068），所述引水管 A（1068）上设置有水泵 A（1069），引水管 A（1068）的末端分别与第一上喷管 A（1054）、第一下喷管 A（1052）连通。

所述去皮装置（2）包括密闭的外筒体 B（201）、驱动电机 B（202），所述外筒体 B（201）内设置有转盘 B（203），所述转盘 B（203）的外径与外筒体 B（201）的内径相匹配，所述转盘 B（203）的下表面中心位置固定有转轴 B（204），转轴 B（204）下端延伸至外筒体 B（201）外，驱动电机 B（202）的输出轴与转轴 B（204）的下端相连，所述转盘 B（203）的上表面为波浪形，转盘 B（203）将外筒体 B（201）的内部分为去皮空腔 B（2011）与储水空腔 B（2012），所述去皮空腔 B（2011）内设置有喷水头 B（205），所述喷水头 B（205）位于转盘 B（203）上方且朝向转盘 B（203），所述喷水头 B（205）上连接有引流管 B（206），引流管 B（206）上设置有截止阀 B（207），所述引流管 B（206）与高压水管相连，所述外筒体 B（201）的筒壁上设置有出料口 B（208），所述出料口 B（208）位于转盘 B（203）所在水平面之上，所述去皮空腔 B（2011）内设置有环形套筒 B（209），所述环形套筒 B（209）的外径与外筒体 B（201）的内径相匹配，环形套筒 B（209）的内壁表面为研磨面，环形套筒 B（209）的上端设置有升降装置 B（210），当环形套筒 B（209）的下端靠进转盘 B（203）时，环形套筒 B（209）将出料口 B（208）挡住，当环形套筒 B（209）向上移动至最高点时，出料口 B（208）与去皮空腔 B（2011）连通，所述转盘 B（203）上设置有多个过水孔 B（211），所述过水孔 B（211）将去皮空腔 B（2011）与储水空腔 B（2012）连通，所述外筒体 B（201）的底部设置有排水口 B（212），排水口 B（212）上连接有第一排污管 B（213），第一排污管 B（213）上设置有第一导通阀 B（214），第一排污管 B（213）的末端连接有密闭的过渡水箱 B（215），所述过渡水箱 B（215）的底部连接有与之连通的第二排污管 B（216），所述第二排污管 B（216）上设置有第二导通阀 B（217），所述外筒体 B（201）上方设置有过渡筒体 B（218），所述过渡筒体 B（218）的下端与外筒体 B（201）的上端密封连接且在过渡筒体 B（218）的下端设置有第一控制阀 B（219），过渡筒体 B（218）的上端设置有第二控制阀 B（220）。

所述切片装置（3）包括密闭的壳体 C（301），所述壳体 C（301）内设置有水平压板 C（302）、伸缩气缸 C（303）、多个条形刀片 C（304）组成的刀阵 C（305）、多块挡料板 C（306），所述伸缩气缸 C（303）固定在壳体 C（301）的顶部，伸缩气缸 C（303）的推拉杆 C（307）朝下，所述水平压板 C（302）固定在推拉杆 C（307）的末端，多个条形刀片 C（304）互相平行设置且位于水平压板 C（302）正下方，多个条形刀片 C（304）的刀刃均处于同一水平面且朝向水平压板 C（302），多块挡料板 C（306）设置在刀阵 C（305）的四周，所述刀阵 C（305）的横截面大小与水平压板 C（302）的横截面大小相同，所述壳体 C（301）上连接有导料管 C

（308），所述导料管 C（308）的一端与出料口 B（208）密封连接，另一端穿过壳体 C（301）延伸至挡料板 C（306）的上边缘，所述水平压板 C（302）上固定有挡板 C（309），当水平压板 C（302）向下移动至水平压板 C（302）的下表面与条形刀片 C（304）的刀刃相接触时，所述挡板 C（309）位于导料管 C（308）的出料口处且将其堵住，当水平压板 C（302）向上移动至最高点时，所述挡板 C（309）位于导料管 C（308）的出料口上方，所述导料管 C（308）上设置有截止阀 C（310），所述壳体 C（301）底部设置有出料口 C（311），所述出料口 C（311）位于刀阵 C（305）正下方。

所述熟化装置（4）包括蒸汽发生器 D（401）、内筒体 D（402）与外筒体 D（403），所述内筒体 D（402）设置在外筒体 D（403）内，所述外筒体 D（403）与内筒体 D（402）之间形成一个密闭的夹层空间 D（404），所述内筒体的筒壁上设置有蒸汽通孔 D（405），蒸汽发生器 D（401）与夹层空间 D（404）通过蒸汽管 D 连通，所述内筒体 D（402）的上端设置有第一截止阀 D（406），内筒体 D（402）的下端设置有第二截止阀 D（407），所述内筒体 D（402）的上端连接有过渡筒体 D（408），所述过渡筒体 D（408）的上端连接有料斗 D（409），所述料斗 D（409）的出料口设置有第三截止阀 D（410），所述料斗 D（409）的进料口与出料口 C（311）密封连接。

所述冷却装置（5）包括密闭的真空箱体 E（501），所述真空箱体 E（501）上连接有真空泵 E（502），所述真空箱体 E（501）的底部设置有出料口 E（503），所述出料口 E（503）上密封连接有第一过渡筒体 E（504），所述第一过渡筒体 E（504）的上端设置有第一截止阀 E（505），所述第一过渡筒体 E（504）的下端设置有第二截止阀 E（506），所述真空箱体 E（501）上方设置有第二过渡筒体 E（507），所述第二过渡筒体 E（507）的下端与真空箱体 E（501）密封连接且与真空箱体 E（501）内部连通，所述第二过渡筒体 E（507）的下端设置有第三截止阀 E（508），所述第二过渡筒体 E（507）的上端与内筒体 D（402）的下端密封连接。

所述微波干燥装置（7）包括密闭的箱体 G（701），所述箱体 G（701）内设置有微波发射器 G（702）、微波接收器 G（703）、加热筒体 G（704），所述加热筒体 G（704）的上端密封连接有过渡筒体 G（705），所述过渡筒体 G（705）的上端延伸至箱体 G（701）外且与第一过渡筒体 E（504）的末端密封连接，所述加热筒体 G（704）的下端延伸至箱体 G 外且在加热筒体 G（704）的下端设置有第二截止阀 G（707），所述微波发射器 G（702）、微波接收器 G（703）分别设置在加热筒体 G（704）的两侧。

所述油炸装置（6）包括箱体 E（601），所述箱体 E（601）内盛装有高温食用油，所述箱体 E（601）内设置有第一输送带 E（602）、第一被动滚筒 E（603）、第一驱动滚筒 E（604），第一输送带 E（602）的表面设置有多块第一刮料板（605），多块第一刮料板（605）互相平行设置且与第一输送带 E（602）的输送方向互相垂直，所述第一输送带 E（602）水平设置且上层的第一输送带 E（602）被高温食用油淹没，加热筒体 G（704）的下端朝向第一输送带 E（602），所述第一被动滚筒 E（603）、第一驱动滚筒 E（604）将第一输送带 E（602）绷紧，第一驱动滚筒 E（604）上连接有用于使其转动第一驱动电机 E（606），所述箱体 E（601）内还设置有第二驱动滚筒 E（607）、第二输送带 E（608），第二驱动滚筒 E（607）上连接有用于使其转动的第二驱动电机 E（609），所述箱体 E（601）的上方设置有第二被动滚筒 E（610），所述第二驱动滚筒 E（607）设置在第一被动滚筒 E（603）的右下方，第二被动滚筒 E（610）设置在第二驱动滚筒 E（607）的右侧，所述第二被动滚筒 E（610）、第二驱动滚筒 E（607）将第二输送带 E（608）绷紧，所述第二输送带 E（608）的表面设置有多块第二刮料板（611），多块第二刮料板（611）互相平行设置且与第二输送带 E（608）的输送方向互相垂直，所述第一刮料板（605）的高度与第二刮料板（611）的高度之和等于第一被动滚筒 E（603）与第二驱动滚筒 E（607）之间的最小间距，所述第二被动滚筒 E（610）的右下方设置有第三驱动滚筒 E（612），所述箱体 E（601）的右上方设置有第三被动滚筒 E（613）、第三输送带 E（614），第三输送带 E（614）水平设置，所述第三被动滚筒 E（613）、第三驱动滚筒 E（612）将第三输送带 E（614）绷紧。

所述调味装置（8）包括调味滚筒（801），所述第三被动滚筒 E（613）位于调味滚筒（801）内，所述调味滚筒（801）从左至右倾斜设置，所述调味滚筒（801）的左侧设置有装有调料的漏斗（802），所述漏斗（802）的出料口朝向第三输送带 E（614）。

（2）如权利要求（1）所述的油炸土豆片加工装置，其特征在于：所述水池 A（1067）内设置有多个滤网 A（107），多个滤网 A（107）依次设置在入水口 A 与出水口 A 之间；所述输送带 A（101）上方设置有料斗 A（108），料斗 A（108）的出料口朝向输送带 A（101），料斗 A（108）位于一次清洗槽 A（105）的外侧；所述二次清洗槽 A（106）的外侧设置有接料槽 A（109），过渡筒体 B（218）的上端与接料槽 A（109）的下端密封连接，所述接料槽 A（109）上连接有导料槽 A（110），所述导料槽 A（110）的一端与接料槽 A（109）相连，另一端延伸至被动滚筒 A（102）的外侧且与输送带 A（101）相接触。

（3）如权利要求（1）所述的油炸土豆片加工装置，其特征在于：所述水平压板 C（302）的下表面设置有一层缓冲胶垫 C（312）。

（4）如权利要求（1）所述的油炸土豆片加工装置，其特征在于：所述调味滚筒（801）的右端下方设置有收集槽（803）。

（5）如权利要求（1）所述的油炸土豆片加工装置，其特征在于：所述外筒体 B（201）上连接有用于向外筒体 B（201）内充入氮气的氮气管 B（221）；所述壳体 C（301）上连接有用于向壳体 C（301）内充入氮气的氮气管 C（313）；所述外筒体 D（403）上连接有用于向外筒体 D（403）内充入氮气的氮气管 D（411）；所述箱体 G（701）上连接有用于向箱体 G（701）内充入氮气的氮气管 G（714）。

第八节　一种油炸马铃薯条的制备方法及其装置

一、基本信息（表 3-31）

表 3-31　一种油炸马铃薯条的制备方法及其装置基本信息

专利类型	发明
申请（授权）号	2016100020930
发明人	李静、巩发永、臧海波、史碧波、罗晓妙、林巧
申请人	西昌学院
申请日	2016.1.1

说明书摘要	本发明公开了一种避免马铃薯在加工过程中发生褐变的马铃薯薯片的加工方法及其装置。该马铃薯薯片的加工方法是将马铃薯清洗干净后，分别在密闭的环境中对马铃薯进行去皮处理、切片处理、熟化处理、冷却处理、微波加热干燥处理，之后再进行油炸处理和调味处理，这样整个马铃薯薯片的加工过程马铃薯与氧气接触的几率大大降低，可以有效防止马铃薯中的多酚氧化酶（PPO）与空气中的氧接触，避免发生氧化聚合，可以有效防止马铃薯褐变，从而保证最后生产出的马铃薯薯片品质较高。适合在马铃薯加工技术领域推广应用

二、说明书

1. 技术领域

本发明涉及马铃薯加工技术领域，尤其是一种油炸马铃薯条的制备方法及其装置。

2. 背景技术

马铃薯，属茄科多年生草本植物，块茎可供食用，是全球第三大重要的粮食作物，仅次于小麦和玉米。马铃薯又称地蛋、土豆、洋山芋等，茄科植物的块茎，与小麦、玉米、稻谷、高粱并列为世界五大作物。

油炸马铃薯条的加工过程通常分为以下几个步骤：清洗→去皮→切条→熟化→冷却→干燥→油炸→调味。现有的油炸马铃薯条加工过程中，由于各个工序大都是直接在空气中进行，这就导致马铃薯中的多酚氧化酶（PPO）很容易与空气中的氧接触，会发生氧化聚合，导致褐变，马铃薯发生褐变后不但会使马铃薯变黑，同时会破坏马铃薯的氨基酸、蛋白质和抗坏血酸，导致马铃薯的营养价值降低；再者，马铃薯发生褐变后，其风味较差，褐变产生的产物有抗氧化作用，会产生有害成分，如丙烯酰胺，危害人体健康。

3. 发明内容

本发明所要解决的技术问题是提供一种避免马铃薯在加工过程中发生褐变的油炸马铃薯条的制备方法。

本发明解决其技术问题所采用的技术方案为：该油炸马铃薯条的制备方法，包括以下步骤：

A. 将马铃薯清洗干净；

B. 将清洗干净的马铃薯在密闭的环境中进行去皮处理并用清水冲洗干净；

C. 将去皮的马铃薯转移至密闭的环境中进行切条处理；

D. 将切好的马铃薯条在密闭的环境中进行加热至马铃薯条熟化；

E. 将熟化的马铃薯条转移至真空环境中冷却；

F. 将冷却后的马铃薯条在密闭环境中进行微波加热干燥处理；

G. 将干燥后的马铃薯条进行油炸处理；

H. 将油炸过后的马铃薯条进行调味处理。

进一步的是，所述步骤 B 中，在去皮处理的过程中向密闭的环境中充入惰性保护气体；所述步骤 C 中，在切条过程中向密闭的环境中充入惰性保护气体；所述步骤 D 中，在加热的过程中向密闭的环境中充入惰性保护气体；所述步骤 F 中，在微波加热干燥过程中向密闭的环境中冲入惰性保护气体。

进一步的是，所述惰性保护气体为氮气。

本发明还提供了一种能够实现上述制备方法的油炸马铃薯条的制备装置，该油炸马铃薯条的制备装置，包括依次设置的清洗装置、去皮装置、切条装置、熟化装置、冷却装置、微波干燥装置、油炸装置、调味装置。

所述清洗装置包括输送带 A、被动滚筒 A、驱动滚筒 A、驱动电机 A、一次清洗槽 A、二次清洗槽 A，所述被动滚筒 A、驱动滚筒 A 将输送带 A 绷紧，驱动电机 A 用于使驱动滚筒 A 转动，所述一次清洗槽 A、二次清洗槽 A 依次沿输送带 A 的运行方向设置，所述输送带 A 为网状结构，所述一次清洗槽 A 包括第一水槽 A，所述第一水槽 A 位于上层的输送带 A 与下层的输送带 A 之间，第一水槽 A 内设置有多根互相平行设置的第一下喷管 A，所述第一下喷管 A 上间隔设置有多个第一下喷嘴 A，所述第一下喷嘴 A 朝向上层的输送带 A，所述第一水槽 A 的上方设置有多个第一上喷管 A，所述第一上喷管 A 上间隔设置有多个第一上喷嘴 A，所述第一上喷嘴 A 朝向上层的输送带 A，第一水槽 A 的底部连接有与其连通的第一排污管 A；所述二次清洗槽 A 包括第二水槽 A，所述第二水槽 A 位于上层的输送带 A 与下层的输送带 A 之间，第二水槽 A 内设置有多根互相平行设置的第二下喷管 A，所述第二下喷管 A 上间隔设置有多个第二下喷嘴 A，所述第二下喷嘴 A 朝向上层的输送带 A，所述第二水槽 A 的上方设置有多个第二上喷管 A，所述第二上喷管 A 上间隔设置有多个第二上喷嘴 A，所述第二上喷嘴 A 朝向上层的输送带 A，第二上喷管 A、第二下喷管 A 均与高压水管连通，第二水槽 A 的底部连接有与其连通的第二排污管 A，所述第二排污管 A 末端连接有水池 A，所述水池 A 上设置有入水口 A 与出水口 A，所述入水口 A 与第二排污管 A 末端连通，所述出水口 A 上连接有引水管 A，所述引水管 A 上设置有水泵 A，引水管 A 的末端分别与第一上喷管 A、第一下喷管 A 连通。

所述去皮装置包括密闭的外筒体 B、驱动电机 B，所述外筒体 B 内设置有转盘 B，所述转盘 B 的外径与外筒体 B 的内径相匹配，所述转盘 B 的下表面中心位置固定有转轴 B，转轴 B 下端延伸至外筒体 B 外，驱动电机 B 的输出轴与转轴 B 的下端相连，所述转盘 B 的上表面为波浪形，转盘 B 将外筒体 B 的内部分为去皮空腔 B 与储水空腔 B，所述去皮空腔 B 内设置有喷水头 B，所述喷水头 B 位于转盘 B 上方且朝向转盘 B，所述喷水头 B 上连接有引流管 B，引流管 B 上设置有截止阀 B，所述引流管 B 与高压水管相连，所述外筒体 B 的筒壁上设置有出料口 B，所述出料口 B 位于转盘 B 所在水平面之上，所述去皮空腔 B 内设置有环形套筒 B，所述环形套筒 B 的外径与外筒体 B 的内径相匹配，环形套筒 B 的内壁表面为研磨面，环形套筒 B 的上端设置有升降装置 B，当环形套筒 B 的下端靠进转盘 B 时，环形套筒 B 将出料口 B 挡住，当环形套筒 B 向上移动至最高点时，出料口 B 与去皮空腔 B 连通，所述转盘 B 上设置有多个过水孔 B，所述过水孔 B 将去皮空腔 B 与储水空腔 B 连通，所述外筒体 B 的底部设置有排水口 B，排水口 B 上连接有第一排污管 B，第一排污管 B 上设置有第一导通阀 B，第一排污管 B 的末端连接有密闭的过渡水箱 B，所述过渡水箱 B 的底部连接有与之连通的第二排污管 B，所述第二排污管 B 上设置有第二导通阀 B，所述外筒体 B 上方设置有过渡筒体 B，所述过渡筒体 B 的下端与外筒体 B 的上端密封连接且在过渡筒体 B 的下端设置有第一控制阀 B，过渡筒体 B 的上端设置有第二控制阀 B。

所述切条装置包括密闭的壳体 C，所述壳体 C 内设置有水平压板 C、伸缩气缸 C、多个条形刀片 C 组成的网格状刀阵 C、多块挡料板 C，所述伸缩气缸 C 固定在壳体 C 的顶部，伸缩气缸 C 的推拉杆 C 朝下，所述水平压板 C 固定在推拉杆 C 的末端，多个条形刀片 C 位于水平压板 C 正下方，多个条形刀片 C 的刀刃均处于同一水平面且朝向水平压板 C，多块挡料板 C 设置在网格状刀阵 C 的四周，所述网格状刀阵 C 的横截面大小与水平压板 C 的横截面大小相同，所述壳体 C 上连接有导料管 C，所述导料管 C 的一端与出料口 B 密封连接，另一端穿过壳体 C 延伸至挡料板 C 的上边缘，所述水平压板 C 上固定有挡板 C，当水平压板 C 向下移动至水平压板 C 的下表面与条形刀片的刀刃相接触时，所述挡板 C 位于导料管 C 的出料口处且将其堵住，当水平压板 C 向上移动至最高点时，所述挡板 C 位于导料管 C 的出料口上方，所述导料管 C 上设置有截止阀 C，所述壳体 C 底部设置有出料口 C，所述出料口 C 位于网格状刀阵 C 正下方。

所述熟化装置包括蒸汽发生器 D、内筒体 D 与外筒体 D，所述内筒体 D 设置在外筒体 D 内，所述外筒体 D 与内筒体 D 之间形成一个密闭的夹层空间 D，所述内筒体的筒壁上设置有蒸汽通孔 D，蒸汽发生器 D 与夹层空间 D 通过蒸汽管 D 连通，所述内筒体 D 的上端设置有第一截止阀 D，内筒体 D 的下端设置有第二截止阀 D，所述内筒体 D 的上端连接有过渡筒体 D，所述过渡筒体 D 的上端连接有料斗 D，所述料斗 D 的出料口设置有第三截止阀 D，所述料斗 D 的进料口与出料口 C 密封连接。

所述冷却装置包括密闭的真空箱体 E，所述真空箱体 E 上连接有真空泵 E，所述真空箱体 E 的底部设置有出料口 E，所述出料口 E 上密封连接有第一过渡筒体 E，所述第一过渡筒体 E 的上端设置有第一截止阀 E，所述第一过渡筒体 E 的下端设置有第二截止阀 E，所述真空箱体 E 上方设置有第二过渡筒体 E，所述第二过渡筒体 E 的下端与真空箱体 E 密封连接且与真空箱体 E 内部连通，所述第二过渡筒体 E 的下端设置有第三截止阀 E，所述第二过渡筒体 E 的上端与内筒体 D 的下端密封连接。

所述微波干燥装置包括密闭的箱体 G，所述箱体 G 内设置有微波发射器 G、微波接收器 G、加热筒体 G，所述加热筒体 G 的上端密封连接有过渡筒体 G，所述过渡筒体 G 的上端延伸至箱体 G 外且与第一过渡筒体 E 的末端密封连接，所述加热筒体 G 的下端延伸至箱体 G 外且在加热筒体 G 的下端设置有第二截止阀 G，所述微波发射器 G、微波接收器 G 分别设置在加热筒体 G 的两侧。

所述油炸装置包括箱体 E，所述箱体 E 内盛装有高温食用油，所述箱体 E 内设置有第一输送带 E、第一被动滚筒 E、第一驱动滚筒 E，第一输送带 E 的表面设置有多块第一刮料板，多块第一刮料板互相平行设置且与第一输送带 E 的输送方向互相垂直，所述第一输送带 E 水平设置且上层的第一输送带 E 被高温食用油淹没，加热筒体 G 的下端朝向第一输送带 E，所述第一被动滚筒 E、第一驱动滚筒 E 将第一输送带 E 绷紧，第一驱动滚筒 E 上连接有用于使其转动第一驱动电机 E，所述箱体 E 内还设置有第二驱动滚筒 E、第二输送带 E，第二驱动滚筒 E 上连接有用于使其转动的第二驱动电机 E，所述箱体 E 的上方设置有第二被动滚筒 E，所述第二驱动滚筒 E 设置在第一被动滚筒 E 的右下方，第二被动滚筒 E 设置在第二驱动滚筒 E 的右侧，所述第二被动滚筒 E、第二驱动滚筒 E 将第二输送带 E 绷紧，所述第二输送带 E 的表面设置有多块第二刮料板，多块第二刮料板互相平行设置且与第二输送带 E 的输送方向互相垂直，所述第一刮料板的高度与第二刮料板的高度之和等于第一被动滚筒 E 与第二驱动滚筒 E 之间的最小间距，所述第二被动滚筒 E 的右下方设置有第三驱动滚筒 E，所述箱体 E 的右上方设置有第三被动滚筒 E、第三输送带 E，第三输送带 E 水平设置，所述第三被动滚筒 E、第三驱动滚筒 E 将第三输送带 E 绷紧。

所述调味装置包括调味滚筒，所述第三被动滚筒 E 位于调味滚筒内，所述调味滚筒从左至右倾斜设置，所述调味滚筒的左侧设置有装有调料的漏斗，所述漏斗的出料口朝向第三输送带 E。

进一步的是，所述水池 A 内设置有多个滤网 A，多个滤网 A 依次设置在入水口 A 与出水口 A 之间；所述输送带 A 上方设置有料斗 A，料斗 A 的出料口朝向输送带 A，料斗 A 位于一次清洗槽 A 的外侧；所述二次清洗槽 A 的外侧设置有接料槽 A，过渡筒体 B 的上端与接料槽 A 的下端密封连接，所述接料槽 A 上连接有导料槽 A，所述导料槽 A 的一端与接料槽 A 相连，另一端延伸至被动滚筒 A 的外侧且与输送带 A 相接触。

进一步的是，所述刀片 C 的长度与左侧空间 C 的宽度相同。

进一步的是，所述调味滚筒的右端下方设置有收集槽。

进一步的是，所述外筒体 B 上连接有用于向外筒体 B 内充入氮气的氮气管 B；所述壳体 C 上连接有用于向壳体 C 内充入氮气的氮气管 C；所述外筒体 D 上连接有用于向外筒体 D 内充入氮气的氮气管 D；所述壳体 F 上连接有用于向壳体 F 内充入氮气的氮气管 F；所述箱体 G 上连接有用于向箱体 G 内充入氮气的氮气管 G。

本发明的有益效果是：该油炸马铃薯条的制备方法是将马铃薯清洗干净后，分别在密闭的环境中对马铃薯进行去皮处理、切条处理、熟化处理、冷却处理、微波加热干燥处理，之后再进行油炸处理和调味处理，这样整个马铃薯条的加工过程马铃薯与氧气接触的几率大大降低，可以有效防止马铃薯中的多酚氧化酶（PPO）与空气中的氧接触，避免发生氧化聚合，可以有效防止马铃薯褐变，从而保证最后生产出的油炸马铃薯条品质较高。

附图说明：

为了更清楚地说明本发明实施例或现有技术中的技术方案，下面将对实施例或现有技术描述中所需要使用的附图做简单的介绍（图 3-3）。显而易见的，下面描述中的附图仅仅是本发明的实施例，对于本领域普通技术人员来讲，在不付出创造性劳动的前提下，还可以根据提供的附图获得其他的附图。

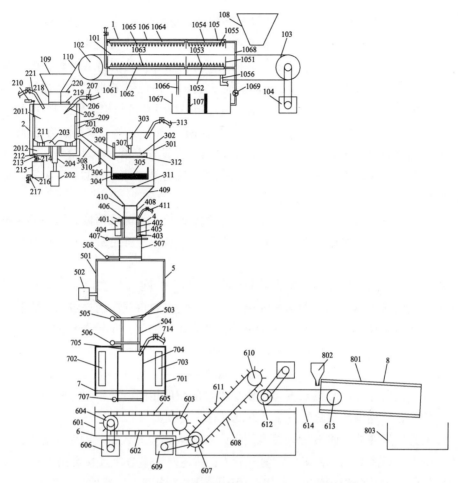

图 3-3　本发明所述油炸马铃薯条制备装置的结构示意图

图中标记说明：清洗装置（1），包括输送带 A（101）、被动滚筒 A（102）、驱动滚筒 A（103）、驱动电机 A（104）、一次清洗槽 A（105）、第一水槽 A（1051）、第一下喷管 A（1052）、第一下喷嘴 A（1053）、第一上喷管 A（1054）、第一上喷嘴 A（1055）、第一排污管 A（1056）、二次清洗槽 A（106）、第二水槽 A（1061）、第二下喷管 A（1062）、第二下喷嘴 A（1063）、第二上喷管 A（1064）、第二上喷嘴 A（1065）、第二排污管 A（1066）、水池 A（1067）、引水管 A（1068）、水泵 A（1069）、滤网 A（107）、料斗 A（108）、接料槽 A（109）、导料槽 A（110）；去皮装置（2），包括外筒体 B（201）、去皮空腔 B（2011）、储水空腔 B（2012）、驱动电机 B（202）、转盘 B（203）、转轴 B（204）、喷水头 B（205）、引流管 B（206）、截止阀 B（207）、出料口 B（208）、环形套筒 B（209）、升降装置 B（210）、过水孔 B（211）、排水口 B（212）、第一排污管 B（213）、第一导通阀 B（214）、过渡水箱 B（215）、第二排污管 B（216）、第二导通阀 B（217）、过渡筒体 B（218）、第一控制阀 B（219）、第二控制阀 B（220）、氮气管 B（221）；切片装置（3），包括壳体 C（301）、水平压板 C（302）、伸缩气缸 C（303）、条形刀片 C（304）、网格状刀阵 C（305）、挡料板 C（306）、推拉杆 C（307）、导料管 C（308）、挡板 C（309）、截止阀 C（310）、出料口 C（311）、缓冲胶垫 C（312）、氮气管 C（313）；熟化装置（4），包括蒸汽发生器 D（401）、内筒体 D（402）、外筒体 D（403）、夹层空间 D（404）、

蒸汽通孔 D（405）、第一截止阀 D（406）、第二截止阀 D（407）、过渡筒体 D（408）、料斗 D（409）、第三截止阀 D（410）、氮气管 D（411）；冷却装置（5），包括真空箱体 E（501）、真空泵 E（502）、出料口 E（503）、第一过渡筒体 E（504）、第一截止阀 E（505）、第二截止阀 E（506）、第二过渡筒体 E（507）、第三截止阀 E（508）；油炸装置（6），包括箱体 E（601）、第一输送带 E（602）、第一被动滚筒 E（603）、第一驱动滚筒 E（604）、第一刮料板（605）、第一驱动电机 E（606）、第二驱动滚筒 E（607）、第二输送带 E（608）、第二驱动电机 E（609）、第二被动滚筒 E（610）、第二刮料板（611）、第三驱动滚筒 E（612）、第三被动滚筒 E（613）、第三输送带 E（614）；微波干燥装置（7），包括箱体 G（701）、微波发射器 G（702）、微波接收器 G（703）、加热筒体 G（704）、过渡筒体 G（705）、第二截止阀 G（707）、氮气管 G（714）；调味装置（8），包括调味滚筒（801）、漏斗（802）、收集槽（803）。

4. 具体实施方式

现有的油炸马铃薯条的制备方法由于无法避免马铃薯与空气接触，所以非常容易导致马铃薯在加工过程中发生褐变，为了避免马铃薯在加工过程中发生褐变，本发明提出了一种新的油炸马铃薯条的制备方法，该油炸马铃薯条的制备方法是将马铃薯清洗干净后，分别在密闭的环境中对马铃薯进行去皮处理、切条处理、熟化处理、冷却处理、微波加热干燥处理，之后再进行油炸处理和调味处理。这样整个马铃薯条的加工过程马铃薯与氧气接触的几率大大降低，可以有效防止马铃薯中的多酚氧化酶（PPO）与空气中的氧接触，避免发生氧化聚合，可以有效防止马铃薯褐变，从而保证最后生产出的油炸马铃薯条品质较高。

具体的，该油炸马铃薯条的制备方法，包括以下步骤：

A. 将马铃薯清洗干净；

B. 将清洗干净的马铃薯在密闭的环境中进行去皮处理并用清水冲洗干净；

C. 将去皮的马铃薯转移至密闭的环境中进行切条处理；

D. 将切好的马铃薯条在密闭的环境中进行加热至马铃薯条熟化；

E. 将熟化的马铃薯条转移至真空环境中冷却；

F. 将冷却后的马铃薯条在密闭环境中进行微波加热干燥处理；

G. 将干燥后的马铃薯条进行油炸处理；

H. 将油炸过后的马铃薯条进行调味处理。

在上述实施方式中，为了彻底避免马铃薯与空气中的氧气接触，所述步骤 B 中，在去皮处理的过程中向密闭的环境中充入惰性保护气体；所述步骤 C 中，在切条过程中向密闭的环境中充入惰性保护气体；所述步骤 D 中，在加热的过程中向密闭的环境中充入惰性保护气体；所述步骤 F 中，在微波加热干燥过程中向密闭的环境中冲入惰性保护气体。通过在去皮、切条、熟化、干燥过程中通入惰性保护气体，由于惰性保护气体不会与马铃薯发生任何化学反应，因此，可以有效避免马铃薯发生褐变。进一步的是，所述惰性气体可以采用氩气、氮气等惰性气体，作为优选的方式是：所述惰性保护气体为氮气，由于氮气在空气中含有的比例最多，获取容易，成本较低。

本发明还提供了一种能够实现上述制备方法的油炸马铃薯条的制备装置，为使本发明实施例的目的、技术方案和优点更加清楚，下面将结合本发明实施例中的附图，对本发明实施例中的技术方案进行清楚、完整地描述，显然，所描述的实施例是本发明一部分实施例，而不是全部的实施例。基于本发明中的实施例，本领域普通技术人员在没有付出创造性劳动前提下所获得的所有其他实施例，都属于本发明保护的范围。

如图 3-3 所示，该油炸马铃薯条的制备装置，包括依次设置的清洗装置（1）、去皮装置（2）、切条装置（3）、熟化装置（4）、冷却装置（5）、微波干燥装置（7）、油炸装置（6）、调味装置（8）。

所述清洗装置 1 包括输送带 A（101）、被动滚筒 A（102）、驱动滚筒 A（103）、驱动电机 A（104）、一次清洗槽 A（105）、二次清洗槽 A（106），所述被动滚筒 A（102）、驱动滚筒 A（103）将输送带 A（101）绷紧，驱动电机 A（104）用于使驱动滚筒 A（103）转动，所述一次清洗槽 A（105）、二次清洗槽 A（106）依次沿输送带 A（101）的运行方向设置，所述输送带 A（101）为网状结构，所述一次清洗槽 A（105）包括第一水槽 A（1051），所述第一水槽 A（1051）位于上层的输送带 A（101）与下层的输送带 A（101）之间，第一水槽 A（1051）内设置有多根互相平行设置的第一下喷管 A（1052），所述第一下喷管 A（1052）上间隔设置有多个第一下喷嘴 A（1053），所述第一下喷嘴 A（1053）朝向上层的输送带 A（101），所述第一水槽 A（1051）的上方设置有多个第一上喷管 A（1054），所述第一上喷管 A（1054）上间隔设置有多个第一上喷嘴 A（1055），所述第一上喷嘴 A（1055）朝向上层的输送带 A（101），第一水槽 A（1051）的底部连接有与其连通的第一排污管 A（1056）；所述二次清洗槽 A（106）包括第二水槽 A（1061），所述第二水槽 A（1061）位于上层的输送带 A（101）与下层的输送带 A（101）之间，第二水槽 A（1061）内设置有多根互相平行设置的第二下喷管 A（1062），所述第二下喷管 A（1062）上间隔设置有多个第二下喷嘴 A（1063），所述第二下喷嘴 A（1063）朝向上层的输送带 A（101），所述第二水槽 A（1061）的上方设置有多个第二上喷管 A（1064），所述第二上喷管 A（1064）上间隔设置有多个第二上喷嘴 A（1065），所述第二上喷嘴 A（1065）朝向上层的输送带 A（101），第二上喷管 A（1064）、第二下喷管 A（1062）均与高压水管连通，第二水槽 A（1061）的底部连接有与其连通的第二排污管 A（1066），所述第二排污管 A（1066）末端连接有水池 A（1067），所述水池 A（1067）上设置有入水口 A 与出水口 A，所述入水口 A 与第二排污管 A（1066）末端连通，所述出水口 A 上连接有引水管 A（1068），所述引水管 A（1068）上设置有水泵 A（1069），引水管 A（1068）的末端分别与第一上喷管 A（1054）、第一下喷管 A（1052）连通。

所述去皮装置 2 包括密闭的外筒体 B（201）、驱动电机 B（202），所述外筒体 B（201）内设置有转盘 B（203），所述转盘 B（203）的外径与外筒体 B（201）的内径相匹配，所述转盘 B（203）的下表面中心位置固定有转轴 B（204），转轴 B（204）下端延伸至外筒体 B（201）外，驱动电机 B（202）的输出轴与转轴 B（204）的下端相连，所述转盘 B（203）的上表面为波浪形，转盘 B（203）将外筒体 B（201）的内部分为去皮空腔 B（2011）与储水空腔 B（2012），所述去皮空腔 B（2011）内设置有喷水头 B（205），所述喷水头 B（205）位于转盘 B（203）上方且朝向转盘 B（203），所述喷水头 B（205）上连接有引流管 B（206），引流管 B（206）上设置有截止阀 B（207），所述引流管 B（206）与高压水管相连，所述外筒体 B（201）的筒壁上设置有出料口 B（208），所述出料口 B（208）位于转盘 B（203）所在水平面之上，所述去皮空腔 B（2011）内设置有环形套筒 B（209），所述环形套筒 B（209）的外径与外筒体 B（201）的内径相匹配，环形套筒 B（209）的内壁表面为研磨面，环形套筒 B（209）的上端设置有升降装置 B（210），当环形套筒 B（209）的下端靠进转盘 B（203）时，环形套筒 B（209）

将出料口B（208）挡住，当环形套筒B（209）向上移动至最高点时，出料口B（208）与去皮空腔B（2011）连通，所述转盘B（203）上设置有多个过水孔B（211），所述过水孔B（211）将去皮空腔B（2011）与储水空腔B（2012）连通，所述外筒体B（201）的底部设置有排水口B（212），排水口B（212）上连接有第一排污管B（213），第一排污管B（213）上设置有第一导通阀B（214），第一排污管B（213）的末端连接有密闭的过渡水箱B（215），所述过渡水箱B（215）的底部连接有与之连通的第二排污管B（216），所述第二排污管B（216）上设置有第二导通阀B（217），所述外筒体B（201）上方设置有过渡筒体B（218），所述过渡筒体B（218）的下端与外筒体B（201）的上端密封连接且在过渡筒体B（218）的下端设置有第一控制阀B（219），过渡筒体B（218）的上端设置有第二控制阀B（220）。

所述切条装置3包括密闭的壳体C（301），所述壳体C（301）内设置有水平压板C（302）、伸缩气缸C（303）、多个条形刀片C（304）组成的网格状刀阵C（305）、多块挡料板C（306），所述伸缩气缸C（303）固定在壳体C（301）的顶部，伸缩气缸C（303）的推拉杆C（307）朝下，所述水平压板C（302）固定在推拉杆C（307）的末端，多个条形刀片C（304）位于水平压板C（302）正下方，多个条形刀片C（304）的刀刃均处于同一水平面且朝向水平压板C（302），多块挡料板C（306）设置在网格状刀阵C（305）的四周，所述网格状刀阵C（305）的横截面大小与水平压板C（302）的横截面大小相同，所述壳体C（301）上连接有导料管C（308），所述导料管C（308）的一端与出料口B（208）密封连接，另一端穿过壳体C（301）延伸至挡料板C（306）的上边缘，所述水平压板C（302）上固定有挡板C（309），当水平压板C（302）向下移动至水平压板C（302）的下表面与条形刀片C（304）的刀刃相接触时，所述挡板C（309）位于导料管C（308）的出料口处且将其堵住，当水平压板C（302）向上移动至最高点时，所述挡板C（309）位于导料管C（308）的出料口上方，所述导料管C（308）上设置有截止阀C（310），所述壳体C（301）底部设置有出料口C（311），所述出料口C（311）位于网格状刀阵C（305）正下方。

所述熟化装置4包括蒸汽发生器D（401）、内筒体D（402）与外筒体D（403），所述内筒体D（402）设置在外筒体D（403）内，所述外筒体D（403）与内筒体D（402）之间形成一个密闭的夹层空间D（404），所述内筒体的筒壁上设置有蒸汽通孔D（405），蒸汽发生器D（401）与夹层空间D（404）通过蒸汽管D连通，所述内筒体D（402）的上端设置有第一截止阀D（406），内筒体D（402）的下端设置有第二截止阀D（407），所述内筒体D（402）的上端连接有过渡筒体D（408），所述过渡筒体D（408）的上端连接有料斗D（409），所述料斗D（409）的出料口设置有第三截止阀D（410），所述料斗D（409）的进料口与出料口C（311）密封连接。

所述冷却装置5包括密闭的真空箱体E（501），所述真空箱体E（501）上连接有真空泵E（502），所述真空箱体E（501）的底部设置有出料口E（503），所述出料口E（503）上密封连接有第一过渡筒体E（504），所述第一过渡筒体E（504）的上端设置有第一截止阀E（505），所述第一过渡筒体E（504）的下端设置有第二截止阀E（506），所述真空箱体E（501）上方设置有第二过渡筒体E（507），所述第二过渡筒体E（507）的下端与真空箱体E（501）密封连接且与真空箱体E（501）内部连通，所述第二过渡筒体E（507）的下端设置有第三截止阀E（508），所述第二过渡筒体E（507）的上端与内筒体D（402）的下端密封连接。

所述微波干燥装置7包括密闭的箱体G（701），所述箱体G（701）内设置有微波发射器

G（702）、微波接收器 G（703）、加热筒体 G（704），所述加热筒体 G（704）的上端密封连接有过渡筒体 G（705），所述过渡筒体 G（705）的上端延伸至箱体 G（701）外且与且与第一过渡筒体 E（504）的末端密封连接，所述加热筒体 G（704）的下端延伸至箱体 G（701）外且在加热筒体 G（704）的下端设置有第二截止阀 G（707），所述微波发射器 G（702）、微波接收器 G（703）分别设置在加热筒体 G（704）的两侧。

所述油炸装置 6 包括箱体 E（601），所述箱体 E（601）内盛装有高温食用油，所述箱体 E（601）内设置有第一输送带 E（602）、第一被动滚筒 E（603）、第一驱动滚筒 E（604），第一输送带 E（602）的表面设置有多块第一刮料板（605），多块第一刮料板（605）互相平行设置且与第一输送带 E（602）的输送方向互相垂直，所述第一输送带 E（602）水平设置且上层的第一输送带 E（602）被高温食用油淹没，加热筒体 G（704）的下端朝向第一输送带 E（602），所述第一被动滚筒 E（603）、第一驱动滚筒 E（604）将第一输送带 E（602）绷紧，第一驱动滚筒 E（604）上连接有用于使其转动第一驱动电机 E（606），所述箱体 E（601）内还设置有第二驱动滚筒 E（607）、第二输送带 E（608），第二驱动滚筒 E（607）上连接有用于使其转动的第二驱动电机 E（609），所述箱体 E（601）的上方设置有第二被动滚筒 E（610），所述第二驱动滚筒 E（607）设置在第一被动滚筒 E（603）的右下方，第二被动滚筒 E（610）设置在第二驱动滚筒 E（607）的右侧，所述第二被动滚筒 E（610）、第二驱动滚筒 E（607）将第二输送带 E（608）绷紧，所述第二输送带 E（608）的表面设置有多块第二刮料板（611），多块第二刮料板（611）互相平行设置且与第二输送带 E（608）的输送方向互相垂直，所述第一刮料板（605）的高度与第二刮料板（611）的高度之和等于第一被动滚筒 E（603）与第二驱动滚筒 E（607）之间的最小间距，所述第二被动滚筒 E（610）的右下方设置有第三驱动滚筒 E（612），所述箱体 E（601）的右上方设置有第三被动滚筒 E（613）、第三输送带 E（614），第三输送带 E（614）水平设置，所述第三被动滚筒 E（613）、第三驱动滚筒 E（612）将第三输送带 E（614）绷紧。

所述调味装置（8）包括调味滚筒（801），所述第三被动滚筒 E（613）位于调味滚筒（801）内，所述调味滚筒（801）从左至右倾斜设置，所述调味滚筒（801）的左侧设置有装有调料的漏斗（802），所述漏斗（802）的出料口朝向第三输送带 E（614）。

该油炸马铃薯条的制备装置由依次设置的清洗装置（1）、去皮装置（2）、切条装置（3）、熟化装置（4）、冷却装置（5）、微波干燥装置（7）、油炸装置（6）、调味装置（8）组成，除油炸装置（6）和调味装置（8）外，其他装置均在密闭的环境中工作，且各个装置之间均密封连接，使得马铃薯除了清洗工序、油炸工序、调味工序外，其他工序均在密封的环境中进行，从保证马铃薯条在整个加工过程中与氧气接触的几率大大降低，可以有效防止在加工过程马铃薯中的多酚氧化酶（PPO）与空气中的氧接触，避免发生氧化聚合，可以有效防止马铃薯褐变，从而保证最后生产出的油炸马铃薯条品质较高。

在对马铃薯进行清洗时，只需将需要加工的马铃薯放置在输送带 A（101）上，输送带 A（101）在移动过程中带动马铃薯沿输送带 A（101）移动，马铃薯在移动的过程中依次经过一次清洗槽 A（105）、二次清洗槽 A（106），马铃薯在经过一次清洗槽 A（105）时，位于马铃薯下方的第一下喷管 A（1052）内的高压水从第一下喷嘴 A（1053）向上喷出喷在马铃薯上，位于马铃薯上方的第一上喷管 A（1054）内的高压水从第一上喷嘴 A（1055）内向下喷出喷到马铃薯上，这样便可以对整个马铃薯进行喷淋清洗，经过一次清洗后的马铃薯接着进入二次清洗槽 A（106）内，此时，位于马铃薯下方的第二下喷管 A（1062）内的高压水从第二下喷嘴 A（1063）向上喷出喷在马铃薯上，位于马铃薯上方的第二上喷管 A（1064）内的高压水从第二上喷嘴 A（1065）内向下喷出喷到马铃薯上，这样便可以对整个马铃薯进行喷淋清洗，经过二次清洗后的马铃薯变得非常干净，同时，一次清洗后的水落入第一水槽 A（1051）中，由于一次清洗时，马铃薯表皮上绝大数的泥土残渣都被冲洗掉落入第一水槽 A（1051）中，所以第一水槽 A（1051）中的水较为浑浊，直接从第一排污管 A（1056）排放掉，二次清洗后的水落入第二水槽 A（1061），由于二次清洗时，马铃薯表皮经过一次清洗后只残留很少的泥土残渣，所以第二水槽 A（1061）中的水还较为清澈还可以用于对马铃薯进行一次清洗，因此，第二水槽 A（1061）内的水通过底部连接的第二排污管 A（1066）排放到水池 A（1067）中，然后利用水泵 A（1069）将水池 A（1067）中水通过引水管 A（1068）送入第一上喷管 A（1054）、第一下喷管 A（1052）内，从而对马铃薯进行一次清洗，这样便可以减小用水量，节约成本。

为了避免水池 A（1067）内的残渣泥土将水泵 A（1069）或引水管 A（1068）堵塞，所述水池 A（1067）内设置有多个滤网 A（107），多个滤网 A（107）依次设置在入水口 A 与出水口 A 之间，这样，水池 A（1067）内的水先经过多个滤网 A（107）过滤后再利用水泵 A（1069）将水池 A（1067）中水通过引水管 A（1068）送入第一上喷管 A（1054）、第一下喷管 A（1052）内，这样便可以有效避免水池 A（1067）内的残渣泥土将水泵 A（1069）或引水管 A（1068）堵塞，保证清洗工序的顺利进行。

另外，为了保证过滤效果，多个滤网 A（107）的网孔大小依次变小，所述网孔最大的滤网 A（107）位于入水口 A 处，所述网孔最小的滤网 A（107）位于出水口 A 处。

为了便于上料，所述输送带 A（101）上方设置有料斗 A（108），料斗 A（108）的出料口朝向输送带 A（101），料斗 A（108）位于一次清洗槽 A（105）的外侧，这样，只需将需要清洗的马铃薯投入料斗 A（108）中即可，操作非常方便；同时，为了便于接料，所述二次清洗槽 A（106）的外侧设置有接料槽 A（109），过渡筒体 B（218）的上端与接料槽 A（109）的下端密封连接，所述接料槽 A（109）上连接有导料槽 A（110），所述导料槽 A（110）的一端与接料槽 A（109）相连，另一端延伸至被动滚筒 A（102）的外侧且与输送带 A（101）相接触，清洗完毕的马铃薯沿输送带 A（101）移动至导料槽 A（110）端头时，沿导料槽 A（110）落入接料槽 A（109）中，整个过程自动进行，无需人工进行搬运，省时又省力。

在进行去皮处理时，先打开过渡筒体 B（218）上端设置的第二控制阀 B（220），此时接料槽 A（109）中清洗干净的马铃薯落入过渡筒体 B（218）内，然后关闭第二控制阀 B（220），再打开设置在过渡筒体 B（218）下端的第一控制阀 B（219），使过渡筒体 B（218）内的马铃薯落入去皮空腔 B（2011）内，此时，环形套筒 B（209）的下端靠进转盘 B（203），出料口 B（208）被环形套筒 B（209）挡住，驱动电机 B（202）驱动转轴 B（204）转动进而带动转盘 B（203）转动，由于转盘 B（203）的上表面为波浪形，转盘 B（203）在转动过程中会将马铃薯抛起与环形套筒 B（209）的内表面接触并摩擦，由于环形套筒 B（209）的内壁表面为研磨面，马铃薯与环形套筒 B（209）接触摩擦的过程中，马铃薯的表皮会被摩擦掉，同时，去皮空腔 B（2011）内设置的喷水头 B（205）喷出高压的水流，对马铃薯进行冲洗，将擦下来的马铃薯表皮从马铃薯表面冲洗掉进而通过转盘 B（203）上设置的多个过水孔 B（211）流到储水空腔 B（2012）中，当储水空腔 B（2012）中的水量过多时，打开第一排污管 B（213）

上设置的第一导通阀 B（214），储水空腔 B（2012）内的水沿第一排污管流到过渡水箱 B（215）中，然后关闭第一导通阀 B（214），打开第二排污管 B（216）上设置的第二导通阀 B（217），过渡水箱 B（215）中的水沿第二排污管 B（216）排出，当马铃薯表皮去除干净后，利用升降装置 B（210）将环形套筒 B（209）升起，使出料口 B（208）与去皮空腔 B（2011）连通，此时，转盘 B（203）继续转动就会将去皮后的马铃薯从出料口 B（208）甩出沿导料管 C（306）落入壳体 C（301）中，该去皮装置（2）去皮效果好，同时，可以将马铃薯与表皮分离，再者，通过设置过渡筒体 B（218）与过渡水箱 B（215），同时进料口 C（304）与出料口 B（208）通过导料管 C（306）密封连接，可以使得外筒体 B（201）内部几乎不与外界空气接触，可以有效防止在去皮过程马铃薯中的多酚氧化酶（PPO）与空气中的氧接触，避免发生氧化聚合，可以有效防止马铃薯褐变，从而保证最后生产出的马铃薯条品质较高。

为了进一步保防止在去皮过程马铃薯中的多酚氧化酶（PPO）与空气中的氧接触，避免发生氧化聚合，所述外筒体 B（201）上连接有用于向外筒体 B（201）内充入氮气的氮气管 B（221）；在去皮过程中，利用氮气作为保护气体，可以有效防止马铃薯褐变，从而保证最后生产出的马铃薯条品质较高。同时由于氮气在空气中含有的比例最多，获取容易，成本较低。

在进行切条处理时，从出料口 B（208）甩出的马铃薯进入导料管 C（308）中，先打开导料管 C（308）上设置有截止阀 C（310），导料管 C（308）中的马铃薯滑落至网格状刀阵 C（305）上表面，此时，伸缩气缸 C（303）动作，使推拉杆 C（307）向下运动，推动水平压板 C（302）向下运动，水平压板 C（302）在向下运动的过程中带动挡板 C（309）向下运动，当水平压板 C（302）与马铃薯接触并继续向下运动时，马铃薯被网格状刀阵 C（305）切割成条状，从网格状刀阵 C（305）的间隙落下进而从出料口 C（311）落入料斗 D（409）中，当水平压板 C（302）向下移动至水平压板 C（302）的下表面与条形刀片 C（304）的刀刃相接触时，所述挡板 C（309）位于导料管 C（308）的出料口处且将其堵住，不会有马铃薯再滑落至网格状刀阵 C（305）表面，接着，伸缩气缸 C（303）动作，使推拉杆 C（307）向上运动，拉动水平压板 C（302）向上运动，水平压板 C（302）在向上运动的过程中带动挡板 C（309）向上运动，当水平压板 C（302）向上移动至最高点时，所述挡板 C（309）位于导料管 C（308）的出料口上方，此时，导料管 C（308）中的马铃薯会继续滑落至网格状刀阵 C（305）上表面，进行下一次切条动作，整个切条过程可连续自动进行，同时切条效果较好，另外，导料管 C（308）与出料口 B（208）密封连接，导料管 C（308）上设置有截止阀 C（310），料斗 D（409）的进料口与出料口 C（311）密封连接，可以使得壳体 C（301）内部几乎不与外界空气接触，可以有效防止在切条过程马铃薯中的多酚氧化酶（PPO）与空气中的氧接触，避免发生氧化聚合，可以有效防止马铃薯褐变，从而保证最后生产出的油炸马铃薯条品质较高。

进一步的是，为了避免水平压板 C（302）将马铃薯条压坏，所述水平压板 C（302）的下表面设置有一层缓冲胶垫 C（312）。

另外，为了进一步防止在切条过程马铃薯中的多酚氧化酶（PPO）与空气中的氧接触，避免发生氧化聚合，所述壳体 C（301）上连接有用于向壳体 C（301）内充入氮气的氮气管 C（313）；在切条过程中，利用氮气作为保护气体，可以有效防止马铃薯褐变，从而保证最后生产出的油炸马铃薯条品质较高。同时由于氮气在空气中含有的比例最多，获取容易，成本较低。

在对马铃薯进行熟化时，先打开料斗 D（409）的出料口设置的第三截止阀 D（410），使料斗 D（409）中的马铃薯片落入过渡筒体 D（408）内，然后关闭第三截止阀 D（410），接着打开第一截止阀 D（406），使过渡筒体 D（408）内的马铃薯条落入内筒体 D（402）内，关闭第一截止阀 D（406），此时，蒸汽发生器 D（401）工作产生高温的水蒸气，高温的水蒸气沿蒸汽管 D 流入夹层空间 D（404）内，接着高温蒸汽通过蒸汽通孔 D（405）进入内筒体 D（402）与马铃薯条接触并对马铃薯条进行加热熟化，当马铃薯条被加热至熟化后，打开内筒体 D（402）的下端设置的第二截止阀 D（407），熟化的马铃薯条落入第二过渡筒体 E（507）中，该熟化装置 4 利用蒸汽对马铃薯进行熟化，可以使马铃薯快速熟化，熟化效果高，同时整个熟化过程自动进行，无需人工搬运马铃薯，另外，通过设置过渡筒体 D（408），可以使得外筒体 D（403）内部几乎不与外界空气接触，可以有效防止在熟化过程马铃薯中的多酚氧化酶（PPO）与空气中的氧接触，避免发生氧化聚合，可以有效防止马铃薯褐变，从而保证最后生产出的马铃薯条品质较高。

另外，为了进一步防止在熟化过程马铃薯中的多酚氧化酶（PPO）与空气中的氧接触，避免发生氧化聚合，所述外筒体 D（403）上连接有用于向外筒体 D（403）内充入氮气的氮气管 D（411）；在熟化过程中，利用氮气作为保护气体，可以有效防止马铃薯褐变，从而保证最后生产出的马铃薯条品质较高。同时由于氮气在空气中含有的比例最多，获取容易，成本较低。

在对马铃薯进行冷却时，先打开设置在第二过渡筒体 E（507）下端的第三截止阀 E（508），使熟化的高温马铃薯条落入真空箱体 E（501）内，然后关闭第三截止阀，打开真空泵 E（502），将真空箱体 E（501）内抽成真空，高温的马铃薯条在真空环境下快速冷却，当马铃薯条冷却至室温时，打开第一截止阀 E，使真空箱体 E（501）内的马铃薯条落入第一过渡筒体 E（504）内，然后关闭第一截止阀 E，再打开第二截止阀，马铃薯条落入导料槽 F（612），该冷却装置 5 在真空环境下对马铃薯进行冷却，由于真空环境下，温度非常低，可以使马铃薯快速冷却，冷却效果好，同时，在真空环境中，可以有效防止在冷却过程马铃薯中的多酚氧化酶（PPO）与空气中的氧接触，避免发生氧化聚合，可以有效防止马铃薯褐变，从而保证最后生产出的马铃薯条品质较高。

在对马铃薯条进行微波加热干燥时，先打开第二截止阀 E（506），使第一过渡筒体 E（504）内的马铃薯条落入过渡筒体 G（705）内进而落入加热筒体 G（704）内，然后关闭第二截止阀 E（506），此时打开微波发射器 G（702）、微波接收器 G（703），微波穿过加热筒体 G（704），对加热筒体 G（704）内的马铃薯条进行加热干燥，当干燥结束后得到干的马铃薯条，该微波干燥装置 7 利用微波对马铃薯条进行干燥加热，可以快速去除马铃薯条中含有的水分，干燥效果好，同时，通过设置过渡筒体 G（705），可以使得整个干燥加热过程都在密闭的环境中进行，可以有效防止在干燥加热过程马铃薯中的多酚氧化酶（PPO）与空气中的氧接触，避免发生氧化聚合，可以有效防止马铃薯褐变，从而保证最后生产出的马铃薯条品质较高。

另外，为了进一步保防止在干燥过程马铃薯中的多酚氧化酶（PPO）与空气中的氧接触，避免发生氧化聚合，所述箱体 G（701）上连接有用于向箱体 G（701）内充入氮气的氮气管 G（714），在微波加热干燥过程中，利用氮气作为保护气体，可以有效防止马铃薯褐变，从而保证最后生产出的马铃薯条品质较高。同时由于氮气在空气中含有的比例最多，获取容易，成本较低。

当干燥结束后，对干的马铃薯条进行油炸处理，在对马铃薯条进行油炸处理时，先打开第二截止阀 G（707），使加热筒体 G（704）内的干马铃薯条落到第一输送带 E（602）上设置的第一刮料板（605）之间的间隙内，由于上层的第一输送带 E（602）被高温食用油淹没，因此，干马铃薯条落在第一输送带 E（602）上即开始被油炸，同时，第一驱动电机 E（606）驱动第一驱动滚筒 E（604）转动，第一驱动滚筒 E（604）带动第一输送带 E（602）转动同时将马铃薯条输送至第二输送带 E（608），马铃薯条在输送的过程中逐渐被炸至金黄色，当马铃薯条移动至第一输送带 E（602）右端时，从第一输送带 E（602）掉落至第二输送带 E（608）上设置的第二刮料板（611）的间隙内，接着马铃薯条在倾斜的第二输送带 E（608）的输送下逐渐脱离高温食用油，并将马铃薯条表面多余的食用油沥干，当马铃薯条移动至第二输送带 E（608）右端时，从第二输送带 E（608）掉落至第三输送带 E（614）上，马铃薯在第三输送带 E（614）的输送下移动至调味滚筒（801）内，同时马铃薯在第三输送带 E（614）上移动时，装有调料的漏斗（802）不断向经过的马铃薯条洒落调料，马铃薯条经过调味滚筒（801）后完成调味处理即可包装成袋。

另外，为了方便收集加工完成的马铃薯薯片，所述调味滚筒（801）的右端下方设置有收集槽（803）。

三、权利要求书

（1）一种油炸马铃薯条的制备方法，其特征在于包括以下步骤：

A. 将马铃薯清洗干净；

B. 将清洗干净的马铃薯在密闭的环境中进行去皮处理并用清水冲洗干净；

C. 将去皮的马铃薯转移至密闭的环境中进行切条处理；

D. 将切好的马铃薯条在密闭的环境中进行加热至马铃薯条熟化；

E. 将熟化的马铃薯条转移至真空环境中冷却；

F. 将冷却后的马铃薯条在密闭环境中进行微波加热干燥处理；

G. 将干燥后的马铃薯条进行油炸处理；

H. 将油炸过后的马铃薯条进行调味处理。

（2）如权利要求（1）所述的油炸马铃薯条的制备方法，其特征在于：所述步骤 B 中，在去皮处理的过程中向密闭的环境中充入惰性保护气体；所述步骤 C 中，在切条过程中向密闭的环境中充入惰性保护气体；所述步骤 D 中，在加热的过程中向密闭的环境中充入惰性保护气体；所述步骤 F 中，在微波加热干燥过程中向密闭的环境中冲入惰性保护气体。

（3）如权利要求（2）所述的油炸马铃薯条的制备方法，其特征在于：所述惰性保护气体为氮气。

（4）一种油炸马铃薯条的制备装置，其特征在于：包括依次设置的清洗装置（1）、去皮装置（2）、切条装置（3）、熟化装置（4）、冷却装置（5）、微波干燥装置（7）、油炸装置（6）、调味装置（8）。

所述清洗装置（1）包括输送带 A（101）、被动滚筒 A（102）、驱动滚筒 A（103）、驱动电机 A（104）、一次清洗槽 A（105）、二次清洗槽 A（106），所述被动滚筒 A（102）、驱动滚筒 A（103）将输送带 A（101）绷紧，驱动电机 A（104）用于使驱动滚筒 A（103）转动，所述一次清洗槽 A（105）、二次清洗槽 A（106）依次沿输送带 A（101）的运行方向设置，所述输送带 A（101）为网状结构，所述一次清洗槽 A（105）包括第一水槽 A（1051），所述第一水槽 A（1051）位于上层的输送带 A（101）与下层的输送带 A（101）之间，第一水槽 A（1051）内设置有多根互相平行设置的第一下喷管 A（1052），所述第一下喷管 A（1052）上间隔设置有多个第一下喷嘴 A（1053），所述第一下喷嘴 A（1053）朝向上层的输送带 A（101），所述第一水槽 A（1051）的上方设置有多个第一上喷管 A（1054），所述第一上喷管 A（1054）上间隔设置有多个第一上喷嘴 A（1055），所述第一上喷嘴 A（1055）朝向上层的输送带 A（101），第一水槽 A（1051）的底部连接有与其连通的第一排污管 A（1056）；所述二次清洗槽 A（106）包括第二水槽 A（1061），所述第二水槽 A（1061）位于上层的输送带 A（101）与下层的输送带 A（101）之间，第二水槽 A（1061）内设置有多根互相平行设置的第二下喷管 A（1062），所述第二下喷管 A（1062）上间隔设置有多个第二下喷嘴 A（1063），所述第二下喷嘴 A（1063）朝向上层的输送带 A（101），所述第二水槽 A（1061）的上方设置有多个第二上喷管 A（1064），所述第二上喷管 A（1064）上间隔设置有多个第二上喷嘴 A（1065），所述第二上喷嘴 A（1065）朝向上层的输送带 A（101），第二上喷管 A（1064）、第二下喷管 A（1062）均与高压水管连通，第二水槽 A（1061）的底部连接有与其连通的第二排污管 A（1066），所述第二排污管 A（1066）末端连接有水池 A（1067），所述水池 A（1067）上设置有入水口 A 与出水口 A，所述入水口 A 与第二排污管 A（1066）末端连通，所述出水口 A 上连接有引水管 A（1068），所述引水管 A（1068）上设置有水泵 A（1069），引水管 A（1068）的末端分别与第一上喷管 A（1054）、第一下喷管 A（1052）连通。

所述去皮装置（2）包括密闭的外筒体 B（201）、驱动电机 B（202），所述外筒体 B（201）内设置有转盘 B（203），所述转盘 B（203）的外径与外筒体 B（201）的内径相匹配，所述转盘 B（203）的下表面中心位置固定有转轴 B（204），转轴 B（204）下端延伸至外筒体 B（201）外，驱动电机 B（202）的输出轴与转轴 B（204）的下端相连，所述转盘 B（203）的上表面为波浪形，转盘 B（203）将外筒体 B（201）的内部分为去皮空腔 B（2011）与储水空腔 B（2012），所述去皮空腔 B（2011）内设置有喷水头 B（205），所述喷水头 B（205）位于转盘 B（203）上方且朝向转盘 B（203），所述喷水头 B（205）上连接有引流管 B（206），引流管 B（206）上设置有截止阀 B（207），所述引流管 B（206）与高压水管相连，所述外筒体 B（201）的筒壁上设置有出料口 B（208），所述出料口 B（208）位于转盘 B（203）所在水平面之上，所述去皮空腔 B（2011）内设置有环形套筒 B（209），所述环形套筒 B（209）的外径与外筒体 B（201）的内径相匹配，环形套筒 B（209）的内壁表面为研磨面，环形套筒 B（209）的上端设置有升降装置 B（210），当环形套筒 B（209）的下端靠进转盘 B（203）时，环形套筒 B（209）将出料口 B（208）挡住，当环形套筒 B（209）向上移动至最高点时，出料口 B（208）与去皮空腔 B（2011）连通，所述转盘 B（203）上设置有多个过水孔 B（211），所述过水孔 B（211）将去皮空腔 B（2011）与储水空腔 B（2012）连通，所述外筒体 B（201）的底部设置有排水口 B（212），排水口 B（212）上连接有第一排污管 B（213），第一排污管 B（213）上设置有第一导通阀 B（214），第一排污管 B（213）的末端连接有密闭的过渡水箱 B（215），所述过渡水箱 B（215）的底部连接有与之连通的第二排污管 B（216），所述第二排污管 B（216）上设置有第二导通阀 B（217），所述外筒体 B（201）上方设置有过渡筒体 B（218），所述过渡筒体 B（218）的下端与外筒体 B（201）的上端密封连接且在过渡筒体 B（218）的下端设置有第一控制阀 B（219），过渡筒体 B（218）的上端设置有第二控制阀 B（220）。

所述切条装置（3）包括密闭的壳体 C（301），所述壳体 C（301）内设置有水平压板 C（302）、伸缩气缸 C（303）、多个条形刀片 C（304）组成的网格状刀阵 C（305）、多块挡料板 C（306），所述伸缩气缸 C（303）固定在壳体 C（301）的顶部，伸缩气缸 C（303）的推拉杆 C（307）朝下，所述水平压板 C（302）固定在推拉杆 C（307）的末端，多个条形刀片 C（304）位于水平压板 C（302）正下方，多个条形刀片 C（304）的刀刃均处于同一水平面且朝向水平压板 C（302），多块挡料板 C（306）设置在网格状刀阵 C（305）的四周，所述网格状刀阵 C（305）的横截面大小与水平压板 C（302）的横截面大小相同，所述壳体 C（301）上连接有导料管 C（308），所述导料管 C（308）的一端与出料口 B（208）密封连接，另一端穿过壳体 C（301）延伸至挡料板 C（306）的上边缘，所述水平压板 C（302）上固定有挡板 C（309），当水平压板 C（302）向下移动至水平压板 C（302）的下表面与条形刀片 C（304）的刀刃相接触时，所述挡板 C（309）位于导料管 C（308）的出料口处且将其堵住，当水平压板 C（302）向上移动至最高点时，所述挡板 C（309）位于导料管 C（308）的出料口上方，所述导料管 C（308）上设置有截止阀 C（310），所述壳体 C（301）底部设置有出料口 C（311），所述出料口 C（311）位于网格状刀阵 C（305）正下方。

所述熟化装置（4）包括蒸汽发生器 D（401）、内筒体 D（402）与外筒体 D（403），所述内筒体 D（402）设置在外筒体 D（403）内，所述外筒体 D（403）与内筒体 D（402）之间形成一个密闭的夹层空间 D（404），所述内筒体的筒壁上设置有蒸汽通孔 D（405），蒸汽发生器 D（401）与夹层空间 D（404）通过蒸汽管 D 连通，所述内筒体 D（402）的上端设置有第一截止阀 D（406），内筒体 D（402）的下端设置有第二截止阀 D（407），所述内筒体 D（402）的上端连接有过渡筒体 D（408），所述过渡筒体 D（408）的上端连接有料斗 D（409），所述料斗 D（409）的出料口设置有第三截止阀 D（410），所述料斗 D（409）的进料口与出料口 C（311）密封连接。

所述冷却装置（5）包括密闭的真空箱体 E（501），所述真空箱体 E（501）上连接有真空泵 E（502），所述真空箱体 E（501）的底部设置有出料口 E（503），所述出料口 E（503）上密封连接有第一过渡筒体 E（504），所述第一过渡筒体 E（504）的上端设置有第一截止阀 E（505），所述第一过渡筒体 E（504）的下端设置有第二截止阀 E（506），所述真空箱体 E（501）上方设置有第二过渡筒体 E（507），所述第二过渡筒体 E（507）的下端与真空箱体 E（501）密封连接且与真空箱体 E（501）内部连通，所述第二过渡筒体 E（507）的下端设置有第三截止阀 E（508），所述第二过渡筒体 E（507）的上端与内筒体 D（402）的下端密封连接。

所述微波干燥装置（7）包括密闭的箱体 G（701），所述箱体 G（701）内设置有微波发射器 G（702）、微波接收器 G（703）、加热筒体 G（704），所述加热筒体 G（704）的上端密封连接有过渡筒体 G（705），所述过渡筒体 G（705）的上端延伸至箱体 G（701）外且与第一过渡筒体 E（504）的末端密封连接，所述加热筒体 G（704）的下端延伸至箱体 G 外且在加热筒体 G（704）的下端设置有第二截止阀 G（707），所述微波发射器 G（702）、微波接收器 G（703）分别设置在加热筒体 G（704）的两侧。

所述油炸装置（6）包括箱体 E（601），所述箱体 E（601）内盛装有高温食用油，所述箱体 E（601）内设置有第一输送带 E（602）、第一被动滚筒 E（603）、第一驱动滚筒 E（604），第一输送带 E（602）的表面设置有多块第一刮料板（605），多块第一刮料板（605）互相平行设置且与第一输送带 E（602）的输送方向互相垂直，所述第一输送带 E（602）水平设置且上层的第一输送带 E（602）被高温食用油淹没，加热筒体 G（704）的下端朝向第一输送带 E（602），所述第一被动滚筒 E（603）、第一驱动滚筒 E（604）将第一输送带 E（602）绷紧，第一驱动滚筒 E（604）上连接有用于使其转动第一驱动电机 E（606），所述箱体 E（601）内还设置有第二驱动滚筒 E（607）、第二输送带 E（608），第二驱动滚筒 E（607）上连接有用于使其转动的第二驱动电机 E（609），所述箱体 E（601）的上方设置有第二被动滚筒 E（610），所述第二驱动滚筒 E（607）设置在第一被动滚筒 E（603）的右下方，第二被动滚筒 E（610）设置在第二驱动滚筒 E（607）的右侧，所述第二被动滚筒 E（610）、第二驱动滚筒 E（607）将第二输送带 E（608）绷紧，所述第二输送带 E（608）的表面设置有多块第二刮料板（611），多块第二刮料板（611）互相平行设置且与第二输送带 E（608）的输送方向互相垂直，所述第一刮料板（605）的高度与第二刮料板（611）的高度之和等于第一被动滚筒 E（603）与第二驱动滚筒 E（607）之间的最小间距，所述第二被动滚筒 E（610）的右下方设置有第三驱动滚筒 E（612），所述箱体 E（601）的右上方设置有第三被动滚筒 E（613）、第三输送带 E（614），第三输送带 E（614）水平设置，所述第三被动滚筒 E（613）、第三驱动滚筒 E（612）将第三输送带 E（614）绷紧。

所述调味装置（8）包括调味滚筒（801），所述第三被动滚筒 E（613）位于调味滚筒（801）内，所述调味滚筒（801）从左至右倾斜设置，所述调味滚筒（801）的左侧设置有装有调料的漏斗（802），所述漏斗（802）的出料口朝向第三输送带 E（614）。

（5）如权利要求（4）所述的油炸马铃薯条的制备装置，其特征在于：所述水池 A（1067）内设置有多个滤网 A（107），多个滤网 A（107）依次设置在入水口 A 与出水口 A 之间；所述输送带 A（101）上方设置有料斗 A（108），料斗 A（108）的出料口朝向输送带 A（101），料斗 A（108）位于一次清洗槽 A（105）的外侧；所述二次清洗槽 A（106）的外侧设置有接料槽 A（109），过渡筒体 B（218）的上端与接料槽 A（109）的下端密封连接，所述接料槽 A（109）上连接有导料槽 A（110），所述导料槽 A（110）的一端与接料槽 A（109）相连，另一端延伸至被动滚筒 A（102）的外侧且与输送带 A（101）相接触。

（6）如权利要求（4）所述的油炸马铃薯条的制备装置，其特征在于：所述刀片 C（307）的长度与左侧空间 C（3011）的宽度相同。

（7）如权利要求（4）所述的油炸马铃薯条的制备装置，其特征在于：所述调味滚筒（801）的右端下方设置有收集槽（803）。

（8）如权利要求（4）所述的油炸马铃薯条的制备装置，其特征在于：所述外筒体 B（201）上连接有用于向外筒体 B（201）内充入氮气的氮气管 B（221）；所述壳体 C（301）上连接有用于向壳体 C（301）内充入氮气的氮气管 C（313）；所述外筒体 D（403）上连接有用于向外筒体 D（403）内充入氮气的氮气管 D（411）；所述箱体 G（701）上连接有用于向箱体 G（701）内充入氮气的氮气管 G（714）。

第九节　马铃薯白酒生产线

一、基本信息（表 3-32）

表 3-32　马铃薯白酒生产线基本信息

专利类型	发明
申请（授权）号	2020112931692
发明人	巩发永、李静
申请人	西昌学院、西昌市塔式餐饮管理有限公司
申请日	2020.11.18
说明书摘要	本发明公开了一种能够提高生产效率，降低工人劳动强度，并且能够实现马铃薯味白酒酿制的马铃薯白酒生产线。所述马铃薯白酒生产线，包括原料打碎机、配料装置、出窑酒醅输送装置、稻壳输送装置、蒸馏装置、第一送料装置、第二送料装置、拌凉水装置、拌料装置、第一存料基坑、行车、发酵坑、第二存料基坑以及第三送料装置；采用该马铃薯白酒生产线，能够有效的提高效率，并且能够保证参水量，能够有效的提高白酒的品质；能够在不改变原有酿酒设备的前提下使得白酒具有马铃薯味道；能够保证白酒生产的品质

二、说明书

1. 技术领域

本发明涉及白酒的酿造，尤其是一种马铃薯白酒生产线。

2. 背景技术

公知的：中国白酒具有以酯类为主体的复合香味，以曲类、酒母为糖化发酵剂，利用淀粉质原料，经蒸煮、糖化、发酵、蒸馏、陈酿和勾兑酿制而成各类酒。

现有的白酒生产工艺一般包括以下步骤：原料的粉碎，将粉碎后的原料和酒醅以及稻壳进行醅料混合，然后通过蒸馏得到蒸馏酒。

现有的白酒生产线，每个工位之间一般都通过人工进行搬运。因此，生产效率较低。同时，白酒一般分为以下香型：酱香型、清香型、浓香型、老白干香型、米香型、凤香型、兼香型、董香型、其他香型。现有的白酒中虽然有很多香型的白酒，但是还没有一款马铃薯香型的白酒。

3. 发明内容

本发明所要解决的技术问题是提供一种能够提高生产效率，降低工人劳动强度，并且能够实现马铃薯味白酒酿制的马铃薯白酒生产线。

本发明解决其技术问题所采用的技术方案是：马铃薯白酒生产线，马铃薯白酒生产线，包括原料打碎机、配料装置、出窑酒醅输送装置、稻壳输送装置、蒸馏装置、第一送料装置、第二送料装置、拌凉水装置、拌料装置、第一存料基坑、行车、发酵坑、第二存料基坑以及第三送料装置。

所述原料打碎机的出料口设置有螺旋输送机；所述螺旋输送机的出料口位于配料装置入料口的上方；所述出窑酒醅输送装置、稻壳输送装置分别位于配料装置的两侧，且所述出窑酒醅输送装置的出料口以及稻壳输送装置的出料口均位于配料装置入料口的上方。

所述配料装置包括搅拌筒体；所述搅拌筒体内设置有搅拌装置；所述搅拌筒体具有出料口；所述蒸馏装置位于配料装置出料口的一侧；所述蒸馏装置包括蒸酒筒、冷凝筒以及马铃薯蒸汽装置。

所述蒸酒筒顶部与冷凝筒的顶部之间设置有导管；所述导管上设置有蒸汽混合装置；所述蒸汽混合装置包括筒体；所述筒体一端设置有进料口，另一端设置有出料口。

所述筒体内具有混合腔以及加压腔；所述混合腔上设置有与混合腔内壁相切的入气管。

所述混合腔以及加压腔内设置有横向的转轴；所述横向的转轴上依次设置有螺旋叶片以及垂直叶片；所述螺旋叶片位于加压腔内；所述垂直叶片位于混合腔内。

所述进料口通过导管与蒸酒筒顶部连通；所述出料口通过导管与冷凝筒顶部连通；所述马铃薯蒸汽装置的出气管与入气管连通。

所述蒸酒筒的一侧设置有第一送料装置；所述第一送料装置的一端设置有第二送料装置。

所述第二送料装置出料口下方设置有拌凉水装置；所述拌凉水装置包括混合筒；所述混合筒内设置有搅拌装置；所述混合筒的上方设置有环形布水；所述环形布水环上设置有沿圆周均匀分布的喷头；所述混合筒下方具有出料口。

所述出料口下方设置有拌料装置；所述拌料装置的出料口下方设置有第一存料基坑。

所述第一存料基坑为与行车一端的一侧，所述行车一端的另一侧设置有第二存料基坑。

所述第二存料坑的一侧设置有第三送料装置；所述第三送料装置的一端位于第二存料坑内，另一端位于出窑酒醅输送装置入料端上方；所述行车的下方设置有均匀分布的发酵坑。

进一步的，所述第一送料装置、第二送料装置、第三送料装置均采用皮带输送装置。

具体的，所述马铃薯蒸汽装置包括底座；所述底座上设置有转盘；所述转盘上设置有三个蒸煮装置；所述蒸煮装置沿圆周均匀分布。

所述蒸煮装置包括底锅；所述底锅内设置有蒸汽腔；所述蒸汽腔底部设置有加热装置；所述底锅上设置有入水管和出水管；所述底锅上方设置有蒸隔层；所述蒸隔层上方设置有蒸煮筒；所述蒸隔层底部为透气板；所述蒸煮筒底部为通气板。

所述底座中央位置设置有支撑立柱；所述支撑立柱上端设置有竖向滑槽；所述竖向滑槽内设置有伸缩装置。

所述伸缩装置的上端设置有水平的支撑板；所述支撑板的一端下方设置有与蒸煮筒顶部匹配的顶盖；所述顶盖下表面设置有搅拌装置；所述顶盖上表面设置有驱动搅拌装置的驱动电机；所述顶盖上设置有出气管。

所述支撑板的另一端设置有折边；所述折边的下方设置有与蒸煮筒顶部匹配的封盖；所述出气管与入气管连通。

进一步的，所述搅拌装置包括搅拌轴；所述搅拌轴上设置有沿圆周均匀分别的横向搅拌杆；所述横向搅拌杆上设置有沿横向均匀分布的竖向搅拌杆。

优选的，所述伸缩装置采用液压缸。

优选的，所述加热装置采用电阻加热。

进一步的，所述出料口下方设置有接料盒。

本发明的有益效果是：本发明所述的马铃薯白酒生产线，由于在各个设备之间设置有多个物料输送装置，因此便于各个工位之间物料的输送，从而可以减少工人的工作强度，提高生产效率，同时在对酒糟进行拌凉水的过程中，通过拌凉水装置实现拌凉水，从而能够有效地提高效率，并且能够保证掺水量，能够有效地提高白酒的品质。

其次，由于设置有马铃薯蒸汽装置；因此能够获得具有马铃薯香味的蒸汽；并且通过蒸汽混合装置使得马铃薯蒸汽与酒糟蒸汽混合；然后在冷凝筒内冷凝形成带有马铃薯香味的白酒。从而能够便于马铃薯味道白酒的酿造，能够在不改变原有酿酒设备的前提下使得白酒具有马铃薯味道。

综上所述，本发明所述的马铃薯白酒生产线，能够便于实现酿造工艺的改进；便于使得白酒具有马铃薯的味道；同时，能够有效地提高生产效率，降低工人劳动强度，并且能够保证白酒生产的品质。

附图说明（图 3-4 至图 3-14）：

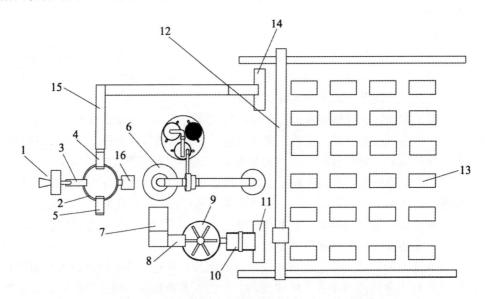

图 3-4　本发明实施例中马铃薯白酒生产线的布置示意图

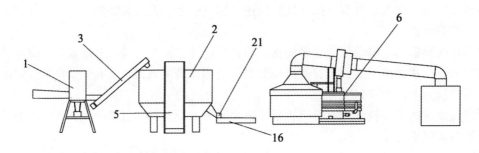

图 3-5　是本发明实施例中马铃薯白酒生产线的配料线示意图

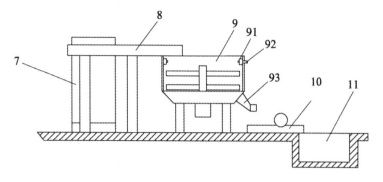

图 3-6 本发明实施例中马铃薯白酒生产线中酒醅发酵前处理装置

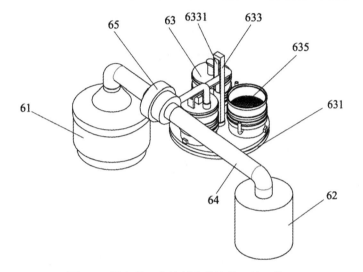

图 3-7 是本发明实施例中蒸馏装置的立体图

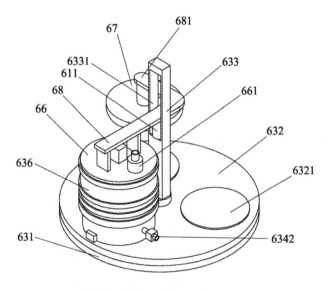

图 3-8 本发明实施例中马铃薯蒸汽装置的立体图

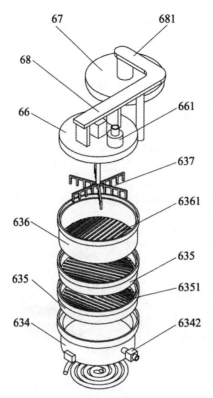

图 3-9　本发明实施例中蒸馏装置的爆炸示意图

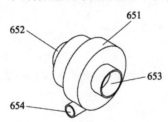

图 3-10　本发明实施例中蒸汽混合装置的立体图

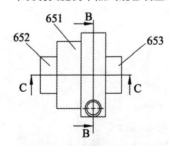

图 3-11　本发明实施例中蒸汽混合装置的主视图

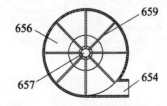

图 3-12　图 3-11 的 B-B 剖视图

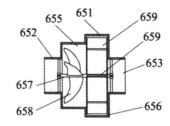

图 3-13 图 3-11 的 C-C 剖视图

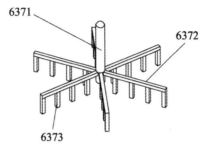

图 3-14 本发明实施例中搅拌装置的立体图

图 3-4 至图 3-14 中标示：1—原料打碎机；2—配料装置；3—螺旋输送机；4—出窖酒醅输送装置；5—稻壳输送装置；6—蒸馏装置；61—蒸酒筒；62—冷凝筒；63—马铃薯蒸汽装置；631—底座；632—转盘；633—支撑立柱；634—底锅；635—蒸隔层；636—蒸煮筒；637—搅拌装置；64—导管；65—蒸汽混合装置；651—筒体；652—出料口；653—进料口；654—入气管；655—加压腔；656—混合腔；657—转轴；658—螺旋叶片；659—垂直叶片；66—顶盖；67—封盖；68—支撑板；69—伸缩装置；7—第一送料装置；8—第二送料装置；9—拌凉水装置；10—拌料装置；11—第一存料基坑；12—行车；13—发酵坑；14—第二存料基坑；15—第三送料装置；16—接料盒。

4. 具体实施方式

下面结合附图和实施例对本发明进一步说明。

如图 3-4 至图 3-14 所示，本发明所述的马铃薯白酒生产线，包括原料打碎机（1）、配料装置（2）、出窖酒醅输送装置（4）、稻壳输送装置（5）、蒸馏装置（6）、第一送料装置（7）、第二送料装置（8）、拌凉水装置（9）、拌料装置（10）、第一存料基坑（11）、行车 12、发酵坑（13）、第二存料基坑（14）以及第三送料装置（15）。

所述原料打碎机（1）的出料口设置有螺旋输送机（3）；所述螺旋输送机（3）的出料口位于配料装置（2）入料口的上方；所述出窖酒醅输送装置（4）、稻壳输送装置（5）分别位于配料装置（2）的两侧，且所述出窖酒醅输送装置（4）的出料口以及稻壳输送装置（5）的出料口均位于配料装置（2）入料口的上方。

所述配料装置（2）包括搅拌筒体；所述搅拌筒体内设置有搅拌装置；所述搅拌筒体具有出料口（21）；所述蒸馏装置（6）位于配料装置（2）出料口的一侧；所述蒸馏装置（6）包括蒸酒筒（61）、冷凝筒（62）以及马铃薯蒸汽装置（63）。

所述蒸酒筒（61）顶部与冷凝筒（62）的顶部之间设置有导管（64）；所述导管（64）上设置有蒸汽混合装置（65）；所述蒸汽混合装置（65）包括筒体（651）；所述筒体（651）一

端设置有进料口（653），另一端设置有出料口（652）。

所述筒体（651）内具有混合腔（656）以及加压腔（655）；所述混合腔（656）上设置有与混合腔（656）内壁相切的入气管（654）。

所述混合腔（656）以及加压腔（655）内设置有横向的转轴（657）；所述横向的转轴（657）上依次设置有螺旋叶片（658）以及垂直叶片（659）；所述螺旋叶片（658）位于加压腔（655）内；所述垂直叶片（659）位于混合腔（656）内。

所述进料口（653）通过导管（64）与蒸酒筒（61）顶部连通；所述出料口（652）通过导管（64）与冷凝筒（662）顶部连通；所述马铃薯蒸汽装置（3）的出气管与入气管（654）连通。

所述蒸酒筒（61）的一侧设置有第一送料装置（7）；所述第一送料装置（7）的一端设置有第二送料装置（8）。

所述第二送料装置（8）出料口下方设置有拌凉水装置（9）；所述拌凉水装置（9）包括混合筒；所述混合筒内设置有搅拌装置；所述混合筒的上方设置有环形布水（91）；所述环形布水环（91）上设置有沿圆周均匀分布的喷头；所述混合筒下方具有出料口（93）。

所述出料口（93）下方设置有拌料装置（10）；所述拌料装置（10）的出料口下方设置有第一存料基坑（11）。

所述第一存料基坑（11）为与行车（12）一端的一侧，所述行车（12）一端的另一侧设置有第二存料基坑（13）。

所述第二存料坑（13）的一侧设置有第三送料装置（15）；所述第三送料装置（15）的一端位于第二存料坑（13）内，另一端位于出窑酒醅输送装置（4）入料端上方；所述行车（12）的下方设置有均匀分布的发酵坑（13）。

为了便于输送物料，具体的，所述第一送料装置（7）、第二送料装置（8）、第三送料装置（15）均采用皮带输送装置。

在应用过程中，首先将原料通过原料粉碎机进行粉碎，然后通过螺旋输送机（3）、出窑酒醅输送装置（4）以及出料口以及稻壳输送装置（5）将酿酒需要的原料输送到配料装置（2）出进行配料，配料完成后，然后将物料送入蒸酒筒（61）进行蒸酒。

具体的，通过马铃薯蒸汽装置（63）蒸煮马铃薯，从而形成马铃薯味道的蒸汽；将马铃薯蒸汽装置（63）产生的马铃薯味道的蒸汽通入蒸汽混合装置（65）内与蒸酒筒（61）产生的酒蒸汽进行混合，然后将混合的蒸汽通入冷凝筒（62）内，从而在冷凝筒（62）内冷凝形成具有马铃薯味道的白酒。在蒸汽混合装置（65）内，通过马铃薯蒸汽冲转垂直叶片（659）使得转轴（657）转动；然后通过转轴（657）带动螺旋叶片（658），从而使得螺旋叶片（658）将蒸汽注入冷凝筒（62）内，从而实现马铃薯味道白酒的蒸馏；蒸酒完成后，将酒渣从蒸酒筒（61）内倒出，然后通过第一送料装置（7）、第二送料装置（8）输送到拌凉水装置（9）；在拌凉水装置（9）内进行拌凉水；同时通过拌料装置（10）加入酒曲。

然后再输送到第一存料基坑（11）内，然后通过行车将发酵物料输送到相应的发酵坑（13）内，进行发酵。发酵完成后的蒸酒原料输送到第二存料基坑（14）；并且通过第三送料装置（15）输送到配料装置（2）。

综上所述，本发明所述的马铃薯白酒生产线，由于在各个设备之间设置有多个物料输送装置，因此便于各个工位之间物料的输送，从而可以减少工人的工作强度，提高生产效率；

同时在对酒糟进行拌凉水的过程中，通过拌凉水装置实现拌凉水，从而能够有效地提高效率，并且能够保证掺水量，能够有效地提高白酒的品质。

其次，由于设置有马铃薯蒸汽装置；因此能够获得具有马铃薯香味的蒸汽；并且通过蒸汽混合装置使得马铃薯蒸汽与酒糟蒸汽混合；然后在冷凝筒内冷凝形成带有马铃薯香味的白酒。从而能够便于马铃薯味道白酒的酿造，能够在不改变原有酿酒设备的前提下使得白酒具有马铃薯味道。

综上所述，本发明所述的马铃薯白酒生产线，能够便于实现酿造工艺的改进；便于使得白酒具有马铃薯的味道；同时，能够有效地提高生产效率，降低工人劳动强度，并且能够保证白酒生产的品质。

为了便于实现马铃薯的蒸煮，获得具有马铃薯味道的蒸汽，进一步的，所述马铃薯蒸汽装置（63）包括底座（631）；所述底座（631）上设置有转盘（632）；所述转盘（632）上设置有三个蒸煮装置；所述蒸煮装置沿圆周均匀分布。

所述蒸煮装置包括底锅（634）；所述底锅（634）内设置有蒸汽腔；所述蒸汽腔底部设置有加热装置（637）；所述底锅（634）上设置有入水管和出水管（6342）；所述底锅（634）上方设置有蒸隔层（635）；所述蒸隔层（635）上方设置有蒸煮筒（636）；所述蒸隔层（635）底部为透气板（6351）；所述蒸煮筒（636）底部为通气板（6361）。

所述底座（631）中央位置设置有支撑立柱（633）；所述支撑立柱（633）上端设置有竖向滑槽（6331）；所述竖向滑槽（6331）内设置有伸缩装置（69）。

所述伸缩装置（69）的上端设置有水平的支撑板（68）；所述支撑板（68）的一端下方设置有与蒸煮筒（636）顶部匹配的顶盖（66）；所述顶盖（66）下表面设置有搅拌装置（637）；所述顶盖（66）上表面设置有驱动搅拌装置（637）的驱动电机（611）；所述顶盖（66）上设置有出气管（661）。

所述支撑板（68）的另一端设置有折边（681）；所述折边（681）的下方设置有与蒸煮筒（636）顶部匹配的封盖（67）；所述出气管（661）与入气管（654）连通。

为了便于实现对马铃薯蒸煮过程中的搅拌，进一步的，所述搅拌装置（637）包括搅拌轴（6371）；所述搅拌轴（6371）上设置有沿圆周均匀分别的横向搅拌杆（6372）；所述横向搅拌杆（6372）上设置有沿横向均匀分布的竖向搅拌杆（6373）。

为了便于控制，优选的，所述伸缩装置（69）采用液压缸。为了便于控制，优选的，所述加热装置（637）采用电阻加热。

为了便于物料的收集，进一步的，所述出料口（21）下方设置有接料盒（16）。

三、权利要求书

（1）马铃薯白酒生产线，其特征在于：包括原料打碎机（1）、配料装置（2）、出窖酒醅输送装置（4）、稻壳输送装置（5）、蒸馏装置（6）、第一送料装置（7）、第二送料装置（8）、拌凉水装置（9）、拌料装置（10）、第一存料基坑（11）、行车（12）、发酵坑（13）、第二存料基坑（14）以及第三送料装置（15）。

所述原料打碎机（1）的出料口设置有螺旋输送机（3）；所述螺旋输送机（3）的出料口位于配料装置（2）入料口的上方；所述出窖酒醅输送装置（4）、稻壳输送装置（5）分别位于配料装置（2）的两侧，且所述出窑酒醅输送装置（4）的出料口以及稻壳输送装置（5）的出料口均位于配料装置（2）入料口的上方。

所述配料装置（2）包括搅拌筒体；所述搅拌筒体内设置有搅拌装置；所述搅拌筒体具有出料口（21）；所述蒸馏装置（6）位于配料装置（2）出料口的一侧；所述蒸馏装置（6）包括蒸酒筒（61）、冷凝筒（62）以及马铃薯蒸汽装置（63）。

所述蒸酒筒（61）顶部与冷凝筒（62）的顶部之间设置有导管（64）；所述导管（64）上设置有蒸汽混合装置（65）；所述蒸汽混合装置（65）包括筒体（651）；所述筒体（651）一端设置有进料口（653），另一端设置有出料口（652）。

所述筒体（651）内具有混合腔（656）以及加压腔（655）；所述混合腔（656）上设置有与混合腔（656）内壁相切的入气管（654）。

所述混合腔（656）以及加压腔（655）内设置有横向的转轴（657）；所述横向的转轴（657）上依次设置有螺旋叶片（658）以及垂直叶片（659）；所述螺旋叶片（658）位于加压腔（655）内；所述垂直叶片（659）位于混合腔（656）内。

所述进料口（653）通过导管（64）与蒸酒筒（61）顶部连通；所述出料口（652）通过导管（64）与冷凝筒（662）顶部连通；所述马铃薯蒸汽装置（3）的出气管与入气管（654）连通。

所述蒸酒筒（61）的一侧设置有第一送料装置（7）；所述第一送料装置（7）的一端设置有第二送料装置（8）。

所述第二送料装置（8）出料口下方设置有拌凉水装置（9）；所述拌凉水装置（9）包括混合筒；所述混合筒内设置有搅拌装置；所述混合筒的上方设置有环形布水（91）；所述环形布水环（91）上设置有沿圆周均匀分布的喷头；所述混合筒下方具有出料口（93）。

所述出料口（93）下方设置有拌料装置（10）；所述拌料装置（10）的出料口下方设置有第一存料基坑（11）。

所述第一存料基坑（11）为与行车（12）一端的一侧，所述行车（12）一端的另一侧设置有第二存料基坑（13）。

所述第二存料坑（13）的一侧设置有第三送料装置（15）；所述第三送料装置（15）的一端位于第二存料坑（13）内，另一端位于出窑酒醅输送装置（4）入料端上方；所述行车（12）的下方设置有均匀分布的发酵坑（13）。

（2）根据权利要求（1）所述的马铃薯白酒生产线，其特征在于：所述第一送料装置（7）、第二送料装置（8）、第三送料装置（15）均采用皮带输送装置。

（3）根据权利要求（2）所述的马铃薯白酒生产线，其特征在于：所述马铃薯蒸汽装置（63）包括底座（631）。

所述底座（631）上设置有转盘（632）；所述转盘（632）上设置有三个蒸煮装置；所述蒸煮装置沿圆周均匀分布。

所述蒸煮装置包括底锅（634）；所述底锅（634）内设置有蒸汽腔；所述蒸汽腔底部设置有加热装置（637）；所述底锅（634）上设置有入水管和出水管（6342）；所述底锅（634）上方设置有蒸隔层（635）；所述蒸隔层（635）上方设置有蒸煮筒（636）；所述蒸隔层（635）底部为透气板（6351）；所述蒸煮筒（636）底部为通气板（6361）。

所述底座（631）中央位置设置有支撑立柱（633）；所述支撑立柱（633）上端设置有竖

向滑槽（6331）；所述竖向滑槽（6331）内设置有伸缩装置（69）。

所述伸缩装置（69）的上端设置有水平的支撑板（68）；所述支撑板（68）的一端下方设置有与蒸煮筒（636）顶部匹配的顶盖（66）；所述顶盖（66）下表面设置有搅拌装置（637）；所述顶盖（66）上表面设置有驱动搅拌装置（637）的驱动电机（611）；所述顶盖（66）上设置有出气管（661）。

所述支撑板（68）的另一端设置有折边（681）；所述折边（681）的下方设置有与蒸煮筒（636）顶部匹配的封盖（67）；所述出气管（661）与入气管（654）连通。

（4）根据权利要求（3）所述的马铃薯白酒生产线，其特征在于：所述搅拌装置（637）包括搅拌轴（6371）；所述搅拌轴（6371）上设置有沿圆周均匀分别的横向搅拌杆（6372）；所述横向搅拌杆（6372）上设置有沿横向均匀分布的竖向搅拌杆（6373）。

（5）根据权利要求（4）所述的马铃薯白酒生产线，其特征在于：所述伸缩装置（69）采用液压缸。

（6）根据权利要求（4）所述的马铃薯白酒生产线，其特征在于：所述加热装置（637）采用电阻加热。

（7）根据权利要求（6）所述的马铃薯白酒生产线，其特征在于：所述出料口（21）下方设置有接料盒（16）。

第十节　马铃薯啤酒生产线

一、基本信息（表3-33）

表3-33　马铃薯啤酒生产线基本信息

专利类型	发明
申请（授权）号	2020112931688
发明人	巩发永、李静
申请人	西昌学院、西昌市塔式餐饮管理有限公司
申请日	2020.11.18
说明书摘要	本发明公开了一种能够保证啤酒的口感，并且不会出现糊化粘锅，能够提高生产效率，使得啤酒具有马铃薯味的马铃薯啤酒生产线。该马铃薯啤酒生产线，包括麦芽粉碎装置、糊化锅、糖化锅、第一过滤装置、蒸煮锅、沉淀装置、冷却装置以及发酵系统、第二过滤装置。采用该马铃薯啤酒生产线，避免糊化粘锅底；能够便于清洗，保证啤酒的品质；能够在不改变原有酿酒设备的前提下使得啤酒具有马铃薯味道

二、说明书

1. 技术领域

本发明涉及啤酒的酿造，尤其是一种马铃薯啤酒生产线。

2. 背景技术

公知的：啤酒是以小麦芽和大麦芽为主要原料，并加啤酒花，经过液态糊化和糖化，再经过液态发酵而酿制成的。其酒精含量较低，含有二氧化碳，富有营养。它含有多种氨基酸、维生素、低分子糖、无机盐和各种酶。这些营养成分人体容易吸收利用。啤酒中的低分子糖和氨基酸很易被消化吸收，在体内产生大量热能，因此啤酒往往被人们称为"液体面包"。

现有的啤酒生产工艺中糊化锅的搅拌装置和加热装置一般设置在锅体内腔的底部，因此容易造成糊化粘锅；不便于清洗，同时影响啤酒的品质。

其次，现有的啤酒一般口味基本相同；为了使得啤酒的口味更好，一般可以在饮用啤酒时向啤酒中添加相应的调味剂；但是经过调味后的啤酒其口感不够纯正。

3. 发明内容

本发明所要解决的技术问题是提供一种能够保证啤酒的口感，并且不会出现糊化粘锅，能够提高生产效率，使得啤酒具有马铃薯味的马铃薯啤酒生产线。

本发明解决其技术问题所采用的技术方案是：马铃薯啤酒生产线，包括麦芽粉碎装置、糊化锅、糖化锅、第一过滤装置、蒸煮锅、沉淀装置、冷却装置以及发酵系统、第二过滤装置。

所述糊化锅包括锅体；所述锅体的侧壁的外侧设置有第一电阻加热装置；所述锅体上方设置有密封盖；所述锅体内设置有搅拌装置；所述顶盖上设置有驱动搅拌装置转动的驱动电机。

所述锅体底部设置有出液管；且所述锅体底部设置有第二电阻加热装置；所述锅体的外侧设置有保温砖；所述锅体上部设置有进料管；所述密封盖下方设置有延伸到锅体内的布水管；所述密封盖上方设置有进水管。

所述麦芽粉碎装置的出料口与进料管连通；所述出液管与糖化锅连通；所述糖化锅的出液管通过第一过滤装置与蒸煮锅连通；所述蒸煮锅的出液管通过沉淀装置以及冷却装置与发酵系统连通。

所述发酵系统包括发酵罐、成熟发酵罐以及马铃薯蒸汽装置；所述发酵罐底部设置有排液管；所述成熟发酵罐顶部设置有进液管；所述出液管与入液管之间设置有导管；所述导管上设置有增压泵以及气液混合装置。

所述气液混合装置包括混合箱体；所述混合箱体的一端设置有入液管，另一端的一侧设置有出液管。

所述混合箱体顶部设置有入气管；所述入液管与增压泵连通；所述混合箱体内设置有混合腔以及缓冲腔；所述混合腔与缓冲腔之间设置有滤板；所述混合腔内设置有布气装置，所述布气装置与入气管连通。

所述增压泵通过导管与排液管连通；所述出液管通过导管与进液管连通；所述马铃薯蒸汽装置的出气管与入气管连通；所述成熟发酵罐的排液管与第二过滤装置连通。

具体的，所述冷却装置采用水冷换热装置。

具体的，所述沉淀装置采用螺旋离心固液分离机。

进一步的，所述马铃薯蒸汽装置包括底座；所述底座上设置有转盘；所述转盘上设置有三个蒸煮装置；所述蒸煮装置沿圆周均匀分布。

所述蒸煮装置包括底锅；所述底锅内设置有蒸汽腔；所述蒸汽腔底部设置有加热装置；

所述底锅上设置有入水管和出水管；所述底锅上方设置有蒸隔层；所述蒸隔层上方设置有蒸煮筒；所述蒸隔层底部为透气板；所述蒸煮筒底部为通气板。

所述底座中央位置设置有支撑立柱；所述支撑立柱上端设置有竖向滑槽；所述竖向滑槽内设置有伸缩装置。

所述伸缩装置的上端设置有水平的支撑板；所述支撑板的一端下方设置有与蒸煮筒顶部匹配的顶盖；所述顶盖下表面设置有搅拌装置；所述顶盖上表面设置有驱动搅拌装置的驱动电机；所述顶盖上设置有出气管。

所述支撑板的另一端设置有折边；所述折边的下方设置有与蒸煮筒顶部匹配的封盖；所述出气管与入气管连通。

进一步的，所述搅拌装置包括搅拌轴；所述搅拌轴上设置有沿圆周均匀分别的横向搅拌杆；所述横向搅拌杆上设置有沿横向均匀分布的竖向搅拌杆。

优选的，所述伸缩装置采用液压缸。

优选的，所述加热装置采用电阻加热。

本发明的有益效果是：本发明所述的马铃薯啤酒生产线，由于其糊化锅中的搅拌装置的驱动装置设置在锅体顶部，并且其加热装置设置在锅体的外侧和底部；通过外侧的第一电阻加热装置实现加热糊化；通过底部的第二电阻加热装置实现保温，从而实现糊化，避免糊化粘锅底；能够便于清洗，保证啤酒的品质。

其次，由于设置有马铃薯蒸汽装置；因此能够获得具有马铃薯香味的蒸汽；并且通过气液混合装置使得马铃薯蒸汽与发酵啤酒液混合；然后在成熟发酵罐内，进行成熟工艺，从而获得带有马铃薯香味的生啤酒。从而能够便于马铃薯味道啤酒的酿造，能够在不改变原有酿酒设备的前提下使得啤酒具有马铃薯味道。

综上所述，本发明所述的马铃薯啤酒生产线，能够避免糊化粘锅，能够便于设备的清洗维护，能够保证啤酒的生产品质，同时便于实现酿造工艺的改进；便于使得啤酒具有马铃薯的味道。

附图说明（图 3-15 至图 3-26）：

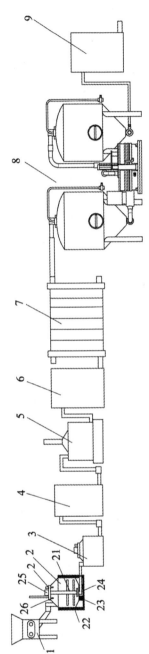

图 3-15 本发明实施例中马铃薯啤酒生产线的布置示意图

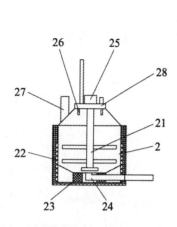

图 3-16 本发明实施例中糊化锅的结构示意图

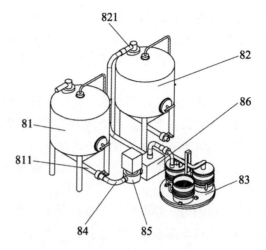

图 3-17 本发明实施例中发酵系统的立体图

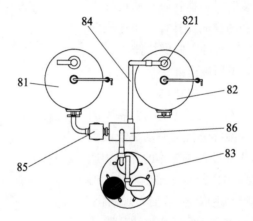

图 3-18 本发明实施例中发酵系统的俯视图

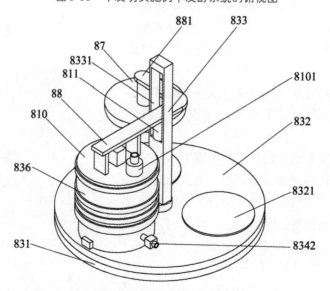

图 3-19 本发明实施例中马铃薯蒸汽装置的立体图

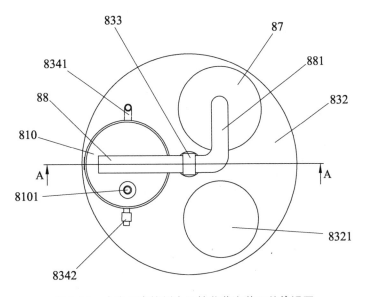

图 3-20　本发明实施例中马铃薯蒸汽装置的俯视图

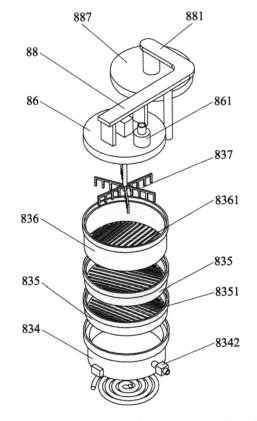

图 3-21　本发明实施例中马铃薯蒸汽装置的爆炸示意图

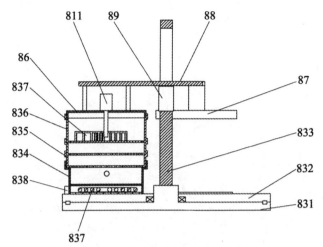

图 3-22　本发明实施例中马铃薯蒸汽装置的结构示意图

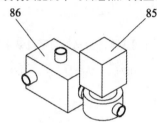

图 3-23　本发明实施例中气液混合装置的立体图

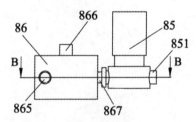

图 3-24　本发明实施例中气液混合装置的主视图

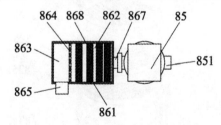

图 3-25　图 3-24 的 B-B 剖视图

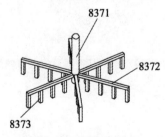

图 3-26　本发明实施例中搅拌装置的立体图

图 3-15 至图 3-26 中标示：1—小麦粉碎机；2—糊化锅；3—糖化锅；4—第一过滤装置；5—蒸煮锅；6—沉淀装置；7—冷却装置；8—发酵系统；81—蒸酒筒；82—冷凝筒；83—马铃薯蒸汽装置；831—底座；832—转盘；833—支撑立柱；834—底锅；835—蒸隔层；836—蒸煮筒；837—搅拌装置；84—导管；85—增压泵；86—气液混合装置；861—混合箱体；862—混合腔；863—缓冲腔；864—滤板；865—出液管；866—入气管；867—入液管；868—布气装置；87—封盖；88—支撑板；89—伸缩装置；810—顶盖；9—第二过滤装置。

4. 具体实施方式

下面结合附图和实施例对本发明进一步说明。

如图 3-15 至图 3-26 所示，本发明所述的马铃薯啤酒生产线，包括麦芽粉碎装置（1）、糊化锅（2）、糖化锅（3）、第一过滤装置（4）、蒸煮锅（5）、沉淀装置（6）、冷却装置（7）以及发酵系统（8）、第二过滤装置（9）。

所述糊化锅（2）包括锅体；所述锅体的侧壁的外侧设置有第一电阻加热装置（22）；所述锅体上方设置有密封盖（28）；所述锅体内设置有搅拌装置（21）；所述顶盖上设置有驱动搅拌装置（21）转动的驱动电机（25）。

所述锅体底部设置有出液管（24）；且所述锅体底部设置有第二电阻加热装置（23）；所述锅体的外侧设置有保温砖；所述锅体上部设置有进料管（27）；所述密封盖（28）下方设置有延伸到锅体内的布水管（26）；所述密封盖（28）上方设置有进水管。

所述麦芽粉碎装置（1）的出料口与进料管（27）连通；所述出液管（24）与糖化锅（3）连通；所述糖化锅（3）的出液管通过第一过滤装置（4）与蒸煮锅（5）连通；所述蒸煮锅（5）的出液管通过沉淀装置（6）以及冷却装置（7）与发酵系统（8）连通。

所述发酵系统（8）包括发酵罐（81）、成熟发酵罐（82）以及马铃薯蒸汽装置（83）；所述发酵罐（81）底部设置有排液管（811）；所述成熟发酵罐（82）顶部设置有进液管（821）；所述出液管（811）与入液管（821）之间设置有导管（84）；所述导管（84）上设置有增压泵（85）以及气液混合装置（86）。

所述气液混合装置（86）包括混合箱体（861）；所述混合箱体（861）的一端设置有入液管（867），另一端的一侧设置有出液管（865）。

所述混合箱体（861）顶部设置有入气管（866）；所述入液管（867）与增压泵（85）连通；所述混合箱体（861）内设置有混合腔（862）以及缓冲腔（863）；所述混合腔（862）与缓冲腔（863）之间设置有滤板（864）；所述混合腔（862）内设置有布气装置（868），所述布气装置与入气管（866）连通。

所述增压泵（85）通过导管（84）与排液管（811）连通；所述出液管（865）通过导管（84）与进液管（821）连通；所述马铃薯蒸汽装置（83）的出气管与入气管（866）连通；所述成熟发酵罐（82）的排液管与第二过滤装置（9）连通。

具体的，所述冷却装置（7）采用水冷换热装置。所述沉淀装置（6）采用螺旋离心固液分离机。

在应用过程中，通过小麦粉碎装置实现对小麦的粉碎，粉碎后的小麦进入糊化锅（2）内，通过加入自然水，使得小麦在锅内进行糊化。

糊化后液体通过导管导入糖化锅（3）内进行糖化处理；糖化后的液体通过第一过滤装置

（4）进行过滤后，送入蒸煮锅（5）内进行蒸煮；蒸煮得到的液体通入沉淀装置（6）内进行固液分离；液体通过冷却装置（7）冷却后进入发酵系统（8）内。

在发酵系统（8）内；通过马铃薯蒸汽装置（83）蒸煮马铃薯，从而形成马铃薯味道的蒸汽；将马铃薯蒸汽装置（83）产生的马铃薯味道的蒸汽通入气液混合装置（86）内与发酵罐（81）产生的啤酒液混合，然后将混合的溶液通过增压泵输送到成熟发酵罐（82）内，从而在成熟发酵罐（82）内经过成熟工艺后形成具有马铃薯味道的啤酒。然后经过第二过滤装置（9）进行过滤后，得到具有马铃薯味道的啤酒。

在气液混合装置（6）内，通过布气装置（58）使得马铃薯味道的蒸汽均匀分布到生啤酒液中，使得马铃薯味道的蒸汽与生啤酒液均匀混合。

综上所述，本发明所述的马铃薯啤酒生产线，由于其糊化锅中的搅拌装置的驱动装置设置在锅体顶部，并且其加热装置设置在锅体的外侧和底部；通过外侧的第一电阻加热装置实现加热糊化；通过底部的第二电阻加热装置实现保温，从而实现糊化，避免糊化粘锅底；能够便于清洗，保证啤酒的品质。

其次，由于设置有马铃薯蒸汽装置；因此能够获得具有马铃薯香味的蒸汽；并且通过气液混合装置使得马铃薯蒸汽与发酵啤酒液混合；然后在成熟发酵罐内，进行成熟工艺，从而获得带有马铃薯香味的生啤酒。从而能够便于马铃薯味道啤酒的酿造，能够在不改变原有酿酒设备的前提下使得啤酒具有马铃薯味道。

综上所述，本发明所述的马铃薯啤酒生产线，能够避免糊化粘锅，能够便于设备的清洗维护，能够保证啤酒的生产品质，同时便于实现酿造工艺的改进；便于使得啤酒具有马铃薯的味道。

为了便于实现马铃薯的蒸煮，获得具有马铃薯味道的蒸汽，进一步的，所述马铃薯蒸汽装置（83）包括底座（831）。

所述底座（831）上设置有转盘（832）；所述转盘（832）上设置有三个蒸煮装置；所述蒸煮装置沿圆周均匀分布。

所述蒸煮装置包括底锅（834）；所述底锅（834）内设置有蒸汽腔；所述蒸汽腔底部设置有加热装置（837）；所述底锅（834）上设置有入水管和出水管（8342）；所述底锅（834）上方设置有蒸隔层（835）；所述蒸隔层（835）上方设置有蒸煮筒（836）；所述蒸隔层（835）底部为透气板（8351）；所述蒸煮筒（836）底部为通气板（8361）。

所述底座（831）中央位置设置有支撑立柱（833）；所述支撑立柱（833）上端设置有竖向滑槽（8331）；所述竖向滑槽（8331）内设置有伸缩装置（89）。

所述伸缩装置（89）的上端设置有水平的支撑板（88）；所述支撑板（88）的一端下方设置有与蒸煮筒（836）顶部匹配的顶盖（810）；所述顶盖（810）下表面设置有搅拌装置（837）；所述顶盖（810）上表面设置有驱动搅拌装置（837）的驱动电机（811）；所述顶盖（810）上设置有出气管（8101）；

所述支撑板（88）的另一端设置有折边（881）；所述折边（881）的下方设置有与蒸煮筒（836）顶部匹配的封盖（87）；所述出气管（8101）与入气管（866）连通。

为了便于实现对马铃薯蒸煮过程中的搅拌，进一步的，所述搅拌装置（837）包括搅拌轴（8371）；所述搅拌轴（8371）上设置有沿圆周均匀分别的横向搅拌杆（8372）；所述横向搅拌杆（8372）上设置有沿横向均匀分布的竖向搅拌杆（8373）。

为了便于控制，优选的，所述伸缩装置（89）采用液压缸。所述加热装置（837）采用电阻加热。

三、权利要求书

（1）马铃薯啤酒生产线，其特征在于：包括麦芽粉碎装置（1）、糊化锅（2）、糖化锅（3）、第一过滤装置（4）、蒸煮锅（5）、沉淀装置（6）、冷却装置（7）以及发酵系统（8）、第二过滤装置（9）。

所述糊化锅（2）包括锅体；所述锅体的侧壁的外侧设置有第一电阻加热装置（22）；所述锅体上方设置有密封盖（28）；所述锅体内设置有搅拌装置（21）；所述顶盖上设置有驱动搅拌装置（21）转动的驱动电机（25）。

所述锅体底部设置有出液管（24）；且所述锅体底部设置有第二电阻加热装置（23）；所述锅体的外侧设置有保温砖；所述锅体上部设置有进料管（27）；所述密封盖（28）下方设置有延伸到锅体内的布水管（26）；所述密封盖（28）上方设置有进水管。

所述麦芽粉碎装置（1）的出料口与进料管（27）连通；所述出液管（24）与糖化锅（3）连通；所述糖化锅（3）的出液管通过第一过滤装置（4）与蒸煮锅（5）连通；所述蒸煮锅（5）的出液管通过沉淀装置（6）以及冷却装置（7）与发酵系统（8）连通。

所述发酵系统（8）包括发酵罐（81）、成熟发酵罐（82）以及马铃薯蒸汽装置（83）；所述发酵罐（81）底部设置有排液管（811）；所述成熟发酵罐（82）顶部设置有进液管（821）；所述出液管（811）与入液管（821）之间设置有导管（84）；所述导管（84）上设置有增压泵（85）以及气液混合装置（86）。

所述气液混合装置（86）包括混合箱体（861）；所述混合箱体（861）的一端设置有入液管（867），另一端的一侧设置有出液管（865）。

所述混合箱体（861）顶部设置有入气管（866）；所述入液管（867）与增压泵（85）连通；所述混合箱体（861）内设置有混合腔（862）以及缓冲腔（863）；所述混合腔（862）与缓冲腔（863）之间设置有滤板（864）；所述混合腔（862）内设置有布气装置（868），所述布气装置与入气管（866）连通。

所述增压泵（85）通过导管（84）与排液管（811）连通；所述出液管（865）通过导管（84）与进液管（821）连通；所述马铃薯蒸汽装置（83）的出气管与入气管（866）连通；所述成熟发酵罐（82）的排液管与第二过滤装置（9）连通。

（2）根据权利要求（1）所述的马铃薯啤酒生产线，其特征在于：所述冷却装置（7）采用水冷换热装置。

（3）根据权利要求（2）所述的马铃薯啤酒生产线，其特征在于：所述沉淀装置（6）采用螺旋离心固液分离机。

（4）根据权利要求（3）所述的马铃薯啤酒生产线，其特征在于：所述马铃薯蒸汽装置（83）包括底座（831）。

所述底座（831）上设置有转盘（832）；所述转盘（832）上设置有三个蒸煮装置；所述蒸煮装置沿圆周均匀分布。

所述蒸煮装置包括底锅（834）；所述底锅（834）内设置有蒸汽腔；所述蒸汽腔底部设置

有加热装置（837）；所述底锅（834）上设置有入水管和出水管（8342）；所述底锅（834）上方设置有蒸隔层（835）；所述蒸隔层（835）上方设置有蒸煮筒（836）；所述蒸隔层（835）底部为透气板（8351）；所述蒸煮筒（836）底部为通气板（8361）。

所述底座（831）中央位置设置有支撑立柱（833）；所述支撑立柱（833）上端设置有竖向滑槽（8331）；所述竖向滑槽（8331）内设置有伸缩装置（89）。

所述伸缩装置（89）的上端设置有水平的支撑板（88）；所述支撑板（88）的一端下方设置有与蒸煮筒（836）顶部匹配的顶盖（810）；所述顶盖（810）下表面设置有搅拌装置（837）；所述顶盖（810）上表面设置有驱动搅拌装置（837）的驱动电机（811）；所述顶盖（810）上设置有出气管（8101）。

所述支撑板（88）的另一端设置有折边（881）；所述折边（881）的下方设置有与蒸煮筒（836）顶部匹配的封盖（87）；所述出气管（8101）与入气管（866）连通。

（5）根据权利要求（4）所述的马铃薯啤酒生产线，其特征在于：所述搅拌装置（837）包括搅拌轴（8371）；所述搅拌轴（8371）上设置有沿圆周均匀分别的横向搅拌杆（8372）；所述横向搅拌杆（8372）上设置有沿横向均匀分布的竖向搅拌杆（8373）。

（6）根据权利要求（5）所述的马铃薯啤酒生产线，其特征在于：所述伸缩装置（89）采用液压缸。

（7）根据权利要求（6）所述的马铃薯啤酒生产线，其特征在于：所述加热装置（837）采用电阻加热。

第十一节　一种能提高酿酒酵母乙醇耐受性的小麦面筋蛋白肽的制备方法及应用

一、基本信息（表3-34）

表3-34　一种能提高酿酒酵母乙醇耐受性的小麦面筋蛋白肽的制备方法及应用基本信息

专利类型	发明
申请（授权）号	2018101059284
发明人	赵海锋、阳辉蓉、孙东晓、崔春
申请人	华南理工大学
申请日	2018.01.31
说明书摘要	本发明公开了一种能提高酿酒酵母乙醇耐受性的小麦面筋蛋白肽的制备方法及应用。本发明以小麦面筋蛋白为原料，经超声、均质预处理、酶解、醇沉以及大孔树脂柱层析，制备得到能提高酿酒酵母乙醇耐受性的小麦面筋蛋白肽。本发明制得的小麦面筋蛋白肽能显著提高酿酒酵母的乙醇耐受性，将其应用于高浓度或高密度发酵过程中，可有效提高酿酒酵母的乙醇耐受性、细胞活性、出芽率和维持酵母细胞的表观形态

二、说明书

1. 技术领域

本发明涉及蛋白肽技术领域，具体涉及一种能提高酿酒酵母乙醇耐受性的小麦面筋蛋白肽的制备方法及应用。

2. 背景技术

在酿造生产过程中，寻找并应用低碳酿造新技术以提高质量和生产效率、降低能耗和生产成本备受人们关注。超高浓酿造技术由于可在不增加发酵设备和改变菌株的基础上，大幅度提高啤酒和乙醇产量，提高生产效率，节省人力，减少废水排放和降低能耗，而日益受到酿造企业的青睐。但在超高浓酿造过程中，由于具有过高的糖度，发酵后期乙醇浓度较高，使得酵母生长代谢受到不良影响，甚至导致发酵滞缓或停止。因此提高酵母乙醇耐受性变得尤为重要和迫切。然而酵母对乙醇耐受性一直是限制酿造高浓度乙醇中的一个难点。

距今发现多种生物肽具有多种生物活性如抗菌、抗肿瘤、抗病毒、阿片活性、促发酵以及耐冻等，其中关于小麦面筋蛋白水解物促酵母增殖和发酵的报道启发了小麦面筋蛋白肽用于提高酵母乙醇耐受性的探索。此外，目前均未有相关文献报道小麦面筋蛋白肽具有提高酵母乙醇耐受性的作用，而且小麦面筋蛋白价格低廉，适合工业使用。

3. 发明内容

本发明的目的在于针对现有技术的不足，提供了一种能提高酿酒酵母乙醇耐受性的小麦面筋蛋白肽的制备方法。该制备方法以小麦面筋蛋白为原料，经超声、均质预处理、酶解、醇沉以及柱层析，制备得到能提高酿酒酵母乙醇耐受性的小麦面筋蛋白肽。

本发明的目的还在于提供上述方法制备的能提高酿酒酵母乙醇耐受性的小麦面筋蛋白肽的应用。上述方法制备的小麦面筋蛋白肽能有效提高酿酒酵母乙醇耐受性，可应用于提高酿酒酵母的乙醇耐受性、高乙醇浓度下的细胞活性、高乙醇浓度下维持酿酒酵母的表观形态或高乙醇浓度下提高酿酒酵母的出芽率。

本发明的目的通过如下技术方案实现。

一种能提高酿酒酵母乙醇耐受性的小麦面筋蛋白肽的制备方法，包括如下步骤：

（1）小麦面筋蛋白的预处理：将小麦面筋蛋白加水混合后，超声，均质，得到小麦面筋蛋白料液；

（2）小麦面筋蛋白的酶解：将小麦面筋蛋白料液加热后，调节体系pH，再加入蛋白酶，恒温搅拌下进行酶解；酶解完成后，灭酶，冷至室温，离心，去除沉淀，得到小麦面筋蛋白酶解清液；

（3）小麦面筋蛋白酶解清液的醇沉处理：将小麦面筋蛋白酶解清液减压浓缩后，加入无水乙醇进行醇沉除去大分子蛋白和多肽，上清液经冷冻干燥，得到小麦面筋蛋白醇沉清液冻干粉；

（4）柱层析：将小麦面筋蛋白醇沉清液冻干粉溶解于水后装入大孔树脂层吸柱，用乙醇溶液洗脱，得到的洗脱液经冷冻干燥，得到所述能提高酿酒酵母乙醇耐受性的小麦面筋蛋白肽。

进一步地，步骤（1）中，所述小麦面筋蛋白与水的混合质量比为（1～4）：10。

进一步地，步骤（1）中，所述超声的功率为 200～600 W，时间为 20～60 min。

进一步地，步骤（2）中，所述加热是加热至 40～50 ℃。

进一步地，步骤（2）中，所述调节体系 pH 是调节体系 pH 为 6.0～9.0。

进一步地，步骤（2）中，所述蛋白酶为中性蛋白酶、木瓜蛋白酶、复合蛋白酶、胰蛋白酶、胃蛋白酶、Alcalase 2.4 L 碱性内切蛋白酶或碱性蛋白酶中的一种。

进一步地，步骤（2）中，所述蛋白酶的加入量为小麦面筋蛋白质量的 1%～2%。

进一步地，步骤（2）中，所述酶解的时间为 16～24 h。

进一步地，步骤（2）中，所述灭酶是在 90～100 ℃下加热 10～30 min。

进一步地，步骤（2）中，所述离心的转速为 3000～5000 r/min，离心的时间为 5～15 min。

进一步地，步骤（3）中，所述减压浓缩是在温度 40～50 ℃、真空度 0.08～0.1 MPa 条件下，浓缩 2～4 h。

进一步地，步骤（3）中，所述无水乙醇加入量为：使无水乙醇与浓缩液的混合液中，乙醇浓度达到 70%～90%（质量分数）。

进一步地，步骤（4）中，所述大孔树脂为型号 DM130、D101 或 XAD-16 的大孔树脂。

进一步地，步骤（4）中，所述大孔树脂的质量为小麦面筋蛋白醇沉清液冻干粉质量的 10～30 倍。

进一步地，步骤（4）中，所述乙醇溶液为体积分数 40% 的乙醇溶液。

进一步地，步骤（4）中，所述洗脱液为层析柱体积的 2～4 倍。

由上述任一项所述制备方法制得的能提高酿酒酵母乙醇耐受性的小麦面筋蛋白肽应用于提高高浓度或高密度发酵过程中酿酒酵母的乙醇耐受性、高乙醇浓度下的细胞活性、高乙醇浓度下维持酿酒酵母的表观形态或高乙醇浓度下提高酿酒酵母的出芽率。

与现有技术相比，本发明具有如下优点和有益效果：

（1）本发明制备方法以小麦面筋蛋白为原料，采用生物酶制剂降解小麦面筋蛋白，使蛋白得以充分释放，然后通过乙醇醇沉使得大分子物质降低，最后结合大孔树脂分离技术进一步使得小麦面筋蛋白肽得到分离富集，从而达到高效富集小麦面筋蛋白肽活性成分的目的。

（2）本发明制备方法操作简单，成本较低，安全性高，具有酶解分离效果好、提取率高的特点。

（3）本发明制备方法制得的小麦面筋蛋白肽具有提高酿酒酵母的乙醇耐受性的效果，可应用于提高酿酒酵母的乙醇耐受性、高乙醇浓度下的细胞活性、高乙醇浓度下维持酿酒酵母的表观形态或高乙醇浓度下提高酿酒酵母的出芽率。

4. 具体实施方式

以下结合具体实施例及附图对本发明技术方案做进一步详细的描述，但本发明的保护范围及实施方式不限于此。

具体实施例中，酶解清液或醇沉清液中肽的分子量分布情况的测定如下：

将酶解清液和醇沉清液稀释至 1 mg/mL 的蛋白浓度，采用 Waters 600 高效液相色谱测定酶解清液和醇沉清液的稀释液中肽的分子量分布情况，凝胶柱型号为：TSk gel G2000 SWXL 分析柱，洗脱液为磷酸缓冲液（0.04 mol/L），流速设定 1 mL/min，检测波长为 214 nm，标准肽样品分别为：谷胱甘肽（307 Da），杆菌肽（1422 Da），牛胰岛素（5800 Da），细胞色素 C（12384 Da），白蛋白（43000 Da），伴清蛋白（75000 Da），分子量的对数值与洗脱液体积拟合直线方程为 $y=-0.1602x+5.5997$（$R^2=0.9968$），其中 y 为标准肽分子量的对数，x 为洗脱体积。

具体实施例中，小麦面筋蛋白肽的洗脱得率由如下公式计算得到：

$$得率=洗脱物总质量/层析物总质量\times100\%$$

实施例 1

能提高酿酒酵母乙醇耐受性的小麦面筋蛋白肽的制备，具体步骤如下：

（1）小麦面筋蛋白的预处理：将小麦面筋蛋白与水按质量比 1∶10 的比例混合后，再于超声功率 200 W 下超声 60 min，均质，得到小麦面筋蛋白料液。

（2）小麦面筋蛋白的酶解：将小麦面筋蛋白料液加热至 40 ℃，调节体系 pH 至 6.0，加入复合蛋白酶（以小麦面筋蛋白质量为计算基准，复合蛋白酶添加量为 1%），恒温搅拌酶解 16 h，然后 90 ℃ 加热 30 min 灭酶，冷却至常温，3000 r/min 离心 15 min，去除沉淀，得到小麦面筋蛋白酶解清液。

（3）小麦面筋蛋白酶解液的醇沉处理：将小麦面筋蛋白酶解过滤，滤液于 40 ℃、真空度 0.08 MPa 条件下浓缩 4 h，浓缩液加入无水乙醇醇沉（浓缩液与无水乙醇混合成的混合液中，乙醇质量分数为 70%）去除大分子蛋白和多肽，上清液经冷冻干燥，得到小麦面筋蛋白醇沉清液冻干粉。

（4）柱层析：将小麦面筋蛋白醇沉清液冻干粉溶解于水，通过质量 10 倍于小麦面筋蛋白醇沉清液冻干粉的 DM130 大孔树脂进行柱层析吸附，用 40%（体积分数）乙醇溶液洗脱，得到洗脱液，洗脱液为层析柱体积的 2 倍；洗脱液冷冻干燥，得到小麦面筋蛋白肽。

实施例 2

能提高酿酒酵母细胞渗透压耐受性的小麦面筋蛋白肽的制备方法，具体步骤如下：

（1）小麦面筋蛋白的预处理：将小麦面筋蛋白与水按质量比 2∶10 的比例混合后，再于超声功率 400 W 下超声 40 min，均质，得到小麦面筋蛋白料液。

（2）小麦面筋蛋白的酶解：将小麦面筋蛋白料液加热至 45 ℃，调节体系 pH 至 8.0，加入 Alcalase 2.4 L 碱性内切蛋白酶（以小麦面筋蛋白质量为计算基准，Alcalase 2.4 L 碱性内切蛋白酶添加量为 1.5%），恒温搅拌酶解 20 h，然后 95 ℃ 加热 20 min 灭酶，冷却至常温，4000 r/min 离心 10 min，去除沉淀，得到小麦面筋蛋白酶解清液。

（3）小麦面筋蛋白酶解液的醇沉处理：将小麦面筋蛋白酶解过滤，滤液于 45 ℃、真空度 0.09 MPa 条件下浓缩 3 h，浓缩液加入无水乙醇醇沉（浓缩液与无水乙醇混合成的混合液中，乙醇质量分数为 80%）去除大分子蛋白和多肽，上清液经冷冻干燥，得到小麦面筋蛋白醇沉清液冻干粉。

（4）柱层析：将小麦面筋蛋白醇沉清液冻干粉溶解于水，通过质量 20 倍于小麦面筋蛋白醇沉清液冻干粉的 D101 大孔树脂进行柱层析吸附，用 40%（体积分数）乙醇溶液洗脱，洗脱液为层析柱体积的 3 倍，洗脱液经冷冻干燥，得到小麦面筋蛋白肽。

实施例 3

能提高酿酒酵母细胞渗透压耐受性的小麦面筋蛋白肽的制备方法，具体步骤如下：

（1）小麦面筋蛋白的预处理：将小麦面筋蛋白与水按质量比 4∶10 的比例混合后，再于超声功率 600 W 下超声 20 min 均质，得到小麦面筋蛋白料液。

（2）小麦面筋蛋白的酶解：将小麦面筋蛋白料液加热至 50 ℃，调节体系 pH 至 9.0，加入胰蛋白酶（以小麦面筋蛋白质量为计算基准，胰蛋白酶添加量为 1%），恒温搅拌酶解 24 h，然后 100 ℃ 加热 10 min 灭酶，冷却至常温，5000 r/min 离心 5 min，去除沉淀，得到小麦面筋蛋白酶解清液。

（3）小麦面筋蛋白酶解液的醇沉处理：将小麦面筋蛋白酶解过滤，滤液于 50 ℃、真空度 0.1 MPa 条件下浓缩 2 h，浓缩液加入无水乙醇醇沉（浓缩液与无水乙醇混合成的混合液中，乙醇质量分数为 90%）去除大分子蛋白和多肽，上清液经冷冻干燥，得到小麦面筋蛋白醇沉清液冻干粉。

（4）柱层析：将小麦面筋蛋白醇沉清液冻干粉溶解于水，通过质量 30 倍于小麦面筋蛋白醇沉清液冻干粉的 XAD-16 大孔树脂进行柱层析吸附，用 40%（体积分数）乙醇溶液洗脱，洗脱液为层析柱体积的 4 倍，洗脱液经冷冻干燥，得到小麦面筋蛋白肽。

实施例 1~3 制备过程中，酶解清液和醇沉清液的肽分子量分布如表 3-35 所示。

表 3-35　酶解清液与醇沉清液肽分子量分布测定结果

样品	实施例 1		实施例 2		实施例 3	
	酶解	醇沉	酶解	醇沉	酶解	醇沉
>10 kDa, %	15.55	7.57	10.64	1.63	11.65	0.72
5~10 kDa, %	19.88	18.65	16.75	15.78	18.03	13.04
3~5 kDa, %	26.87	22.63	25.08	17.82	21.68	16.63
1~3 kDa, %	20.89	24.72	24.19	30.43	23.72	28.15
<1 kDa, %	16.81	26.43	23.34	34.34	24.92	41.46

由表 3-35 可知，实施例 1~3 中酶解清液分子量存在显著差异，实施例 1 分子量显著>3 kDa 部分明显高于实施例 2 和实施例 3，说明实施例 2 和实施例 3 的酶解更彻底；实施例 1 与实施例 2~3 主要区别在于酶解时间长短，说明时间越长，酶解越彻底。

同时，实施例 1~3 中酶解清液与醇沉清液分子量存在较大差异，醇沉清液大分子部分明显降低，并且醇沉酒精度越高去除大分子物质效果越好，说明通过高浓度乙醇醇沉可以有效去除酶解液中的大分子物质。

实施例 1~3 制备的小麦面筋蛋白肽的得率如图 3-27 所示，由图 3-27 结合表 3-35 可知，实施例 1~3 之间的主要区别在于分子量分布不同，实施例 1 中的小麦面筋蛋白肽分布主要集中在>3 kDa、实施例 2 和实施例 3 中的小麦面筋蛋白肽主要集中在<3 kDa。说明不同分子量小麦面筋蛋白在不同型号的树脂上的吸附解析能力具有差异，其中小分子的小麦面筋蛋白肽在型号 XAD-16 的树脂上的解析能力最优。

耐受性实验

实施例 1~3 制备的小麦面筋蛋白肽提高酿酒酵母乙醇耐受性、提高高乙醇浓度培养基中酿酒酵母的细胞活性及高乙醇浓度培养基中维持酿酒酵母的细胞表观形态的试验如下：

（1）高乙醇浓度下酿酒酵母耐受性的测定

将培养好的酿酒酵母细胞分别接种在添加 0.3%（质量分数，以下如无特殊说明均为质量分数）小麦面筋蛋白肽和未添加小麦面筋蛋白肽的含 10%乙醇的无氨基酵母氮源培养基（YNB

培养基）中，通过紫外分光光度计在 OD600 检测不同时间酵母生长曲线。

添加了实施例 1～3 制备的小麦面筋蛋白肽和未添加的 10%乙醇 YNB 培养基的细胞生长随时间变化的曲线如图 3-28 所示，由图 3-28 可知，未添加组和实施例 1～3 得到的小麦面筋蛋白肽添加对酵母乙醇耐受性的提高具有显著差异；其中，结合表 3-35 可知，实施例 1～3 得到的小麦面筋蛋白肽的主要区别在于肽分子量分布不同，实施例 1 中的大分子量小麦面筋蛋白肽含量远高于实施例 2～3，且实施例 2 和实施例 3 中分子量分布差别不大，但添加实施例 1～3 制备的小麦面筋蛋白肽均能提高酵母细胞乙醇耐受性。这说明在高渗透压培养基中加入小麦面筋蛋白肽可以提高酵母细胞渗透压耐受性。

（2）高乙醇浓度下酿酒酵母的细胞活性测定

将培养好的酿酒酵母细胞分别接种在添加 0.3%小麦面筋蛋白肽和未添加小麦面筋蛋白肽的含 10%乙醇的无氨基酵母氮源培养基中，通过次甲基蓝检测不同时间下酵母细胞活性。

添加了与未添加实施例 1～3 制备的小麦面筋蛋白肽的 10%乙醇培养基中酵母细胞活性随时间变化的曲线如图 3-29 所示，由图 3-29 可知，未添加组的细胞活性明显低于添加组的细胞活性，并且实施例 3 中细胞活性最好。这表明采用制得的小麦面筋蛋白肽添加到高乙醇浓度培养基中可以提高酿酒酵母的细胞活力。

（3）酵母表观形态的测定

将培养好的酿酒酵母细胞分别接种在添加 0.3%小麦面筋蛋白肽和未添加小麦面筋蛋白肽的含 10%乙醇的无氨基酵母氮源培养基中，通过扫描电镜观察培养 72 h 的酵母细胞的表观形态。

添加了与未添加实施例 1～3 制备的小麦面筋蛋白肽的 10%乙醇培养基中 72 h 酵母细胞表观形态如图 3-30 所示（其中，白色箭头指示出受损），由图 3-30 可知，未添加组[图 3-30（a）]的细胞受损程度明显高于添加组的细胞受损程度，并且实施例 3[图 3-30（d）]中细胞表观形态维持最好；同时，从图 3-30 可知，未添加组出芽率最低，其次依次是添加实施例 1[图 3-30（b）]和实施例 2[图 3-30（c）]肽组，出芽率最高的是实施例 3 肽添加组。这表明采用制得的小麦面筋蛋白肽添加到高乙醇浓度培养基中可以维持酵母的表观形态，还能提高酵母出芽率。

上述实施例为本发明较佳的实施方式，但本发明的实施方式并不受上述实施例的限制，其他的任何未背离本发明的精神实质与原理下所作的改变、修饰、替代、组合、简化，均应为等效的置换方式，都包含在本发明的保护范围之内。

附图说明：

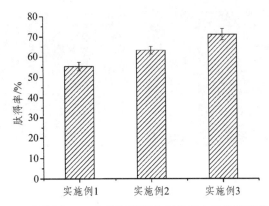

图 3-27　实施例 1～3 小麦面筋蛋白制备蛋白肽的得率柱状图

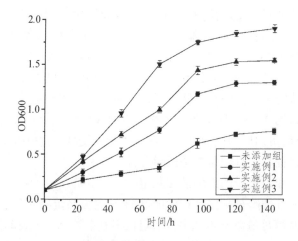

图 3-28 添加了实施例 1～3 制备的小麦面筋蛋白肽和未添加任何试剂的 10%乙醇 YNB
培养基中酿酒酵母的细胞的生长曲线图

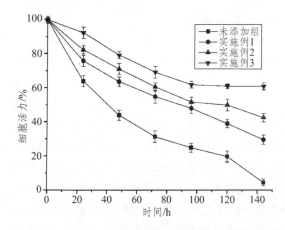

图 3-29 添加了实施例 1～3 制备的小麦面筋蛋白肽和未添加任何试剂的 10%乙醇 YNB
培养基中酿酒酵母的细胞活性的影响曲线图

（a）未添加任何试剂（空白对照）　　　（b）添加了实施例 1 制备的小麦面筋蛋白肽

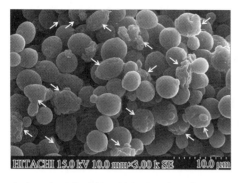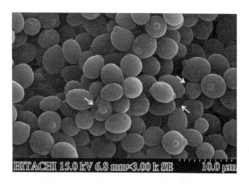

（c）添加了实施例 2 制备的小麦面筋蛋白肽　　　（d）添加了实施例 3 制备的小麦面筋蛋白肽

图 3-30　10%乙醇 YNB 培养基中 72 h 酿酒酵母的细胞表观形态的 SEM 图

三、权利要求书

（1）一种能提高酿酒酵母乙醇耐受性的小麦面筋蛋白肽的制备方法，其特征在于，包括如下步骤：

① 小麦面筋蛋白的预处理：将小麦面筋蛋白加水混合后，超声，均质，得到小麦面筋蛋白料液。

② 小麦面筋蛋白的酶解：将小麦面筋蛋白料液加热后，调节体系 pH，再加入蛋白酶，恒温搅拌下进行酶解；酶解完成后，灭酶，冷至室温，离心，去除沉淀，得到小麦面筋蛋白酶解清液。

③ 小麦面筋蛋白酶解清液的醇沉处理：将小麦面筋蛋白酶解清液减压浓缩后，加入无水乙醇进行醇沉除去大分子蛋白和多肽，上清液经冷冻干燥，得到小麦面筋蛋白醇沉清液冻干粉。

④ 柱层析：将小麦面筋蛋白醇沉清液冻干粉溶解于水后装入大孔树脂层吸柱，用乙醇溶液洗脱，得到的洗脱液经冷冻干燥，得到所述能提高酿酒酵母乙醇耐受性的小麦面筋蛋白肽。

（2）根据权利要求（1）所述的制备方法，其特征在于，步骤①中，所述小麦面筋蛋白与水的混合质量比为（1~4）∶10；所述超声的功率为 200~600 W，时间为 20~60 min。

（3）根据权利要求（1）所述的制备方法，其特征在于，步骤②中，所述加热是加热至 40~50 ℃；所述调节体系 pH 是调节体系 pH 为 6.0~9.0。

（4）根据权利要求（1）所述的制备方法，其特征在于，步骤②中，所述蛋白酶为中性蛋白酶、胰蛋白酶、胃蛋白酶、木瓜蛋白酶、复合蛋白酶、Alcalase 2.4 L 碱性内切蛋白酶和碱性蛋白酶中的一种；所述蛋白酶的加入量为小麦面筋蛋白质量的 1%~2%；所述酶解的时间为 16~24 h。

（5）根据权利要求（1）所述的制备方法，其特征在于，步骤②中，所述灭酶是在 90~100 ℃下加热 10~30 min；所述离心的转速为 3000~5000 r/min，离心的时间为 5~15 min。

（6）根据权利要求（1）所述的制备方法，其特征在于，步骤③中，所述减压浓缩是在温度 40~50 ℃、真空度 0.08~0.1 MPa 条件下，浓缩 2~4 h。

（7）根据权利要求（1）所述的制备方法，其特征在于，步骤③中，所述无水乙醇加入量为：使无水乙醇与浓缩液的混合液中，乙醇质量分数达到 70%~90%。

（8）根据权利要求（1）所述的制备方法，其特征在于，步骤④中，所述大孔树脂为型号

DM130、D101 或 XAD-16 的大孔树脂；所述大孔树脂的质量为小麦面筋蛋白醇沉清液冻干粉的质量的 10 ~ 30 倍。

（9）根据权利要求（1）所述的制备方法，其特征在于，步骤④中，所述乙醇溶液为体积分数 40% 的乙醇溶液；所述洗脱液为层析柱体积的 2 ~ 4 倍。

（10）由权利要求（1）~（9）任一项所述制备方法制得的能提高酿酒酵母乙醇耐受性的小麦面筋蛋白肽应用于提高高浓度或高密度发酵过程中酿酒酵母的乙醇耐受性、细胞活性、出芽率和维持酿酒酵母的表观形态。

第十二节　一种能提高酿酒酵母细胞渗透压耐受性的小麦面筋蛋白肽的制备方法及应用

一、基本信息（表 3-36）

表 3-36　一种能提高酿酒酵母细胞渗透压耐受性的小麦面筋蛋白肽的制备方法及应用基本信息

专利类型	发明
申请（授权）号	2018101057999
发明人	赵海锋、阳辉蓉、孙东晓、崔春
申请人	华南理工大学
申请日	2018.01.31
说明书摘要	本发明公开了一种能提高酿酒酵母细胞渗透压耐受性的小麦面筋蛋白肽的制备方法及应用。本发明以小麦面筋蛋白为原料，经双螺杆挤压机挤压、均质预处理、酶解、醇沉以及大孔树脂柱层析，制备得到能提高酿酒酵母细胞渗透压耐受性的小麦面筋蛋白肽。本发明制得的小麦面筋蛋白肽能显著提高酿酒酵母细胞的渗透压耐受性，将其应用于高浓度或高密度发酵过程中，可有效地提高酿酒酵母细胞的渗透压耐受性、细胞活性和出芽率

二、说明书

1. 技术领域

本发明涉及蛋白肽技术领域，具体涉及一种能提高酿酒酵母细胞渗透压耐受性的小麦面筋蛋白肽的制备方法及应用。

2. 背景技术

在新能源蓬勃发展的今天，乙醇能源作为一种清洁能源备受关注，然而我国当前乙醇生产中生产成本、能耗较高，生产效率低，因此在生产酿造过程中，寻找并应用低碳酿造新技术以提高质量和生产效率、降低能耗和生产成本变得尤为重要和迫切。而超高浓酿造技术由于可在不增加发酵设备的基础上大幅度提高乙醇产量，提高生产效率和降低能耗而日益受到酿造企业的青睐。但在超高浓酿造过程中，过高的糖度使发酵初期渗透压较高，这种环境压力会使酵母生长代谢受到负面影响，并且引起发酵滞缓或停止。因此提高酵母渗透压耐受性变得尤为重要和迫切。然而酵母对渗透压耐受性一直是限制超高浓酿造发展中的一个难点。

距今发现多种生物肽具有如抗高血压，抗血栓、抗氧化，抗癌、抗疟疾、抗菌、阿片样活性、降低胆固醇、耐冻、促发酵以及提高免疫调等活性，其中关于小麦面筋蛋白水解物促酵母增殖和发酵的报道启发了小麦面筋蛋白肽用于提高酵母渗透压耐受性的探索。此外，目前均未有相关文献报道小麦面筋蛋白肽具有提高酵母渗透压耐受性的作用。

3. 发明内容

本发明的目的在于针对现有技术的不足，提供了一种能提高酿酒酵母细胞渗透压耐受性的小麦面筋蛋白肽的制备方法。该制备方法以小麦面筋蛋白为原料，经双螺杆挤压机挤压、均质预处理、酶解、醇沉以及大孔树脂柱层析，制备得到能提高酿酒酵母细胞渗透压耐受性的小麦面筋蛋白肽。

本发明的目的还在于提供上述制备方法制得的能提高酿酒酵母细胞渗透压耐受性的小麦面筋蛋白肽的应用。上述方法制备的小麦面筋蛋白肽能有效提高酿酒酵母细胞的渗透压耐受性，可有效应用于提高酿酒酵母细胞的渗透压耐受性、高渗透压下的细胞活性、高渗透压下维持酿酒酵母细胞的表观形态或高渗透压下提高酿酒酵母细胞的出芽率。

本发明的目的通过如下技术方案实现。

一种提高酿酒酵母细胞渗透压耐受性的小麦面筋蛋白肽的制备方法，包括如下步骤：

（1）小麦面筋蛋白的预处理：将小麦面筋蛋白经双螺杆挤压机挤压后，再加水混合，均质，得到小麦面筋蛋白料液。

（2）小麦面筋蛋白的酶解：将小麦面筋蛋白料液加热后，调节体系 pH，再加入蛋白酶，恒温搅拌下进行酶解；酶解完成后，灭酶，冷至室温，离心，去除沉淀，得到小麦面筋蛋白酶解清液。

（3）小麦面筋蛋白酶解清液的醇沉处理：将小麦面筋蛋白酶解清液减压浓缩后，加入无水乙醇进行醇沉除去大分子蛋白和多肽，上清液经冷冻干燥，得到小麦面筋蛋白醇沉清液冻干粉。

（4）柱层析：将小麦面筋蛋白醇沉清液冻干粉溶解于水后装入大孔树脂层析柱，用水洗脱，得到的洗脱液经冷冻干燥，得到所述能提高酿酒酵母细胞渗透压耐受性的小麦面筋蛋白肽。

进一步地，步骤（1）中，所述复合改性为双螺杆挤压机挤压的工艺条件为：加入小麦面筋蛋白质量 10% ~ 20% 的水混合后，在螺杆转速 150 ~ 300 r/min 下挤压，挤压温度为 70 ~ 140 ℃，出料模孔直径 5 mm。

进一步地，步骤（2）中，经双螺杆挤压机挤压后的小麦面筋蛋白与水的混合质量比为（1 ~ 4）：10。

进一步地，步骤（2）中，所述加热是加热至 40 ~ 50 ℃。

进一步地，步骤（2）中，所述调节体系 pH 是调节体系 pH 为 6.0 ~ 9.0。

进一步地，步骤（2）中，所述蛋白酶为中性蛋白酶、木瓜蛋白酶、复合蛋白酶、胰蛋白酶、胃蛋白酶、Alcalase 2.4 L 碱性内切蛋白酶或碱性蛋白酶中的一种。

进一步地，步骤（2）中，所述蛋白酶的加入量为小麦面筋蛋白质量的 1% ~ 2%。

进一步地，步骤（2）中，所述酶解的时间为 12 ~ 36 h。

进一步地，步骤（2）中，所述灭酶是在 95～100 ℃下加热 10～20 min。

进一步地，步骤（2）中，所述离心的转速为 3000～5000 r/min，离心的时间为 5～15 min。

进一步地，步骤（3）中，所述减压浓缩是在温度 40～50 ℃、真空度 0.08～0.1 MPa 条件下，浓缩 2～4 h。

进一步地，步骤（3）中，所述无水乙醇加入量为：使无水乙醇与浓缩液的混合液中，乙醇质量分数达到 70%～90%。

进一步地，步骤（4）中，所述大孔树脂为型号为 AB-8、DA-201E 或 XAD-16 的大孔树脂。

进一步地，步骤（4）中，所述大孔树脂的质量为小麦面筋蛋白醇沉清液冻干粉的质量的 10～20 倍。

进一步地，步骤（4）中，所述洗脱液为层析柱体积的 2～4 倍。

由上述任一项所述制备方法制得的能提高酿酒酵母细胞渗透压耐受性的小麦面筋蛋白肽应用于提高高浓度或高密度发酵过程中酿酒酵母细胞的渗透压耐受性、细胞活性和出芽率。

与现有技术相比，本发明具有如下优点和有益效果：

（1）本发明制备方法以小麦面筋蛋白为原料，采用生物酶制剂降解小麦面筋蛋白，使蛋白得以充分释放，然后通过乙醇醇沉使得大分子物质降低，最后结合大孔树脂分离技术进一步使得小麦面筋蛋白肽得到分离富集，从而达到高效富集小麦面筋蛋白肽活性成分的目的。

（2）本发明制备方法操作简单、成本较低，安全性高，具有酶解分离效果好、提取率高的特点。

（3）本发明方法制备的小麦面筋蛋白肽具有提高酿酒酵母耐渗透压的效果，可应用于具有提高酿酒酵母耐渗透压、高渗透压下的细胞活性、高渗透压下维持酿酒酵母细胞的表观形态或高渗透压下提高酿酒酵母细胞的出芽率。

4. 具体实施方式

以下结合具体实施例及附图对本发明的技术方案做进一步详细的描述，但本发明的保护范围和实施方式不限于此。

具体实施例中，酶解清液或醇沉清液中肽的分子量分布情况的测定如下：

将酶解清液或醇沉清液稀释至 1 mg/mL 的蛋白浓度，采用 Waters 600 高效液相色谱测定酶解清液和醇沉清液的稀释液中肽的分子量分布情况；凝胶柱型号为：TSk gel G2000 SWXL 分析柱，洗脱液为磷酸缓冲液（0.04 mol/L），流速设定 1 mL/min，检测波长为 214 nm，标准肽样品分别为：谷胱甘肽（307 Da），杆菌肽（1422 Da），牛胰岛素（5800 Da），细胞色素 C（12384 Da），白蛋白（43000 Da），伴清蛋白（75000 Da）；分子量的对数值与洗脱液体积拟合直线方程为 $y=-0.1602x+5.5996$（$R^2=0.9988$），其中 y 为标准肽分子量的对数，x 为洗脱体积。

具体实施例中，小麦面筋蛋白肽的洗脱得率由如下公式计算得到：

$$得率=洗脱物总质量/层析物总质量 \times 100\%$$

实施例 1

能提高酿酒酵母细胞渗透压耐受性的小麦面筋蛋白肽的制备方法，具体步骤如下：

（1）小麦面筋蛋白的预处理：将小麦面筋蛋白与小麦面筋蛋白质量 10% 的水混合后，在螺杆转速 150 r/min 下挤压，挤压温度为 70 ℃，出料模孔直径 5 mm，然后将挤压后的小麦面筋蛋白与水按质量比 1∶10 加水混合，均质，得到小麦面筋蛋白料液。

（2）小麦面筋蛋白的酶解：将小麦面筋蛋白料液加热至 40 ℃，调节体系 pH 至 6.0，加入木瓜蛋白酶（以小麦面筋蛋白质量为计算基准，木瓜蛋白酶添加量为 1%），恒温搅拌酶解 12 h，然后 95 ℃ 加热 20 min 灭酶，冷却至常温，3000 r/min 离心 15 min，去除沉淀，得到小麦面筋蛋白酶解清液。

（3）小麦面筋蛋白酶解液的醇沉处理：将小麦面筋蛋白酶解过滤，滤液于 40 ℃、真空度 0.08 MPa 条件下，浓缩 4 h，浓缩液加入无水乙醇醇沉（浓缩液与无水乙醇混合成的混合液中，乙醇质量分数为 70%）去除大分子蛋白和多肽，上清液经冷冻干燥，得到小麦面筋蛋白醇沉清液冻干粉。

（4）柱层析：将小麦面筋蛋白醇沉清液冻干粉溶解于水，通过质量 10 倍于小麦面筋蛋白醇沉清液冻干粉的 AB-8 大孔树脂进行柱层析吸附，用水洗脱，洗脱液为层析柱体积的 4 倍，洗脱液经冷冻干燥，得到小麦面筋蛋白肽，记为 AB-8。

实施例 2

能提高酿酒酵母细胞渗透压耐受性的小麦面筋蛋白肽的制备方法，具体步骤如下：

（1）小麦面筋蛋白的预处理：将小麦面筋蛋白与小麦面筋蛋白质量 15%的水混合后，在螺杆转速 200 r/min 下挤压，挤压温度为 100 ℃，出料模孔直径 5 mm，然后将挤压后的小麦面筋蛋白与水按质量比 2：10 的比例加水混合，均质，得到小麦面筋蛋白料液。

（2）小麦面筋蛋白的酶解：将小麦面筋蛋白料液加热至 45 ℃，调节体系 pH 至 7.0，加入复合蛋白酶（以小麦面筋蛋白质量为计算基准，复合蛋白酶添加量为 1.5%），恒温搅拌酶解 24 h，然后 98 ℃ 加热 15 min 灭酶，冷却至常温，4000 r/min 离心 10 min，去除沉淀，得到小麦面筋蛋白酶解清液。

（3）小麦面筋蛋白酶解液的醇沉处理：将小麦面筋蛋白酶解过滤，滤液于 45 ℃、真空度 0.09 MPa 条件下，浓缩 3 h，浓缩液加入无水乙醇醇沉（浓缩液与无水乙醇混合成的混合液中，乙醇质量分数为 80%）去除大分子蛋白和多肽，上清液经冷冻干燥，得到小麦面筋蛋白醇沉清液冻干粉。

（4）柱层析：将小麦面筋蛋白醇沉清液冻干粉溶解于水，通过质量 15 倍于小麦面筋蛋白醇沉清液冻干粉的 DA-201E 大孔树脂进行柱层析吸附，用水洗脱，洗脱液为层析柱体积的 3 倍，洗脱液经冷冻干燥，得到小麦面筋蛋白肽，记为 DA-201E。

实施例 3

能提高酿酒酵母细胞渗透压耐受性的小麦面筋蛋白肽的制备方法，具体步骤如下：

（1）小麦面筋蛋白的预处理：将小麦面筋蛋白与小麦面筋蛋白质量 20%的水混合后，在螺杆转速 300 r/min 下挤压，挤压温度为 140 ℃，出料模孔直径 5 mm，然后将挤压后的小麦面筋蛋白与水按质量比 4：10 的比例加水混合，均质，得到小麦面筋蛋白料液。

（2）小麦面筋蛋白的酶解：将小麦面筋蛋白料液加热至 50 ℃，调节体系 pH 至 9.0，加入胰蛋白酶（以小麦面筋蛋白质量为计算基准，胰蛋白酶添加量为 2%），恒温搅拌酶解 36 h，然后 100 ℃ 加热 10 min 灭酶，冷却至常温，5000 r/min 离心 5 min，去除沉淀，得到小麦面筋蛋白酶解清液。

（3）小麦面筋蛋白酶解液的醇沉处理：将小麦面筋蛋白酶解过滤，滤液于 50 ℃、真空度 0.1 MPa 条件下，浓缩 2 h，浓缩液加入无水乙醇醇沉（浓缩液与无水乙醇混合成的混合液中，乙醇质量分数为 90%）去除大分子蛋白和多肽，上清液经冷冻干燥，得到小麦面筋蛋白醇沉清液冻干粉。

（4）柱层析：将小麦面筋蛋白醇沉清液冻干粉溶解于水，通过质量20倍于小麦面筋蛋白醇沉清液冻干粉的 XAD-16 大孔树脂进行柱层析吸附，用水洗脱，洗脱液为层析柱体积的 4 倍，洗脱液经冷冻干燥，得到小麦面筋蛋白肽，记为 XAD-16。

实施例1~3制备过程中，酶解清液和醇沉清液的肽分子量分布如表3-37所示。

表3-37　酶解清液与醇沉清液肽分子量分布测定结果

样品	实施例1		实施例2		实施例3	
	酶解	醇沉	酶解	醇沉	酶解	醇沉
>10 kDa，%	30.03	9.89	14.48	1.15	11.65	0.72
5~10 kDa，%	28.12	21.68	20.25	15.21	18.03	13.04
3~5 kDa，%	16.85	22.63	19.65	16.22	21.68	16.63
1~3 kDa，%	17.21	24.32	25.28	30.17	23.72	28.15
<1 kDa，%	7.79	21.48	20.34	37.25	24.92	41.46

由表3-37可知，实施例1~3中酶解清液分子量存在显著差异，实施例1分子量显著集中在>5 kDa 部分，而实施例2和实施例3主要集中在<5 kDa 部分，说明实施例2和实施例3酶解更彻底；实施例1与实施例2~3主要区别在于酶解时间长短，说明酶解时间越长，酶解越彻底。

同时，实施例1~3中酶解清液与醇沉清液分子量存在较大差异，醇沉清液大分子部分明显降低，并且醇沉酒精度越高去除大分子物质效果越好，说明通过高浓度乙醇醇沉可以有效去除酶解液中的大分子物质。

实施例1~3制备的小麦面筋蛋白肽的得率如图3-31所示，由图3-31可知，实施例1~3之间的主要区别在于大孔树脂不同，实施例1中的大孔树脂AB-8是弱极性，实施例2中的大孔树脂DA-201E是极性，实施例3中的大孔树脂XAD-16是非极性，说明不同极性的大孔树脂对小麦面筋蛋白肽的吸附解析能力具有差异，其中非极性大孔树脂XAD-16的解析能力最优。

耐受性实验

实施例1~3制备得到的小麦面筋蛋白肽提高酵母细胞渗透压耐受性、提高高渗透压培养基中酵母细胞活性及维持酵母细胞表观形态及发芽率的试验如下：

（1）酿酒酵母细胞渗透压耐受性测定

将培养好的酿酒酵母细胞分别接种在添加0.3%小麦面筋蛋白肽和未添加小麦面筋蛋白肽的含 1.5 mol/L 山梨醇的无氨基酵母氮源培养基（YNB 培养基）中，通过紫外分光光度计在OD600检测不同时间酵母生长曲线。

添加了和未添加实施例1~3制备的小麦面筋蛋白肽的1.5 mol/L 山梨醇 YNB 培养基的细胞生长随时间变化的曲线图如图3-32所示，由图3-32可知，未添加组和实施例1~3得到的小麦面筋蛋白肽添加对酵母渗透压耐受性的提高具有显著差异；其中，结合表3-37可知，实施例1~3得到的小麦面筋蛋白肽的主要区别在于肽分子量分布不同，实施例1中的大分子量小麦面筋蛋白肽含量远高于实施例2~3，且实施例2和实施例3中分子量分布差别不大，但添加实施例 1~3 制备的小麦面筋蛋白肽均能提高酵母细胞渗透压耐受性。这说明在高渗透压培养基中加入小麦面筋蛋白肽可以提高酵母细胞渗透压耐受性。

（2）高渗透压下酿酒酵母细胞活性测定

将培养好的酿酒酵母细胞分别接种在添加 0.3%小麦面筋蛋白肽和未添加小麦面筋蛋白肽的含 1.5 mol/L 山梨醇的无氨基酵母氮源培养基中，通过次甲基蓝检测不同时间下酵母的细胞活性。

添加了与未添加实施例 1~3 制备的小麦面筋蛋白肽的 1.5 mol/L 山梨糖醇培养基中酵母细胞活性随时间变化的曲线图如图 3-33 所示，由图 3-33 可知，未添加组的细胞活性明显低于添加组的细胞活性，并且实施例 3 中细胞活性最好。这表明采用制得的小麦面筋蛋白肽添加到高渗透压培养基中可以提高酿酒酵母的细胞活力。

（3）酵母细胞表观形态的测定

将培养好的酿酒酵母细胞分别接种在添加 0.3%小麦面筋蛋白肽和未添加小麦面筋蛋白肽的含 1.5 mol/L 山梨醇的无氨基酵母氮源培养基中，通过扫描电镜观察培养 24 h 酵母细胞的表观形态及出芽率。

添加了与未添加实施例 1~3 制备的小麦面筋蛋白肽的 1.5 mol/L 山梨糖醇培养基中 24 h 酵母细胞表观形态如图 3-34（其中，白色箭头指示出芽细胞）所示，由图 3-34 可知，未添加组[图 3-34（a）]的细胞受损程度明显高于添加组的细胞受损程度，并且实施例 3[图 3-34（d）]中细胞表观形态维持最好；同时，从图 3-34 可知，未添加组出芽率最低，其次依次是添加实施例 1[图 3-34（b）]和实施例 2[图 3-34（c）]肽组，出芽率最高的是实施例 3 肽添加组。这表明采用制得的小麦面筋蛋白肽添加到高渗透压培养基中不仅可以维持酵母的表观形态，还能提高酵母出芽率。

上述实施例为本发明较佳的实施方式，但本发明的实施方式并不受上述实施例的限制，其他的任何未背离本发明的精神实质与原理下所作的改变、修饰、替代、组合、简化，均应为等效的置换方式，都包含在本发明的保护范围之内。

附图说明：

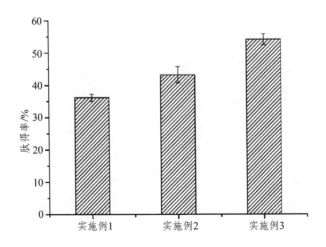

图 3-31 实施例 1~3 不同大孔树脂洗脱制备小麦面筋蛋白肽的得率柱状图

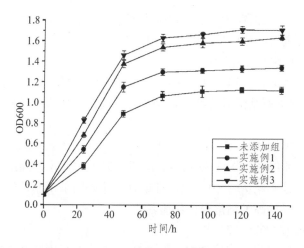

图 3-32　添加和未添加了实施例 1~3 制备的小麦面筋蛋白肽的 1.5 mol/L 山梨醇
YNB 培养基中细胞生长的曲线图

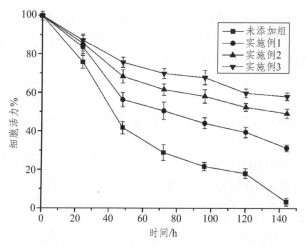

图 3-33　添加了与未添加实施例 1~3 制备的小麦面筋蛋白肽的 1.5 mol/L 山梨糖醇
培养基中酵母细胞活性随时间变化的曲线图

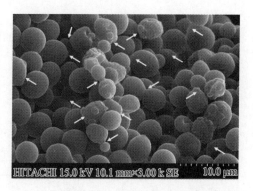

（a）未添加小麦面筋蛋白肽　　　　　　（b）添加了实施例 1 制备的小麦面筋蛋白肽

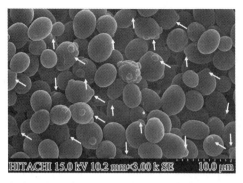 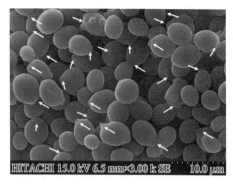

（c）添加了实施例 2 制备的小麦面筋蛋白肽　　　（d）添加了实施例 3 制备的小麦面筋蛋白肽

图 3-34　1.5 mol/L 山梨糖醇培养基中 24 h 酵母细胞表观形态的 SEM 图

三、权利要求书

（1）一种提高酿酒酵母细胞渗透压耐受性的小麦面筋蛋白肽的制备方法，其特征在于，包括如下步骤：

① 小麦面筋蛋白的预处理：将小麦面筋蛋白经双螺杆挤压机挤压后，再加水混合，均质，得到小麦面筋蛋白料液。

② 小麦面筋蛋白的酶解：将小麦面筋蛋白料液加热后，调节体系 pH，再加入蛋白酶，恒温搅拌下进行酶解；酶解完成后，灭酶，冷至室温，离心，去除沉淀，得到小麦面筋蛋白酶解清液。

③ 小麦面筋蛋白酶解清液的醇沉处理：将小麦面筋蛋白酶解清液减压浓缩后，加入无水乙醇进行醇沉除去大分子蛋白和多肽，上清液经冷冻干燥，得到小麦面筋蛋白醇沉清液冻干粉。

④ 柱层析：将小麦面筋蛋白醇沉清液冻干粉溶解于水后装入大孔树脂层析柱，用水洗脱，得到的洗脱液经冷冻干燥，得到所述能提高酿酒酵母细胞渗透压耐受性的小麦面筋蛋白肽。

（2）根据权利要求（1）所述的制备方法，其特征在于，步骤①中，所述双螺杆挤压机挤压的工艺条件为：加入小麦面筋蛋白质量 10% ~ 20% 的水混合后，在螺杆转速 150 ~ 300 r/min 下挤压，挤压温度为 70 ~ 140 ℃，出料模孔直径 5 mm；经双螺杆挤压机挤压后的小麦面筋蛋白与水的混合质量比为（1 ~ 4）：10。

（3）根据权利要求（1）所述的制备方法，其特征在于，步骤②中，所述加热是加热至 40 ~ 50 ℃；所述调节体系 pH 是调节体系 pH 为 6.0 ~ 9.0。

（4）根据权利要求（1）所述的制备方法，其特征在于，步骤②中，所述蛋白酶为中性蛋白酶、胰蛋白酶、胃蛋白酶、木瓜蛋白酶、复合蛋白酶、Alcalase 2.4 L 碱性内切蛋白酶和碱性蛋白酶中的一种；所述蛋白酶的加入量为小麦面筋蛋白质量的 1% ~ 2%。

（5）根据权利要求（1）所述的制备方法，其特征在于，步骤②中，所述酶解的时间为 12 ~ 36 h。

（6）根据权利要求（1）所述的制备方法，其特征在于，步骤②中，所述灭酶是在 95 ~ 100 ℃下加热 10 ~ 20 min；所述离心的转速为 3000 ~ 5000 r/min，离心的时间为 5 ~ 15 min。

（7）根据权利要求（1）所述的制备方法，其特征在于，步骤③中，所述减压浓缩是在温度 40 ~ 50 ℃、真空度 0.08 ~ 0.1 MPa 条件下，浓缩 2 ~ 4 h。

（8）根据权利要求（1）所述的制备方法，其特征在于，步骤③中，所述无水乙醇加入量为：使无水乙醇与浓缩液的混合液中，乙醇质量分数达到 70% ~ 90%。

（9）根据权利要求（1）所述的制备方法，其特征在于，步骤④中，所述大孔树脂为型号为 AB-8、DA-201E 或 XAD-16 的大孔树脂；所述大孔树脂的质量为小麦面筋蛋白醇沉清液冻干粉的质量的 10 ~ 20 倍；所述洗脱液为层析柱体积的 2 ~ 4 倍。

（10）由权利要求（1）~（9）任一项所述制备方法制得的能提高酿酒酵母细胞渗透压耐受性的小麦面筋蛋白肽应用于提高高浓度或高密度发酵过程中酿酒酵母细胞的渗透压耐受性、细胞活性和出芽率。

第十三节　一种利用二肽提高酿酒酵母生理和代谢活性的方法

一、基本信息（表 3-38）

表 3-38　一种利用二肽提高酿酒酵母生理和代谢活性的方法基本信息

专利类型	发明
申请（授权）号	2018101059744
发明人	赵海锋、阳辉蓉、孙东晓、崔春
申请人	华南理工大学
申请日	2018.01.31
说明书摘要	本发明公开了一种利用二肽提高酿酒酵母生理和代谢活性的方法。该方法通过向超高浓麦汁中添加二肽 Lys-Leu 来提高酿酒酵母的生理和代谢活性，从而提高酿酒酵母的发酵速率，缩短发酵周期。本发明方法仅在麦汁中补充二肽 Lys-Leu，并不改变现有的发酵工艺和设备，工艺简单易行，便于控制，为高浓啤酒发酵技术提供了新思路

二、说明书

1. 技术领域

本发明涉及生物技术领域，具体涉及一种提高超高浓麦汁发酵中啤酒酵母生理及代谢活性的方法。

2. 背景技术

在啤酒酿造过程中，啤酒酵母需要迅速适应麦汁环境，在啤酒酿造过程中迅速增殖并维持高生命力。目前，超高浓麦汁发酵技术由于其经济和产品质量优势而在现代啤酒厂得到越来越广泛的应用。然而，啤酒酵母在超重力麦芽汁中会暴露在极端的环境条件下，包括渗透胁迫、乙醇毒性、黏度和二氧化碳浓度增加，以及在重力发酵期间的营养限制，将导致啤酒酵母的生理活性降低，使发酵缓慢或停滞，从而降低啤酒生产效率和最终产品质量。因此，啤酒厂在改善啤酒酵母的生理活性和发酵性能，以及在重力麦汁发酵过程中最终啤酒的质量方面具有迫切需求。

发酵底物模式、营养添加、细胞环境和物种特异性对啤酒酵母的生理活性和发酵性能均有显著影响。在这些因素中，由于添加糖浆导致的氮源缺乏又会导致酵母细胞在发酵初期的生理活性降低，因此在使用超重力培养基的酵母发酵中起到关键作用，随后缓慢或停滞地发酵。麦汁中的氮源是啤酒酿造工艺和啤酒品质稳定性的重要影响因素。麦芽糖化蛋白水解产生的氨基酸和多肽，占麦汁总氮含量的 60%～80%，是酵母代谢的主要氮源。氨基酸在啤酒酵母代谢中的作用和同化方式早已为人所知。麦汁中的氨基酸根据其从发酵液中去除的速率进行分组，或根据酮酸类似物在酵母代谢中的基本性质进行分类。赖氨酸（Lys）和亮氨酸（Leu）的碳骨架完全来源于外源氨基酸，在酿造过程中缺乏这些氨基酸会引起酵母氮代谢和发酵性能的显著变化。通过在麦汁中加入 Lys 可以提高酵母的生长、麦汁发酵能力、乙醇生产和风味挥发物的形成。然而，关于肽及其同化的信息以及对啤酒酵母的生理活性和发酵性能的影响非常有限。在含有大豆肽的培养基中培养酵母细胞被发现可提高对面包酵母的冻融胁迫的耐受性，抑制脂质体的形成并加速啤酒酵母的酒精发酵。此外，研究发现植物蛋白水解的肽类在酵母超高浓发酵时能提高酵母的生物量、细胞活力、乙醇产量以及游离氨基氮同化速率。所有这些发现表明，氮源特别是氨基酸和肽可以改变啤酒酵母的特性。然而，氨基酸和多肽补充剂刺激啤酒酵母生长发酵的机制尚不清楚，氨基酸和多肽补充剂之间的关系以及啤酒酵母的生理和发酵性能尚未完全阐明。

3. 发明内容

本发明的目的在于针对现有技术的不足，提供了一种利用二肽提高酿酒酵母生理和代谢活性的方法。该方法具体通过在超高浓麦汁培养基中添加固相合成的二肽 Lys-Leu 来提高啤酒酵母生理和代谢活性，并通过定期取样检测酵母细胞的生理和代谢指标确定其效果。

本发明的目的通过如下技术方案实现。

一种利用二肽提高酿酒酵母生理和代谢活性的方法，包括如下步骤：

（1）超高浓麦汁培养基的制备：将糖浆添加到原麦汁中调整原麦汁的糖度，再调整 pH 后，灭菌，得到超高浓麦汁培养基。

（2）将啤酒酵母接种于原麦汁中活化培养后，进行种子液扩充培养，再将培养得到的种子液接种于超高浓麦汁培养基中，并加入二肽 Lys-Leu，进行发酵培养。

进一步地，步骤（1）中，所述糖浆为啤酒专用糖浆。

进一步地，步骤（1）中，所述调整麦汁的糖度是调整麦汁的糖度为 20～28 °P。

进一步地，步骤（1）中，所述调整 pH 是调整 pH 为 5.0～6.0。

进一步地，步骤（1）中，所述灭菌是在 121 ℃ 灭菌 15 min。

进一步地，步骤（1）（2）中，所述原麦汁均是糖度为 12 °P 的麦汁。

进一步地，步骤（2）中，所述啤酒酵母为酵母 *Saccharomyces pastorianus*，于 2010 年 12 月 24 日保藏于中国微生物菌种保藏管理委员普通微生物中心，保藏编号为 CGMCC No.4466，该酵母具有抗高渗的能力，在 24 °P 超高浓麦汁培养基中仍能正常发酵。

进一步地，步骤（2）中，所述活化培养为：将啤酒酵母接种于原麦汁中，25 ℃、180 r/min 条件下培养 24 h。

进一步地，步骤（2）中，所述种子液扩充培养为：将活化培养后的啤酒酵母转接于新鲜的原麦汁中，20 ℃、140 r/min 条件下扩大培养 48 h；最后，转接悬浮细胞于新鲜的原麦汁中，15 ℃ 静态培养 72 h，8000g、4 ℃ 离心 10～30 min 获取酵母菌体，弃去上清。

进一步地，步骤（2）中，培养得到的种子液接种于超高浓麦汁培养基的接种量为 $3 \times 10^6 \sim 5 \times 10^6$ cells/(mL · °P)。

进一步地，步骤（2）中，所述二肽 Lys-Leu 通过多肽固相合成法合成。

进一步地，步骤（2）中，所述二肽 Lys-Leu 的添加量为 100～800 mg/L。

进一步地，步骤（2）中，所述发酵培养的温度为 12 ℃。

通过上述方法将固相合成的二肽 Lys-Leu 添加到超高浓麦汁培养基中进行啤酒发酵，定期取样检测啤酒酵母细胞的细胞数量、细胞活力、细胞干重、麦汁浓度、乙醇浓度、胞内海藻糖和甘油，啤酒酵母的生理活性和发酵性能均得到明显改善。

与现有技术相比，本发明具有如下优点和有益效果：

本发明的方法仅在发酵过程中补充二肽 Lys-Leu，并不改变现有的发酵工艺和设备，工艺简单易行，条件温和、易于控制，为大规模啤酒发酵提供了新路径。

4. 具体实施方式

以下结合具体实施例以及附图对本发明的技术方案做进一步阐述，但本发明的保护范围及具体实施方式不限于此。

以下实施例中，未注明具体条件的实验方法，通常按照常规条件、实验室手册中所述的条件或按照制造厂商所建议的条件进行实验。

具体实施例中，采用的啤酒酵母为酵母 *Saccharomyces pastorianus*，于 2010 年 12 月 24 日保藏于中国微生物菌种保藏管理委员普通微生物中心（地址：中国北京市朝阳区北辰西路中科院微生物研究所菌种保藏中心），保藏编号为 CGMCC No.4466。

具体实施例中，通过对比研究在啤酒酵母在超高浓（VHG）麦芽汁培养基发酵期间，补充二肽 Lys-Leu 和氨基酸来改善啤酒酵母的生理和代谢活性的有效性差异。

其中，采用的二肽 Lys-Leu 通过多肽固相合成法合成，具体步骤如下：

取 0.3 mmol/g 芴甲氧羰酰-亮氨酸-王树脂（Fmoc-Leu-Wang Resin）30～60 g 置于反应柱中，以二甲基甲酰胺（DMF）浸泡 30～60 min；抽干二甲基甲酰胺，加入 3～6 倍体积的 20% 哌啶的二甲基酰胺溶液（20% Pip/DMF），鼓氮气 30～60 min 脱除芴甲氧羰酰基，二甲基甲酰胺洗 5 遍，检测现深蓝色；按比例（N-9-芴甲氧羰酰-N-叔丁氧羰基-L-赖氨酸、苯并三氮唑-四甲基脲六氟磷酸酯、N-甲基吗啡啉的质量比=3：2.85：6）投入原料，加入 300～600 mL 二甲基甲酰胺，鼓氮气反应 30 min，检测透明；抽干二甲基甲酰胺，加入 3～6 倍体积的 20% Pip/DMF，鼓氮气 30～60 min 脱除芴甲氧羰酰基、二甲基酰胺、甲醇和二氯甲烷；甲醇抽干反应器内树脂，转移至切割管中，加入 0.4～0.8 L 由三氟乙酸 95%、2%水和 3%三异丙基硅烷配制的混合液，摇床控温 3～6 h；抽滤，将切割滤液收集至离心管中，加入 6～12 倍体积冰乙醚，低速离心机沉淀；将沉淀的粗品用乙醚洗 3 遍得粗品；将粗品真空干燥后纯化制得纯品。

合成的二肽 Lys-Leu 的液相分析图和质谱分析图分别如图 3-35（a）（b）所示，由图 3-35 可知，通过高效液相色谱对固相合成的二肽 Lys-Leu 分析其纯度高达 99.77%，并且通过质谱进一步准确分析二肽 Lys-Leu 的离子质量以及化合物组成情况，可知合成的二肽为 Lys-Leu。

通过定期取样检测啤酒酵母细胞的细胞数量、细胞活力、细胞干重、麦汁浓度、乙醇浓度、胞内海藻糖和甘油，检测啤酒酵母的生理活性和发酵性能，具体如下：

（1）细胞数量（cells/mL）按照血细胞计数法测定。

（2）细胞活力按照次甲基蓝染色法测定。

（3）麦汁浓度（ºP）和乙醇体积分数（%）为离心后的上清液经奥地利安东帕 Anton Paar 便携式密度计 DMA35N 测定。

（4）麦汁发酵度由如下公式计算得出：

$$发酵度（\%）=\frac{（初始麦汁浓度-取样点麦汁浓度）}{初始麦汁浓度}\times100\%$$

（5）胞内海藻糖和甘油分别由 Waters 600 2414 折射率检测器和 Hypersil NH 2 柱（5μm，4.6 mm×250 mm）HPLC 分析。

实施例 1

利用二肽提高酿酒酵母生理和代谢活性的方法，具体步骤如下：

（1）超高浓麦汁培养基制备：通过添加啤酒专用糖浆（60 ºP）到 12 ºP 的原麦汁中，调整其糖度为 20 ºP，再调节 pH 为 5.0，121 ℃ 灭菌 15 min，得到超高浓麦汁培养基。

（2）将啤酒酵母 *Saccharomyces pastorianus* 接种于 12 ºP 的原麦汁中进行活化培养，具体为：对固态保存的啤酒酵母接种于 12 ºP 的原麦汁中，25 ℃、180 r/min 条件下培养 24 h。

活化培养后，进行种子液扩充培养，具体为：将活化培养后的啤酒酵母转接于 200 mL 12 ºP 的新鲜原麦汁中，20 ℃、140 r/min 条件下扩大培养 48 h；最后，转接悬浮细胞于 1 L 12 ºP 的新鲜原麦汁中，15 ℃ 静态培养 72 h，8000g、4 ℃ 离心 10 min 获取酵母菌体，弃去上清；再将得到的种子液接种于含 4 L 20 ºP 的超高浓麦汁培养基的 5 L 啤酒发酵罐中，添加二肽 Lys-Leu 和氨基酸；其中，试验组为添加 100 mg/L 的二肽 Lys-Leu 的 20 ºP 高浓麦汁，添加 50 mg/L Lys 和 50 mg/L Leu 混合氨基酸的 20 ºP 高浓麦汁，空白组为无添加其他成分的 20 ºP 高浓麦汁。

接种量为 3×10^6 cells/(mL·ºP)，培养温度 12 ℃，发酵培养 14 d，定期取样测定细胞数量、细胞活力、细胞干重、麦汁浓度、乙醇浓度、胞内海藻糖和甘油。

实施例 2

利用二肽提高酿酒酵母生理和代谢活性的方法，具体步骤如下：

（1）超高浓麦汁培养基制备：通过添加啤酒专用糖浆（60 ºP）到 12 ºP 的原麦汁中，调整其糖度为 24 ºP，再调节 pH 为 5.5，121 ℃ 灭菌 15 min，得到超高浓麦汁培养基。

（2）将啤酒酵母 *Saccharomyces pastorianus* 接种于 12 ºP 的原麦汁中进行活化培养，具体为：对固态保存的啤酒酵母接种于 12 ºP 的原麦汁中，25 ℃、180 r/min 条件下培养 24 h。

活化培养后，进行种子液培养，具体为：将活化培养后的啤酒酵母转接于 200 mL 12 ºP 的新鲜原麦汁中，20 ℃、140 r/min 条件下扩大培养 48 h；最后，转接悬浮细胞于 1 L 12 ºP 新鲜原麦汁中，15 ℃ 静态培养 72 h，8000g、4 ℃ 离心 10 min 获取酵母菌体，弃去上清；再将得到的种子液接种于含 4 L 24 ºP 的超高浓麦汁培养基的 5 L 啤酒发酵罐中，添加二肽 Lys-Leu 和氨基酸；其中，试验组为添加 400 mg/L 的二肽 Lys-Leu 的 24 ºP 高浓麦汁，添加 200 mg/L Lys 和 200 mg/L Leu 混合氨基酸的 24 ºP 高浓麦汁，空白组为无添加其他成分的 24 ºP 高浓麦汁。

接种量为 4×10^6 cells/(mL·ºP)，培养温度 12 ℃，发酵培养 14 d，定期取样测定细胞数量、细胞活力、细胞干重、麦汁浓度、乙醇浓度、胞内海藻糖和甘油。

实施例 3

利用二肽提高酿酒酵母生理和代谢活性的方法，具体步骤如下：

（1）超高浓麦汁培养基制备：通过添加啤酒专用糖浆（60 °P）到 12 °P 的原麦汁中，调整其糖度为 28 °P，再调节 pH 为 6.0，121 °C 灭菌 15 min，得到超高浓麦汁培养基。

（2）将啤酒酵母 *Saccharomyces pastorianus* 接种于 12 °P 的原麦汁中进行活化培养，具体为：对固态保存的啤酒酵母接种于 12 °P 的原麦汁中，25 °C、180 r/min 条件下培养 24 h。

活化培养后，进行种子液培养，具体为：将活化培养后的啤酒酵母转接于 200 mL 12 °P 的新鲜原麦汁中，20 °C、140 r/min 条件下扩大培养 48 h；最后，转接悬浮细胞于 1 L 12 °P 新鲜原麦汁中，15 °C 静态培养 72 h，8000g、4 °C 离心 10 min 获取酵母菌体，弃去上清；再将得到的种子液接种于含 4 L 28 °P 的超高浓麦汁培养基的 5 L 啤酒发酵罐中，添加二肽 Lys-Leu 和氨基酸；其中，试验组为添加 800 mg/L 的二肽 Lys-Leu 的 28 °P 高浓麦汁，添加 400 mg/L Lys 和 400 mg/L Leu 混合氨基酸的 28 °P 高浓麦汁，空白组为无添加其他成分的 28 °P 高浓麦汁。

接种量为 5×10^6 cells/(mL·°P)，培养温度 12 °C，发酵培养 14 d，定期取样测定细胞数量、细胞活力、细胞干重、麦汁浓度、乙醇浓度、胞内海藻糖和甘油。

图 3-36 为实施例 1～3 补充二肽 Lys-Leu 和氨基酸（Lys 和 Leu）对啤酒酵母超高浓麦汁发酵细胞生长的最大生物量对比图，由图 3-36 可知，与对照组相比，补充二肽 Lys-Leu 的培养基中酵母保持较高的悬浮细胞量，3 个实施例中显示了相似的细胞生长趋势，并且添加不同成分的培养基中细胞活力：二肽 Lys-Leu>氨基酸>对照。以上结果表明，在超高浓（VHG）麦汁发酵过程中，二肽 Lys-Leu 的补充可以提高酵母细胞的生长和活力。

图 3-37（a）（b）（c）分别为实施例 1、实施例 2 和实施例 3 补充二肽 Lys-Leu 和氨基酸（Lys 或 Leu）对啤酒酵母超高浓麦汁发酵的细胞活力影响曲线图，由图 3-37 可知，与对照组相比，补充二肽 Lys-Leu 的培养基中酵母保持较高的细胞活力，并且添加不同成分的培养基中细胞活力：二肽 Lys-Leu>氨基酸>对照。以上结果表明，在超高浓（VHG）麦汁发酵过程中，二肽 Lys-Leu 的补充可以提高酵母细胞活力。

图 3-38（a）（b）分别为实施例 1～实施例 3 中补充二肽 Lys-Leu 和氨基酸（Lys 或 Leu）对啤酒酵母超高浓麦汁发酵的发酵性能和乙醇产量影响图，由图 3-38 可知，补充二肽 Lys-Leu 的麦汁展现出更显著的发酵能力和乙醇产量，并且显著高于氨基酸组与对照组相比。因此，补充二肽 Lys-Leu 可有效改善酿酒酵母在 VHG 酿造期间的发酵性能。

图 3-39（a）（b）分别为实施例 1～实施例 3 中补充二肽 Lys-Leu 和氨基酸（Lys 或 Leu）对啤酒酵母超高浓麦汁发酵的胞内海藻和甘油最大含量对比图，由图 3-39 可知，补充二肽 Lys-Leu 的超高浓麦汁培养基发酵中，酵母细胞胞内海藻糖和甘油含量均高氨基酸组与对照组相比（$p < 0.05$）。而海藻糖和甘油是酵母细胞抵御外界胁迫环境的重要保护剂，因此，补充二肽 Lys-Leu 可有效帮助酿酒酵母在 VHG 酿造期间的提高酵母的耐受性以及细胞活力。

由图 3-36 至图 3-39 可知，在整个发酵过程中，补充二肽 Lys-Leu 的样品组啤酒酵母均显示出典型的酵母生长模式。

上述实施例为本发明较佳的实施方式，但本发明的实施方式并不受上述实施例的限制，其他的任何未背离本发明的精神实质与原理下所作的改变、修饰、替代、组合、简化，均应为等效的置换方式，都包含在本发明的保护范围之内。

附图说明：

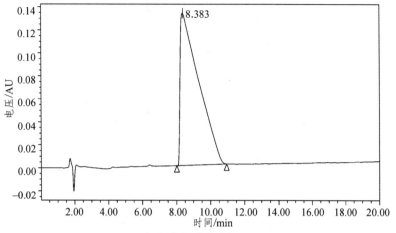

（a）液相质谱分析图

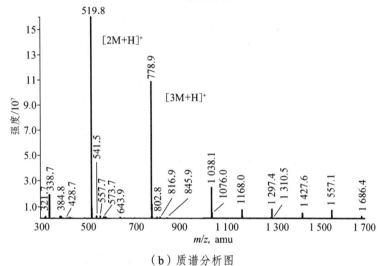

（b）质谱分析图

图 3-35　具体实施例中采用的二肽 Lys-Leu 的分析图谱

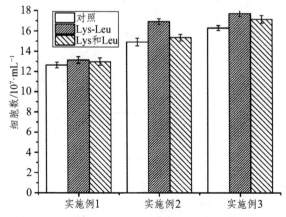

图 3-36　实施例 1、实施例 2 和实施例 3 中补充二肽 Lys-Leu 和氨基酸（Lys 和 Leu）对啤酒酵母
超高浓麦汁发酵的最大生长细胞数对比图

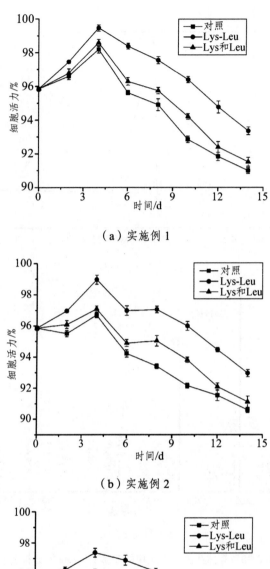

（a）实施例 1

（b）实施例 2

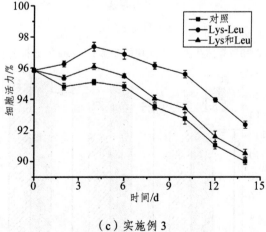

（c）实施例 3

图 3-37　实施例中补充二肽 Lys-Leu 和氨基酸（Lys 和 Leu）对啤酒酵母超高浓麦汁
发酵的细胞活力影响曲线图

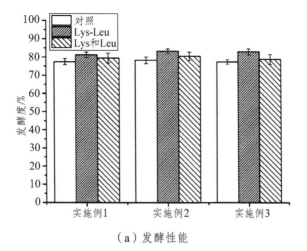

（a）发酵性能

（b）乙醇产量

图 3-38　实施例 1、实施例 2 和实施例 3 中补充二肽 Lys-Leu 和氨基酸（Lys 和 Leu）
对啤酒酵母超高浓麦汁发酵的发酵性能及乙醇产量影响图

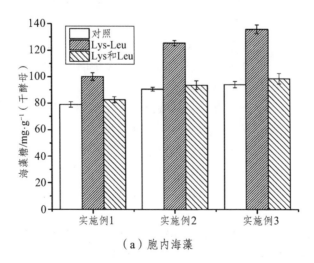

（a）胞内海藻

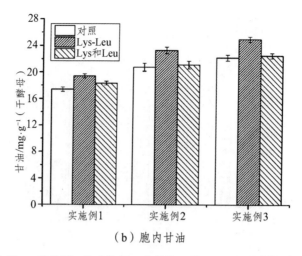

（b）胞内甘油

图 3-39　实施例 1、实施例 2 和实施例 3 中补充二肽 Lys-Leu 和氨基酸（Lys 和 Leu）
对啤酒酵母超高浓麦汁发酵的胞内海藻及胞内甘油影响图

三、权利要求书

（1）一种利用二肽提高酿酒酵母生理和代谢活性的方法，其特征在于，包括如下步骤：

① 超高浓麦汁培养基的制备：将糖浆添加到原麦汁中调整原麦汁的糖度，再调整 pH 后，灭菌，得到超高浓麦汁培养基。

② 将啤酒酵母接种于原麦汁中活化培养后，进行种子液扩充培养，再将培养得到的种子液接种于超高浓麦汁培养基中，并加入二肽 Lys-Leu，进行发酵培养。

（2）根据权利要求（1）所述的方法，其特征在于，步骤①中，所述糖浆为啤酒专用糖浆。

（3）根据权利要求（1）所述的方法，其特征在于，步骤①中，所述调整原麦汁的糖度是调整原麦汁的糖度为 20～28 °P；所述调整 pH 是调整 pH 为 5.0～6.0。

（4）根据权利要求（1）所述的方法，其特征在于，步骤①中，所述灭菌是在 121 ℃ 灭菌 15 min。

（5）根据权利要求（1）所述的方法，其特征在于，步骤①②中，所述原麦汁均是糖度为 12 °P 的麦汁。

（6）根据权利要求（1）所述的方法，其特征在于，步骤②中，所述啤酒酵母为酵母 *Saccharomyces pastorianus*，于 2010 年 12 月 24 日保藏于中国微生物菌种保藏管理委员普通微生物中心，保藏编号为 CGMCC No.4466。

（7）根据权利要求（1）所述的方法，其特征在于，步骤②中，所述活化培养为：将啤酒酵母接种于原麦汁中，25 ℃、180 r/min 条件下培养 24 h。

（8）根据权利要求（1）所述的方法，其特征在于，步骤②中，所述种子液扩充培养为：将活化培养后的啤酒酵母转接于新鲜的原麦汁中，20 ℃、140 r/min 条件下扩大培养 48 h；最后，转接悬浮细胞于新鲜的原麦汁中，15 ℃ 静态培养 72 h，8000g、4 ℃ 离心 10～30 min 获取酵母菌体，弃去上清。

（9）根据权利要求（1）所述的方法，其特征在于，步骤②中，培养得到的种子液接种于超高浓麦汁培养基的接种量为 $3 \times 10^6 \sim 5 \times 10^6$ cells/(mL·°P)。

（10）根据权利要求（1）所述的方法，其特征在于，步骤②中，所述二肽 Lys-Leu 通过多肽固相合成法合成；所述二肽 Lys-Leu 的添加量为 100～800 mg/L；所述发酵培养的温度为 12 ℃。

第十四节　一种小麦面筋蛋白活性肽及其制备方法与应用

一、基本信息（表 3-39）

表 3-39　一种小麦面筋蛋白活性肽及其制备方法与应用基本信息

专利类型	发明
申请（授权）号	201911007752X
发明人	赵海锋、阳辉蓉
申请人	华南理工大学
申请日	2019.10.22
说明书摘要	本发明公开了一种小麦面筋蛋白活性肽及其制备方法与应用。所述小麦面筋蛋白活性肽的氨基酸序列为 Leu-Leu-Leu 或 Leu-Met-Leu。所述制备方法包括以下步骤：将小麦面筋蛋白加入蛋白酶酶解得到酶解液，酶解液通过凝胶柱洗脱，收集各洗脱组分并分别测定其在超高浓度乙醇发酵条件下提高酿酒酵母生理活性和发酵性能的能力，活性最高的组分采用反相高效液相色谱进一步分离纯化，收集各洗脱组分，通过检测鉴定得到所述活性肽。本发明采用生物酶解技术结合色谱分离技术制备出在超高浓度乙醇发酵条件下能显著促进酵母生理活性和发酵性能的小麦面筋蛋白活性肽，制备方法简单可行，制得的产品纯度高，活性强

二、说明书

1. 技术领域

本发明涉及生物技术领域，具体涉及一种小麦面筋蛋白活性肽及其制备方法与应用。

2. 背景技术

酵母是现代生物乙醇和酒精饮料工业中，开发利用最多和最重要的微生物。超高浓发酵是提高发酵生产效率和降低能耗的有效途径。然而，超高浓发酵过程中的酵母细胞面临培养基高浓度底物糖的高渗透胁迫，在乙醇生产过程中遭受强乙醇胁迫，这些胁迫会导致发酵缓慢或停滞，最终影响乙醇产量和产品质量。因此，现代生物乙醇和酒精饮料工业中提高酵母细胞的生理活性和发酵性能，改善多重胁迫耐受性具有重要意义。

小麦面筋作为小麦淀粉工业的副产物，是一种丰富、经济、具有潜力的蛋白质来源，因此越来越受到人们的关注。以前的研究发现小麦面筋蛋白水解物具有多种生物活性，如抗氧化特性、免疫增强活性、血管紧张素转换酶活性抑制和促酵母生长。超高浓发酵中补充氮源是提高酵母细胞生理活性和发酵性能的一种有效方法。研究发现，小麦面筋蛋白水解物可添加到麦汁发酵中，用于提高酵母细胞的生物量和发酵能力。有研究表明小麦面筋蛋白水解物对酵母细胞生理活性和发酵性能的提高程度主要受酶解物分子量分布和氨基酸组成等的因素的影响。此外，酵母对肽的吸收受到转运系统的限制，只有小分子肽（如二肽、三肽、四肽和五肽）可以转运到酵母细胞中。目前关于小分子肽对酵母超高浓度乙醇发酵影响的详细研究尚未见报道。

3. 发明内容

为解决上述问题，本发明提出了一种小麦面筋蛋白活性肽及其制备方法与应用。

首要目的在于提供小麦面筋蛋白活性肽，其氨基酸序列分别为 Leu-Met-Leu（376.2277）和 Leu-Leu-Leu（358.2702）。

本发明的另一目的在于提供上述活性肽的分离制备方法。

本发明的第三个目的在于提供上述活性肽的用途。

本发明的目的至少通过如下之一的技术方案实现。

一种小麦面筋蛋白活性肽，所述活性肽的氨基酸序列为 Leu-Met-Leu（376.2277）或 Leu-Leu-Leu（358.2702），具有显著提高超高浓发酵过程中酵母细胞生理活性和发酵性能的作用，具有促发酵活性。

上述小麦面筋蛋白活性肽的分离制备方法，包括如下步骤：

（1）将小麦面筋蛋白，与水混合，加入蛋白酶，在恒温下酶解，然后灭酶，冷却至室温后，离心去除沉淀得到小麦面筋蛋白酶解液，所述酶解液经冷冻干燥，得到小麦面筋蛋白酶解物冻干粉。

（2）将小麦面筋蛋白酶解液冻干粉溶于水，用凝胶柱进行分离纯化，用去离子水进行洗脱，检测波长为 220 nm，收集各洗脱峰并分别测定其在超高浓度乙醇发酵条件下提高酿酒酵母生理活性和发酵性能的能力，选取促发酵效果最好的组分进行下一步分离。

（3）采用反相高效液相色谱对步骤（2）中选定的目标组分进一步分离纯化，收集各洗脱组分，通过超高效液相串联质谱 UPLC-MS/MS 鉴定得到活性组分氨基酸序列为 Leu-Leu-Leu 或 Leu-Met-Leu 的活性肽。

进一步地，步骤（1）中：水与小麦面筋蛋白的质量比为（8~10）：1。

进一步地，步骤（1）中：所述蛋白酶为胰酶。

进一步地，步骤（1）中：所述蛋白酶占小麦面筋蛋白质量的 1%~2%。

进一步地，步骤（1）中：所述酶解温度为 45~55 ℃。

进一步地，步骤（1）中：所述酶解时间为 20~24 h。

进一步地，步骤（1）中：所述沸水浴灭酶时间为 10~30 min。

进一步地，步骤（1）中：步骤（1）所述离心是在 4000~12000 r/min 转速下离心 5~15 min。优先的，所述离心是在 8000 r/min 转速下离心 10 min。

进一步地，步骤（2）中：所述洗脱流速为 0.5~1.5 mL/min。

进一步地，步骤（3）中：所述的反相高效液相色谱采用以下参数：HPLC（Waters e2695），色谱柱 XBridge Prep BEH130 C_{18}柱（Waters，USA）。流动相为 A 相[含 0.1%（体积分数）三氟乙酸的超纯水]和 B 相（乙腈）；洗脱程序为：0~2 min，5%乙腈；2~35 min，5%~40%乙腈；35~36 min，50%乙腈；36~40 min，50%~5%乙腈。流速为 1.5 mL/min，检测波长为 220 nm。

与现有技术相比，本发明具有如下优点和有益效果：

本发明采用生物酶解技术结合色谱分离技术制备出在超高浓度乙醇发酵条件下能显著促

进酵母生理活性和发酵性能的小麦面筋蛋白活性肽，制备方法简单可行，制得的产品纯度高，活性强。而且仅在发酵过程中补充小麦面筋蛋白肽 Leu-Met-Leu（376.2277）和 Leu-Leu-Leu（358.2702），并不改变现有的发酵工艺和设备，工艺简单易行，条件温和、易于控制，为大规模乙醇发酵提供了新路径。

4. 具体实施方式

以下结合具体实施例及附图对本发明的技术方案做进一步阐述，但本发明的保护范围及具体实施方式不限于此。

以下实施例中，未注明具体条件的实验方法，通常按照常规条件、实验室手册中所述的条件或按照制造厂商所建议的条件进行实验。

具体实施例中，采用的酿酒酵母为 *Saccharomyces pastorianus*，于 2010 年 12 月 24 日保藏于中国微生物菌种保藏管理委员普通微生物中心（地址：中国北京市朝阳区北辰西路中科院微生物研究所菌种保藏中心），保藏编号为 CGMCC No.4466。

具体实施例中，研究酿酒酵母在超高浓乙醇发酵中，补充小麦面筋蛋白肽 Leu-Met-Leu（376.2277）和 Leu-Leu-Leu（358.2702）来改善酿酒酵母的生理活性和发酵性能。

接种量为 OD600≈1.5，培养温度 25 ℃ 进行发酵培养 144 h，定期取样检测酿酒酵母细胞的细胞干重、细胞活力和乙醇浓度，检测酿酒酵母的生理活性和发酵性能，具体的：

（1）细胞生物量（g/L）按照细胞干重法测定；

（2）细胞活力按照亚甲基蓝染色法测定；

（3）乙醇浓度（g/L）为发酵液离心后的上清液经安捷伦 1260 RID 检测器和 Aminex HPX-87H 柱（300 mm × 7.8 mm，Bio-Rad，Hercules，CA）测定。

实施例 1

一种能提高超高浓乙醇发酵中酿酒酵母生理活性和发酵性能的小麦面筋蛋白肽的制备方法，具体步骤如下：

（1）小麦面筋蛋白酶解物的制备：将小麦面筋蛋白与水按质量比 1∶8 的比例加水混合，加入胰酶（以小麦面筋蛋白质量为计算基准，胰酶添加量为 1%），45 ℃ 恒温搅拌酶解 20 h，然后在沸水中灭酶 10 min，冷却至常温，4000 r/min 离心 5 min，去除沉淀，得到小麦面筋蛋白酶解清液，得到小麦面筋蛋白酶解物冻干粉。

（2）小麦面筋蛋白酶解液的 Sephadex G-15 凝胶柱分离：将小麦面筋蛋白酶解物，用去离子水以 0.5 mL/min 的流速进行洗脱，检测波长为 220 nm，共收集 5 个组分（图 3-40，G1、G2、G3、G4 和 G5），分别测定各组分（G1、G2、G3、G4 和 G5）在超高浓发酵条件下提高酿酒酵母生理活性和发酵性能的能力。具体是将培养好的酿酒酵母细胞分别接种在添加上述各组分的 350 g/L 葡萄糖发酵培养基中，通过定期取样检测酿酒酵母细胞的生物量、细胞活力和乙醇浓度，且所述各组分的浓度为 3 g/L。结果分别如图 3-41、图 3-42、图 3-43 所示，对照组是指未添加经凝胶柱分离得到的上述组分，仅将培养好的酿酒酵母细胞接种在 350 g/L 葡萄糖发酵培养基中。由图 3-41 可知，与对照组相比，添加 G5 的培养基中酵母具有最大生物量；由图 3-42 可知，与对照组相比，添加 G5 的培养基中酵母具有最好的细胞活力；由图 3-43 可知，与对照组相比，添加 G5 的培养基中乙醇产量最高。以上结果表明，在超高浓发酵过程中，G5 的添加可以提高酵母细胞的生理活性和发酵性能。

（3）采用反相高效液相色谱分离纯化：选取高活性组分 G5 进行进一步反相高效液相纯化（HPLC Waters e2695），色谱柱 XBridge BEH130 C$_{18}$ 柱（10 mm×150 mm，5 μm，Waters，USA）。流动相为 A 相[含 0.1%（体积分数）三氟乙酸的超纯水]和 B 相（乙腈），洗脱程序为：0～2 min，5%乙腈；2～35 min，5%～40%乙腈；35～36 min，50%乙腈；36～40 min，50%～5%乙腈。流速为 1 mL/min，检测波长为 220 nm。共收集 10 个组分（图 3-44，F1～F10），测定各组分在超高浓乙醇条件下提高酿酒酵母生理活性和发酵性能的能力，具体是将培养好的酿酒酵母细胞分别接种在添加所述组分（F1～F10）的 350 g/L 葡萄糖发酵培养基中，通过定期取样检测酿酒酵母细胞的生物量、细胞活力和乙醇浓度，所述组分的浓度为 300 mg/L。结果分别如图 3-45、图 3-46、图 3-47 所示，未添加指未添加经反相高效液相纯化分离得到的组分，仅将培养好的酿酒酵母细胞接种在 350 g/L 葡萄糖发酵培养基中。由图 3-45 可知，添加 F5 和 F8 的培养基中酵母具有较大生物量；由图 3-46 可知，添加 F5 和 F8 的培养基中酵母具有较好的细胞活力；由图 3-47 可知，添加 F5 和 F8 的培养基中乙醇产量较高。以上结果表明，在超高浓发酵过程中，F5（Leu-Met-Leu）和 F8（Leu-Leu-Leu）的添加可以提高酵母细胞的生理活性和发酵性能。

（4）步骤（3）得到的目标肽组分，通过 UPLC-MS/MS 技术进行氨基酸序列分析，经二级质谱分析得到组分 F5 和 F8 分别是 Leu-Met-Leu（376.2277）和 Leu-Leu-Leu（358.2702）。

接种量为 OD600≈1.5，培养温度 25 ℃进行发酵培养 144 h，定期取样测定细胞干重、细胞活力和乙醇浓度。

图 3-41、图 3-42、图 3-43 为实施例 1 Sephadex G-15 凝胶柱分离组分 G1、G2、G3、G4 和 G5 添加对酿酒酵母超高浓发酵中细胞增殖、细胞活力和乙醇浓度的影响对比图，由图 3-41 可知，与对照组相比，添加 G5 的培养基中酵母具有最大生物量；由图 3-42 可知，与对照组相比，添加 G5 的培养基中酵母具有最好的细胞活力；由图 3-43 可知，与对照组相比，添加 G5 的培养基中乙醇产量最高。以上结果表明，在超高浓发酵过程中，G5 的添加可以提高酵母细胞的生理活性和发酵性能。

图 3-45、图 3-46、图 3-47 为实施例 1 中 C$_{18}$ 分离组分 F1、F2、F3、F4、F5、F6、F7、F8、F9 和 F10 添加对酿酒酵母超高浓发酵中细胞增殖、细胞活力和乙醇浓度的影响对比图，由图 3-45 可知，添加 F5 和 F8 的培养基中酵母具有较大生物量；由图 3-46 可知，添加 F5 和 F8 的培养基中酵母具有较好的细胞活力；由图 3-47 可知，添加 F5 和 F8 的培养基中乙醇产量较高。以上结果表明，在超高浓发酵过程中，F5（Leu-Met-Leu）和 F8（Leu-Leu-Leu）的添加可以提高酵母细胞的生理活性和发酵性能。

实施例 2

一种能提高超高浓乙醇发酵中酿酒酵母生理活性和发酵性能的小麦面筋蛋白肽的制备方法，具体步骤如下：

（1）小麦面筋蛋白酶解物的制备：将小麦面筋蛋白与水按质量比 1∶9 的比例加水混合，加入胰酶（以小麦面筋蛋白质量为计算基准，胰酶添加量为 1.5%），50 ℃恒温搅拌酶解 22 h，然后在沸水中灭酶 20 min，冷却至常温，8000 r/min 离心 10 min，去除沉淀，得到小麦面筋蛋白酶解清液，得到小麦面筋蛋白酶解物冻干粉。

（2）小麦面筋蛋白酶解液的 Sephadex G-15 凝胶柱分离：将小麦面筋蛋白酶解物用去离子水以 1 mL/min 的流速进行洗脱，检测波长为 220 nm，共收集 5 个组分（图 3-40），分别测定各组分在超高浓发酵条件下提高酿酒酵母生理活性和发酵性能的能力。具体是将培养好的酿酒酵母细胞分别接种在添加上述各组分的 350 g/L 葡萄糖发酵培养基中，通过定期取样检测酿酒酵母细胞的生物量、细胞活力和乙醇浓度，且所述各组分的浓度为 3 g/L。结果分别如图 3-41、图 3-42、图 3-43 所示，G5 活性最高。

（3）采用反相高效液相色谱分离纯化：选取高活性组分 G5 进行进一步反相高效液相纯化（HPLC Waters e2695），色谱柱 XBridge BEH130 C_{18} 柱（10 mm×150 mm，5 μm，Waters，USA）。流动相为 A 相[含 0.1%（体积分数）三氟乙酸的超纯水]和 B 相（乙腈），洗脱程序为：0~2 min，5%乙腈；2~35 min，5%~40%乙腈；35~36 min，50%乙腈；36~40 min，50%~5%乙腈。流速为 1 mL/min，检测波长为 220 nm，共收集 10 个组分（图 3-44），测定各组分在超高浓乙醇条件下提高酿酒酵母生理活性和发酵性能的能力，具体是将培养好的酿酒酵母细胞分别接种在添加所述组分的 350 g/L 葡萄糖发酵培养基中，通过定期取样检测酿酒酵母细胞的生物量、细胞活力和乙醇浓度，所述组分的浓度为 300 mg/L。结果分别如图 3-45、图 3-46、图 3-47 所示，组分 F5 和 F8 具有较高活性，得到目标活性肽。

（4）步骤（3）得到的目标肽组分，通过 UPLC-MS/MS 技术进行氨基酸序列分析，经二级质谱分析得到组分 F5 和 F8 分别是 Leu-Met-Leu（376.2277）和 Leu-Leu-Leu（358.2702）。

注：实施例 2 中的测定数据与实施例 1 相差无几，相关数据请参见图 3-40 至图 3-47。

实施例 3

一种能提高超高浓乙醇发酵中酿酒酵母生理活性和发酵性能的小麦面筋蛋白肽的制备方法，具体步骤如下：

（1）小麦面筋蛋白酶解物的制备：将小麦面筋蛋白与水按质量比 1∶10 加水混合，加入胰酶（以小麦面筋蛋白质量为计算基准，胰酶添加量为 1%），55 ℃ 恒温搅拌酶解 24 h，然后在沸水中灭酶 30 min，冷却至常温，12000 r/min 离心 15 min，去除沉淀，得到小麦面筋蛋白酶解清液，得到小麦面筋蛋白酶解物冻干粉。

（2）小麦面筋蛋白酶解液的 Sephadex G-15 凝胶柱分离：将小麦面筋蛋白酶解物，用去离子水以 1.5 mL/min 的流速进行洗脱，检测波长为 220 nm，共收集 5 个组分（图 3-40），分别测定各组分在超高浓发酵条件下提高酿酒酵母生理活性和发酵性能的能力。具体是将培养好的酿酒酵母细胞分别接种在添加上述各组分的 350 g/L 葡萄糖发酵培养基中，通过定期取样检测酿酒酵母细胞的生物量、细胞活力和乙醇浓度，且所述各组分的浓度为 3 g/L。结果分别如图 3-41、图 3-42、图 3-43 所示，G5 活性最高。

（3）采用反相高效液相色谱分离纯化：选取高活性组分 G5 进行进一步反相高效液相纯化（HPLC Waters e2695），色谱柱 XBridge BEH130 C_{18} 柱（10 mm×150 mm，5 μm，Waters，USA）。流动相为 A 相[含 0.1%（体积分数）三氟乙酸的超纯水]和 B 相（乙腈），洗脱程序为：0~2 min，5%乙腈；2~35 min，5%~40%乙腈；35~36 min，50%乙腈；36~40 min，50%~5%乙腈。流速为 1 mL/min，检测波长为 220 nm。共收集 10 个组分（图 3-44），测定各组分在超高浓乙醇条件下提高酿酒酵母生理活性和发酵性能的能力，具体是将培养好的酿酒酵母细胞分别接种在添加所述组分的 350 g/L 葡萄糖发酵培养基中，通过定期取样检测酿酒酵母细胞的生物量、细胞活力和乙醇浓度，所述组分的浓度为 300 mg/L。结果分别如图 3-45、图 3-46、图 3-47 所示，组分 F5 和 F8 具有较高活性，得到目标活性肽。

（4）步骤（3）得到的目标肽组分，通过 UPLC-MS/MS 技术进行氨基酸序列分析，经二级质谱分析得到组分 F5 和 F8 分别是 Leu-Met-Leu（376.2277）和 Leu-Leu-Leu（358.2702）。

注：实施例 3 中的测定数据与实施例 1 相差无几，相关数据请参见图 3-40 至图 3-47。

上述实施例为本发明较佳的实施方式，但本发明的实施方式并不受上述实施例的限制，其他的任何未背离本发明的精神实质与原理下所做的改变、修饰、替代、组合、简化，均应为等效的置换方式，都包含在本发明的保护范围之内。

附图说明：

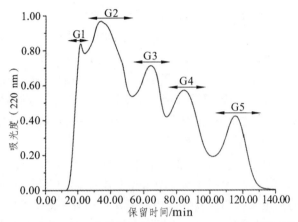

图 3-40　实施例 1 中小麦面筋蛋白酶解物的 Sephadex G-15 凝胶色谱分离洗脱曲线示意

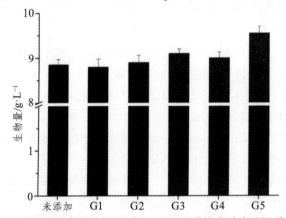

图 3-41　实施例 1 中凝胶色谱分离组分添加对 350 g/L 葡萄糖发酵中酿酒酵母最大生物量的影响

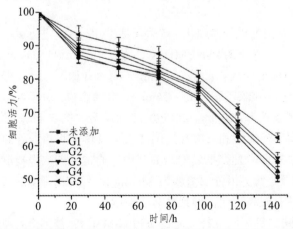

图 3-42　实施例 1 中凝胶色谱分离组分添加对 350 g/L 葡萄糖发酵中酵母细胞活力的影响曲线图

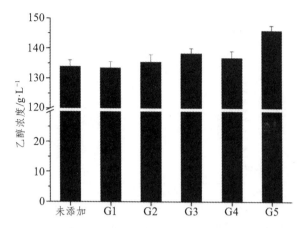

图 3-43　实施例 1 中凝胶色谱分离组分添加对 350 g/L 葡萄糖发酵中酵母乙醇产量的影响图

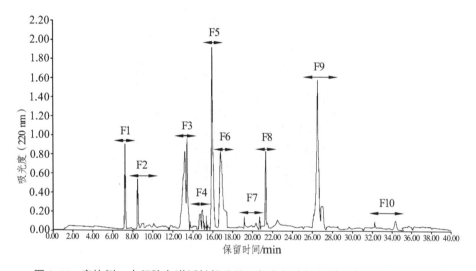

图 3-44　实施例 1 中凝胶色谱活性组分的反相高相液相色谱分离洗脱曲线示意图

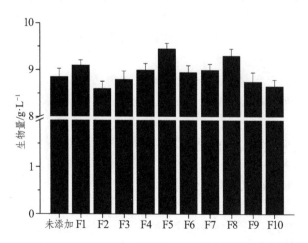

图 3-45　实施例 1 中反相高相液相色谱分离组分添加对 350 g/L 葡萄糖发酵中酿酒酵母最大生物量的影响图

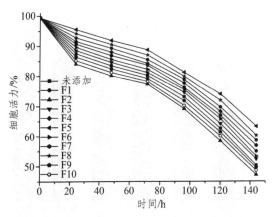

图 3-46　实施例 1 中反相高相液相色谱分离组分添加对 350 g/L 葡萄糖发酵中酵母细胞活力的影响曲线图

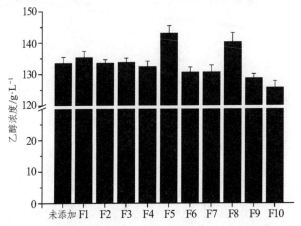

图 3-47　实施例 1 中反相高相液相色谱分离组分添加对 350 g/L 葡萄糖发酵中酵母乙醇产量的影响图

三、权利要求书

（1）一种小麦面筋蛋白活性肽，其特征在于，所述活性肽的氨基酸序列为 Leu-Leu-Leu 或 Leu-Met-Leu。

（2）一种权利要求 1 所述的小麦面筋蛋白活性肽的分离制备方法，其特征在于包括如下步骤：

①将小麦面筋蛋白，与水混合，加入蛋白酶，在恒温下酶解，然后灭酶，冷却至室温后，离心去除沉淀得到小麦面筋蛋白酶解液，所述酶解液经冷冻干燥，得到小麦面筋蛋白酶解物冻干粉。

②将小麦面筋蛋白酶解液冻干粉溶于水，用凝胶柱进行分离纯化，用去离子水进行洗脱，检测波长为 220 nm，收集各洗脱峰并分别测定其在超高浓度乙醇发酵条件下提高酿酒酵母生理活性和发酵性能的能力，选取促发酵效果最好的组分作为目标组分进行下一步分离。

③采用反相高效液相色谱对步骤②中选定的目标组分进一步分离纯化，收集各洗脱组分，通过 UPLC-MS/MS 鉴定得到活性组分氨基酸序列为 Leu-Leu-Leu 或 Leu-Met-Leu 的活性肽。

（3）根据权利要求（2）所述的分离制备方法，其特征在于：步骤①所述水与小麦面筋蛋白的质量比为（8～10）：1。

（4）根据权利要求（2）所述的制备方法，其特征在于：步骤①所述蛋白酶为胰酶；蛋白酶占小麦面筋蛋白质量的 1%～2%。

（5）根据权利要求（2）所述的制备方法，其特征在于：步骤①所述酶解温度为 45～55 ℃；酶解时间为 20～24 h。

（6）根据权利要求（2）所述的制备方法，其特征在于：步骤①所述灭酶时间为 10～30 min。

（7）根据权利要求（2）所述的分离制备方法，其特征在于：步骤①所述离心是在 4000～12000 r/min 转速下离心 5～15 min。

（8）根据权利要求（2）所述的分离制备方法，其特征在于：步骤②所述洗脱流速为 0.5～1.5 mL/min。

（9）根据权利要求（2）所述的分离制备方法，其特征在于：步骤③所述反相高效液相色谱采用以下参数：HPLC，色谱柱 BEH130 C_{18} 柱；流动相包括 A 相和 B 相，A 相为含 0.1%（体积分数）三氟乙酸的超纯水，B 相为乙腈；洗脱程序为：0～2 min，5%乙腈；2～35 min，5%～40%乙腈；35～36 min，50%乙腈；36～40 min，50%～5%乙腈。流速为 1.5 mL/min，检测波长为 220 nm。

（10）权利要求（1）所述的小麦面筋蛋白活性肽在超高浓度乙醇发酵中的应用。

第十五节　一种提高酿酒酵母增殖和乙醇耐受性的蛋白活性肽及其制备方法与应用

一、基本信息（表 3-40）

表 3-40　一种提高酿酒酵母增殖和乙醇耐受性的蛋白活性肽及其制备方法与应用基本信息

专利类型	发明
申请（授权）号	2019110077375
发明人	赵海锋、阳辉蓉
申请人	华南理工大学
申请日	2019.10.22
说明书摘要	本发明公开了一种提高酿酒酵母增殖和乙醇耐受性的蛋白活性肽及其制备方法及应用。本发明以小麦面筋蛋白为原料，通过酶法水解，制备得到小麦面筋蛋白酶解液，再利用乙醇沉淀和反相高效液相色谱对其进行分离纯化得到七种新的能促进酵母增殖和提高酵母乙醇耐受性的活性肽，该方法制备得到的目标活性肽包括：Glu-Pro、Leu-Leu、Leu-Trp、Leu-Met-Leu、Leu-Leu-Leu、Leu-Leu-Trp、Glu-Phe-Pro-Leu。本发明所制得的小麦面筋蛋白肽能显著提高酿酒酵母的乙醇耐受性，将其应用于高浓度乙醇条件下，可有效促进酿酒酵母增殖以及提高细胞活性

二、说明书

1. 技术领域

本发明涉及蛋白肽技术领域，具体涉及一种提高酵母增殖和乙醇耐受性的小麦面筋蛋白活性肽及其制备方法与应用。

2. 背景技术

酿酒酵母是一种非常重要的工业微生物，具有发酵速度快、乙醇产量高等特性，主要应用于乙醇和酿酒行业。然而随着发酵的进行，乙醇的积累会对酵母细胞产生毒害作用，进而影响细胞增殖、存活率和乙醇发酵，尤其是超高浓发酵。在超高浓发酵中，乙醇胁迫是酵母遭受的最主要胁迫。因此，为了改善酵母在超高浓发酵中的发酵效率，如何提高在高浓度乙醇条件下酵母增殖和对乙醇胁迫耐受性变得尤为重要和迫切。

小麦面筋蛋白是一种丰富、经济、具有潜力的优质植物蛋白，含有多种氨基酸。小麦面筋蛋白中蕴涵许多具有生物活性的氨基酸序列。但是由于小麦面筋蛋白某些功能特性局限，尤其是其溶解能力较差，阻碍其他功能发挥，限制面筋蛋白在食品和非食品行业应用。通过酶解扩大了小麦面筋蛋白在食品和食品生物技术产业中的用途。因为特异性的蛋白酶水解小麦面筋蛋白有可能释放出具有生物活性的肽段，从而提高小麦面筋蛋白的经济价值。

CN108342439A 公开了以小麦面筋蛋白为原料，经超声、均质预处理、酶解、醇沉以及大孔树脂柱层析，制备得到能提高酿酒酵母乙醇耐受性的小麦面筋蛋白肽分离组分，但是该方法得到的是混合物，并未获得具体明确的多肽；同时 CN108342439A 采用了超声和均质增加了小麦面筋蛋白处理成本。

3. 发明内容

为了克服高浓发酵中酵母增殖和代谢活性差的难题，本发明的目的在于提供一种提高酵母增殖和乙醇耐受性的小麦面筋蛋白活性肽及其制备方法与应用。

本发明以小麦面筋蛋白为原料，提供一种利用食品级商业蛋白酶，酶解小麦面筋蛋白，并对酶解物进行分离纯化，制备得到 7 种在高浓度乙醇存在情况下能促进酿酒酵母细胞增殖和提高酵母乙醇耐受性的小麦面筋蛋白肽。

本发明的目的至少通过如下之一的技术方案实现。

一种提高酿酒酵母增殖和乙醇耐受性的小麦面筋蛋白活性肽制备方法，包括如下步骤：

（1）小麦面筋蛋白的酶解：将小麦面筋蛋白与水混合，再加入蛋白酶，恒温搅拌下进行酶解；酶解完成后，灭酶，冷至室温，离心，去除沉淀，得到小麦面筋蛋白酶解清液。

（2）小麦面筋蛋白酶解清液的醇沉处理：将小麦面筋蛋白酶解清液减压浓缩得到浓缩液后，加入无水乙醇进行醇沉除去大分子蛋白和多肽，上清液经冷冻干燥，得到小麦面筋蛋白醇沉清液冻干粉 WP。

（3）反相高效液相分离：将冻干粉 WP 溶解于水后，用反相高效液相色谱进行分离纯化，得到的分离组分经冷冻干燥，得到所述提高酿酒酵母增殖和乙醇耐受性的小麦面筋蛋白活性肽。

进一步的，步骤（1）中，所述经小麦面筋蛋白与水质量比为 1：8～1：10；加入占比小麦面筋蛋白量 1% ~ 2% 的蛋白酶。

进一步的，步骤（1）中，酶解条件是在 45 ~ 55 ℃ 进行 18 ~ 22 h；沸水灭酶 10 ~ 30 min。

进一步的，步骤（2）中，所述无水乙醇加入量为：使无水乙醇与浓缩液的混合液中，乙醇体积分数达到 70% ~ 90%。

进一步的，步骤（2）中，所述减压浓缩是在温度 40 ~ 50 ℃、真空度 0.08 ~ 0.1 MPa 条件下，浓缩为原酶解液的 0.2 ~ 0.6 倍。

进一步的，步骤（3）中，所述反相高效液相分离方法中：将冻干粉 WP 溶解于水后，用反相高效液相色谱进行纯化，以 1 ~ 3 mL/min 的流速进行梯度洗脱，条件为：0 ~ 5 min，10% 乙腈（体积分数，下同）；5 ~ 35 min，10% ~ 60% 乙腈；35 ~ 36 min，60% 乙腈；36 ~ 40 min，60% ~ 10% 乙腈；41 ~ 42 min，10% 乙腈。

进一步地，步骤（3）中，所述反相高效液相分离柱为 BEH-C_{18} 制备柱（10 mm×150 mm，5 μm）。

进一步的，步骤（3）中，流动相为 A 相和 B 相，A 相为含 0.1%（体积分数）三氟乙酸的超纯水，B 相为乙腈。

进一步的，步骤（3）中，所述通过反相高效液相进行进一步分离过程中，洗脱速度为 1 ~ 3 mL/min。

上述制备方法得到的小麦面筋蛋白活性肽，所述小麦面筋蛋白活性肽包括 Glu-Pro（245.1127）、Leu-Leu（245.1849）、Leu-Trp（318.1816）、Leu-Met-Leu（376.2277）、Leu-Leu-Leu（358.2702）、Leu-Leu-Trp（431.267）、Glu-Phe-Pro-Leu（505.2678）的活性肽段。

所述小麦面筋蛋白肽在提高高浓度乙醇胁迫条件下酿酒酵母细胞增殖和细胞活性中的应用，所述乙醇的体积分数为 10%。

与现有技术相比，本发明具有如下优点和有益效果：

（1）本发明的制备方法以小麦面筋蛋白为原料，采用生物酶制剂降解小麦面筋蛋白，使蛋白中活性肽段得到充分释放，然后通过乙醇沉淀使酶解物中大分子物质降低，最后结合反相高效液相分离技术进一步使得小麦面筋蛋白肽得到分离富集，从而达到高效富集小麦面筋蛋白肽活性成分的目的。

（2）本发明制备方法操作简单、成本较低，安全性高，具有酶解分离效果好，提取率高的特点。

（3）本发明制备方法制得的小麦面筋蛋白肽具有提高酿酒酵母的乙醇耐受性的效果，可应用于提高高浓度或高密度发酵过程中酿酒酵母的乙醇耐受性、高乙醇浓度下的细胞增殖和细胞活力。

4. 具体实施方式

以下结合具体实施例及附图对本发明的技术方案做进一步详细的描述，但本发明的保护范围和实施方式不限于此。

以下实施例中，未注明具体条件的实验方法，通常按照常规条件、实验室手册中所述的条件或按照制造厂商所建议的条件进行实验。

具体实施例中，采用的酿酒酵母为 *Saccharomyces pastorianus*，于 2010 年 12 月 24 日保

藏于中国微生物菌种保藏管理委员普通微生物中心（地址：中国北京市朝阳区北辰西路中科院微生物研究所菌种保藏中心），保藏编号为 CGMCC No.4466。

步骤（3）中测定各洗脱组分对应的改善酿酒酵母乙醇耐受性，具体是将培养好的酿酒酵母细胞分别接种在添加各洗脱组分（WP1、WP2、WP3、WP4 和 WP5）的含 10%乙醇的酵母培养基（YPD 培养基）中，且洗脱组分的浓度为 0.3%，通过紫外分光光度计在 OD600 检测不同时间酵母生长曲线。同时，通过次甲基蓝检测不同时间下酵母细胞活性。

步骤（3）中测定活性肽对应的改善酿酒酵母乙醇耐受性，具体是将培养好的酿酒酵母细胞分别接种在添加所述多肽（Glu-Pro、Leu-Leu、Leu-Trp、Leu-Met-Leu、Leu-Leu-Leu、Leu-Leu-Trp 和 Glu-Phe-Pro-Leu）的含 10%乙醇的酵母培养基（YPD 培养基）中，且多肽的浓度为 300 mg/L，通过紫外分光光度计在 OD600 检测不同时间酵母生长曲线。同时，通过次甲基蓝检测不同时间下酵母细胞活性。

通过定期取样检测酿酒酵母细胞的细胞增殖和细胞活性，具体的：

（1）采用分光光度计测量 OD600 值检测酿酒酵母细胞的增殖能力。

（2）细胞活性按照美蓝染色法测定。

实施例 1

能提高酿酒酵母乙醇耐受性，高浓度乙醇下细胞增殖和细胞活力的小麦面筋蛋白肽的制备方法，具体步骤如下：

（1）小麦面筋蛋白酶解物的制备：将小麦面筋蛋白与水按质量比 1：8 的比例加水混合，加入胰酶（以小麦面筋蛋白质量为计算基准，胰酶添加量为 1%），45 ℃ 恒温搅拌酶解 18 h，然后在沸水中灭酶 10 min，冷却至常温，6000 r/min 离心 15 min，去除沉淀，得到小麦面筋蛋白酶解清液。

（2）小麦面筋蛋白酶解液的醇沉处理：将小麦面筋蛋白酶解清液过滤，滤液于 40 ℃、真空度 0.08 MPa 条件下，浓缩为原酶解液 0.2 倍，浓缩液加入无水乙醇醇沉（浓缩液与无水乙醇混合成的混合液中，乙醇体积分数为 70%）去除大分子蛋白和多肽，上清液经冷冻干燥，得到小麦面筋蛋白醇沉清液冻干粉 WP。

（3）反相高效液相分离：将粉末 WP 溶于水后，用反相高效液相色谱进行分离纯化，得到 5 个分离组分，分离纯化条件为：色谱柱为 BEH-C$_{18}$ 制备柱（10 mm×150 mm，5 μm），流动相为 A 相[含 0.1%（体积分数）三氟乙酸的超纯水]和 B 相（乙腈），洗脱条件为：0~5 min，10%（体积分数，下同）乙腈；5~35 min，10%~60%乙腈；35~36 min，60%乙腈；36~40 min，60%~10%乙腈；41~42 min，10%乙腈。流速为 1 mL/min，检测波长为 214 nm。测定各洗脱组分对应的改善酿酒酵母乙醇耐受性，收集得到活性最高的组分 WP5，冷冻干燥，得到目标肽。

（4）步骤（3）得到的目标肽，通过 UPLC-MS/MS 技术进行氨基酸序列分析，经二级质谱分析得到 WP5 具有活性肽 Glu-Pro、Leu-Leu、Leu-Trp、Leu-Met-Leu、Leu-Leu-Leu、Leu-Leu-Trp 和 Glu-Phe-Pro-Leu。

（5）测试步骤（4）中鉴定的 7 种多肽 Glu-Pro、Leu-Leu、Leu-Trp、Leu-Met-Leu、Leu-Leu-Leu、Leu-Leu-Trp 和 Glu-Phe-Pro-Leu 改善酿酒酵母乙醇耐受性的能力，结果如图 3-51 和 3-52 所示，其中 Leu-Leu 添加最大程度改善了酿酒酵母乙醇耐受性。

注：实施例 1 中的测定数据与实施例 2 相差无几，相关数据请参见图 3-48 至图 3-52。

实施例 2

能提高酿酒酵母乙醇耐受性，高浓度乙醇下细胞增殖和细胞活力的小麦面筋蛋白肽的制备方法，具体步骤如下：

（1）小麦面筋蛋白酶解物的制备：将小麦面筋蛋白与水按质量比 1∶9 的比例加水混合，加入胰酶（以小麦面筋蛋白质量为计算基准，胰酶添加量为 1.5%），50 ℃ 恒温搅拌酶解 20 h，然后在沸水中灭酶 20 min，冷却至常温，6000 r/min 离心 15 min，去除沉淀，得到小麦面筋蛋白酶解清液。

（2）小麦面筋蛋白酶解液的醇沉处理：将小麦面筋蛋白酶解清液过滤，滤液于 45 ℃、真空度 0.09 MPa 条件下，浓缩为原酶解液 0.4 倍，浓缩液加入无水乙醇醇沉（浓缩液与无水乙醇混合成的混合液中，乙醇体积分数为 80%）去除大分子蛋白和多肽，上清液经冷冻干燥，得到小麦面筋蛋白醇沉清液冻干粉 WP。

（3）反相高效液相分离：将粉末 WP 溶于水后，用反相高效液相色谱进行分离纯化，得到 5 个分离组分（图 3-48），分离纯化条件为：色谱柱为 BEH-C$_{18}$ 制备柱（10 mm×150 mm，5 μm），流动相为 A 相[含 0.1%（体积分数）三氟乙酸的超纯水]和 B 相（乙腈），洗脱条件为：0 ~ 5 min，10%乙腈（体积分数，下同）；5 ~ 35 min，10% ~ 60%乙腈；35 ~ 36 min，60%乙腈；36 ~ 40 min，60% ~ 10%乙腈；41 ~ 42 min，10%乙腈。流速为 2 mL/min，检测波长为 214 nm。测定各洗脱组分对应的改善酿酒酵母乙醇耐受性，结果如图 3-49 和 3-50。收集得到活性最高的组分 WP5，冷冻干燥，得到目标肽；图中 WP 和未添加组的测试方法与上面基本相同，除了 WP 组为未经反相高效液相色谱分离纯化的组分，未添加组是指未添加含蛋白肽组分，即仅含有乙醇的酵母培养基。

（4）步骤（3）得到的目标肽，通过 UPLC-MS/MS 技术进行氨基酸序列分析，经二级质谱分析得到 WP5 具有活性肽 Glu-Pro、Leu-Leu、Leu-Trp、Leu-Met-Leu、Leu-Leu-Leu、Leu-Leu-Trp 和 Glu-Phe-Pro-Leu。

（5）测试步骤（4）中鉴定的 7 种多肽 Glu-Pro、Leu-Leu、Leu-Trp、Leu-Met-Leu、Leu-Leu-Leu、Leu-Leu-Trp 和 Glu-Phe-Pro-Leu 改善酿酒酵母乙醇耐受性的能力，结果如图 3-51 和 3-52 所示，其中 Leu-Leu 添加最大程度改善了酿酒酵母乙醇耐受性。图中 control 组的测试方法与上面基本相同，除了 Control 组是未添加任何含蛋白肽组分，即仅含有乙醇的酵母培养基。

实施例 3

能提高酿酒酵母乙醇耐受性，高浓度乙醇下细胞增殖和细胞活力的小麦面筋蛋白肽的制备方法，具体步骤如下：

（1）小麦面筋蛋白酶解物的制备：将小麦面筋蛋白与水按质量比 1∶10 的比例加水混合，加入胰酶（以小麦面筋蛋白质量为计算基准，胰酶添加量为 2%），55 ℃ 恒温搅拌酶解 22 h，然后在沸水中灭酶 30 min，冷却至常温，6000 r/min 离心 15 min，去除沉淀，得到小麦面筋蛋白酶解清液。

（2）小麦面筋蛋白酶解液的醇沉处理：将小麦面筋蛋白酶解清液过滤，滤液于 50 ℃、真空度 0.10 MPa 条件下，浓缩为原酶解液 0.6 倍，浓缩液加入无水乙醇醇沉（浓缩液与无水乙醇混合成的混合液中，乙醇体积分数为 90%）去除大分子蛋白和多肽，上清液经冷冻干燥，得到小麦面筋蛋白醇沉清液冻干粉 WP。

（3）反相高效液相分离：将粉末 WP 溶于水后，用反相高效液相色谱进行分离纯化，得到 5 个分离组分，分离纯化条件为：色谱柱为 BEH-C$_{18}$制备柱（10 mm×150 mm，5 µm），流动相为 A 相（含 0.1%三氟乙酸的超纯水）和 B 相（乙腈），洗脱条件为：0 ~ 5 min，10%（体积分数，下同）乙腈；5 ~ 35 min，10% ~ 60%乙腈；35 ~ 36 min，60%乙腈；36 ~ 40 min，60% ~ 10%乙腈；41 ~ 42 min，10%乙腈。流速为 3 mL/min，检测波长为 214 nm。测定各洗脱组分对应的改善酿酒酵母乙醇耐受性，收集得到活性最高的组分 WP5，冷冻干燥，得到目标肽。

（4）步骤（3）得到的目标肽，通过 UPLC-MS/MS 技术进行氨基酸序列分析，经二级质谱分析得到 WP5 具有活性肽 Glu-Pro、Leu-Leu、Leu-Trp、Leu-Met-Leu、Leu-Leu-Leu、Leu-Leu-Trp 和 Glu-Phe-Pro-Leu。

（5）测试步骤（4）中鉴定的 7 种多肽 Glu-Pro、Leu-Leu、Leu-Trp、Leu-Met-Leu、Leu-Leu-Leu、Leu-Leu-Trp 和 Glu-Phe-Pro-Leu 改善酿酒酵母乙醇耐受性的能力，其中 Leu-Leu 添加最大程度改善了酿酒酵母乙醇耐受性。

注：实施例 3 中的测定数据与实施例 2 相差无几，相关数据请参见图 3-48 至图 3-52。

对比例

CN109097427A 公开从小麦面筋蛋白分离制备小麦面筋蛋白肽，经检测为富含 L(I)D、AL(I)D、AQP、ENG、SSR、L(I)R、L(I)M、L(I)PPY 和 PPY 的小麦面筋蛋白肽组分。在高浓发酵条件下，该小麦面筋蛋白肽组分能有效地提高酿酒酵母细胞的生物量、细胞活性和发酵性能。

上述实施例为本发明较佳的实施方式，但本发明的实施方式并不受上述实施例的限制，其他的任何未背离本发明的精神实质与原理下所作的改变、修饰、替代、组合、简化，均应为等效的置换方式，都包含在本发明的保护范围之内。

附图说明：

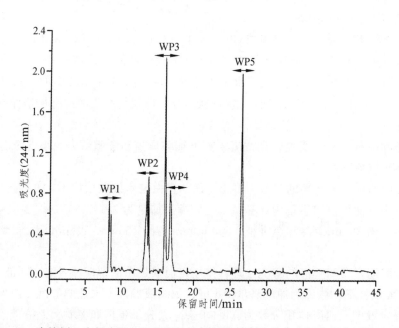

图 3-48　实施例 2 中经步骤 3 反相高效液相色谱分离纯化小麦面筋蛋白活性肽图谱

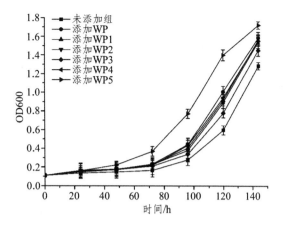

图 3-49　添加了实施例 2 半制备型反相高效液相色谱各分离组分小麦面筋蛋白肽和未添加任何试剂的
10%（体积分数）乙醇 YPD 培养基中酿酒酵母的细胞的生长曲线图

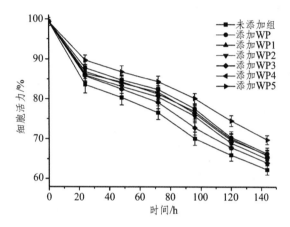

图 3-50　添加了实施例 2 半制备型反相高效液相色谱各分离组分小麦面筋蛋白肽和未添加任何试剂的
10%（体积分数）乙醇 YPD 培养基中酿酒酵母的细胞活性的影响曲线图

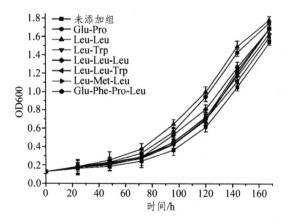

图 3-51　实施例 2 添加了各小麦面筋蛋白目标肽（Glu-Pro、Leu-Leu、Leu-Trp、Leu-Met-Leu、Leu-Leu-Leu、
Leu-Leu-Trp 和 Glu-Phe-Pro-Leu）和未添加任何试剂的 10%（体积分数）乙醇 YPD 培养基中
酿酒酵母的细胞的生长曲线图

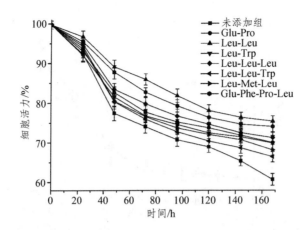

图 3-52 实施例 2 添加了各小麦面筋蛋白目标肽（Glu-Pro、Leu-Leu、Leu-Trp、Leu-Met-Leu、Leu-Leu-Leu、Leu-Leu-Trp 和 Glu-Phe-Pro-Leu）和未添加任何试剂的 10%（体积分数）乙醇 YPD 培养基中酿酒酵母的细胞活性的影响曲线图

三、权利要求书

（1）一种提高酿酒酵母增殖和乙醇耐受性的小麦面筋蛋白活性肽的制备方法，其特征在于，包括如下步骤：

① 小麦面筋蛋白的酶解：将小麦面筋蛋白与水混合，再加入蛋白酶，恒温搅拌下进行酶解；酶解完成后，灭酶，冷至室温，离心，去除沉淀，得到小麦面筋蛋白酶解清液。

② 小麦面筋蛋白酶解清液的醇沉处理：将小麦面筋蛋白酶解清液减压浓缩得到浓缩液后，加入无水乙醇进行醇沉除去大分子蛋白和多肽，上清液经冷冻干燥，得到小麦面筋蛋白醇沉清液冻干粉 WP。

③ 反相高效液相分离：将冻干粉 WP 溶解于水后，用反相高效液相色谱进行分离纯化，得到的分离组分经冷冻干燥，得到所述提高酿酒酵母增殖和乙醇耐受性的小麦面筋蛋白活性肽。

（2）根据权利要求 1 所述的制备方法，其特征在于，步骤①中，所述经小麦面筋蛋白与水质量比为 1∶8～1∶10；加入占比小麦面筋蛋白量 1%～2% 的蛋白酶。

（3）根据权利要求（1）所述的制备方法，其特征在于，步骤①中，酶解条件是在 45～55 ℃ 进行 18～22 h；沸水灭酶 10～30 min。

（4）根据权利要求（1）所述的制备方法，其特征在于，步骤②中，所述无水乙醇加入量为：使无水乙醇与浓缩液的混合液中，乙醇体积分数达到 70%～90%。

（5）根据权利要求（1）所述的制备方法，其特征在于，步骤②中，所述减压浓缩是在温度 40～50 ℃、真空度 0.08～0.1 MPa 条件下，浓缩为原酶解液的 0.2～0.6 倍。

（6）根据权利要求（1）所述的制备方法，其特征在于，步骤③中，所述反相高效液相分离方法中：将冻干粉 WP 溶解于水后，用反相高效液相色谱进行纯化，色谱柱为 BEH-C$_{18}$ 制备柱，以 1～3 mL/min 的流速进行梯度洗脱，条件为：0～5 min，10%（体积分数，下同）乙腈；5～35 min，10%～60% 乙腈；35～36 min，60% 乙腈；36～40 min，60%～10% 乙腈；41～42 min，10% 乙腈。

（7）根据权利要求（6）所述的制备方法，其特征在于，步骤③中，流动相为 A 相和 B 相，A 相为含 0.1%（体积分数）三氟乙酸的超纯水，B 相为乙腈。

（8）根据权利要求（1）所述的制备方法，其特征在于，步骤③中，所述通过反相高效液相进行进一步分离过程中，洗脱速度为 1~3 mL/min。

（9）由权利要求（1）~（8）中任一项制备方法得到的小麦面筋蛋白活性肽，其特征在于，所述小麦面筋蛋白活性肽包括氨基酸序列为 Glu-Pro、Leu-Leu、Leu-Trp、Leu-Met-Leu、Leu-Leu-Leu、Leu-Leu-Trp 和 Glu-Phe-Pro-Leu 的活性肽段。

（10）权利要求（9）所述小麦面筋蛋白肽在提高高浓度乙醇胁迫条件下酿酒酵母细胞增殖和细胞活性中的应用。

参考文献

[1] 鲍国良，姚蔚. 我国粮食生产现状及面临的主要风险[J]. 华南农业大学学报（社会科学版），2019，18（6）.

[2] 蔡仁祥，成灿土，林宝义. 马铃薯营养价值与主食产品[M]. 杭州：浙江科学技术出版社，2018.

[3] 曹皎皎. 粮食安全视角下马铃薯主粮化研究[D]. 南京：南京审计大学，2017.

[4] 曾洁，徐亚平. 薯类食品生产工艺与配方[M]. 北京：中国轻工业出版社，2012.

[5] 陈桂朝. 马铃薯传奇——它是如何成为世界粮食的[M]. 武汉：华中科技大学出版社，2014.

[6] 陈曦，李叶贝，屈展平，等. 马铃薯-燕麦复合面条的研制[J]. 食品科技，2017，42（10）.

[7] 陈秀惠. 微波膨化处理对苹果脆片品质及营养素的影响研究[D]. 沈阳：沈阳农业大学，2017.

[8] 邓晓君，杨炳南，尹学清，等. 国内马铃薯全粉加工技术及应用研究进展[J]. 食品研究与开发，2019，40（11）.

[9] 杜连启，高胜普. 薯类食品加工技术[M]. 北京：化学工业出版社，2010.

[10] 杜连启. 马铃薯食品加工技术[M]. 北京：金盾出版社，2006.

[11] 杜昕，赵玉莲，刘松青，等. 马铃薯-杏鲍菇复合面包的工艺研究[J]. 生物化工，2020，6（4）.

[12] 段翔宇. 影响我国粮食安全的国际因素研究[D]. 沈阳：辽宁大学，2017.

[13] 巩发永. 马铃薯主食化产品加工技术[M]. 成都：西南交大出版社，2021.

[14] 巩发永. 马铃薯食品加工技术与质量控制[M]. 成都：西南交大出版社，2018.

[15] 巩发永. 马铃薯淀粉加工工艺与检测技术[M]. 成都：西南交大出版社，2017.

[16] 巩发永，李静. 一种马铃薯挤压膨化粉的加工方法：2016104317077[P]. 2016-6-16.

[17] 巩发永，李静. 一种土豆饼干的加工方法：2016104311901[P]. 2016-6-16.

[18] 巩发永，李静. 一种土豆糕点的加工方法：2016104359008[P]. 2016-6-16.

[19] 巩发永，李静. 一种土豆沙琪玛的加工方法：2016104400163[P]. 2016-6-16.

[20] 巩发永，李静. 一种土豆油炸方便食品的加工方法：2016104358965[P]. 2016-6-16.

[21] 巩发永，李静. 马铃薯白酒生产线：2020112931692[P]. 2020-11-18.

[22] 巩发永，李静. 马铃薯啤酒生产线：2020112931688[P]. 2020-11-18.

[23] 郭修平. 粮食贸易视角下的中国粮食安全问题研究[D]. 长春：吉林农业大学，2016.

[24] 韩黎明，童丹，原霁虹. 马铃薯资源化利用技术[M]. 武汉：武汉大学出版社，2015.

[25] 贺玉廷，张志生，商春海，等. 论黑龙江省加快推进马铃薯主食化战略的对策[J]. 现代化农业，2019（3）.

[26] 胡丛林. 冷冻处理对马铃薯全粉质量影响及工艺研究[D]. 晋中：山西农业大学，2018.

[27] 姜鹏飞，陈玲，高婧妍，等. 不同改良剂对马铃薯发酵面团特性的影响[J]. 现代食品科技，2020，36（12）.

[28] 鞠美玲，周晓燕. 不同烹调方法对马铃薯品质影响的研究综述[J]. 四川烹饪高等专科学校学报，2012（1）.

[29] 孔雀. 马铃薯生全粉主食化开发及其工艺优化[D]. 西宁：青海大学，2020.

[30] 雷尊国，乐俊明. 中国马铃薯百味食谱[M]. 北京：化学工业出版社，2009.

[31] 李济宸，李群，唐玉华. 主粮主食马铃薯：铁杆庄稼　百姓福食[M]. 北京：中国农业出版社，2015.

[32] 李康. 马铃薯无麸质意面工艺优化与品质调控研究[D]. 北京：中国农业科学院，2019.

[33] 李静，巩发永，臧海波，等. 一种油炸马铃薯条的制备方法及其装置：2016100020930[P]. 2016-1-1.

[34] 李静，巩发永，臧海波，等. 一种油炸土豆片加工装置：2016100056716[P]. 2016-1-1.

[35] 李明安，崔媛，任建辉，等. 一种马铃薯大列巴及其制备方法和应用：CN111742956A[P]. 2020-10-09.

[36] 李文娟，秦军红，谷建苗，等. 从世界马铃薯产业发展谈中国马铃薯的主粮化[J]. 中国食物与营养，2015，21（7）.

[37] 李旭. 浅析粮食安全生产的时代重要性[J]. 南方农业，2015，9（12）.

[38] 李宇春. 农发行定西市分行马铃薯全产业链贷款研究[D]. 兰州：兰州大学，2017.

[39] 李泽东. 马铃薯馒头加工新技术研究[D]. 泰安：山东农业大学，2017.

[40] 林勉，芮汉明，刘通讯. 食品膨化技术及其应用[J]. 食品与发酵工业，1999（3）.

[41] 刘丽，徐洪岩. 马铃薯全粉、玉米粉和小麦粉复合馒头制作工艺研究[J]. 黑龙江农业科学，2018（10）.

[42] 刘玲玲，车树理，贺莉萍. 马铃薯苦荞麦粉面条加工工艺研究[J]. 中国食物与营养，2018，24（11）.

[43] 刘爽，潘洪冬，赵思明. 酥脆薯条的加工工艺与风味特征研究[J]. 食品工业科技，2017，38（14）.

[44] 马莺. 马铃薯深加工技术[M]. 北京：中国轻工业出版社，2003.

[45] 马莹. 马铃薯全粉蛋糕工艺研究及品质分析[D]. 银川：宁夏大学，2018.

[46] 孟天真，闫永芳，赵春江，等. 中式烹饪对马铃薯中抗性淀粉及主要营养物质的影响[J]. 食品工业科技，2012，33（11）.

[47] 木泰华，张苗，何海龙. 马铃薯主食加工技术知多少[M]. 北京：科学出版社，2016.

[48] 庞文渌. 马铃薯主粮化战略的意义与实施[J]. 粮食加工，2019，44（2）.

[49] 逄学思. 基于利益相关者视角的马铃薯主食产业化推进策略研究[D]. 北京：中国农业科学院，2019.

[50] 蒲华寅，牛伟，孙玉利，等. 马铃薯泥面条制作工艺优化及品质分析[J]. 食品工业科技，2019，40（2）.

[51] 任龙梅，孟祥平. 马铃薯全粉戚风蛋糕最佳制作配方研制[J]. 现代食品，2019（22）.

[52] 施建斌，隋勇，蔡沙，等. 马铃薯全粉面条的制备工艺研究[J]. 湖北农业科学，2018，57（24）.

[53] 苏晶莹. 乙酰化马铃薯粉在速冻水饺中的应用[J]. 轻工科技，2014，30（8）.

[54] 苏小军，熊兴耀，谭兴和，等. 辐照处理对马铃薯粉降解作用的研究[J]. 中国农学通报，2011，27（30）.

[55] 孙红男，刘兴丽，张笃芹，等. 攻克马铃薯主食化加工技术难题，助推产业转型升级[J]. 蔬菜，2017（6）.

[56] 孙建文. 国际贸易视角下中国粮食安全影响因素研究[D]. 南昌：江西财经大学，2020.

[57] 孙茂林，毕虹. 马铃薯产业科学技术[M]. 昆明：云南科技出版社，2006.

[58] 唐黎标. 粮食安全概念的演变与重要意义[J]. 粮食问题研究，2016（3）.

[59] 田再民. 马铃薯高效栽培与储运加工一本通[M]. 北京：化学工业出版社，2013.

[60] 田志刚，孙洪蕊，刘香英，等. 面包改良剂对马铃薯面包质构特性的影响[J]. 食品工业，2018，39（6）.

[61] 王常青，朱志昂. 用葡萄糖氧化酶法降低马铃薯颗粒全粉还原糖[J]. 食品与发酵工业，2004（3）.

[62] 王晨宇. 从罗马帝国的粮食问题看粮食安全的重要性[J]. 安徽农业科学，2017，45（3）.

[63] 王辉. 马铃薯黔式月饼制作[J]. 食品安全导刊，2015（35）.

[64] 王俊颖，翟立公，汪志强，等. 马铃薯玉米面条加工工艺研究[J]. 农产品加工，2018（9）.

[65] 王丽，李淑荣，句荣辉，等. 马铃薯淀粉与面条品质特性关系研究进展[J]. 食品工业，2018，39（3）.

[66] 王丽彩. 我国人口城镇化发展对粮食安全的影响研究[D]. 兰州：兰州大学，2017.

[67] 王锐，王新华. 2003年以来我国粮食进出口格局的变化、走向及战略思考[J]. 华东经济管理，2015，29（12）.

[68] 王胜男. 马铃薯全粉性质和应用性能研究[D]. 哈尔滨：哈尔滨商业大学，2018.

[69] 王同阳. 功能性马铃薯儿童面包的研制[J]. 食品与药品，2006（3）.

[70] 王稳新，陈洁，李璞，等. 马铃薯生全粉干燥工艺及品质分析[J]. 粮食与饲料工业，2018（9）.

[71] 王秀丽，马云倩，孙君茂. 中国马铃薯消费与未来展望[J]. 农业展望，2016，12（12）.

[72] 王雨，薛自萍. 影响面包老化的因素及延缓措施[J]. 农产品加工，2019（10）.

[73] 王禹. 新形势下我国粮食安全保障研究[D]. 北京：中国农业科学院，2016.

[74] 托尔博特 W F. 马铃薯生产与食品加工[M]. 上海：上海科学技术出版社，2017.

[75] 习群. 粮食安全的影响因素及解决对策研究[D]. 南昌：南昌大学，2020.

[76] 徐芬，胡宏海，张春江，等. 不同蛋白对马铃薯面条食用品质的影响[J]. 现代食品科技，2015，31（12）.

[77] 徐芬. 马铃薯全粉及其主要组分对面条品质影响机理研究[D]. 北京：中国农业科学院，2016.

[78] 徐海泉，王秀丽，马冠生. 马铃薯及其主食产品开发的营养可行性分析[J]. 中国食物与营养，2015，21（7）.

[79] 徐皎云. 新型面包改良剂的研制[D]. 广州：华南理工大学，2011.

[80] 徐忠，陈晓明，王友健. 马铃薯全粉的改性及在食品中的应用研究进展[J]. 中国食品添加剂，2020，31（8）.

[81] 薛丽丽. 马铃薯全粉对北方馒头品质的影响及常温保鲜技术研究[D]. 天津：天津科技大学，2016.

[82] 闫巧珍，高瑞雄，张正茂，等. 湿热处理对马铃薯全粉品质的影响[J]. 现代食品科技，2017（4）.

[83] 闫巧珍，高瑞雄，侯传丽，等. 超声波处理对马铃薯全粉理化性质和消化特性的影响[J]. 中国粮油学报，2017，32（8）.

[84] 闫巧珍. 马铃薯全粉理化性质和消化特性的研究[D]. 杨凌：西北农林科技大学，2017.

[85] 杨娟，程力，洪雁，等. 不同工艺制备的马铃薯全粉理化性质比较[J]. 食品与生物技术学报，2019，38（8）.

[86] 杨晓东. 世界粮食贸易的新发展及其对中国粮食安全的影响[D]. 长春：吉林大学，2018.

[87] 喻勤，王玺，林静，等. 马铃薯面包复配改良剂的优选及其对面包质构特性的影响[J]. 食品研究与开发，2019，40（13）.

[88] 张凤婕，张天语，曹燕飞，等. 50%马铃薯全粉馒头的品质改良[J]. 食品科技，2019，44（5）.

[89] 张俊祥，陆王惟，崔芮，等. 马铃薯云腿月饼加工工艺的响应面法优化[J]. 农产品加工，2020（9）.

[90] 张明慧. 马铃薯全粉理化性质及其主食全粉面条的制作[D]. 长春：吉林农业大学，2019.

[91] 张沐诗，严生德，刘兵，等. 马铃薯全泥面包制作技术[J]. 青海农技推广，2017（2）.

[92] 张千友. 中国马铃薯主粮化战略研究[M]. 北京：中国农业出版社，2016.

[93] 张入玉，彭凌，文瑜. 低糖型马铃薯饼干的研制[J]. 食品工业，2020，41（8）.

[94] 张书瑞，高思宜，高蓉，等. 干果马铃薯蛋糕的试验研究[J]. 农产品加工，2017（15）.

[95] 张欣昕，张福金，张尧，等. 内蒙古种植马铃薯品种氨基酸组成及营养价值评价[J]. 北方农业学报，2020，48（4）.

[96] 张旭. 马铃薯全粉面条研制[D]. 雅安：四川农业大学，2019.

[97] 张艳荣，彭杉，刘婷婷，等. 挤压处理对马铃薯全粉加工特性及微观结构的影响[J]. 食品科学，2018，39（11）.

[98] 张祎. 基于产业链视角的中国马铃薯主粮化发展研究[D]. 长春：吉林大学，2018.

[99] 张忆洁，祁岩龙，宋鱼，等. 不同马铃薯品种用于加工面条的适宜性[J]. 现代食品科技，2020，36（2）.

[100] 张玉胜. 中国马铃薯产品国际竞争力及出口潜力研究[D]. 北京：中国农业科学院，2020.

[101] 张忠，刘晓燕，刘滨文. 一种马铃薯泥玉米馒头配方的优化[J]. 现代食品，2020（2）.

[102] 章丽琳，张喻，张涵予. 挤压膨化参数对马铃薯全粉理化性质的影响[J]. 食品与机械，2016，32（12）.

[103] 赵海锋，阳辉蓉，孙东晓，等. 一种能提高酿酒酵母乙醇耐受性的小麦面筋蛋白肽的制备方法及应用：2018101059284[P]. 2018-01-31.

[104] 赵海锋，阳辉蓉，孙东晓，等. 一种能提高酿酒酵母细胞渗透压耐受性的小麦面筋蛋白肽的制备方法及应用：2018101057999[P]. 2018-01-31.

[105] 赵海锋，阳辉蓉，孙东晓，等. 一种利用二肽提高酿酒酵母生理和代谢活性的方法：2018101059744[P]. 2018-01-31.

[106] 赵海锋，阳辉蓉. 一种小麦面筋蛋白活性肽及其制备方法与应用：201911007752X[P]. 2019-10-22.

[107] 赵海锋，阳辉蓉. 一种提高酿酒酵母增殖和乙醇耐受性的蛋白活性肽及其制备方法与应用：2019110077375[P]. 2019-10-22.

[108] 赵晶，时东杰，屈岩峰，等. 马铃薯全粉食品研究进展[J]. 食品工业科技，2019，40（20）.

[109] 赵亚坤. 乳酸菌糖基转移酶的生化特性及其在烘焙食品中的应用[D]. 长春：长春大学，2020.

[110] 赵月，吕美. 马铃薯全粉在面包中的应用研究[J]. 粮食加工，2019，44（5）.

[111] 中国食品工业协会马铃薯食品专业委员会. 马铃薯加工业"十三五"发展规划[N]. 中国食品安全报，2016-05-05（B02）.

[112] 周凤超，孔保华，张宏伟，等. 次氯酸钠氧化引起的马铃薯粉消化性变化的研究[J]. 食品工业，2017，38（6）.

[113] 周向阳，沈辰，张晶，等. 2019年我国马铃薯市场形势回顾及2020年展望[J]. 中国蔬菜，2020（4）.

[114] 祖克曼. 马铃薯：改变世界的平民美馔[M]. 北京：中国友谊出版公司，2006.

[115] 臧海波，巩发永，李静，等. 一种马铃薯薯片的加工方法及其装置：2016100054941[P]. 2016-1-1.